高等教育网络空间安全规划教材

网络安全理论与技术

刘京菊　　　主　编
王永杰　杨家海　副主编
杨国正　揭　摄　参　编

机械工业出版社

本书共有11章，主要内容包括：网络安全的相关概念、网络面临的安全威胁、世界主要国家的网络安全战略、网络安全发展趋势；网络安全基础理论，包括网络安全理论基础、密码学理论、访问控制理论和博弈论等；网络安全模型与架构，包括典型网络安全模型、可信计算、自适应和零信任等网络安全架构；经典网络安全技术，包括防火墙技术、入侵检测技术、认证技术、恶意代码检测与防范技术、备份技术、网络安全检测技术等；网络安全态势感知与知识图谱；网络安全测试评估与建模仿真；典型网络安全动态防御的原理与关键技术，包括移动目标防御、拟态防御和网络欺骗防御；云计算安全的相关概念、云计算安全隐患、云计算安全技术、安全云技术与应用、云原生安全；区块链的基本概念、体系结构、面临的安全风险和攻击威胁；物联网的概念、安全基础、安全技术及应用，典型物联网安全解决方案；人工智能的基本概念、人工智能在网络空间安全领域的应用，以及人工智能本身的安全问题。每章配有习题，以指导读者深入地学习。

本书既可作为高等学校研究生及高年级本科生网络安全理论与技术课程的教材，也可作为网络安全研究人员的参考书。

本书配有电子课件，需要的教师可登录 www.cmpedu.com 免费注册，审核通过后下载，或联系编辑索取（微信：13146070618；电话：010-88379739）。

图书在版编目（CIP）数据

网络安全理论与技术 / 刘京菊主编. -- 北京：机械工业出版社，2025.5. -- （高等教育网络空间安全规划教材）. -- ISBN 978-7-111-78088-5

Ⅰ. TP393.08

中国国家版本馆 CIP 数据核字第 2025G3W493 号

机械工业出版社（北京市百万庄大街22号　邮政编码100037）
策划编辑：郝建伟　　　　责任编辑：郝建伟　王　芳
责任校对：张昕妍　梁　静　责任印制：张　博
北京新华印刷有限公司印刷
2025年6月第1版第1次印刷
184mm×260mm・18印张・467千字
标准书号：ISBN 978-7-111-78088-5
定价：79.00元

电话服务　　　　　　　　网络服务
客服电话：010-88361066　　机 工 官 网：www.cmpbook.com
　　　　　010-88379833　　机 工 官 博：weibo.com/cmp1952
　　　　　010-68326294　　金　书　网：www.golden-book.com
封底无防伪标均为盗版　　　机工教育服务网：www.cmpedu.com

前言

随着网络与信息技术的飞速发展和应用的不断拓展，网络空间已成为人类社会生产生活不可或缺的重要组成部分，随之而来的网络安全问题也日益突出。习近平总书记指出，"没有网络安全，就没有国家安全"。因此，提高网络安全防御能力，培养掌握网络安全技术的高素质专业人才是当前的一项紧迫任务。为此，我们编写了本书，希望能够更加全面、准确地展现当前网络安全技术的基本理论、技术原理、实践应用和发展现状。

本书共有 11 章。第 1 章主要介绍网络安全的相关概念、网络面临的安全威胁、世界主要国家的网络安全战略、网络安全发展趋势。第 2 章主要介绍网络安全基础理论，重点介绍网络安全理论基础、密码学理论、访问控制理论和博弈论等。第 3 章主要介绍网络安全模型与架构，包括典型网络安全模型，可信计算、自适应和零信任等网络安全架构。第 4 章主要介绍经典网络安全技术，包括防火墙技术、入侵检测技术、认证技术、恶意代码检测与防范技术、备份技术、网络安全检测技术等。第 5 章主要介绍网络安全态势感知与知识图谱。第 6 章主要介绍网络安全测试评估与建模仿真。第 7 章主要介绍网络安全动态防御，包括移动目标防御、拟态防御和网络欺骗防御。第 8 章主要介绍云计算安全的相关概念、云计算安全隐患、云计算安全技术、安全云技术与应用、云原生安全。第 9 章主要介绍区块链的基本概念、体系结构、面临的安全风险和攻击威胁，讨论了区块链安全的发展方向。第 10 章主要介绍物联网的概念、安全基础、安全技术及应用，典型物联网安全解决方案。第 11 章主要介绍人工智能的基本概念、人工智能在网络空间安全领域的应用，以及人工智能本身的安全问题。

本书较为系统地介绍了网络安全理论与技术，既包括传统网络安全理论与技术，也根据最新发展动态，介绍了具有代表性的网络安全领域的新理论和新技术，帮助读者拓展视野，准确把握网络安全领域的发展趋势。

参加本书编写工作的有刘京菊、王永杰、杨家海、杨国正、揭摄，全书由刘京菊主编并统稿。

由于编者水平有限，书中难免存在不妥之处，敬请读者批评指正。

编　者

目录

前言
第1章 概述 1
1.1 相关概念 1
1.1.1 网络空间 1
1.1.2 网络安全及其概念演变 2
1.1.3 网络空间安全 3
1.1.4 网络空间安全观 5
1.2 网络安全威胁 5
1.2.1 网络安全威胁来源 5
1.2.2 网络安全威胁因素 7
1.2.3 网络安全威胁产生原因 10
1.3 世界主要国家的网络安全战略 ... 11
1.3.1 美国国家网络安全战略 11
1.3.2 英国国家网络安全战略 13
1.3.3 法国国家网络安全战略 14
1.3.4 俄罗斯国家网络安全战略 15
1.3.5 日本国家网络安全战略 16
1.3.6 我国网络安全战略 17
1.4 网络安全发展趋势 18
本章小结 19
习题 19
第2章 网络安全基础理论 20
2.1 网络安全理论基础 20
2.2 密码学理论 21
2.2.1 密码学概述 22
2.2.2 密码学基本概念 23
2.2.3 密码体制分类 24
2.2.4 典型密码算法 26
2.2.5 密码技术应用 29
2.3 访问控制理论 30
2.3.1 访问控制概述 31
2.3.2 访问控制分类 32
2.4 博弈论 37
2.4.1 博弈论概述 37
2.4.2 网络安全博弈特征 40

2.4.3 网络安全博弈模型 41
本章小结 45
习题 46
第3章 网络安全模型与架构 47
3.1 网络安全模型 47
3.1.1 PDRR模型 47
3.1.2 P2DR模型 48
3.1.3 WPDRRC模型 49
3.1.4 纵深防御模型 50
3.1.5 网络生存模型 50
3.2 可信计算安全架构 50
3.2.1 可信计算发展历程 50
3.2.2 主动免疫的可信计算架构 51
3.2.3 我国可信计算创新研究 53
3.2.4 可信计算对等级保护的支撑作用 55
3.3 自适应安全架构 57
3.3.1 自适应安全架构简介 57
3.3.2 自适应安全架构解析 58
3.3.3 动态自适应演进安全架构 60
3.4 零信任架构 62
3.4.1 零信任架构概述 62
3.4.2 零信任架构的逻辑组件 64
3.4.3 零信任架构的部署 66
3.4.4 零信任架构面临的威胁 67
本章小结 68
习题 69
第4章 经典网络安全技术 70
4.1 防火墙技术 70
4.1.1 防火墙概述 70
4.1.2 防火墙体系结构 71
4.1.3 防火墙实现技术 73
4.2 入侵检测技术 75
4.2.1 入侵检测概述 75

4.2.2 入侵检测技术原理 …………… 77
4.2.3 入侵检测系统分类 …………… 81
4.3 认证技术 ……………………………… 83
  4.3.1 认证概述 ……………………… 83
  4.3.2 数字签名技术 ………………… 84
  4.3.3 身份认证技术 ………………… 85
  4.3.4 消息认证技术 ………………… 88
  4.3.5 数字签名与消息认证 ………… 89
4.4 恶意代码检测与防范技术 ……………… 89
  4.4.1 恶意代码概述 ………………… 89
  4.4.2 恶意代码检测 ………………… 90
  4.4.3 恶意代码防范 ………………… 92
4.5 备份技术 ……………………………… 93
  4.5.1 备份概述 ……………………… 93
  4.5.2 数据备份方案 ………………… 94
  4.5.3 数据备份策略 ………………… 95
  4.5.4 灾难恢复策略 ………………… 96
4.6 网络安全检测技术 …………………… 96
  4.6.1 端口扫描技术 ………………… 96
  4.6.2 操作系统探测技术 …………… 97
  4.6.3 安全漏洞探测技术 …………… 97
本章小结 …………………………………… 98
习题 ………………………………………… 98

第5章 网络安全态势感知与知识图谱 …………………………………… 99

5.1 网络安全态势感知概述 ……………… 99
5.2 网络安全态势感知模型 ……………… 99
  5.2.1 JDL 数据融合模型 …………… 99
  5.2.2 Endsley 模型 ………………… 100
  5.2.3 Bass 模型 …………………… 101
5.3 网络安全态势相关信息获取 ………… 101
  5.3.1 网络节点信息探测与采集 …… 101
  5.3.2 网络路由信息探测获取 ……… 103
  5.3.3 网络安全舆情类信息获取 …… 104
5.4 网络安全态势评估 …………………… 106
  5.4.1 基于数学模型的评估方法 …… 106
  5.4.2 基于概率统计的评估方法 …… 106
  5.4.3 基于规则推理的评估方法 …… 107
5.5 网络安全态势可视化 ………………… 107
  5.5.1 基于电子地图背景的态势分布展现 …………………………… 107
  5.5.2 基于逻辑拓扑结构的态势分布展现 …………………………… 108
5.6 网络安全知识图谱 …………………… 109
  5.6.1 知识图谱概述 ……………… 109
  5.6.2 网络安全情报 ……………… 114
  5.6.3 网络安全领域本体构建 …… 117
  5.6.4 网络安全领域知识推理 …… 125
本章小结 ………………………………… 127
习题 ……………………………………… 127

第6章 网络安全测试评估与建模仿真 …………………………………… 129

6.1 网络安全渗透测试 …………………… 129
  6.1.1 概述 ………………………… 129
  6.1.2 渗透测试的分类 …………… 129
  6.1.3 渗透测试方法 ……………… 130
  6.1.4 渗透测试流程 ……………… 131
6.2 网络安全风险评估技术 ……………… 132
  6.2.1 网络安全风险评估简介 …… 132
  6.2.2 网络安全风险评估模型 …… 133
6.3 网络安全仿真与虚拟化技术 ………… 139
  6.3.1 网络仿真的概念及分类 …… 139
  6.3.2 网络仿真工具 ……………… 139
  6.3.3 网络虚拟化模拟技术 ……… 143
6.4 网络靶场技术 ………………………… 147
  6.4.1 网络靶场概念与分类 ……… 147
  6.4.2 网络靶场构建的关键技术 … 149
  6.4.3 网络靶场的典型体系架构 … 152
本章小结 ………………………………… 156
习题 ……………………………………… 156

第7章 网络安全动态防御 …………… 157

7.1 移动目标防御 ………………………… 157
  7.1.1 移动目标防御的概念 ……… 157
  7.1.2 移动目标防御的本质特征 … 158
  7.1.3 攻击面及攻击面变换 ……… 159
  7.1.4 移动目标防御的核心要素 … 160
  7.1.5 移动目标防御的静态特征 … 161
  7.1.6 移动目标防御的安全模型 … 163
  7.1.7 移动目标防御技术 ………… 164
7.2 拟态防御 ……………………………… 168

- 7.2.1 拟态现象与拟态防御 ……… 168
- 7.2.2 拟态防御与非相似余度构造 …… 168
- 7.2.3 动态异构冗余思想 ……… 170
- 7.2.4 网络空间拟态防御 ……… 173
- 7.3 网络欺骗防御 ……… 174
  - 7.3.1 网络欺骗防御概述 ……… 174
  - 7.3.2 网络欺骗发展历程 ……… 176
  - 7.3.3 网络欺骗技术分类 ……… 178
  - 7.3.4 网络欺骗流程 ……… 178
  - 7.3.5 网络欺骗层次模型 ……… 180
- 本章小结 ……… 182
- 习题 ……… 182

第8章 云计算安全 …… 183
- 8.1 云计算简介 ……… 183
  - 8.1.1 云计算的概念 ……… 183
  - 8.1.2 云计算的特点 ……… 183
  - 8.1.3 云计算的体系架构 ……… 184
  - 8.1.4 云计算带来的机遇与挑战 …… 185
- 8.2 云计算安全概述 ……… 186
  - 8.2.1 云计算面临的安全风险 …… 186
  - 8.2.2 云计算安全需求 ……… 187
  - 8.2.3 云计算对网络安全领域的影响 ……… 188
  - 8.2.4 云计算安全的内涵 ……… 189
- 8.3 云计算安全隐患 ……… 190
  - 8.3.1 云基础设施安全隐患 ……… 190
  - 8.3.2 云平台安全隐患 ……… 190
  - 8.3.3 云服务安全隐患 ……… 191
  - 8.3.4 云计算大数据应用的安全隐患 ……… 192
- 8.4 云计算安全技术 ……… 193
  - 8.4.1 云计算安全解决思路 ……… 193
  - 8.4.2 云计算安全体系结构 ……… 196
- 8.5 安全云技术与应用 ……… 198
  - 8.5.1 安全云概念 ……… 198
  - 8.5.2 安全云技术 ……… 199
  - 8.5.3 安全云的部署与应用 ……… 203
  - 8.5.4 安全云面临的问题 ……… 206
- 8.6 云原生安全 ……… 207
  - 8.6.1 云原生简介 ……… 207
  - 8.6.2 云原生安全简介 ……… 207
  - 8.6.3 云原生面临的安全威胁与挑战 ……… 208
  - 8.6.4 云原生安全技术 ……… 211
- 本章小结 ……… 216
- 习题 ……… 216

第9章 区块链安全 …… 217
- 9.1 区块链简介 ……… 217
- 9.2 区块链体系结构 ……… 219
- 9.3 区块链安全风险 ……… 224
  - 9.3.1 网络层安全风险 ……… 224
  - 9.3.2 数据层安全风险 ……… 224
  - 9.3.3 共识层安全风险 ……… 225
  - 9.3.4 应用层安全风险 ……… 226
- 9.4 区块链面临的攻击威胁 ……… 226
  - 9.4.1 网络安全有关的攻击 ……… 226
  - 9.4.2 密码安全有关的攻击 ……… 228
  - 9.4.3 共识机制安全有关的攻击 …… 229
  - 9.4.4 智能合约安全有关的攻击 …… 230
- 9.5 区块链安全发展方向 ……… 231
- 本章小结 ……… 232
- 习题 ……… 233

第10章 物联网安全 …… 234
- 10.1 物联网概述 ……… 234
  - 10.1.1 物联网的概念 ……… 234
  - 10.1.2 物联网的体系结构 ……… 235
- 10.2 物联网安全基础 ……… 236
  - 10.2.1 物联网安全威胁分析 ……… 236
  - 10.2.2 物联网安全需求 ……… 239
  - 10.2.3 物联网安全体系 ……… 240
  - 10.2.4 物联网安全的新挑战 ……… 241
- 10.3 物联网安全技术及应用 ……… 243
  - 10.3.1 概述 ……… 243
  - 10.3.2 经典网络安全技术在物联网中的应用 ……… 243
  - 10.3.3 区块链技术在物联网安全中的应用 ……… 245
  - 10.3.4 应用于物联网的漏洞挖掘技术 ……… 246
- 10.4 典型物联网安全解决方案 …… 246

10.4.1 物联网安全渗透测试服务 …… 246
10.4.2 物联网安全加固 …………… 247
10.4.3 密钥白盒 …………………… 247
10.4.4 物联网态势感知 …………… 248
本章小结 ……………………………… 248
习题 …………………………………… 248

第 11 章 人工智能赋能网络安全 …… 250
11.1 人工智能概述 ………………… 250
　　11.1.1 人工智能发展概况 ………… 250
　　11.1.2 人工智能技术发展的关键阶段与
　　　　　典型代表 …………………… 251
　　11.1.3 世界主要国家和组织应对人工智能
　　　　　挑战的措施 ………………… 253
11.2 人工智能在网络空间安全领域的
　　　应用 …………………………… 254
　　11.2.1 人工智能与网络空间安全的融合
　　　　　效应 ………………………… 254
　　11.2.2 人工智能技术赋能网络空间安全的
　　　　　模式 ………………………… 256
　　11.2.3 人工智能技术在网络空间安全
　　　　　领域的应用 ………………… 258
　　11.2.4 人工智能赋能网络攻击带来的
　　　　　新型威胁场景 ……………… 264
　　11.2.5 人工智能在网络安全领域面临的
　　　　　困境与发展前景 …………… 265
11.3 人工智能安全 ………………… 266
　　11.3.1 人工智能安全现状 ………… 266
　　11.3.2 人工智能面临的安全风险与
　　　　　挑战 ………………………… 268
　　11.3.3 人工智能面临的典型安全
　　　　　威胁 ………………………… 271
　　11.3.4 人工智能安全防御技术 …… 272
本章小结 ……………………………… 276
习题 …………………………………… 277
参考文献 …………………………… 278

第 1 章 概述

网络安全的概念和内涵随着时代的发展而不断发展。本章首先介绍网络安全相关的一些概念，包括网络空间、网络安全、网络空间安全，以及如何树立正确的网络空间安全观。然后分析网络系统面临的主要安全威胁，介绍世界上主要国家的网络安全战略。最后简要介绍网络安全发展趋势。

1.1 相关概念

1.1.1 网络空间

人类社会已进入信息化时代。信息和信息技术无时无刻不在改变人们的生活和工作方式。为了刻画人类生存的信息环境，人们创造了 Cyberspace 一词。这个词最早出现在 20 世纪 80 年代初加拿大小说家 William Gibson 撰写的短篇科幻小说中。

2008 年 1 月，美国总统布什签署的第 54 号国家安全总统令及第 23 号国土安全总统令中将 Cyberspace 定义为：相互依存的信息技术基础设施网络，这些设施包括互联网、电信网络、计算机系统，以及关键行业中的嵌入式处理器和控制器。2012 年 10 月，美国总统奥巴马签署的第 20 号总统政策指令《美国网络作战政策》中采用了相同定义，同时指出这一术语通常也指信息和人类交互的虚拟环境。这一定义认为，Cyberspace 既包含支撑网络运行的各种物理基础设施，也包含网络上的虚拟电磁环境。从中可以看出，美国对 Cyberspace 的认识已经从"单纯的物理设施"发展到了"既包含物理设施，又包含在其中运行的电磁环境"。

一般认为 Cyberspace 是信息时代人们赖以生存的信息环境，是所有信息系统的集合。Cyberspace 的中文翻译名称则出现过许多种，包括信息空间、网络空间、网电空间、赛博空间等。在 2016 年 11 月 7 日颁布的《中华人民共和国网络安全法》中，使用了网络空间的名称。我国 2016 年 12 月发布的《国家网络空间安全战略》指出，互联网、通信网、计算机系统、自动化控制系统、数字设备及其承载的应用、服务和数据等组成的网络空间，正在全面改变人们的生产生活方式，深刻影响人类社会的历史发展进程。这主要体现在以下方面：

（1）生产生活的新空间

当今世界，网络深度融入人们的学习、生活、工作等方方面面，网络教育、创业、医疗、购物、金融等日益普及，越来越多的人通过网络交流思想、成就事业、实现梦想。

（2）社会治理的新平台

网络在推进国家治理体系和治理能力现代化方面的作用日益凸显，电子政务应用走向深入，政府信息公开共享，推动了政府决策科学化、民主化、法治化，畅通了公民参与社会治理的渠道，成为保障公民知情权、参与权、表达权、监督权的重要途径。

（3）交流合作的新纽带

信息化与全球化交织发展，促进了信息、资金、技术、人才等要素的全球流动，增进了不同文明交流融合。网络让世界变成了地球村，国际社会越来越成为你中有我、我中有你的命运共同体。

（4）国家主权的新疆域

网络空间已经成为与陆地、海洋、天空、太空同等重要的人类活动新领域，国家主权延伸到网络空间，网络空间主权成为国家主权的重要组成部分。尊重网络空间主权，维护网络安全，谋求共治，实现共赢，正在成为国际社会共识。

综合多方观点，本书认为网络空间可定义为"构建在信息通信技术基础设施之上的人造空间，用以支撑人们在该空间中开展各类与信息通信技术相关的活动"。其中，信息通信技术基础设施包括互联网、各种通信系统与电信网、各种传播系统与广电网、各种计算机系统、各类关键工业设施中的嵌入式处理器和控制器。信息通信技术活动包括人们对信息的创造、保存、改变、传输、使用、展示等操作过程，以及其所带来的对政治、经济、文化、社会、军事等方面的影响。

1.1.2 网络安全及其概念演变

网络安全是指利用管理控制和技术措施，保证在一个网络环境里，信息数据的机密性、完整性及可用性受到保护。要实现这一点，必须保证网络的系统软件、应用服务、数据库间的交互具有一定的安全保护功能，并保证终端、数据链路等网络部件的功能只能被授权的人员访问。网络的安全问题实际上包括两方面的内容，一是网络的系统安全，二是网络的信息安全，而保护网络的信息安全是最终目的。从广义来说，凡是涉及网络上信息的保密性、完整性、可用性、不可否认性和可控性的相关技术和理论都属于网络安全的研究领域。

网络安全的具体含义会随着"角度"的变化而变化。从用户（个人、企业等）的角度来说，希望涉及其个人隐私或商业利益的信息在网络上传输时，在机密性、完整性和不可否认性方面得到保护，避免其他人或对手利用窃听、冒充、篡改、抵赖等手段进行侵犯，即用户的隐私和利益不被非法窃取和破坏。从网络运行和管理者的角度来说，希望其网络的访问、读写等操作受到保护和控制，避免出现"后门"、病毒、非法存取、拒绝服务和网络资源非法占用和非法控制等威胁，制止和防御恶意攻击。对安全保密部门来说，希望对非法的、有害的或涉及国家机密的信息进行过滤和防堵，避免敏感信息泄露，对社会产生危害，给国家造成损失。从社会教育和意识形态角度来说，网络上不健康的内容会对社会的稳定和人类的发展造成阻碍，必须对其进行控制。

现代信息技术革命以来，政治、经济、军事和社会生活中对网络安全的需求日益增加，网络安全作为有着特定内涵的综合性学科逐渐得到重视，其概念不断演变，大致经历了通信保密、计算机安全、信息系统安全、网络空间安全四个阶段。

1. 通信保密阶段

在过去几千年的时间里，军事领域对信息安全的需求催生了古典密码学。到了现代，网络安全首先进入了通信保密阶段。一般认为，通信保密阶段起始于20世纪40年代，其标志是1949年香农（Shannon）发表的《保密系统的通信理论》，将密码学的研究纳入了科学的轨道。在此阶段面临的主要安全威胁是搭线窃听和密码学分析，主要的防护措施是数据加密。

在此阶段，人们关心的只是通信安全。需要解决的问题是在远程通信中拒绝非授权用户的信息访问，以及确保通信的真实性，包括加密、传输保密和通信设备的物理安全。通信保密阶段的研究重点是通过密码技术解决通信保密问题，保证数据的保密性和完整性。

2. 计算机安全阶段

进入20世纪70年代，网络安全发展到计算机安全阶段，其标志是1977年美国国家标准局公布的《数据加密标准》（DES）和1985年美国国防部公布的《可信计算机系统评估准则》（TCSEC），这些标准的提出意味着解决网络和信息系统保密性问题的研究和应用迈入了新阶段。

信息具有可共享和易于扩散等特性，在处理、存储、传输和使用上存在严重的脆弱性，很容易被干扰、滥用、遗漏和丢失，甚至被泄露、窃取、篡改、伪造和破坏。因此，人们开始关注计算机系统中的硬件、软件及在处理、存储、传输信息中的保密性。主要手段是通过访问控制，防止对计算机中信息的非授权访问，从而保护信息的保密性。

随着计算机病毒、计算机软件缺陷等问题的不断出现，保密性已经不足以满足人们对安全的需求，完整性和可用性等新的计算机安全需求开始走上舞台。

3. 信息系统安全阶段

进入20世纪90年代，信息系统安全开始成为网络安全的核心内容。此时，通信和计算机技术已经相互依存，计算机网络发展成为全天候、全球化、个人化、智能化的信息"高速公路"，互联网成了惠及所有人的技术平台，安全的需求不断地向社会的各个领域扩展，人们的关注对象从计算机转向更具本质性的信息本身，继而关注信息系统的安全。

人们需要保护信息在存储、处理或传输过程中不被非法访问或篡改，确保对合法用户的服务并限制对非授权用户的服务，确保网络和信息系统的业务功能正常运行。在这一阶段，除保密性、完整性和可用性之外，人们还关注不可否认性，即信息的发送者和接收者事后都不能否认发送和接收的行为。

4. 网络空间安全阶段

进入21世纪，网络空间逐渐形成和发展，成为贯通陆、海、空、天的第五大人类生存空间。网络空间安全的极端重要性正在引起各国的高度关注，发达国家普遍将其视为国家安全的基石，上升到国家安全的高度去认识和对待。在国家安全的战略高度上，网络安全概念有了更广阔的外延，仅仅从网络系统本身安全的角度去理解已经远远不够，还要关注网络安全对国家政治、经济、文化、军事等的全方位影响。

因此，网络空间安全是要保障国家主权，维护国家安全和发展利益，防范信息化发展过程中出现的各种消极和不利因素。这些消极和不利因素不仅表现为信息被非授权窃取、修改、删除，以及网络和信息系统被非授权中断，即运行安全问题，还表现为敌对分子利用网络干涉他国内政、攻击他国政治制度、煽动社会动乱、颠覆他国政权，以及网络谣言、颓废文化、淫秽、暴力、迷信等有害信息的传播，即意识形态安全问题。最终，网络空间安全深刻地表现为对国家安全、公众利益和个人权益的全方位影响，这种影响来源于经济和社会发展对网络空间的全面依赖。

1.1.3 网络空间安全

网络空间安全是指网络空间中所有要素和活动免受各种威胁的状态。随着信息技术的不断创新发展，网络空间安全的范畴不断扩大，成为非传统安全的重要组成部分，并与国家、政治、社会、经济领域的安全密不可分。网络空间安全可分为三大领域，分别为网络系统安全、网络内容安全和物理网络系统安全。

网络系统安全包括信息基础设施、计算机系统、网络连接、用户数据等设备和信息的安全保障，需要抵御各种恶意攻击对信息和网络系统的入侵、渗透、中断、破坏，以及对用户数据的泄露、窃取。网络系统安全是保障全球网络和计算机系统稳定运行，保护用户数据和隐私的基础。

网络内容安全是指保障在网络环境中产生和流转的信息内容合法、准确和健康，防止对政治、经济、社会和文化产生不良影响和危害。

物理网络系统安全包括网络空间中任何与网络连接的物、人等物理要素的安全。

随着物联网、脑机接口、机器人等技术的迅猛发展，网络空间的安全威胁已延伸到物理空间和现实世界，由此产生对资产、人身以及自然环境等要素的潜在安全威胁。网络系统安全、网络内容安全和物理网络系统安全相互影响、融合交织，构成了网络空间安全的基本内涵。

从信息论角度来看，系统是载体，信息是内涵。信息安全是信息的影子，哪里有信息哪里就存在信息安全问题。网络空间是所有信息系统的集合，是人类生存的信息环境，人在其中与信息相互作用、相互影响。因此，网络空间存在更加突出的信息安全问题，其核心内涵仍是信息安全。

当前，一方面信息技术与产业空前繁荣，另一方面危害信息安全的事件不断发生。敌对势力的破坏、黑客攻击、恶意软件侵扰、利用计算机犯罪、隐私泄露等，对信息安全构成了极大威胁。此外，科学技术的进步也对信息安全提出了新的挑战。例如，由于量子计算机和DNA计算机具有天然的并行性，因此许多现有公钥密码（RSA、ElGamal、ECC等）在量子计算机和DNA计算机环境下将不再安全。网络空间安全的形势非常严峻。

（1）网络渗透危害政治安全

政治稳定是国家发展、人民幸福的基本前提。利用网络干涉他国内政、攻击他国政治制度、煽动社会动乱、颠覆他国政权，以及大规模网络监控、网络窃密等活动严重危害国家政治安全和用户信息安全。

（2）网络攻击威胁经济安全

网络和信息系统已经成为关键基础设施乃至整个经济社会的神经中枢，一旦遭受攻击破坏，就可能引发能源、交通、通信、金融等行业领域基础设施瘫痪，造成灾难性后果，严重危害国家经济安全和公共利益。

（3）网络有害信息侵蚀文化安全

网络上各种思想文化相互激荡、交锋，优秀传统文化和主流价值观面临冲击。网络谣言、颓废文化、淫秽、暴力、迷信等违背社会主义核心价值观的有害信息侵蚀青少年身心健康，败坏社会风气，误导价值取向，危害文化安全。少数"网络大V"充当网络不良信息的写手和推手，一些虚假信息和谣言通过网络空间迅速传播，一些网民的议论和情绪通过网络空间发酵放大，一些局部矛盾和社会问题通过网络空间凸显升级。

（4）网络恐怖和违法犯罪破坏社会安全

恐怖主义、分裂主义、极端主义等势力利用网络煽动、策划、组织和实施暴力恐怖活动，直接威胁人民生命财产安全和社会秩序。计算机病毒如木马等在网络空间传播蔓延，网络欺诈、黑客攻击、侵犯知识产权、滥用个人信息等不法行为大量存在，一些组织肆意窃取用户信息、交易数据、位置信息以及企业商业秘密，严重损害国家、企业和个人利益，影响社会和谐稳定。

（5）网络空间的国际竞争日趋激烈

国际上争夺和控制网络空间战略资源、抢占规则制定权和战略制高点、谋求战略主动权的竞争日趋激烈。个别国家强化网络威慑战略，加剧网络空间军备竞赛，世界和平受到新的挑战。网络空间已成为引领战争转型的主导性空间，是未来战争对抗的首发战场。看不懂网络空间，就意味着看不懂未来战争；输掉网络空间，就意味着输掉未来战争。

1.1.4 网络空间安全观

做好网络空间安全工作，首先要树立正确的网络空间安全观，用马克思主义辩证法审视问题、分析问题、解决问题。

1. 网络空间安全是整体的而不是割裂的

在信息时代，网络空间安全对国家安全而言牵一发而动全身，同许多其他领域安全密切关联。信息化与全球化的快速发展，正在塑造一个"一切皆由网络控制"的未来世界。政治、经济、文化、社会、军事等各个领域的安全问题，都将与网络空间安全问题紧密关联。要从国家安全的战略高度认识网络空间安全，把网络空间安全作为总体国家安全观的有机组成，而不能将其同其他安全割裂开来。

2. 网络空间安全是动态的而不是静态的

在云计算、大数据、移动互联网等新兴技术广泛应用的"万物互联"时代，过去分散独立的网络变得高度关联、相互依赖，系统边界日渐模糊。同时，网络空间安全威胁来源和攻击手段不断变化，网络攻击已从传统的分布式拒绝服务攻击、网络钓鱼攻击、垃圾邮件攻击等向高级持续性威胁（APT）攻击，甚至精准网络武器打击发展。传统静态、单点防护方式难以适用，那种依靠装几个安全设备和安全软件就想永远保证安全的想法已不合时宜，需要树立动态、综合的安全防护理念，实时感知安全态势，及时升级防护系统，持续提升防护能力，有效防范不断变化的网络安全风险。

3. 网络空间安全是开放的而不是封闭的

互联网推动国际社会成为你中有我、我中有你的命运共同体。只有立足开放环境，加强对外交流、合作、互动、博弈，吸收先进技术，网络空间安全水平才会不断提高，决不能闭门造车、单打独斗，排斥学习先进，把自己封闭在世界之外。维护国家网络空间安全必须树立全球视野和开放的心态，抓住和把握新兴技术革命带来的历史性机遇，最大限度地利用网络空间发展的潜力。

4. 网络空间安全是相对的而不是绝对的

网络空间安全不是绝对的，要立足现实保安全，避免不计成本追求绝对安全。要清醒地认识面临的威胁，厘清：哪些是潜在的，哪些是现实的；哪些可能变成真正的攻击，哪些可以通过其他手段予以化解；哪些需要密切监视，防患于未然，哪些必须全力予以防范；哪些可能造成不可弥补的损失，哪些损失可以容忍，减少过度防范。

1.2 网络安全威胁

1.2.1 网络安全威胁来源

互联网是颇具诱惑力的攻击目标，无论是个人、企业还是政府机构，只要使用互联网，都能感受到网络安全方面的威胁。无论是在内部网络还是在公共网络，都存在自然和人为等诸多脆弱性和潜在威胁。

1. 网络实体面临威胁

实体是指网络系统中的关键设备，包括各类计算机（服务器、工作站等）、网络和通信设备（路由器、交换机、集线器、调制解调器、加密机等）、存放数据的媒体（磁带、磁盘、光盘、U盘、固态硬盘等）、传输线路、供配电系统，以及防雷系统和抗电磁干扰系统等。无论哪一个环节的设备出现问题，都会影响网络的正常运行，甚至给整个网络带来灾难性后果。

2. 网络系统面临威胁

网络系统面临的安全威胁主要表现为主机可能会受到非法入侵者的攻击，网络中的敏感数据有可能泄露或被修改，从内部网络向公共网络传送的信息可能被他人窃听或篡改等。典型的网络安全威胁见表1.1。

表 1.1　典型的网络安全威胁

威　　　胁	描　　　述
窃听	网络中传输的敏感信息被窃听
重传	攻击者事先获得部分或全部信息，以后将此信息发送给接收者
伪造	攻击者将伪造的信息发送给接收者
篡改	攻击者对合法用户之间的通信信息进行修改、删除、插入，再发送给接收者
非授权访问	通过假冒、身份攻击、利用系统漏洞等手段，获取系统访问权，从而使非法用户进入网络系统读取、删除、修改、插入信息等
拒绝服务攻击	攻击者通过某种方法使系统响应减慢甚至瘫痪，阻止合法用户获得服务
行为否认	通信实体否认已经发生的行为
旁路控制	攻击者发掘系统的缺陷或安全脆弱性
电磁/射频截获	攻击者从电子或机电设备所发出的无线射频或其他电磁辐射中提取信息
APT攻击	利用先进的攻击手段对特定目标进行长期持续性网络攻击
人员疏忽	授权的人为了利益或由于粗心将信息泄露给未授权人

3. 恶意程序的威胁

以计算机病毒、网络蠕虫、间谍软件、木马程序等为代表的恶意程序时刻威胁着网络系统的安全。

1988年11月发生了互联网络蠕虫（worm）事件，也称莫里斯蠕虫案。22岁的罗伯特·泰潘·莫里斯是美国康奈尔大学计算机系研究生，其父鲍勃·莫里斯是美国安全局的首席安全专家。罗伯特从小喜爱计算机，非常熟悉UNIX系统。在恶作剧心态的驱使下，罗伯特利用UNIX系统中Sendmail、Finger、FTP的安全漏洞，编写了一个蠕虫病毒程序。1988年11月2日晚，罗伯特将病毒程序安放在与ARPANET（国际互联网的前身）联网的麻省理工学院的网络上。由于病毒程序中一个参数设置错误，该病毒迅速在与ARPANET联网的几乎所有计算机中扩散，并被疯狂复制，大量消耗计算机资源，使得美国成千上万台计算机一夜之间陷入瘫痪。

在恶意程序的发展历史上，CIH病毒、红色代码（RedCode）病毒、冲击波（Blaster）病毒、震网（Stuxnet）病毒、火焰（Flame）病毒、WannaCry勒索病毒、Mirai物联网蠕虫等都曾对计算机网络系统造成严重影响，是不同时期恶意程序的典型代表。

4. 网络威胁的来源与动机

网络系统面临的威胁有些具有恶意攻击目的,有些则是非恶意的。网络威胁的主要来源见表 1.2。

表 1.2 网络威胁的主要来源

	对 手	描 述
恶意	国家	国家经营,组织精良并得到很好的财政资助,收集别国的机密或关键信息
	黑客	探求网络系统的脆弱性及缺陷,实施网络攻击
	恐怖分子/计算机恐怖分子	各种恐怖分子或极端势力的个人或团体,以强迫或恐吓政府或社会,以满足其需要为目的
	有组织网络犯罪群体	有组织和财政资助的协同犯罪群体
	其他犯罪成员	犯罪群体的其他部分,通常由少量成员构成,或是单独行动的个人
	不良媒体	收集和发布消息(有时是非法的),并将其服务出售给娱乐媒体等组织。其行为包括在任何指定时间收集关于任何人和事的情报
	商业竞争	具有竞争关系的公司经常以商业间谍的形式,从竞争对手或外国政府那里非法收集情报
	不满的雇员	具有访问系统的条件,能够对系统实施内部威胁
非恶意	粗心或未受良好训练的工作人员	缺乏训练或者粗心大意,导致信息系统损坏

对网络进行恶意破坏的目的多种多样,主要是为了获取商业、军事或个人情报,影响网络系统正常运行。大多数黑客以他们的技术为荣,寻求简单方法以获得对系统的访问权(而非破坏)。

黑客刺探特定目标的常见动机有:
- 获取机密或敏感数据的访问权。
- 跟踪或监视目标系统的运行(跟踪分析)。
- 扰乱目标系统的正常运行。
- 窃取钱物或服务。
- 免费使用资源(例如,免费使用计算机资源或网络)。
- 向安全机制发出技术挑战。

从信息系统方面看,这些动机具有三个基本目标:
- 访问信息。
- 修改或破坏信息或系统。
- 使系统拒绝服务。

1.2.2 网络安全威胁因素

一般来说,网络本身的脆弱性和通信设施的脆弱性共同构成了网络系统的潜在威胁。一是,网络系统的硬件和通信设施极易遭受自然环境的影响(如温度、湿度、灰尘度和电磁场等),以及自然灾害(如洪水、地震等)和人为(故意破坏和非故意破坏)的物理破坏;二是,网络系统的软件资源和数据信息易被非法窃取、复制、篡改和毁坏;三是,网络系统硬件的自然损耗和自然失效和软件的逻辑错误,同样会影响系统的正常工作,造成网络系统内信息的损坏、丢失和安全事故。对网络安全构成威胁的因素很多,综合起来包括:

偶发因素：如电源故障、设备的机能失常、软件开发过程中留下的漏洞或逻辑错误等。

自然灾害：各种自然灾害对计算机系统构成严重的威胁。此外，火灾、水灾、空气污染也对计算机网络构成严重威胁。

人为因素：利用网络或潜入网络机房，篡改系统数据、窃用系统资源、非法获取机密数据和信息、破坏硬件设备、编制计算机病毒等。此外，规章制度不健全、有章不循、安全管理水平低、人员素质差、操作失误、渎职行为等都会对网络系统构成威胁。

人为因素对网络系统的破坏，也称作人对网络系统的攻击，可分为以下五个方面。

1. 被动攻击

被动攻击主要是监视网络上传送的信息，典型被动攻击示例见表 1.3。抵抗这类攻击的对策主要包括使用虚拟专用网（VPN）、加密被保护网络以及使用被保护的分布式网络。

表 1.3　典型被动攻击示例

攻　击	描　述
监视明文	监视网络，获取未加密的信息
解密通信数据	通过密码分析，破解网络中传输的加密数据
口令嗅探	使用协议分析工具，捕获用于各类系统访问的口令
通信量分析	不对加密数据进行解密，而是通过对外部通信模式的观察，获取关键信息。例如，通信模式的改变可以暗示紧急行动等

2. 主动攻击

主动攻击主要是避开或突破安全防护、引入恶意代码，以及破坏数据和系统的完整性，典型主动攻击示例见表 1.4。抵抗这类攻击的对策主要包括增强对内部网络的保护（如防火墙和边界护卫）、采用基于身份认证的访问控制、远程访问保护、质量安全管理、自动病毒检测、审计和入侵检测等技术。

表 1.4　典型主动攻击示例

攻　击	描　述
修改传输中的数据	截获并修改网络中传输的数据，例如修改电子交易数据，从而改变交易的数量或者将交易转移到别的账户
重放	将旧的消息重新反复发送，造成网络效率降低
会话拦截	未授权使用一个已经建立的会话
伪装成授权的用户或服务器	将自己伪装成他人，从而未授权访问资源和信息。一般过程是，先利用嗅探或其他手段获得用户/管理员信息，然后作为一个授权用户登录。这类攻击也包括用于获取敏感数据的欺骗服务器，通过与未产生怀疑的用户建立信任服务关系来实施攻击
利用系统软件的漏洞	攻击者探求以系统权限运行的软件中存在的脆弱性
利用主机或网络信任	攻击者通过操纵文件，使虚拟/远方主机提供服务，从而获得信任
利用恶意代码	攻击者通过系统的脆弱性进入用户系统，并向系统内植入恶意代码；或者将恶意代码植入看起来无害的供下载的软件或电子邮件中，从而使用户执行恶意代码
利用协议或基础设施的系统缺陷	攻击者利用协议中的缺陷欺骗用户或重定向通信量。这类攻击包括：哄骗域名服务器，从而进行未授权远程登录；猜测 TCP 序列号，从而获得访问权；为截获合法连接而进行 TCP 组合等
拒绝服务	攻击者有很多实施拒绝服务的攻击方法，包括利用缺陷使服务停止、在网络中扩散垃圾数据包、向邮件服务器发送垃圾邮件等

3. 邻近攻击

邻近攻击是指未授权者可物理上接近网络、系统或设备，从而可以修改、收集信息，或者使系统拒绝访问。典型邻近攻击示例见表 1.5。

表 1.5 典型邻近攻击示例

攻　　击	描　　述
修改数据或收集信息	攻击者获取系统管理权，从而修改或窃取信息，如 IP 地址、登录的用户名和口令等
系统干涉	攻击者获取系统访问权，从而干涉系统的正常运行
物理破坏	攻击者获取系统物理设备访问权，从而对设备进行物理破坏

4. 内部人员攻击

内部工作人员具有对系统的直接访问权，可轻易地对系统实施攻击。内部人员攻击分为恶意和非恶意两种。非恶意行为也会导致安全事件，因此，非恶意破坏也被认作一种攻击。典型内部人员攻击示例见表 1.6。

表 1.6 典型内部人员攻击示例

攻　　击		描　　述
恶意	修改数据或安全机制	内部人员直接使用网络，具有系统的访问权。因此，内部人员攻击者比较容易实施未授权操作或破坏数据
恶意	擅自连接网络	对涉密网络具有物理访问能力的人员，擅自将涉密网络与密级较低的网络或公共网络连接，违背涉密网络的安全策略和保密规定
恶意	隐蔽通道	隐蔽通道是未授权的通信路径，用于从本地网向远程站点传输盗取的信息
恶意	物理损坏或破坏	对系统具有物理访问权限的工作人员，故意破坏或损坏系统
非恶意	修改数据	由于缺乏知识或粗心大意，修改或破坏数据或系统信息
非恶意	物理损坏或破坏	由于渎职或违反操作规程，对系统的物理设备造成意外损坏或破坏

内部人员的恶意攻击：由于内部人员知道系统的布局、有价值的数据在何处以及系统所采用的安全防范措施，因此内部人员的攻击常常是最难检测和防范的。

内部人员的非恶意攻击：这类攻击并非故意破坏信息或信息处理系统，而是由于无意的行为对系统产生了破坏，这些破坏一般是由于缺乏知识或不小心所致。

典型对策包括：加强安全意识和技术培训；对系统的关键数据、服务采取特殊的访问控制机制；采用审计、入侵检测等技术。

5. 分发攻击

分发攻击是指在软件和硬件的生产开发和安装运输时，攻击者恶意地修改软硬件。典型分发攻击示例见表 1.7，包括在生产时修改软硬件、在产品分发时修改软硬件等。可以通过受控分发以及由最终用户检验软件签名和访问控制来防范分发攻击。

表 1.7 典型分发攻击示例

攻　　击	描　　述
在生产时修改软硬件	当软件和硬件在生产阶段，通过修改软硬件配置来实施这类攻击
在产品分发时修改软硬件	在产品流转过程中修改软硬件配置，如安装窃听设备等

1.2.3 网络安全威胁产生原因

网络安全威胁是与网络系统一同产生的。换句话说，安全威胁是网络系统与生俱来的致命弱点。既要使网络方便快捷，又要保证网络安全，这是一个非常棘手的两难选择，网络安全只能在两难选择所允许的范围中寻找平衡点。因此，任何一个网络系统都不是绝对安全的。

1. 互联网具有不安全性

最初，互联网用于科研和学术目的，它的技术基础存在不安全性。互联网是对全世界所有国家或地区开放的网络，任何团体或个人都可以在网上方便地传送和获取各种各样的信息，互联网具有开放性、国际性和自由性，这就对安全提出了更高的要求，主要表现在以下方面：

- **开放性的网络**，导致网络的技术全开放，使得网络所面临的破坏和攻击来自多方面：可能来自对物理传输线路的攻击，也可能来自对网络通信协议的攻击，以及对软件和硬件实施的攻击。
- **国际性的网络**，意味着网络面临的攻击不仅可以来自本地网络的用户，也可以来自互联网上的任何一台机器，也就是说，网络安全面临的是国际化的挑战。
- **自由性的网络**，意味着网络最初对用户的使用并没有提供任何技术约束，用户可以自由地访问网络，自由地使用和发布各种类型的信息。

此外，互联网使用的 TCP/IP（传输控制协议/互联网协议）、FTP（文件传输协议）、E-mail（电子邮件）、RPC（远程过程调用）、NFS（网络文件系统）等都包含不安全的因素，存在许多安全缺陷。

2. 操作系统存在安全问题

操作系统软件自身的不安全性，以及系统设计时因疏忽或考虑不周而留下的"破绽"，都给危害网络安全的人留下了许多"后门"。

操作系统体系结构造成的安全隐患是计算机系统不安全的根本原因之一。操作系统的程序是可以动态连接的，例如：I/O 的驱动程序和系统服务，这些驱动程序和系统服务可以通过打"补丁"的方式进行动态连接，许多 UNIX 操作系统的版本升级、开发都是采用打"补丁"的方式进行的。这种动态连接的方法容易被恶意用户所利用。另外，操作系统的一些功能也带来不安全因素，例如支持在网络上传输可以执行的文件映像，以及网络加载程序的功能等。

操作系统不安全的另一原因在于它可以创建进程，支持进程的远程创建与激活，被创建的进程也可以创建子进程，这些机制提供了在远端服务器上安装"间谍"软件的条件。

3. 数据的安全问题

在网络中，数据存放在数据库中，供不同的用户共享。然而，数据库存在许多不安全问题，例如：授权用户超出了访问权限进行数据的更改；非法用户绕过安全内核，窃取信息资源等。对于数据库的安全而言，要保证数据的安全可靠和正确有效，即确保数据的安全性、完整性和并发控制。数据的安全性就是防止数据库被故意破坏和非法存取；数据的完整性是防止数据库中存在不符合语义的数据，以及防止由于错误信息的输入、输出而造成无效操作和错误结果；并发控制就是在多个用户程序并行地存取数据库时，保证数据库的一致性。

4. 传输线路安全问题

尽管在光缆、同轴电缆、微波、卫星通信中窃听特定端到端链路的信息比较困难，但是从安全的角度来说，没有绝对安全的通信线路。

5. 网络应用存在安全问题

伴随着互联网更加开放，用户开展的业务也更加丰富多彩，终端智能普遍使用，数据中心和各种云得以建设应用，网络应用的安全问题也出现了新的形式以及特点。

6. 网络安全管理问题

网络系统缺少安全管理人员，缺少安全管理的技术规范，缺少定期安全测试与检查，缺少安全监控，这些都是网络最大的安全问题。

1.3 世界主要国家的网络安全战略

网络安全的重要性与日俱增，许多国家纷纷将其提升到能够影响国家安全的战略高度，制定并颁布相应的网络安全战略。下面选取几个代表性国家的网络安全战略进行简要分析。

1.3.1 美国国家网络安全战略

2023年3月2日，美国政府正式发布新版《美国国家网络安全战略》，提出了改善美国网络安全的整体方法，旨在帮助美国准备和应对新出现的网络安全威胁。

美国政府表示，网络空间是一种以反映美国价值观的方式实现自身目标的工具，美国必须从根本上改变在网络空间分配角色、责任和资源的方式，包括："重新平衡包围网络空间的责任"以及"重新调整激励措施以支持长期投资"；世界需要一种更有意识、更协调、资源更充足的网络防御方法，美国将与盟友和合作伙伴共同打造"可防御的""有弹性的""符合价值观的"数字生态系统，具体涉及27项举措。下面介绍部分内容。

1. 保护关键基础设施

美国致力于建立持久有效的协同防御模式，公平分配风险和责任，为数字生态系统提供基本的安全和弹性，具体包括5项举措。

一是建立网络安全要求，支持国家安全和公共安全。具体包括：建立网络安全法规，确保关键基础设施安全；协调和精简新的和现有的法规；使受监管的实体能够提供安全保障。

二是扩大公私合作。创建一个基于信任的"网络中的网络"，建立网络安全态势感知，并推动网络防御者采取集体协同行动，保护关键基础设施。特别是要加强网络安全与基础设施安全局（CISA）与行业风险管理机构协调，使联邦政府能够扩大与美国各地关键基础设施所有者和运营商的协调。

三是整合联邦网络安全中心。联邦网络安全中心作为协作节点，将国土防御、执法、情报、外交、经济和军事任务的政府能力融合在一起，推动政府间的协调，并使联邦政府能够有效和果断地支持非联邦伙伴。

四是更新联邦事件响应计划和程序。联邦政府必须就私营部门合作伙伴在网络事件期间如何向联邦机构寻求支持，以及联邦政府可能提供何种形式的支持提供明确指导。CISA将牵头国家网络事件响应计划（NCIRP），更新并加强流程、程序和系统，以更充分地实现"求助于一人就是求助于所有人"的政策。

五是实现联邦防御现代化。美国管理和预算办公室（OMB）将与CISA合作制订一项行动计划，通过集体作战防御、扩大集中式共享服务的可用性和缓解软件供应链风险来确保联邦系统的安全，更换或更新无法抵御复杂网络威胁的信息技术（IT）系统和运营技术（OT）系统。

2. 破坏和摧毁威胁行为体

美国将动用包括外交、信息、军事、金融、情报和执法能力在内的一切国家力量，瓦解威胁美国利益的威胁行为体，具体包括5项举措。

一是整合联邦政府的打击活动。打击活动必须具有持续性和针对性，让从事恶意网络活动的外国政府组织不再将网络犯罪视为实现其目标的有效手段。必须整合美国司法部、国防部、情报部门现有的打击活动，进一步开发技术和组织平台，以实现持续、协调的行动。美国国家网络调查联合特遣队（NCIJTF）作为协调整个政府打击活动的多机构协调中心，将以更快的速度、更大的规模和更高的频率来协调这些活动。

二是加强公私作战合作，扰乱对手。鼓励私营部门合作伙伴通过一个或多个非营利组织（如国家网络取证和培训联盟）团结起来，协调努力。针对特定威胁的协作，应该采取灵活的小组（临时单元）的形式，小组由少量可信的操作员组成。利用虚拟协作平台，小组成员可以双向共享信息，并迅速开展工作以打击对手。

三是提高情报共享和通报的速度与规模。联邦政府将加快和扩大网络威胁情报共享的速度和规模，以便在政府掌握某个组织正在成为被攻击目标或可能已经被入侵的信息时，主动警告网络防御者并通知受害者。

四是防止滥用美国网络基础设施。联邦政府将与云环境和其他互联网基础设施提供商合作，快速识别针对美国基础设施的恶意滥用，与政府共享恶意滥用的报告，使受害者更容易报告这些系统的滥用，并使恶意行为者从一开始就难以获得这些资源。

五是打击网络犯罪和勒索软件。鉴于勒索软件对关键基础设施服务的影响，美国将利用国家力量采取四方面措施：利用国际合作，破坏勒索软件生态系统，孤立那些为犯罪分子提供安全避风港的国家；调查勒索软件犯罪，并利用执法部门和其他部门打击勒索软件的设施和操作勒索软件的人；增强关键基础设施抵御勒索软件攻击的能力；解决滥用虚拟货币洗钱的问题。

3. 塑造市场力量以推动安全和韧性

美国将通过塑造市场力量让数字生态系统中最有能力降低风险的人承担责任，具体包括6项举措。

一是让数据管理者负起责任。政府支持对收集、使用、转移和维护个人数据的能力施加强有力的、明确的限制，并为地理位置和健康信息等敏感数据提供强有力的保护。

二是推动安全物联网设备的发展。政府将继续根据《2020年物联网网络安全改进法案》的指导，通过联邦研发、采购和风险管理工作改善物联网网络安全。

三是让提供不安全软件产品和服务的实体承担责任。政府将与国会和私营部门合作，通过制定法律来明确软件产品和服务的责任。任何此类立法都应防止具有市场影响力的制造商和软件发行商通过合同完全免除责任，并为特定高风险场景下的软件建立更高的防护标准。为了制定安全软件开发标准，政府将推动开发一个适应性强的"安全港"框架，保护安全开发和维护其软件产品及服务的责任公司。这个"安全港"将借鉴当前安全软件开发的最佳实践，例如国家标准与技术研究院（NIST）安全软件开发框架，且必须随着时间的推移而发展，为安全软件开发、软件透明性和漏洞发现整合新的工具。

四是利用联邦拨款和其他激励措施加强安全投入。联邦政府将与美国"州、地方、部落和领土"（SLTT）实体、私营部门和其他合作伙伴合作，通过技术援助和其他形式的支持平衡申请者的网络安全需求，推动对设计上具有安全性和弹性的关键产品和服务的投资，并在关键基础设施的整个生命周期中维持和激励安全性和弹性。联邦政府还将优先为旨在加强关键基础设施网络安全和弹性的网络安全研究、开发和演示项目提供资金。

五是利用联邦采购来提高问责制。"改善国家网络安全"行政命令（EO14028）要求加强和标准化联邦机构的网络安全合同要求。通过采购继续试点设置、执行和测试网络安全要求的新概念，产生创新且可扩展的方法。

六是制定灾难性事件应急处理预案，探索网络安全保险支持。在灾难性事件发生之前构建应对机制，而不是在事件发生后匆忙制订一揽子援助计划，可以为市场提供确定性，并使国家更具弹性。政府将评估联邦保险应对灾难性网络事件的需求和可能的结构，支持现有的网络保险市场。

4. 投资于弹性未来

美国将通过战略投资和协调合作的行动，建立一个更安全、更有弹性、更保护隐私、更公平的数字生态系统，具体包括6项举措。

一是保护互联网的技术基础。维护和扩展开放、自由、全球化、互操作、可靠和安全的互联网，政府将持续参与标准制定过程，输出美国的价值观，并确保技术标准产生更安全、更有弹性的技术。

二是重振联邦网络安全研发。通过联邦政府努力优先考虑可防御和弹性架构的研发，并减少底层技术的漏洞，确保未来系统的安全性。这些研发投资将集中在以下三个系列的技术上：计算机相关技术，包括微电子、量子信息系统和人工智能；生物技术和生物制造；清洁能源技术。

三是为后量子时代做准备。联邦政府优先考虑将脆弱的公共网络和系统向基于后量子密码学的环境过渡，并制定互补的缓解策略，在面对未知的未来风险时提供加密的灵活性。私营部门应该效仿政府的模式，为后量子时代的未来准备自己的网络和系统。

四是保障清洁能源的未来。政府正在加速向清洁能源的未来过渡，新一代互联的硬件和软件系统正在投入使用，这些系统有可能加强美国电网的韧性、安全性和效率。这些技术包括分布式能源、"智能"能源生产和存储设备、先进的基于云的电网管理平台，以及为高容量可控负荷设计的输配电网络等。

五是支持发展数字身份生态系统。联邦政府将鼓励并支持投资强大的、可验证的数字身份解决方案，促进安全性、可访问性和互操作性、消费者隐私和经济增长。

六是制定国家战略，加强网络安全人才储备。采取全面和协调的方法，扩大国家网络安全人才储备，提高其多样性，并增加人们获得网络教育和培训途径的机会。

1.3.2　英国国家网络安全战略

2021年3月16日，英国政府发布《安全、防务、发展与外交政策综合审查——竞争时代的全球化英国》报告，综合阐述了英国未来五年的国内安全和对外政策。该文件主要围绕以下四个主题展开：一是利用科技维持战略优势；二是塑造开放的未来国际秩序；三是加强内外安全与防务能力；四是在国内外建立韧性和弹性能力。

2022年1月25日，英国政府发布了《政府网络安全战略2022—2030》，具体规定了政府在面对不断变化的网络风险时将如何建立和保持其弹性，旨在确保政府核心职能能够抵御网络攻击。该战略的中心目标是增强网络弹性，要求整个公共部门的所有政府机构不迟于2030年对已知的漏洞和攻击方法具有弹性，具体由五个目标支撑，包括：管理网络安全风险，防范网络攻击，检测网络安全事件，将网络安全事件的影响降至最低，培养正确的网络安全技能、知识和文化。

2022年12月15日，英国政府发布了2022年新版《国家网络战略》，该版战略是对《政府网络安全战略 2016—2021》的优化，旨在保护反映英国国家价值观的网络空间，以及形成足以影响世界的全球行动，促进网络在技术重塑的格局中对于国家利益的保护和影响。该战略的愿景是聚焦未来十年互联网、数字技术以及相关基础设施的发展与保护，在竞争时代重塑英国网络力量的角色。具体目标包括：

1）使英国成为一个更安全、更有韧性的国家，应对不断变化的威胁和风险，并通过网络能力保护公民免受犯罪、欺诈和国家威胁。

2）建立创新、繁荣的数字经济，为全国人民创造更加公平的机会。

3）成为超级科技大国，通过安全可靠地应用变革性技术支持绿色和健康社会。

4）成为具有全球影响力和价值的合作伙伴，塑造开放稳定的国际秩序的未来前沿，并维护网络空间行动自由。

为了实现预期的战略愿景，该战略明确了 5 项战略支柱。

（1）网络生态系统

聚焦增强英国的网络生态系统，确保拥有合适的人员、知识和伙伴关系，并由此维系政府、行业和学术界之间的牢固伙伴关系，构建拥有多元化和技术熟练的劳动力、充满活力的研究社区、具有国际竞争力的网络部门和蓬勃发展的区域创新生态系统，使英国在关键技术方面处于领先地位。

（2）支持韧性

聚焦建立建设一个韧性和繁荣的数字英国，通过数字技术转型重建网络体系。同时发展具体方法，并改变英国网络的基本态势，按照设备和设施的重要程度，主要将关注以下四个层次设备的网络韧性：①更具韧性的关键国家基础设施。②更具韧性的公共服务。③更具韧性的企业和组织。④减轻个人负担。

（3）技术优势

聚焦在对网络力量至关重要的技术方面处于领先地位。在英国国家网络安全中心（NCSC）和政府其他部门的领导下，确定网络力量的关键技术领域，通过国家战略决定优先事项，投资发展所需的研发活动和战略伙伴关系，与行业、监管机构和国际合作伙伴合作，形成值得信赖和多样化的供应链，并制定标准以确保技术的安全和开放。

（4）全球领导力

聚焦提升英国的全球领导地位和影响力，建立安全和繁荣的国际秩序。英国需要发挥积极领导作用，促进在网络空间中的利益和价值观；与更广泛的合作伙伴合作，包括与行业、全球技术标准机构、民间社会和学术界建立一个核心联盟。

（5）应对威胁

聚焦发现、破坏和威慑对手，以加强英国在网络空间和应对网络空间威胁时保证安全。以英国 NCSC 为基础，英国将与国内外公共和私营部门的合作伙伴合作以检测和应对威胁和事件；同时通过新国家网络部队（NCF）对进攻性网络能力进行了大量投资；通过国家反犯罪局（NCA）制定国家执法综合应对措施，利用外交、军事、情报、执法、经济、法律和战略沟通工具，保持对对手的技术优势。

1.3.3 法国国家网络安全战略

2017 年《国防与国家安全战略评估》出台后，法国就将数字主权和网络安全作为重中之重。2018 年夏，法国发布了《军用编程法（2019—2025）》。根据该法的规定，政府拨专款 16

亿欧元用于网络作战，在 2025 年之前增加 1500 名网络作战人员，使网络作战总人数达到 4000 人。

2019 年 1 月 18 日，法国国防部长 Florence Parly 发布了法国第一个进攻型网络作战条令。该条令的特点是传统军事作战与网络作战相结合，为传统军事行动提供网络作战支持，以实现军事行动目的。该进攻型网络作战条令指出：目前用于采购坦克、潜艇或主流软件的流程已经不再适用当前情况，需要增设一个专门的采购流程，以满足地面作战、漏洞的研究利用和有效网络作战的需要。

2021 年 2 月 18 日，法国发布网络安全国家战略，由"未来投资计划"投入 10 亿欧元，在未来 5 年使法国掌握维护网络安全主权的技术，促进网络安全产业的发展。该战略主要包含 5 项重点内容。

1）网络安全主权解决方案。网络安全主权解决方案用于支持网络安全技术研究与创新，包括：支持重大挑战企业创新项目和关键技术项目、与私营机构共同支持网络主权解决方案；设立初创企业孵化器；指定法国原子能与可替代能源委员会、法国国家科研中心、法国国家信息与自动化所牵头一项国家网络安全关键技术研究项目。

2）加强产研协同。在巴黎建设 2 万 m² 的网络安全科创园区，促进企业界和研究机构之间的联系，鼓励入驻机构在园区内共享数据、培养人才、创新技术和交流互动。

3）向个人、企业、地方和国家机构提供网络安全解决方案。通过举办国际网络安全论坛等形式，向全社会普及网络安全的重要性，激发用户需求；由国家信息系统安全局（ANSSI）实施"国家数字安全保障项目（2021—2022）"，为地方政府、公共服务机构尤其是医院等提供保障；在地方开展工业示范项目。

4）培养更多网络安全从业人才。网络安全从业人才包括专业硕士、企业联合培养博士、短期培训等。

5）设立面向初创企业的基金。

1.3.4 俄罗斯国家网络安全战略

2021 年 7 月，俄罗斯总统普京签署国家安全领域最高战略规划文件——《俄罗斯联邦国家安全战略》。该战略是俄罗斯国家安全领域最高战略规划文件，用于确定俄罗斯国家利益、国家战略优先方向和国家安全保障措施，其中将信息安全列为保障国家安全的九大优先方向之一。

战略中明确提出，确保信息安全的目的是加强俄罗斯在信息领域的主权。为实现这一目标，俄罗斯决定采取 10 项举措，其中包括：①为可靠信息的流通创造一个安全的环境，防止破坏性影响；②优先使用俄罗斯自有产品，提高俄罗斯信息基础设施的安全性及稳定性；③开发网络安全威胁感知系统；④提高打击网络犯罪的能力；⑤保护个人数据和受限信息；⑥加强军队及其供应商的信息安全；⑦发展信息战力量；⑧打击极端主义和恐怖组织的破坏性信息影响；⑨利用人工智能、量子计算等先进技术促进信息安全发展；⑩展开多方合作。

俄罗斯在国家安全观指引下，从顶层设计、重点举措和组织保障等方面展开了体系化建设，形成了比较完善的网络空间安全整体部署。

（1）持续完善战略规划体系，保障国家安全

目前，俄罗斯已形成围绕《俄罗斯联邦国家安全战略》的国家安全观，以《联邦信息安全学说》等纲领性文件为政策指导，以《俄罗斯联邦宪法》为根本立法依据，同时根据阶段

性重点不断丰富和延展的网络空间战略规划体系。2021年3月1日,《俄罗斯联邦个人数据法》修正案正式生效,加大对违反数据处理规定行为的处罚力度。

(2) 积极建设主权互联网,对抗美国钳制

面对美国步步逼近的"前置防御""持续交手",俄罗斯于2018年、2019年举行了两次"断网"演习,并于2019年发布《俄罗斯联邦网络主权法》,要求在国内建立一套独立于国际互联网的网络基础设施,确保其在遭遇外部断网等冲击时仍能稳定运行。俄罗斯政府成立国家域名管理中心,并吸引俄罗斯电信公司、俄罗斯技术公司等大型企业参与互联网建设,构建了俄罗斯国家域名体系,为"俄罗斯互联网"在受到外部影响时仍可正常运行提供保障基础。

(3) 加强互联网治理力度,维护社会稳定

为维护国家安全和社会稳定,俄罗斯从2012年起加大互联网治理力度。2012年,俄罗斯设立诽谤罪并出台《防止儿童接触有害其健康和发展的信息法》(俗称"网络黑名单法")和《外国代理人法》,2014年出台《知名博主新规则法》,加大互联网治理力度,禁止媒体和互联网传播可能造成社会危害的不正确信息。2020年5月,《俄罗斯2025年前打击极端主义战略》发布,着重捍卫俄罗斯传统价值观和文化安全。

(4) 发展网络战能力,构建主动防御

在战略法规指导上,2000年的《联邦信息安全学说》首次将网络战提升为未来的第六次战争。2017年2月,俄罗斯宣布组建信息作战部队,其主要职能是集中统一进行网络作战行动和管理。

(5) 发展自有信息技术,实现国产替代

俄罗斯大力发展自有信息技术,并积极实现国产替代。《2017—2030年俄罗斯联邦信息社会发展战略》《俄罗斯联邦"数字经济"国家纲要》中均强调发展信息技术、提升国家综合竞争力与人民生活质量及促进经济增长。2021年新版《俄罗斯联邦国家安全战略》中也明确指出,俄罗斯科学技术发展的目的是确保国家的技术独立性和竞争力,以实现国家发展目标并实施国家战略优先事项。

(6) 全面开展网络外交,争夺领导权力

为塑造自身形象,同时争夺全球网络空间事务领导权,俄罗斯在双边合作、多边合作以及在联合国框架下积极开展网络外交,并争夺网络空间全球事务的领导权。在多边合作方面,俄罗斯在上海合作组织、集体安全条约组织、独立国家联合体等组织中发挥着重要作用。

1.3.5 日本国家网络安全战略

2018年7月,日本政府发布升级版《网络安全战略》。在威胁环境方面,该战略特别强调了针对物联网设备、金融科技部门、关键基础设施和供应链的攻击。在新兴技术方面,该战略指出人工智能的发展,可以提高异常检测的精度,推动恶意软件检测自动化等自主系统的发展。在政策方法方面,该战略再次强调,当前高层领导人仍将网络安全视为成本,而不是必要的投资。为了纠正这种错误观念,政府出台了一项计划,以"发现并培训能够与高层领导人解释和讨论网络安全措施的人员",并建立了一个防范供应链风险的网络安全框架,创建了一份"已证明其可信性的设备和服务清单"。在确保物联网设备安全的背景下,该战略还明确提出政府的意图是稳步改进必要的系统,以调查和识别存在缺陷的物联网设备,并通过电信运营商迅速通知用户。

2021年10月,日本内阁网络安全中心(NISC)公布最新版《网络安全战略》。该战略的

重点内容包括：

（1）实现国民安全且安心生活的数字社会

提供保护国民和社会的网络安全环境；确保网络安全，与以数字厅为龙头的数字改革相融合；对支持经济社会基础的各主体采取措施；多样化主体之间实现信息共享与合作，强化应对大规模网络攻击事件的体制。

（2）为国际社会的和平稳定及日本的安全保障做出贡献

为保障网络空间安全稳定，日本比以往任何时候都需要提高网络领域在外交和安保方面的优先地位。目标是确保自由公正且安全的网络空间、国际合作、提升日本的防御能力和状况掌握能力等。

（3）提升网络领域在外交和安全保障问题上的"优先度"

该战略将网络领域在外交和安全保障问题上的"优先度"提升至空前高度。具体举措包括：强化防卫省和自卫队的"网络防御"能力，灵活运用能够"阻碍"对手使用网络空间的能力，采用包括外交谴责、刑事诉讼在内的各种手段进行反击。

2022年12月，日本政府修订新版《国家安全保障战略》等"安保三文件"，明确强化网络防御方针，研究引入"主动网络防御"及实现其实施所需的措施，强调自卫队要支援强化日本全国网络安全能力。为此，要设置统一综合协调网络安全保障政策的新组织，完善立法，强化运用等。

在"安保三文件"方针指导下，2023年以来日本政府动作频频，采取设立"内阁官方网络安全体制整备准备室"、改编并充实网络战人才培养体制、扩充自卫队网络战人员队伍、推动引入"主动网络防御"、不断推进深化与北约的网络合作、公布典型网络攻击案例以呼吁强化网络防护等措施，以加速落实强化网络安全防护战略。

1.3.6 我国网络安全战略

2016年12月27日，国家互联网信息办公室发布了我国的《国家网络空间安全战略》。我国网络空间安全战略的目标是以总体国家安全观为指导，贯彻落实创新、协调、绿色、开放、共享的发展理念，增强风险意识和危机意识，统筹国内国际两个大局，统筹发展安全两件大事，积极防御、有效应对，推进网络空间和平、安全、开放、合作、有序，维护国家主权、安全、发展利益，实现建设网络强国的战略目标。

我国致力于维护国家网络空间主权、安全、发展利益，推动互联网造福人类，推动网络空间和平利用和共同治理。为实现此目标，提出了9项战略任务。

1）坚定捍卫网络空间主权。
2）坚决维护国家安全。
3）保护关键信息基础设施。
4）加强网络文化建设。
5）打击网络恐怖和违法犯罪。
6）完善网络治理体系。
7）夯实网络安全基础。
8）提升网络空间防护能力。
9）强化网络空间国际合作。

我国的网络安全战略的主旨是实施网络强国和大数据国家战略，稳步走向网络强国。当前，我国网络和信息化建设快速健康稳定发展，网络安全能力显著提升，并持续为全球互联网发展治理贡献中国经验、中国智慧。

2018年4月，在全国网络安全和信息化工作会议上，习近平总书记深入阐述了网络强国战略思想，并做出战略部署。我国实施网络强国、大数据国家战略以来，网络空间安全优势得到了巨大提升，正稳步走向网络强国。我国多项5G技术和人工智能相关专利申请量居全球前列，并且将在未来5~10年计划建成全球最大规模的IPv6商业应用网络。

党的十八大报告提出要适应国家发展战略和安全战略新要求，高度关注海洋、太空、网络空间安全。党的十九大报告提出发展新型作战力量和保障力量，开展实战化军事训练，加强军事力量运用，加快军事智能化发展，提高基于网络信息体系的联合作战能力、全域作战能力，有效塑造态势、管控危机、遏制战争、打赢战争。党的二十大报告进一步提出研究掌握信息化智能化战争特点规律，创新军事战略指导，发展人民战争战略战术。打造强大战略威慑力量体系，增加新域新质作战力量比重，加快无人智能作战力量发展，统筹网络信息体系建设运用。

1.4 网络安全发展趋势

随着网络技术的飞速发展，网络的应用领域不断延伸拓展，云计算、区块链、物联网等已经成为与人们生活密切相关的网络应用新领域，这些领域面临的安全问题也日益突出，云计算安全、区块链安全、物联网安全等引起了国内外的广泛关注，现已成为网络空间安全的热点研究领域。

随着深度学习大模型的兴起，全球人工智能产业进入快速增长期，人工智能向诸多行业、领域不断渗透并交叉融合的趋势已经显现，基于人工智能赋能的"AI+"模式已成为引领行业发展的新动能。人工智能因其智能化与自动化的识别及处理能力、强大的数据分析能力、可与网络空间安全技术及应用进行深度协同的特性，对网络空间安全的理论、技术、方法和应用产生重要影响，促进变革性进步。与此同时，随着人工智能技术的普及应用，现有人工智能技术的各种安全问题也逐渐暴露出来，一旦它们被恶意利用，就有可能给各关联行业造成无法挽回的损失，因此人工智能安全问题也成为人们关注的焦点之一。

零信任将成为数字时代主流的网络安全架构。在数字时代，"云大物移智链边"（云计算、大数据、物联网、移动互联网、人工智能、区块链、边缘计算）等新兴技术的应用使得IT基础架构发生根本性变化，可扩展的混合IT环境已成为主流的系统运行环境，平台、业务、用户、终端呈现多样化趋势，传统的物理网络安全边界消失并带来了更多的安全风险。旧式边界安全防护效果有限。面对日益复杂的网络安全态势，零信任所构建的新型网络安全架构，逐渐得到关注及应用，呈现出蓬勃发展的态势。零信任是面向数字时代的新型安全防护理念，是一种以资源保护为核心的网络安全范式。零信任安全建立以身份为中心的动态访问控制，必将成为数字时代主流的网络安全架构，被认为是提升信息化系统和网络整体安全性的有效方式。

量子技术为网络空间安全技术的发展注入新动力。目前，应对量子威胁的方法主要集中在发展量子密码和后量子密码这两方面。量子计算对传统加密措施的影响源于其独特的量子特性，如果发挥其正面功能，将量子特性用于构造信息加密算法，或许能轻松应对量子计算带来的威胁，这种基于量子力学原理保障信息安全的技术便是量子密码。

后量子密码是缓解量子威胁的重要手段。所谓后量子密码（PQC）算法是指那些在大规模量子计算机出现后仍保持计算安全的密码算法。这些算法的构造没有采用量子力学的物理特性，而是延续传统主流的计算上的可证安全研究方法。目前，后量子密码算法的研究重点是构造解决公钥加密（密钥建立）和签名问题的非对称算法，主要包括基于格、编码、多变量多项式以及哈希函数等相关困难问题构造的密码算法。

本章小结

本章介绍了网络空间和网络空间安全的概念及发展历程，分析了世界主要国家的网络空间安全战略。网络空间是一个构建在信息通信技术基础设施之上的人造空间；网络空间安全与国家、政治、社会、经济领域的安全密不可分，主要包括网络系统安全、网络内容安全和物理网络系统安全三大领域，是网络安全概念的自然延伸。网络安全领域研究热点紧跟网络技术的飞速发展及相关应用领域的不断拓展，主要包括云计算安全、区块链安全、物联网安全、零信任安全、量子安全等，还包括人工智能在安全领域的应用及其自身的安全问题等。

习题

1. 简述网络空间的概念。
2. 简述网络空间安全的内涵。
3. 简述人为因素对网络系统的破坏有几种。
4. 简述美国国家网络安全战略内容涉及的主要方面。
5. 简述网络安全的发展趋势。
6. 请结合网络空间安全领域的热点事件，调研分析网络空间安全技术的发展动态。

第 2 章
网络安全基础理论

网络安全技术的发展离不开基础理论的支撑。网络安全的理论基础既包括信息论、系统论和控制论等基础理论，也包括密码学理论、访问控制理论和博弈论等新兴理论。本章重点介绍密码学理论、访问控制理论和博弈论等新兴理论的主要内容和基本原理。

2.1 网络安全理论基础

网络安全领域在其形成和发展过程中形成了自己特有的理论基础。系统科学理论和系统工程方法论当之无愧地成为网络安全的重要理论，研究网络安全的概念及其联系，既离不开信息论、系统论和控制论等系统科学经典理论，也离不开密码学理论、访问控制理论和博弈论等新兴理论。

1. 信息论、系统论和控制论

信息论是香农为解决现代通信问题而创立的，控制论是维纳（Wiener）在解决自动控制技术问题中建立的，系统论是为了解决现代化大科学工程项目的组织管理问题而诞生的。它们是独立形成的科学理论，但相互之间紧密联系、互相渗透，在发展中趋向综合、统一，具有形成统一学科的趋势。

信息论奠定了密码学和信息隐藏的基础。信息论对信息源、密钥、加密和密码分析进行了数学分析，用不确定性和唯一解距离来度量密码体制的安全性，阐明了密码体制、完善保密、纯密码、理论保密和实际保密等重要概念，把密码置于坚实的数学基础之上，标志着密码学作为一门独立学科的形成。因此，信息论是密码学的重要理论基础之一。

从信息论角度看，信息隐藏（嵌入）可以被理解为在一个宽带信道（原始宿主信号）上用扩频通信技术传输一个窄带信号（隐藏信息）。尽管隐藏信号具有一定的能量，但分布到信道中任意特征上的能量是难以检测的。因此，信息论构成了信息隐藏的理论基础。

系统论是研究系统的一般模式、结构和规律的科学，其核心思想是整体观。任何一个系统都是一个有机的整体，不是各个部件的机械组合和简单相加，系统的功能是各部件在孤立状态下所不具有的。

控制论是研究机器、生命社会中控制和通信的一般规律的科学，它研究动态系统在变化的环境条件下如何保持平衡状态或稳定状态。控制论中"控制"的定义是为了改善受控对象的功能或状态，获得并使用一些信息，以这种信息为基础施加到该对象上的作用。由此可见，控制的基础是信息，信息的传递是为了控制，任何控制又都依赖于信息反馈。

信息安全遵从"木桶原理"。"木桶原理"正是系统论的思想在信息安全领域的体现。保护、检测、响应策略是确保信息系统和网络系统安全的基本策略。在信息系统和网络系统中，系统的安全状态是系统的平衡状态或稳定状态，恶意软件的入侵打破了这种平衡或稳定。检测到这种入侵，便获得了控制入侵所需的信息，进而消除这些恶意软件，使系统恢复安全状态。

要确保信息系统安全是一个系统工程，只有从信息系统的硬件和软件的底层做起，从整体上综合采取措施，才能比较有效地确保信息系统的安全。

2. 密码学理论

虽然信息论奠定了密码学的基础，但是密码学在其发展过程中已经超越了传统信息论的范畴，形成了自己的一些新理论。现代密码可以分为基于数学的密码和基于非数学的密码两类。基于非数学的密码（如量子密码和 DNA 密码等）正处在发展的初期，尚没有广泛的实际应用。目前广泛应用的密码仍然是基于数学的密码，如单向陷门函数理论、公钥密码理论、零知识证明理论、多方安全计算理论以及部分密码设计与分析理论等。从应用角度看，密码技术是信息安全的一种共性技术，许多信息安全领域均涉及密码技术。

3. 访问控制理论

访问控制是信息系统安全的核心问题。访问控制的本质是允许授权者执行某种操作获得某种资源，不允许非授权者执行某种操作获得某种资源。许多信息安全技术都可看作访问控制技术，例如，网络等信息系统中的身份认证是最基本的访问控制。密码技术也可以看作一种访问控制，这是因为在密码技术中密钥就是权限，拥有密钥就可以执行相应密码操作获得信息，没有密钥就不能执行相应密码操作，就不能获得信息。类似地，信息隐藏技术也可以看作访问控制，这是因为在信息隐藏中隐藏的技术与方法就是权限，知道了隐藏的技术与方法，就能获得隐藏的信息，否则就不能获得隐藏的信息。

访问控制理论包括各种访问控制模型与授权理论，包括矩阵模型、BLP 模型（最早且最有名的多级安全策略模型之一）、BIBA 模型（一种用于保护数据完整性的安全模型）、中国墙模型、基于角色的模型（RBAC）、属性加密等，其中属性加密是密码技术与访问控制相结合的新型访问控制模型。

访问控制是信息安全领域的一种共性关键技术，许多信息安全领域都要应用访问控制技术。访问控制理论不仅是网络安全领域的理论基础，而且是网络安全领域所特有的理论基础。

4. 博弈论

博弈论是现代数学的一个分支，是研究具有对抗或竞争性质的行为的理论与方法。一般称具有对抗或竞争性质的行为为博弈行为。在博弈行为中，参加对抗或竞争的各方具有不同的目标或利益，并力图选取对自己最有利的或最合理的方案。博弈论研究的就是博弈行为中对抗各方是否存在最合理的行为方案，以及如何找到这个合理方案。博弈论考虑对抗双方的预期行为和实际行为，并研究其优化策略。博弈论的思想古已有之，我国古代的《孙子兵法》不仅是一部军事著作，而且是最早的一部博弈论专著。博弈论已经在经济、军事、体育和商业等领域得到广泛应用。网络安全领域的斗争无一不具有这种对抗性或竞争性。如网络的攻击与防御、密码的加密与破译、病毒的制毒与杀毒、信息的隐藏与分析、攻击的溯源与反溯源等。网络安全领域的斗争，本质上是人与人之间的攻防斗争，因此博弈论可以被认为是网络安全领域的基础理论。

2.2 密码学理论

密码学是保障信息安全的基石，它以很小的代价，为信息提供一种强有力的安全保护。长期以来，密码技术被广泛应用于政治、经济、军事、外交、情报等重要部门。近年来随着计算机网络和通信技术的发展，密码学得到了前所未有的重视并迅速普及，同时其应用领域也广为拓展，如今密码技术不仅服务于信息的加密和解密，还是身份认证、访问控制、数字签名等多种安全机制的基础。

2.2.1 密码学概述

密码学是一门古老而深奥的科学，它以认识密码变换为本质，以加密与解密基本规律为研究对象。密码学的发展历程大致经历了 4 个阶段：古代加密方法、古典密码、近代密码、现代密码。

1. 古代加密方法

应用需求是催生古代加密方法的直接动力。据石刻及有关史料记载，许多古代文明，如古埃及人、希伯来人等都是在实践中逐步发明并使用了密码系统。从某种意义上说，战争是科学技术进步的催化剂，自从有了战争，人类就面临安全通信的需求。研究表明，古代加密方法大约起源于公元前 440 年出现在古希腊战争中的隐写术。当时为了安全传送军事情报，奴隶主将奴隶的头发剃光，把情报写在奴隶的光头上，待头发变长后将奴隶送到另一个部落，再次剃光头发，原有的信息复现出来，从而实现两个部落间的秘密通信。

另一个将密码学用于通信的记录是，斯巴达人于公元前 400 年将 Scytale（密码棒）加密工具用于军官间传递秘密信息。Scytale 实际上是一个锥形指挥棒，周围环绕一张羊皮，将要保密的信息写在羊皮上。解下羊皮，上面的消息杂乱无章、无法理解，但将它绕在另一个同等尺寸的棒子上后，就能看到原始的消息。

我国古代也早就出现以藏头诗、藏尾诗、漏格诗及绘画等形式，将消息或"密语"隐藏在诗文或画卷中特定位置的记载，若只注意诗或画的表面意境，则很难发现其中隐藏的"话外之音"。总而言之，尽管这些古代加密方法只能限定在局部范围内使用，但体现了密码学的若干典型特征。

2. 古典密码

相比于古代加密方法，古典密码系统已变得复杂，并初步显现出近代密码系统的雏形，文字置换是其主要加密思想，一般通过手工或借助机械变换方式实现加密。古典密码的密码体制主要有单表代替密码、多表代替密码及转轮密码。例如，Caesar（凯撒）密码就是一种典型的单表加密体制，多表代替密码有 Vigenere（维吉尼亚）密码、Hill（希尔）密码等。20 世纪 20 年代，随着机械和机电技术的逐步成熟，以及电报和无线电应用的出现，密码设备方面发生了一场革命——发明了转轮密码机（简称转轮机，Rotor）。转轮机的出现是密码学发展的重要标志之一，由此传统密码学有了长足的进展，利用机械转轮人们开发出了许多极其复杂的加密系统，密码加密速度也大大提高。在第二次世界大战中，盟军破获的德军 Enigma（谜）密码就是转轮密码的著名例子。由于转轮机的密钥量有限，第二次世界大战中后期曾引发了一场加密与破译的对抗。

第二次世界大战结束后，电子学开始被引入密码机之中，第一个电子密码机也仅仅是一个转轮机，只是转轮被电子器件取代而已。这些电子转轮机的唯一优势在于其操作速度，但它们仍受制于机械式转轮密码机固有弱点（如密码周期有限、制造费用高等）的影响。

3. 近代密码

20 世纪 70 年代，源于计算机科学蓬勃发展的推动，快速电子计算机和现代数学方法为加密技术提供了新的概念和工具，当然也给破译者提供了有力的武器。新技术的到来给密码设计者带来了前所未有的自由，他们可以轻易地摆脱原先用铅笔和纸张进行手工设计时易犯的错误，也不用为机械方式实现密码机的高额费用而发愁，从而可以设计出更为复杂的密码系统。

1949 年香农发表了《保密系统的通信理论》(The Communication Theory of Secrecy Systems)，这篇论文作为近代密码学的理论基础之一，直至约 30 年之后才显示出它的价值。1976 年 Diffie 和 Hellman 提出了适用于网络保密通信的公钥密码思想；开辟了公开密钥密码学的新领域，掀起了公钥密码研究的序幕。在这些思想的启迪下，各种公钥密码体制相继被提出，特别是 RSA 公钥密码体制的提出，是密码学史上的一个重要里程碑。可以说，没有公钥密码的研究就没有近代密码学。1977 年，美国国家标准局正式公布实施了美国的数据加密标准（DES）及其加密算法，并将其用于政府的非机密单位及商业领域的保密通信。

4. 现代密码

现代密码学与计算机技术、电子通信技术紧密相关。在这一阶段，密码理论蓬勃发展，密码算法设计与分析互相促进，出现了大量的密码算法和各种攻击方法。另外，密码的使用范围也在不断扩张，而且出现了许多通用的加密标准。当然，密码学在飞速发展的同时，也出现了一些新的课题和方向。例如，在分组密码领域，由于 DES 已经无法满足高保密性的要求，美国于 1997 年开始征集新一代数据加密标准，即高级数据加密标准（Advanced Encryption Standard，AES），AES 征集活动使国际密码学界掀起了分组密码研究的新高潮。2006 年，高级数据加密标准已然成为对称密钥加密中最流行的算法之一。

在公开密钥密码领域，椭圆曲线密码体制由于其安全性高、计算速度快等优点引起了人们的普遍关注。此外，随着嵌入式系统的发展、智能卡的应用，相关设备上所使用的密码算法由于系统本身资源的限制，要求密码算法以较少的资源快速实现，这样，公开密钥密码的快速实现就成为一个新的研究热点。随着相关技术的发展，一些具有潜在密码应用价值的技术也得到了密码学家的高度重视，一些新的密码技术如混沌密码、量子密码等，正在逐步走向实用化。

随着互联网的发展和云计算概念的诞生，以及人们在密文搜索、电子投票、移动代码、多方计算等方面的需求日益增加，同态加密（Homomorphic Encryption）变得愈加重要。同态加密是一类具有特殊自然属性的加密方法，此概念是 Rivest 等人在 20 世纪 70 年代首先提出的，与一般加密算法相比，同态加密除了能实现基本的加密操作之外，还能实现密文间的多种计算功能，即先计算后解密可等价于先解密后计算。这个特性对保护信息的安全具有重要意义，利用同态加密技术可以先对多个密文进行计算之后再解密，不必对每一个密文解密而花费高昂的计算代价；利用同态加密技术可以实现无密钥方对密文的计算，密文计算无须经过密钥方，既可以降低通信代价，又可以转移计算任务，由此可平衡各方的计算代价；利用同态加密技术可以实现让解密方只能获知最后的结果，而无法获得每一个密文的消息，可以提高信息的安全性。

2.2.2 密码学基本概念

密码学（Cryptology）作为数学的一个分支，是研究信息系统安全保密的科学，是密码编码学和密码分析学的统称。

密码编码学（Cryptography）是使消息保密的技术和科学。密码编码学是密码体制的设计学，即怎样编码，采用什么样的密码体制保证信息被安全地加密。从事此行业的人员叫作密码编码者（Cryptographer）。

密码分析学（Cryptanalysis）是与密码编码学相对应的技术和科学，即研究如何破译密文的技术和科学。密码分析学是在未知密钥的情况下从密文推演出明文或密钥的技术。密码分析者（Cryptanalyst）是从事密码分析的专业人员。

在密码学中，有一个五元组即 {明文，密文，密钥，加密算法，解密算法}，对应的加密方案称为密码体制（或密码）。

明文（Plaintext）是作为加密输入的原始信息，即消息的原始形式，通常用 m 或 p 表示。所有可能的明文的有限集称为明文空间，通常用 M 或 P 来表示。

密文（Ciphertext）是明文经加密变换后的结果，即消息被加密处理后的形式，通常用 c 表示。所有可能的密文的有限集称为密文空间，通常用 C 来表示。

密钥（Key）是参与密码变换的参数，通常用 k 表示。一切可能的密钥构成的有限集称为密钥空间，通常用 K 表示。

加密算法（Encryption Algorithm）是将明文变换为密文的变换函数，相应的变换过程称为加密，即编码的过程（通常用 E 表示，即 $c=E_k(p)$）。

解密算法（Decryption Algorithm）是将密文恢复为明文的变换函数，相应的变换过程称为解密，即解码的过程（通常用 D 表示，即 $p=D_k(c)$）。

对于有实用意义的密码体制而言，总是要求它满足 $p=D_k(E_k(p))$，即用加密算法得到的密文总是能用一定的解密算法恢复出原始的明文来。密文消息的获取则同时依赖于初始明文和密钥的值。

一般密码系统的模型可用图 2.1 表示。

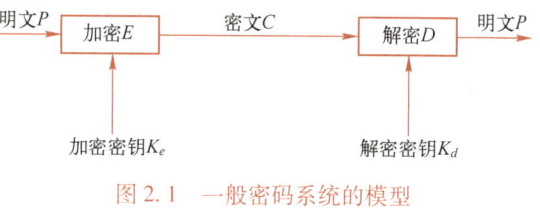

图 2.1 一般密码系统的模型

2.2.3 密码体制分类

密码体制从原理上可分为两大类，即单钥或对称密码体制（One-Key or Symmetric Cryptosystem）、双钥或非对称密码体制（Two-Key or Asymmetric Cryptosystem）。

1. 单钥密码体制

单钥密码体制的本质特征是所用的加密密钥和解密密钥相同，或实质上等同，从一个可以推出另外一个。单钥体制不仅可用于数据加密，而且可用于消息的认证，最有影响的单钥密码是 1977 年美国国家标准局颁布的 DES 算法。系统的保密性主要取决于密钥的安全性，因此必须通过安全可靠的途径（如信使递送）将密钥送至接收端。如何将密钥安全可靠地分配给通信对方，包括密钥产生、分配、存储、销毁等多方面的问题统称为密钥管理（Key Management），这是影响系统安全的关键因素。古典密码作为密码学的起源，其多种方法充分体现了单钥加密的思想，典型方法如代码加密、代替加密、变位加密、一次性密码簿加密等。

单钥密码体制的基本元素包括：原始的明文、加密算法、密钥、密文及攻击者。单钥系统对数据进行加解密的过程如图 2.2 所示。

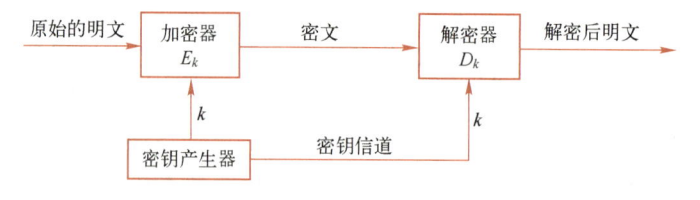

图 2.2 单钥系统对数据进行加解密的过程

发送方的明文消息 $P=[P_1,P_2,\cdots,P_M]$，P 的 M 个元素是某个语言集中的字母，如 26 个英文字母，现在最常见的是二进制字母表 $\{0,1\}$ 中元素组成的二进制串。加密之前先产生一个形如 $K=[K_1,K_2,\cdots,K_J]$ 的密钥作为密码变换的输入参数之一。该密钥或者由消息发送方生成，然后通过安全的渠道送到接收方；或者由可信的第三方生成，然后通过安全渠道分发给发送方和接收方。

发送方通过加密算法，根据输入的消息 P 和密钥 K 生成密文 $C=[C_1,C_2,\cdots,C_N]$，即

$$C=E_K(P) \tag{2.1}$$

接收方通过解密算法根据输入的密文 C 和密钥 K 恢复明文 $P=[P_1,P_2,\cdots,P_M]$，即

$$P=D_K(C) \tag{2.2}$$

一个攻击者（密码分析者）能够基于不安全的公开信道观察密文 C，但不能接触到明文 P 或密钥 K，他可以试图恢复明文 P 或密钥 K。假定他知道加密算法 E 和解密算法 D，只对当前这个特定的消息感兴趣，则努力的焦点是通过产生一个明文的估计值 P' 来恢复明文 P。如果他也对读取未来的消息感兴趣，他就需要试图通过产生一个密钥的估计值 K' 来恢复密钥 K，这是一个密码分析的过程。

单钥密码体制的安全性主要取决于两个因素：①加密算法必须足够安全，因此不必为算法保密，仅根据密文就能破译出消息是不可行的；②密钥的安全性，密钥必须保密并保证有足够大的密钥空间，基于密文和加密/解密算法的知识就能破译出消息是不可行的。

单钥密码算法的优点主要体现在其加密、解密处理速度快、保密度高等，其缺点主要体现在以下方面：

1) 密钥是保密通信安全的关键，发送方必须安全、妥善地把密钥护送到接收方，不能泄露其内容。如何才能把密钥安全地送到接收方，是单钥密码算法的突出问题。单钥密码算法的密钥分发过程十分复杂，所花代价高。

2) 多人通信时密钥组合的数量会出现爆炸性膨胀，使密钥分发更加复杂，N 个人进行两两通信，总共需要的密钥数为 $N(N-1)/2$ 个。

3) 通信双方必须统一密钥，才能发送保密的信息。如果发送者与接收人素不相识，那么就无法向对方发送秘密信息了。

4) 除了密钥管理与分发问题，单钥密码算法还存在数字签名困难问题（通信双方拥有同样的消息，接收方可以伪造签名，发送方也可以否认发送过某消息）。

2. 双钥密码体制

双钥密码体制是由 Diffie 和 Hellman 于 1976 年提出的，主要特点是将加密和解密能力分开，因而可以实现多个用户加密的消息只能由一个用户解读，或只能由一个用户加密消息而多个用户可以解读。

双钥密码体制的原理是加密密钥与解密密钥不同，而且从一个难以推出另一个。两个密钥形成一个密钥对，用其中一个密钥加密的结果，可以用另一个密钥来解密。双钥密码体制的发展是整个密码学发展史上最伟大的一次革命，它与以前的密码体制完全不同。这是因为双钥密码算法基于数学问题求解的困难性，而不再基于代替和换位方法；另外，公钥密码体制是非对称的，它使用两个独立的密钥，一个可以公开，称为公钥，另一个不能公开，称为私钥。

双钥密码体制的产生主要基于以下两个原因：一是为了解决常规密钥密码体制的密钥管理与分配的问题；二是为了满足对数字签名的需求。因此，双钥密码体制在消息的保密性、密钥分配和认证领域有重要的意义。

在双钥密码体制中，公钥是可以公开的信息，而私钥是需要保密的。加密算法 E 和解密算法 D 也都是公开的。用公钥对明文加密后，仅能用与之对应的私钥解密才能恢复出明文，反之亦然。

在使用双钥密码体制时，每个用户都有一对选定的密钥：一个是可以公开的，以 k_1 表示；另一个则是秘密的，以 k_2 表示。公开的密钥 k_1 可以像电话号码一样进行注册和公布，因此双钥密码体制又称作公钥体制（Public Key System）。双钥密码体制既可用于实现公共通信网的保密通信，也可用于认证系统中对消息进行数字签名。为了同时实现保密性和对消息进行确认，明文消息空间和密文消息空间等价，且加密、解密运算次序可换，即 $E_{k1}(D_{k2}(m)) = D_{k2}(E_{k1}(m)) = m$ 下可采用双钥密码体制实现双重加密、解密功能，如图 2.3 所示。例如，用户 A 要向用户 B 传送具有认证性的机密消息 m，可将 B 的一对密钥用于加密和解密，而将 A 的一对密钥用于认证，按图 2.3 的顺序进行变换。这样，A 发送给 B 的密文为 $c = E_{kB1}(D_{kA2}(m))$，B 恢复明文的运算过程见式（2.3）。

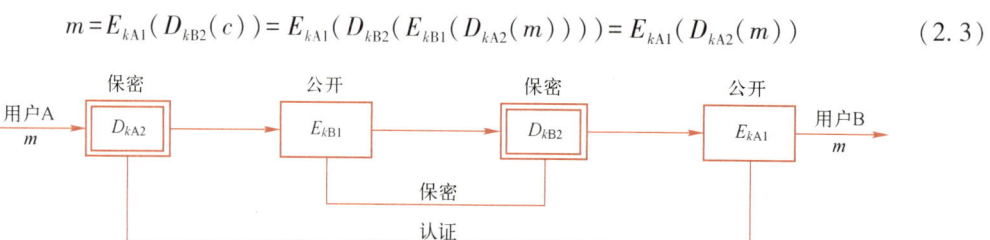

$$m = E_{kA1}(D_{kB2}(c)) = E_{kA1}(D_{kB2}(E_{kB1}(D_{kA2}(m)))) = E_{kA1}(D_{kA2}(m)) \tag{2.3}$$

图 2.3　双钥保密和认证体制示意图

双钥密码体制的优点是可以公开加密密钥，适应网络的开放性要求，且仅需保密解密密钥，所以密钥管理问题比较简单。此外，双钥密码可以用于实现数字签名等新功能。最有名的双钥密码体系是 1977 年由 Rivest、Shamir 和 Adleman 人提出的 RSA 密码体制。双钥密码的缺点是双钥密码算法一般比较复杂，加解密速度慢。因此，实际网络中的加密多采用双钥和单钥密码相结合的混合加密体制，即加解密时采用单钥密码，密钥传送则采用双钥密码。这样既解决了密钥管理的困难，又解决了加解密速度的问题。

2.2.4　典型密码算法

密码算法主要包括序列密码、分组密码、公钥密码、散列算法等类型，下面分别介绍典型密码算法。

1. 序列密码

（1）欧洲的序列密码

2004 年，欧洲启动了为期 4 年的 ECRYPT（European Network of Excellence for Cryptology）计划，其中的序列密码项目称为 eSTREAM，主要任务是征集新的可以广泛使用的序列密码算法，以改变 NESSIE（New European Schemes for Signatures，Integrity and Encryption）工程 6 个参赛序列密码算法完全落选的状况。该工程于 2004 年 11 月开始征集算法，共收集到了 34 个候选算法。经过 3 轮为期 4 年的评估，2008 年 eSTREAM 项目结束，最终有 7 个算法胜出。

eSTREAM 项目极大地促进了序列密码的研究，其中的获选序列密码算法非常值得进一步深入分析研究。

(2) 我国的 ZUC 算法

ZUC 算法，又称祖冲之算法，是 3GPP（3rd Generation Partnership Project，第三代合作伙伴计划）机密性算法 EEA3 和完整性算法 EIA3 的核心，是由我国自主设计的加密算法。2009 年 5 月 ZUC 算法获得 3GPP 安全算法组 SA 立项，正式申请参加 3GPPLTE（3GPP 长期演进技术）第三套机密性和完整性算法标准的竞选工作。历时两年多的时间，ZUC 算法于 2011 年 9 月正式被 3GPP SA 全会通过，成为 3GPPLTE 第三套加密标准核心算法。

ZUC 算法是我国第一个成为国际密码标准的密码算法。其标准化的成功，是我国在商用密码算法领域取得的一次重大突破，体现了我国商用密码应用的开放性和商用密码设计的高能力，其必将增大我国在国际通信安全应用领域的影响力。

2. 分组密码

(1) DES 算法

DES 算法，即美国数据加密标准算法，是 1972 年美国 IBM 公司研制的对称密码体制加密算法。明文按 64 bit 进行分组，密钥长度为 64 bit，密钥事实上是 56 bit 参与 DES 运算。

DES 在最初被预期作为一个标准只能使用 10~15 年，然而，出于种种原因，可能是 DES 还没有受到严重的威胁，DES 的寿命比预期长得多。DES 的最后一次评审是在 1999 年 1 月。但是，随着计算机计算能力的提高，DES 密钥过短的问题成为 DES 算法安全的隐患。例如 1999 年 1 月，RSA 数据安全公司宣布：该公司所发起的对 56 位 DES 的攻击已经由一个称为电子边境基金（EFF）的组织，通过互联网上的 10 万台计算机合作，在 22 h 15 min 内完成。

由于替代 DES 的要求日益增多，NIST 于 1997 年发布公告，征集新的数据加密标准作为联邦信息处理标准以代替 DES。新的数据加密标准称为 AES。

DES 的出现是现代密码学历史上非常重要的事件，对于研究分组密码的基本理论与设计原理具有重要的意义。

(2) AES 算法

AES 算法又称 Rijndael 加密算法，是美国联邦政府采用的一种区块加密标准。该标准用来替代原先的 DES 算法，已经被多方分析且广泛使用。经过 5 年的甄选流程，AES 由 NIST 于 2001 年 11 月 26 日发布于 FIPS PUB 197，并在 2002 年 5 月 26 日成为有效的标准。AES 有一个固定的 128 bit 的块大小和 128 bit、192 bit 或 256 bit 的密钥。

该算法是比利时密码学家 Joan Daemen 和 Vincent Rijmen 设计的，最初结合两人的名字，以 Rijndael 命名。AES 算法在软件及硬件上都能快速地加解密，相对来说较易于操作，且只需要很少的存储空间。

(3) SM4 算法

SM4 算法全称为 SM4 分组密码算法，是我国国家密码管理局 2012 年 3 月发布的第 23 号公告中公布的密码行业标准。SM4 算法是一个分组对称密钥算法，明文、密钥、密文都是 128 bit 的，加密和解密密钥相同。加密算法与密钥扩展算法都采用 32 轮非线性迭代结构。解密过程与加密过程的结构相似，只是轮密钥的使用顺序相反。SM4 算法的优点是软件和硬件实现容易、运算速度快。

(4) IDEA

IDEA（International Data Encryption Algorithm，国际数据加密算法）由来学嘉和 James Massey 于 1990 年提出第一版，并命名为 PES（Proposed Encryption Standard，建议加密标准）。在 EuroCrypt'91 年会上，来学嘉等又针对 PES 算法的轮函数做出调整，使得算法能更加有效地抵抗差分密码分析，改进后的 PES 称为 IPES（Improved PES，改进的建议加密标准）。1992 年，IPES 又被商品化，正式改名为 IDEA。它是对 64 bit 大小的数据块加密的分组加密算法，密钥长度为 128 bit，它基于"相异代数群上的混合运算"的算法设计思想，用硬件和软件实现都很容易，且比 DES 在实现上快得多。IDEA 自问世以来，经历了大量的详细测试分析，对密码分析具有很强的抵抗能力，使用在多种商业产品中。

3. 公钥密码

（1）RSA

1977 年，美国 MIT（麻省理工学院）的 Ronald Rivest、Adi Shamir 和 Len Adleman 提出了第一个较完善的公钥密码体制——RSA 体制，这是一种基于大数因子分解的困难问题上的算法。

RSA 是被最广泛研究的公钥算法，自提出以来经历了各种攻击的考验，是目前应用得最广泛的公钥方案之一。通常认为 RSA 的破译难度与大数的因子分解难度等价。

（2）ECC 算法

ECC（Elliptic Curve Cryptography，椭圆曲线密码算法）于 1985 年分别由 Victor Miller 和 Neal Koblitz 独立提出。但在当时，他们都认为 ECC 的概念仅存在于数学理论范畴，不可能实现。自提出以来，ECC 受到全世界密码学家、数学家和计算机科学家的密切关注。一方面，由于没有发现 ECC 明显的漏洞，因此人们充分相信其安全性；另一方面，在提高 ECC 算法的实现效率上取得了长足的进步，现在 ECC 不仅可被实现，而且成为已知的效率最高的公钥密码算法之一。

加密算法的安全性能一般通过该算法的抗攻击强度来反映。ECC 和其他几种公钥算法相比，其抗攻击性具有绝对的优势，例如 160 bit ECC 与 1024 bit RSA、DSA（Digital Signature Algorithm，数字签名算法）具有相同的安全强度，210 bit ECC 则与 2048 bit RSA、DSA 具有相同的安全强度，这就意味着带宽要求更低，所占的存储空间更小。这些优点在一些对带宽、处理器能力、能量或存储有限制的应用中显得尤为重要。典型应用场景包括 IC 卡、电子商务、Web 服务器、移动电话和便携终端等。

（3）SM2 算法

SM2 算法全称为 SM2 椭圆曲线公钥密码算法，是我国国家密码管理局 2010 年 12 月发布的第 21 号公告中公布的密码行业标准。

SM2 算法相较于其他非对称公钥算法如 RSA，使用更短的密钥串就能实现比较牢固的加密强度，同时由于其良好的数学设计结构，加密速度也比 RSA 算法快。

4. 散列算法

（1）MD4 算法

MD4 是 MIT 教授 Ronald Rivest 于 1990 年设计的一种信息摘要算法。它是一种用来测试信息完整性的密码散列函数。其摘要长度为 128 bit，一般 128 bit 长的 MD4 散列被表示为 32 bit 的十六进制数字。MD4 算法影响了后来的 MD5、SHA（安全散列算法）家族和 RIPEMD 等散列算法的设计。

2004 年 8 月，山东大学王小云教授等证明在计算 MD4 时可能发生散列冲撞，同时公布了对 MD5、HAVAL-128、MD4 和 RIPEMD 4 个著名散列算法的破译结果。随后，Denboer 和 Bosselaers 等人很快发现了 MD4 版本中第一步和第三步的漏洞。Dobbertin 向大家演示了如何利用一部普通的个人计算机在几分钟内找到 MD4 完整版本中的冲撞。

（2）MD5 算法

MD5 的全称是 Message Digest Algorithm 5，是在 MD4 算法的基础上发展而来的信息摘要算法。

对任意小于 2^{64} bit 长度的信息输入，MD5 算法都将产生一个长度为 128 bit 的输出。这一输出可以被看作原输入报文的"报文摘要值"。MD5 以 512 bit 分组来处理输入的信息，且每一分组又被划分为 16 个 32 bit 子分组，经过了一系列处理后，算法的输出由 4 个 32 bit 分组组成，将这 4 个 32 bit 分组级联后将生成一个 128 bit 散列值。

（3）SM3 算法

SM3 算法是我国国家密码管理局 2010 年公布的中国商用密码散列算法标准。该算法消息分组长度为 512 bit，输出散列值为 256 bit，采用 Merkle-Damgard 结构。SM3 算法的压缩函数与 SHA-256 的压缩函数具有相似的结构，但是 SM3 算法的设计更加复杂，比如压缩函数的每一轮都使用 2 个消息字，消息拓展过程的每一轮都使用 5 个消息字等。目前对 SM3 算法的攻击还比较少。

2.2.5 密码技术应用

在网络安全领域，网络数据加密是解决通信网中信息安全的有效方法。下面主要介绍通信网中对数据进行加密的应用方式。常见的网络数据加密应用主要包括链路加密、节点加密、端到端加密和同态加密等。

1. 链路加密

链路加密（又称在线加密）是对网络中两个相邻节点之间传输的数据进行加密保护，如图 2.4 所示。对于链路加密，所有消息在被传输之前进行加密，在每一个节点对接收到的消息进行解密后，先使用下一个链路的密钥对消息进行加密，再进行传输。在到达目的地之前，一条消息可能要经过多条通信链路的传输。

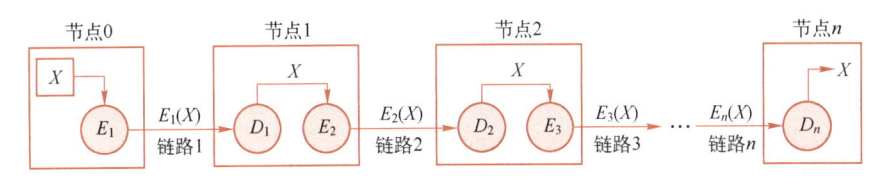

图 2.4 链路加密

由于在每一个中间传输节点，消息均被解密后重新加密，因此包括路由信息在内的链路上的所有数据均以密文形式出现。这样，链路加密就掩盖了被传输消息的源点与终点。由于填充技术的使用以及填充字符在不需要传输数据的情况下可以加密，消息的频率和长度特性得以掩盖，从而可以防止对通信业务进行分析。

在一个网络节点，链路加密仅在通信链路上提供安全性，消息以明文形式存在，因此所有节点在物理上必须是安全的，否则就会泄露明文内容。在传统的单钥加密算法中，解密密钥与加密密钥是相同的，该密钥必须被秘密保存，并按一定规则变化。这样，密钥分配在链路加密系统中就成了一个问题，每一个节点必须存储与其相连接的所有链路的加密密钥，这就需要对密钥进行物理传送或者建立专用网络设施。网络节点地理分布的广阔性使得这一过程变得复杂，同时也增加了密钥连续分配时的代价。

2. 节点加密

节点加密是指在信息传输经过的节点处进行解密和加密。尽管节点加密能给网络数据提供较高的安全性，但它在操作方式上与链路加密是类似的，两者均在通信链路上为传输的消息提供安全性，都在中间节点先对消息进行解密，然后进行加密。因为要对所有传输的数据进行加密，所以加密过程对用户是透明的。与链路加密不同的是，节点加密不允许消息在网络节点以明文形式存在，它先把收到的消息进行解密，然后采用另一个不同的密钥进行加密，这一过程是在节点上的一个安全模块中进行的。

节点加密要求报头和路由信息以明文形式传输，以便中间节点能得到如何处理消息的信息，这种方法对于防止攻击者分析通信业务是脆弱的。

3. 端到端加密

端到端加密（又称脱线加密或包加密）是指对一对用户之间的数据连续地提供保护，如图 2.5 所示。端到端加密允许数据在从源点到终点的传输过程中始终以密文形式存在。采用端到端加密，消息在传输过程中到达终点之前不进行解密，因为消息在整个传输过程中均受到保护，所以即使有节点被损坏也不会泄露消息。

图 2.5 端到端加密

端到端加密系统的价格便宜，且与链路加密和节点加密相比更可靠，更容易设计、实现和维护。端到端加密还避免了其他加密系统所固有的同步问题，因为每个报文包均是独立被加密的，所以一个报文包所发生的传输错误不会影响后续的报文包。此外，从用户对安全需求的角度讲，端到端加密更自然。

端到端加密系统通常不允许对消息目的地址进行加密，这是因为每一个消息所经过的节点都要用此地址来确定如何传输消息。由于这种加密方法不能掩盖被传输消息的源点与终点，因此它对于防止攻击者分析通信业务也是脆弱的。

4. 同态加密

近年来，云计算受到广泛关注，而它在实现中遇到的问题之一即如何保证数据的私密性。同态加密可以在一定程度上解决这个技术难题。

随着云计算技术的广泛应用，服务器端存储的加密数据必将爆炸式增加，对加密数据的检索成为一个迫切需要解决的问题。基于全同态加密技术的数据检索方法可以直接检索加密数据，不但能保证被检索的数据不被统计分析，还能对被检索的数据进行简单的运算，同时保持对应的明文顺序。电子投票在快捷准确计票、节省人力和开支、投票便利性等方面有传统投票方式无法企及的优越性，设计安全的电子选举系统是全同态加密的一个典型应用。

2.3 访问控制理论

访问控制是实现既定安全策略的系统安全方法，可以显式地管理针对所有资源的访问请求。根据系统的安全策略要求，访问控制对每个资源请求做出许可或限制访问的判断，进而有效地防止非法用户访问系统资源或合法用户非法使用资源。

2.3.1　访问控制概述

在计算机系统中，认证、访问控制和审计共同建立了保护系统安全的基础，如图 2.6 所示。其中认证是用户进入系统的第一道防线。访问控制则在鉴别用户的合法身份后，通过引用监控器控制用户对数据信息的访问。引用监控器具体是通过进一步查询授权数据库来判定用户是否可以合法操作该客体的，授权数据库由系统安全管理员根据组织的安全策略进行授权的设置、管理和维护，有时用户也能修改授权数据库的部分内容，如设置他们自己文件的访问权限。审计通过监视和记录系统中相关的活动，起到事后分析的作用。

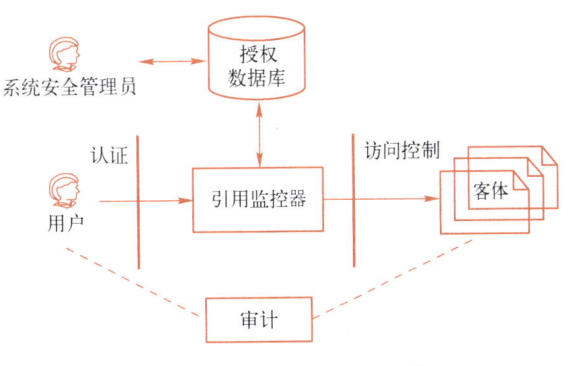

图 2.6　安全服务的逻辑交互模型

图 2.6 是安全服务的逻辑交互模型，它是在理想化程度上表达认证、访问控制和审计的相互关系，在实际的系统应用中，这种理想化的分离可能不会如此明晰，如被引用监控器保护的客体可以存储在授权数据库中，而不需要分开的物理空间。

区别认证和访问控制是非常重要的。正确地建立用户的身份标识是由认证服务实现的。在通过引用监控器进行访问控制时，总是假定用户的身份已经被确认，而且访问控制在很大程度上依赖用户身份的正确鉴别和引用监控器的正确控制。同时，访问控制不能作为一个完整的策略来解决系统安全问题，它必须与审计相结合。审计主要关注系统所有用户的请求和活动的事后分析，它一方面有助于分析系统中用户的行为活动以发现可能的安全破坏，另一方面通过跟踪记录用户请求而在一定程度上起到威慑作用，使用户不敢进行非法尝试。审计对查询系统的安全漏洞也很有帮助。

所谓访问控制，就是通过某种途径显式地准许或限制访问能力及范围的一种方法。通过访问控制服务，可以限制对关键资源的访问，防止非法用户的侵入或者合法用户因误操作而造成的破坏。访问控制是实现数据保密性和完整性机制的主要手段。

访问控制系统一般包括主体、客体和安全访问策略。

- **主体**（Subject）：发出访问操作、存取请求的主动方，包括用户、用户组、终端、主机或应用进程，主体可以访问客体。
- **客体**（Object）：被调用的程序或欲存取的数据访问，可以是一个字节、字段、记录、程序、文件，或一个处理器、存储器及网络节点等。
- **安全访问策略**：也称为授权访问，它是一套规则，用于确定一个主体是否对客体拥有访问权限。

在访问控制系统中，区别主体与客体比较重要。通常主体能否发起对客体的操作由系统的授权来决定，而且主体为了完成任务可以创建另外的主体，并由父主体控制子主体。此外，主体与客体的关系是相对的，当一个主体受到另一主体访问时，就成为访问目标，即成为客体。

访问控制规定了哪些主体可以访问，以及访问权限如何，其一般原理如图 2.7 所示。

在主体和客体之间加入的访问控制实施模块，主要用来控制主体对客体的访问。访问控制决策模块是访问控制实施功能中最主要的部分，它根据访问控制信息做出是否允许主体操作的决定。这些访问控制信息可以存放在数据库、数据文件中，也可以选择其他存储方法，并且要视访问控制信息的多少及安全敏感度确定存储方法。访问控制决策功能如图2.8所示。

图2.7 访问控制原理

图2.8 访问控制决策功能示意

2.3.2 访问控制分类

计算机信息系统访问控制技术最早产生于20世纪60年代，随后出现了两种重要的访问控制技术，即自主访问控制（Discretionary Access Control，DAC）和强制访问控制（Mandatory Access Control，MAC）。后来又出现了以基于角色的访问控制（Role-Based Access Control，RBAC）、基于属性的访问控制（Attribute-Based Access Control，ABAC）等为代表的新型访问控制技术。

1. DAC

DAC 是目前计算机系统中实现最多的访问控制机制，它是在确认主体身份及其所属组的基础上对访问进行限定的一种技术。传统的 DAC 最早出现在20世纪70年代初期的分时系统中，是多用户环境下最常用的一种访问控制技术，在目前流行的 UNIX 类操作系统中被普遍采用。其基本思想是，允许某个主体显式地指定其他主体对该主体拥有资源的访问类型。

由于 DAC 为用户提供灵活的数据访问方式，适用于多数系统环境，因而 DAC 被大量采用，尤其是在商业和工业环境中得到广泛应用。DAC 在一定程度上实现了权限隔离和资源保护，但是在资源共享方面难以控制。为了便于资源共享，一些系统在实现 DAC 时，引入了用户组的概念，以实现组内用户的资源共享。

DAC 存在的明显不足包括：资源管理比较分散；用户间的关系不能在系统中体现出来，不易管理；信息容易泄露，无法抵御特洛伊木马（Trojan Horse）的攻击。所谓特洛伊木马是指嵌入在合法程序中的一段以窃取或破坏信息为目的的恶意代码。在自主访问控制下，一旦带有特洛伊木马的应用程序被激活，木马就可以泄露和破坏接触到的信息，甚至改变这些信息的访问授权模式。

2. MAC

MAC 最早出现在 Multics 系统（多用户、多任务、多层次的操作系统，其成功之处在于孕育了 UNIX 系统）中，在1983年美国国防部的 TESEC（可信计算机系统评估准则）中被用作 B 级安全系统的主要评价标准之一。MAC 的基本思想是：每个主体都有既定的安全属性，每个客体也都有既定的安全属性，主体对客体能否执行特定的操作取决于两者安全属性之间的关系。

通常所说的 MAC 主要是指 TESEC 中的 MAC，它主要用来描述美国军用计算机系统环境下的多级安全策略。

一般的 MAC 都要求主体对客体的访问满足 BLP（Bell and LaPadula）安全模型的两个基本

特性。

1）简单安全特性：仅当主体的安全级别不低于客体安全级别，且主体的类别集合包含客体的类别集合时，才允许该主体读该客体，即主体只能向下读，不能向上读。

2）星（*）特性：仅当主体的安全级别不高于客体安全级别，且客体的类别集合包含主体的类别集合时，才允许该主体写该客体，即主体只能向上写，不能向下写。

上述两个特性保证了信息的单向流动，即信息只能向高安全属性的方向流动，MAC 就是通过信息的单向流动来防止信息扩散的。

与 DAC 相比，MAC 提供的访问控制机制无法被绕过。在 MAC 中每个用户及文件都被赋予一定的安全级别，用户不能改变自身或任何客体的安全级别，即不允许单个用户确定权限，只有系统管理员才可以确定用户和组的访问权限。系统通过比较用户和文件的安全级别来决定用户能否访问该文件。此外，MAC 不允许进程生成共享文件，从而防止了进程通过共享文件将信息从一个进程传到另一个进程情况的出现。MAC 可使用敏感标签对所有用户和资源强制执行安全策略，即实行强制访问控制。安全级别一般分为 4 级，绝密级（Top Secret）、机密级（Confidential）、秘密级（Secret）和无级别级（Unclassified）。这样，用户与访问信息的读写关系将有以下 4 种。

1）下读（Read Down）：用户级别高于文件级别的读操作。
2）上写（Write Up）：用户级别低于文件级别的写操作。
3）下写（Write Down）：用户级别高于文件级别的写操作。
4）上读（Read Up）：用户级别低于文件级别的读操作。

MAC 的不足主要表现在两个方面：应用领域偏窄，使用不灵活，一般只用于内部分级别的行业或领域；在完整性方面控制得不够，它重点强调了信息向高安全级的方向流动，对高安全级信息的完整性强调得不够。

3. RBAC

RBAC 的概念产生于 20 世纪 70 年代，但在相当长的一段时间内没有得到人们的关注。进入 20 世纪 90 年代后，RBAC 才引起了人们极大的关注。

在 RBAC 中，用户和访问许可权之间引入了角色的概念，用户与特定的一个或多个角色相联系，角色与一个或多个访问许可权相联系。所谓的角色，就是一个或多个用户可以执行的操作集合，它体现了 RBAC 的基本思想，即授权给用户的访问权限通常由用户在一个组织中担当的角色来确定。当用户被赋予一个角色时，用户具有这个角色的所有访问许可权。用户和角色间是多对多的关系，角色与客体间也是多对多的关系。可以根据实际工作的需要生成或取消角色，而且登录到系统中的用户可以根据自己的需要动态激活自己拥有的角色，从而避免了用户无意间危害系统的安全。

在 RBAC 模型的系统中，每个用户进入系统时得到一个会话，这个会话激活的角色可能是该用户全部角色的子集。对该用户而言，在一个会话内可获得全部被激活的角色所包含的访问许可权。设置角色和会话带来的好处是容易实施最小权限原则。除此之外，角色之间、访问许可权之间、角色和访问许可权之间定义了一些关系如角色间的层次关系，而且还可以按照需要定义各种约束，如定义出纳和会计这两个角色为互斥角色（即这两个角色不能分配给同一个用户）。

（1）RBAC 模型

迄今为止已发展了 4 种 RBAC 模型。

1) 基本模型 RBAC0。该模型指明用户、角色、访问许可权和会话之间的关系。其中，用户和角色可以是多对多的关系，访问许可权和角色也可以是多对多的关系。

2) 层次模型 RBAC1。该模型包括了 RBAC0 并且添加了角色继承，上层角色可继承下层角色的访问许可权。角色继承就是指角色可以继承于其他角色，在拥有其他角色权限的同时，还可以关联额外的权限。这种设计可以给角色分组和分层，一定程度简化了权限管理工作。也就是说，角色之间存在上下级关系，对应到实体设计中即角色实体的自身关联。

3) 约束模型 RBAC2。该模型除包含 RBAC0 的所有基本特性外，还增加了对 RBAC0 所有元素的约束检查，只有拥有有效值的元素才可被接受。RBAC2 的约束规定了权限被赋予角色时，或角色被赋予用户时，以及当用户在某一时刻激活一个角色时所应遵循的强制性规则。主要的约束条件包括互斥约束、基数约束和先决条件约束。互斥约束包括互斥用户、互斥角色、互斥权限，同一个用户不能拥有相互排斥的角色，两个互斥角色不能分配一样的权限集合，互斥的权限不能分配给同一个角色，在会话中同一个角色不能拥有互斥权限。基数约束是指一个角色被分配的用户数量受限，即能拥有某个角色的用户数量是有限的。先决条件约束是指要想获得较高的权限，要首先拥有低一级的权限。

4) 层次约束模型 RBAC3。该模型兼有 RBAC1 和 RBAC2 的特点。

（2）RBAC 的特点

RBAC 的好处在于一个组织内的角色相对稳定，系统建立起来以后主要的管理工作即授权或取消主体的角色，这与一些组织通常的业务管理很类似。如一个公司可以建立经理、会计等角色，然后给不同的角色授予不同的权限，进行管理。RBAC 具有 5 个明显的特点：

1) 以角色作为访问控制的主体。用户以什么样的角色访问资源，决定了用户拥有的权限以及可执行何种操作。

2) 角色继承。为了提高效率，避免相同权限被重复设置，RBAC 采用了"角色继承"的概念，定义了这样一些角色，它们有自己的属性，但可能还继承其他角色的属性和权限。角色继承把角色组织起来，能够很自然地反映组织内部人员之间的职权、责任关系。角色继承可以用祖先关系来表示，如图 2.9 所示，角色 2 是角色 1 的"父亲"，它包含角色 1 的属性与权限。在角色继承关系图中，处于最上面的角色拥有最大的访问权限，越下面的角色拥有的权限越小。

3) 最小权限原则。所谓最小权限原则是指，用户所拥有的权限不能超过他执行工作时所需的权限。实现最小权限原则，需分清用户的工作内容，确定执行该项工作的最小权

图 2.9 RBAC 角色继承示意图

限集，然后将用户限制在这些权限范围之内。在 RBAC 中，可以根据组织的规章制度、职员的分工等设计拥有不同权限的角色，只将角色需要执行的操作授权给角色。当一个主体要访问某资源时，如果该操作不在主体当前活跃角色的授权操作之内，该访问将被拒绝。

4) 职责分离。对于某些特定的操作集，某一个角色或用户不可能同时独立地完成所有这些操作。"职责分离"有静态和动态两种实现方式。所谓静态职责分离，即只有当一个角色与用户所属的其他角色彼此不互斥时，这个角色才能被授予该用户。所谓动态职责分离，即只有当一个角色与一个主体的任何一个当前活跃角色都不互斥时，该角色才能成为该主体的另一个活跃角色。

5）角色容量。在创建新的角色时，要指定角色的容量。在一个特定的时间段内，有一些角色只能由一定数量的用户占用。

RBAC 的最大优势在于它对授权管理的支持。通常的访问控制实现方法，将用户与访问权限直接联系在一起，当组织内新增人员或有人离开时，或者某个用户的职能发生变化时，需要进行大量授权更改工作。在 RBAC 中，角色作为一个桥梁，沟通用户和资源。先将对用户的访问授权转变为对角色的授权，然后再将用户与特定的角色联系起来。RBAC 的另一优势在于系统管理员在一种比较抽象且与企业通常的业务管理相类似的层次上控制访问。这种授权使系统管理员从访问控制底层的具体实现机制中脱离出来，十分接近日常的组织管理。

与 DAC 和 MAC 相比，RBAC 具有明显的优势，RBAC 基于策略无关的特性，使其几乎可以描述任何安全策略，甚至 DAC 和 MAC 也可用 RBAC 描述。这与 DAC 和 MAC 存在很大区别，DAC 本身就是一种安全策略，MAC 主要是描述军用计算机系统的多级安全策略。由于 RBAC 具有自管理能力，基于 RBAC 思想产生的 ARBAC（Administrative RBAC）模型很好地实现了对 RBAC 的管理，这使得 RBAC 在进行安全管理时更适合应用领域的实际情况。

4. ABAC

（1）ABAC 概述

ABAC（Attribute Based Access Control，基于属性的访问控制）是一种访问控制模型，通过动态计算一个或一组属性是否满足某种条件来进行授权判断，其访问控制决策基于与请求者、环境和/或资源本身相关的特征或属性。每个属性都是一个独立离散的字段，策略决策点通过检查与访问请求相关的各种属性值，来确定允许或拒绝访问。这些属性不一定相互关联，事实上，用于决策的属性可能来自不同的、不相关的来源。

在典型的 ABAC 实现中，访问请求者必须直接或间接地提供一组属性，用于确定访问授权。一旦请求者提供了这些属性，ABAC 就会根据允许的属性进行检查，并根据访问规则做出授权决策。

ABAC 模型的一个关键优势是，被访问的系统或资源不需要事先知道请求者的任何信息。只要请求者提供的属性能够满足获取访问入口的安全策略，他就将被授予访问权限。当组织希望为满足一些特定属性的非预期用户提供对某些资源的访问能力时，ABAC 显然非常有用。在大型企业中，这种无须预定义许可用户名单，就能确定用户权限的访问控制能力至关重要，它可以为员工随时加入或离开组织提供技术支撑。

ABAC 模型可以按需实现不同颗粒度的权限控制，但定义权限时不易看出用户和对象间的关系。如果规则复杂，则容易给管理者带来维护和追查方面的麻烦。与 RBAC 相比，ABAC 对权限的控制粒度更细，如控制用户的访问速率等。ABAC 能够有效地解决动态大规模环境下的细粒度访问控制问题，是云计算、物联网等新型计算环境中的理想访问控制模型。

（2）ABAC 基本模型

属性是 ABAC 的核心概念，ABAC 中的属性可以通过一个四元组（S，O，P，E）进行描述。S 表示主体（Subject）属性，即主动发起访问请求的所有实体具有的属性，如年龄、姓名、职业等；O 表示客体（Object）属性，即系统中可被访问的资源具有的属性，如文档、图片、音频或视频等数据资源；P 表示权限（Permission）属性，即对客体资源的各类操作，如对文件或数据库等的读、写、新建、删除等操作；E 表示环境（Environment）属性，即访问控制过程发生时的环境信息，如用户发起访问时的时间、系统所处的地理或网络位置、是否有对同一信息的并发访问等信息，该属性独立于访问主体和被访问资源。

如图 2.10 所示，ABAC 模型按其执行操作种类的不同可分为两个阶段：准备阶段和执行阶段。准备阶段主要负责收集构建访问控制系统所需的属性集合，以及对访问控制策略进行描述；执行阶段主要负责对访问请求的响应以及对访问策略的更新。首先，属性权威（Attribute Authority，AA）预先收集、存储和管理构建安全的访问控制所需的属性集合以及属性-权限之间的对应关系。因此为了构建安全的 ABAC，首先需要从海量的类型各异的访问主体和访问客体中挖掘出独立、完备的主体属性、客体属性、权限属性和环境属性集合，并构建这些属性同相关实体之间的关联关系。属性的独立性保证了属性集合中不存在意义相似的冗余属性，减小了系统的存储和管理负担。完备性则保证了属性集合可以提供访问控制系统所需的所有属性，保证了系统的安全性。

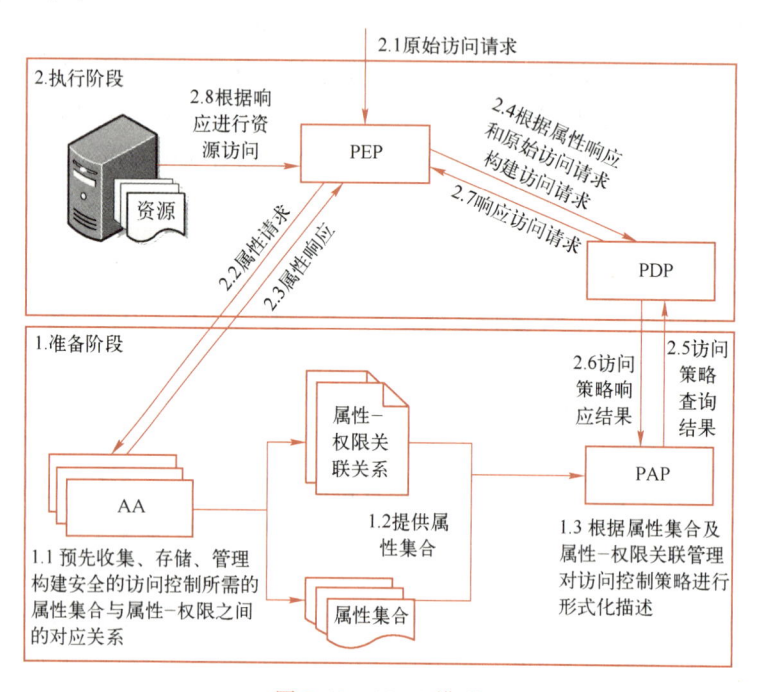

图 2.10 ABAC 模型

当获得属性集合后，需要对属性与权限之间的对应关系进行分析。传统的访问控制机制大多通过专家分析企业的业务流程，抽象并完成属性-权限的分配关系，但是由于依赖专家对环境的了解，人工依赖性较强。面对开放性极强的新型计算环境，几乎没有专家能对整个应用场景有完整的了解，导致自顶向下的方法并不适用。因此自动化的属性-权限关联关系发现方法是需要解决的重要问题。当获取独立完备的属性集合以及属性-权限关联关系后，策略管理点（Policy Administration Point，PAP）利用这些信息对访问控制策略进行形式化描述。不同的访问控制策略描述方法有不同的表达能力，但目前的方案中，表达能力的提升伴随访问控制策略复杂度的提高。因此设计复杂度较低且具有丰富表达能力的访问控制描述语言可以保证 ABAC 系统高效准确运行。此外，随着新型计算环境的发展，不同域间的资源共享和信息互访日益增多。但不同的域系统往往是独立的，每个域都具有自己独特的访问控制策略，一个域中的用户拥有的权限往往在另一个域内会失效。因此在保证自身访问控制安全的基础上，实现多域间不同策略的翻译、融合可以最大限度地保障不同自治域间安全的资源共享和信息交互。

在执行阶段，当接收到原始访问请求（NAR）之后，策略实施点（Policy Enforcement

Point，PEP）向 AA 请求主体属性、客体属性以及相关的环境属性，并根据所返回的属性结果集（属性响应）构建基于属性的 AAR（访问请求）并将 AAR 传递给策略决策点（Policy Decision Point，PDP）。PDP 根据 AA 所提供的主体属性、客体属性以及相关环境属性，对用户的身份信息进行判定。通过与 PAP 交互，根据 PAP 提供的策略查询结果对 PEP 转发来的访问请求进行判定，决定是否对访问请求授权，并将判定结果传给 PEP。最终由 PEP 执行判定结果。但是在 ABAC 中用户的身份是由一系列属性组成的集合来表示的，具有较强的匿名性，这种匿名性导致用户可能滥用其所拥有的属性带来的权限。通过引入身份认证机制可以有效保证用户所提供属性的可靠性及数据源的不可否认性，增强访问控制系统的安全性。同时新型计算环境中用户和设备的动态特性带来了权限的频繁变动，需要对这些变动实时响应，更改相应的权限，保证系统安全可靠运行。

2.4 博弈论

2.4.1 博弈论概述

博弈论研究决策主体的行为发生直接相互作用时的决策以及这种决策的均衡问题，是研究竞争中参与者为争取最大利益应当如何做出决策的数学方法，是研究多决策主体之间行为相互作用及其相互平衡，以使收益或效用最大化的一种策略理论。博弈论研究的是特定环境下的博弈各方理性行为，过程中他们都会对博弈对手的未来行为做出预判。

1. 博弈论发展历程

博弈论作为一种思想理念的萌芽可以追溯到我国古代战国时期的田忌赛马，距今已经约有 2300 年历史。法国经济学家约瑟夫·伯川德于 1883 年提出了一种双寡头价格垄断博弈模型。德国经济学家冯·斯坦克尔伯格于 1934 年提出了一种双寡头垄断动态博弈模型，区分了博弈中双方之间行动的先后顺序。法国数学家奥古斯汀·古诺于 1938 年提出了简单的古诺双寡头产量垄断博弈模型，该模型作为博弈论纳什平衡运用的早期模型成为研究寡头理论的起点。1944 年，现代博弈论开山之作《博弈论与经济行为》（*Game Theory and Economic Behavior*）正式出版，作者为著名数学家约翰·冯·诺依曼及经济学家奥斯卡·摩根斯坦，该书系统地阐述了博弈论现有研究成果、研究框架及基本理论，是博弈论作为一门单独的系统学科被建立起来的标志。20 世纪中叶，著名经济学家和博弈论巨匠约翰·纳什提出了一种非常重要的针对非合作博弈的纳什均衡解理论，并证明了纳什均衡存在性。当前博弈论研究主要建立在博弈论纳什均衡解之上，纳什均衡给博弈论的应用和发展带来了巨大的理论空间，铺平了理论应用道路。

2. 博弈论基本概念

博弈论中涉及的主要概念如下：

（1）参与者

参与者是指博弈中选择行动以最大化自己效用的决策主体。在网络攻防中，参与者往往包括攻击者和防御者两类。

（2）策略

策略是指参与者可能选用并实施的计划或方案，它规定了参与者应该采取的行动。

（3）支付

支付（Pay off）即双方通过实施策略从博弈中获得的效用水平，常以效用函数来度量。需要特别指出的是在动态博弈中，各博弈参与者当前使用的策略不仅决定当前确定性支付，还决定受其影响的未来随机博弈状况，也就意味着同时形成另外一种预期支付。

（4）信息

信息是指参与者在博弈过程中能了解到和观察到的知识，例如，有哪些人参与，他们可以采取的行动策略有哪些，各策略对应的收益情况如何等。

（5）共同知识

共同知识是指所有参与者知道的知识。博弈参与者对博弈问题的描述是共同知识。

（6）完全信息

参与博弈的人员、策略和收益情况对所有博弈参与者而言是人尽皆知的，就是完全信息。

（7）完美信息

每个参与者都知道已经发生的所有其他参与者的博弈动作，就是完美信息。

（8）纳什均衡

纳什均衡是指非合作博弈中，各理性的博弈参与者为了达到自身收益最大化的预期，而形成的一种相对稳定的状态下的博弈人最优的纯策略组合或混合策略组合。处于该状态的各博弈方所采取的策略是最优的，即博弈时谁也不可能通过简单改变或者调整自身拟定采取的动作来获得更好的博弈结果。

（9）理性

理性是指博弈参与者寻求一种最大化自己支付的方式进行博弈。一般假定每个博弈参与者都是完全理性的。这就意味着所有博弈参与者都是唯利是图的，同时参与者知道其他人也都是唯利是图的。

（10）纯策略

在特定博弈状态下，如果博弈参与者只能选择特定的行动策略，那么这个策略就是纯策略。

（11）混合策略

混合策略是以博弈时单个策略的选择概率来形式化描述的策略组合。混合策略中各策略的概率就是博弈参与者如何选择和实施该策略的行动指南。

3. 博弈类型

博弈按照不同的分类标准可以划分为不同的种类。

（1）零和博弈与非零和博弈

一个博弈系统中，如果所有博弈参与者的收益总和是零，就是零和博弈。在零和博弈中，参与者之间是对立的，即一方得多少另一方就失多少，反之一方的损失越大则另一方的收益也就越大。如果博弈中各参与者的收益之和是非零的某个常数，这也是一种特殊的零和博弈。除此之外，博弈中各参与者的收益之和如果既非零也非某个常数的情况则称为非零和博弈。

（2）完全信息博弈与非完全信息博弈

博弈论中的完全信息是指各参与者对所有参与者、策略和收益等方面都有完整清晰的了解。非完全信息是指上述完全信息是部分缺失的，比如有哪些参与者、都有什么策略、对应收益情况中的部分或全部内容不是共同知识或者并非人尽皆知的，参与者对于博弈关键结构信息并非完全了解，具备这种特征的博弈就是非完全信息博弈。

（3）完美信息和非完美信息博弈

完美信息博弈具有全是单点集的完全信息博弈的信息集，博弈参与者了解过往博弈历史，知道过去的博弈过程。相反，如果博弈中的信息集不全是单点集，且博弈参与者不完全知道过去的博弈历史，称这种博弈为非完美信息博弈。两者的本质区别在于是否完全知道曾经的博弈历史。

（4）合作博弈与非合作博弈

合作博弈是指博弈参与者之间达成了一个具有约束力的协议。如果博弈参与者之间没有达成具有约束力的协议，则是非合作博弈。某协议具有约束力，具体是指该协议具有必须执行的强制性。可以看出其本质区别在于两者是否具有合作性质。非合作博弈与现实中一般情况下的绝大多数博弈现象较为接近，因此是博弈论研究的重点。

（5）静态博弈与动态博弈

如果博弈参与者同时采取行动策略，则这种博弈称为静态博弈。应特别指出的是，即使博弈参与者采取策略具有时间先后顺序，但较后采取策略的博弈参与者不知晓已经较先采取行动的博弈参与者的策略，这种博弈也被视为一种静态博弈。石头剪刀布游戏就是一种典型的静态博弈。动态博弈的定义有两层含义：其一，博弈参与者采取行动策略不是同时的，即有时间先后顺序；其二是时间上后顺序的博弈参与者能够知晓时间上先顺序的博弈参与者已经采取的行动策略。扑克就是典型的动态博弈。

（6）战略式博弈与扩展式博弈

战略式博弈是一种最常见的静态博弈，尤其适用于不需要考虑博弈动态变换进程的完全信息博弈情况（如静态完全信息博弈），又称为标准式博弈，是一种描述相互作用的博弈模型。战略式博弈一般包含三大要素：参与者集合、参与者战略集合及参与者战略组合对应的效用函数。纳什均衡是完全信息静态博弈的解。战略式博弈假设每个参与者仅选择一次行动或行动计划，并且这些选择是同时进行的决策模型，是一种静态模型。纳什均衡是适用于这种模型的解。

扩展式博弈提供了另外一种博弈问题的规范性描述，即一种动态博弈问题描述。区别于战略式博弈，扩展式博弈更加关注对参与者在博弈过程中所遇到的决策问题的序列结构的详细分析。动态博弈过程细节是扩展式博弈更加关注的内容。值得关注的是扩展式博弈不能直接应用纳什均衡作为博弈问题的解，而应先对扩展式问题进行战略式描述，而后求解纳什均衡。不同于战略式博弈的三大要素，扩展式博弈必须具备参与者、行动顺序、行动时面临的决策行为问题及支付函数等内容。

根据不同的分类标准，博弈的分类如图 2.11 所示。

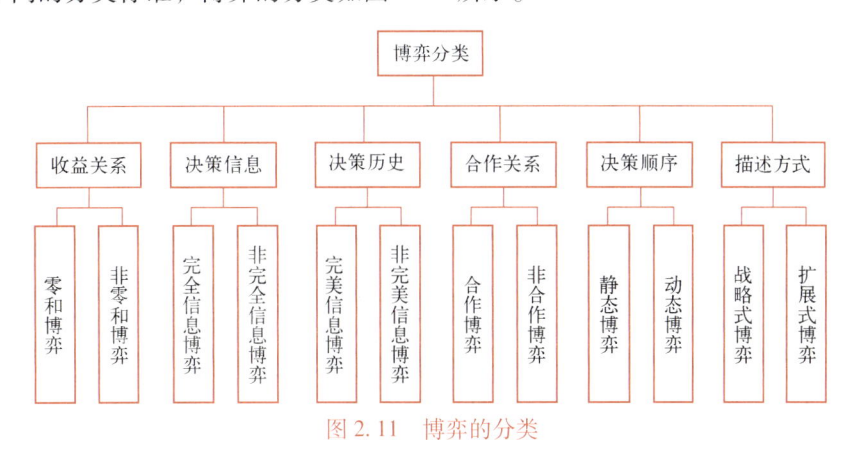

图 2.11 博弈的分类

4. 纳什均衡

纳什均衡，也称非合作博弈均衡，是博弈理论特别是非合作博弈理论中的一个很重要的概念，相较于传统零和博弈中的极大极小解具有更强的普适性，其适用于任何博弈模型，形成非合作博弈研究的基本理论，为博弈论的进一步蓬勃发展奠定了坚实基础。可以将纳什均衡作为博弈问题的解，也就是博弈问题的一致性预测。

纳什均衡广义上可以分为纯策略纳什均衡及混合策略纳什均衡。纳什均衡是一种策略的组合，这使得每个参与者的策略都是对其他任一参与者策略的最佳应对。纳什均衡是重要的博弈论研究工具，是博弈论和数学运算之间的桥梁，很多求解博弈论最优策略的问题通过纳什均衡转换为求数学解问题。

纳什均衡的提出进一步丰富和完善了博弈论，使博弈论具有数学解成为可能。纳什均衡实现了博弈论的决策量化问题，使得博弈论在计算机领域的应用研究越来越受关注，并有了数学表达和数学解，这就意味着不但博弈论可以被用来指导决策，而且计算机系统同样可以据此实现智能决策。

2.4.2 网络安全博弈特征

对于网络安全来说，网络安全技术无疑是最重要的。甚至很多人认为，只要有足够好的访问控制机制、已被形式化证明的密码协议、有效的防火墙、更好的检测入侵和恶意代码技术，那么网络安全问题就可以得到解决。事实上，任何技术都是一把"双刃剑"，既可以用来防护，也可以用来攻击，即所谓"道高一尺，魔高一丈"。今天安全管理员刚刚修复了一个安全漏洞，明天攻击者又找到了另一个新的漏洞。此外，理想的防御系统应该对所有的弱点都做出防护，抵御所有攻击行为但是从组织资源限制等实际情况考虑，"不惜一切代价"的防御显然是不合理的，必须考虑"适度安全"，即考虑在网络安全的风险和投入之间寻求一种均衡，应当利用有限的资源做出最合理的决策。因此，解决网络安全问题不仅要靠先进的技术，还需要从策略、管理、机制的角度提高网络安全能力，网络安全是包括技术、管理、法律在内的系统工程。在传统的基于密码技术的安全通信中，都假定其参与方要么是诚实的要么是恶意的。诚实的参与方在通信过程中总是遵照通信协议的要求执行，不存在欺诈行为；恶意的参与方总是以任意的方式欺诈其他参与方，以达到其某种不可告人的目的。但是，无论参与方如何"聪明"，当他达到其欺骗目的时都要付出一定的代价，在某些情况下，甚至是得不偿失的，理性的欺诈者就可能会反思其欺诈行为是否值得。那么在参与者是理性的情形下，怎样权衡各参与方的最大化收益，是非常值得研究的问题。

在网络安全中，攻击和防御是最基本的决策。博弈论更加关注博弈决策中博弈各方的互动行为。博弈论提供了合适的数学模型来描述网络攻防双方之间的关系和行为。在网络信息系统中引入博弈论是合适的，因为其中牵涉系统安全性和可用性之间的权衡，牵涉收益的均衡。典型的网络攻击行为发生的动机显然是为了利益，作为攻击方或者防御方，其行动的最终目的都是使自身收益最大化。这个典型的逻辑思维使得网络空间动态攻防之中处处都有博弈的影子，攻防过程其实就是博弈过程。

近年来，博弈论在网络安全领域的应用研究也引起了学术界的重视。网络安全中攻防对抗的本质可以抽象为攻防双方的策略依存性，防御者所采取的防御策略是否有效，不应该只取决于其自身的行为，还应取决于攻击者和防御系统的策略。

网络攻防博弈模型将研究重点从具体攻击行为转移到研究攻击者与防御者组成的对抗系

统，包含了网络攻防对抗双方关系的主要属性，如攻击目标属性、攻击策略属性等，抓住了网络攻防对抗过程的关键因素，如激励、效用、代价、风险、约束、策略、安全机制、安全度量、安全漏洞、攻击手段、防护手段、系统状态等。利用网络攻防博弈模型可以推断网络攻防双方的均衡策略。因此，网络安全是一种典型防御与攻击的博弈，网络攻防博弈模型对于研究网络安全攻防策略，更加有效地提高网络安全技术的作用具有重要意义。

2.4.3 网络安全博弈模型

按照博弈论的观点，可以将网络攻防过程看作攻击者与防护者之间的博弈，博弈双方都根据自身对网络环境和对方动作的估计做出自己的动作。

1. 博弈过程的形式化描述

博弈，即一些个人、团队或其他组织，面对一定的环境条件，在一定的规则下，同时或先后，一次或多次，从各自可选的行为或策略中进行选择，并加以实施，各自取得相应结果的过程。

一个标准形式的博弈过程可描述为

$$G = \{S_1, S_2, \cdots, S_i, \cdots, S_n, u_1, u_2, \cdots, u_i, \cdots, u_n\} \tag{2.4}$$

式中，$i = 1, 2, \cdots, n$ 表示 n 个博弈参与人；$S_1, S_2, \cdots, S_n$ 表示每个博弈参与人的全部可选策略的集合；还可以细化，用 s_{ij} 表示博弈参与人 i 的第 j 个策略。u_i 为博弈参与人 i 的收益。

纳什均衡（Nash Equilibrium）是博弈论中最基本也是最重要的概念。纳什均衡是指在一个博弈中，经过博弈参与人的一次或若干次决策选择，得到各博弈参与人都不愿单独改变自己策略的策略组合。

在博弈 $G = \{S_1, S_2, \cdots, S_n, u_1, u_2, \cdots, u_n\}$ 中，如果策略组合 $(s_1^*, s_2^*, \cdots, s_n^*)$ 中任一博弈参与人 i 的策略都是对其余博弈参与人 $(-i)$ 的策略组合 $s_{-i}^* = (s_1^*, \cdots, s_{i-1}^*, s_{i+1}^*, \cdots, s_n^*)$ 的最佳策略，即 $u_i(s_i^*, s_{-i}^*) \geq u_i(s_i', s_{-i}^*)$ 对 $\forall s_i' \in S_i$ 都成立，则 $(s_1^*, s_2^*, \cdots, s_n^*)$ 为 G 的一个"纳什均衡"。

2. 网络攻防过程的博弈模型

一般情况下，网络攻防博弈双方的信息都是不完备的，随着博弈过程的进行，双方都可以获得更多关于环境和对方的信息。在博弈过程中，攻击者与防御者分别维护一个关于网络间状态信息的知识库和一个可选用的策略集，双方分别利用各自的博弈引擎选择自己的策略，计算各自可获得的效用。

对于攻防双方来说，都有理性与非理性之分。理性的攻击者是考虑攻击成本的，在攻击所得利益相同而攻击成本不同的情况下，他会选择低成本的攻击方式。但是对于非理性的攻击者来说，他只考虑如何最大化攻击所得回报，不考虑攻击成本。同样地，理性的防御者也会考虑防御措施的代价，在防御效用相同的情况下，他会选择成本低或对系统负面影响小的防御措施。但是对于非理性的防御者来说，他只考虑如何最大化地提高安全等级，不考虑成本与效用。这里只考虑针对理性的攻击者和防御者的博弈研究。

假设1：攻击者是智能而理性的决策主体，攻击者不会发动无利可图的攻击。

假设2：攻击者总是追求攻击收益最大化。例如，攻击者偏向于对目标资源具有最大损害的攻击方式。

在攻防博弈过程中，攻击者和防御者都希望通过最优的策略来最大化自身的收益，在以上两条合理假设的基础上，可以将攻击者与防御者的对抗过程描述为策略型攻防博弈模型，从而通过计算该博弈的纳什均衡获得攻防双方的优势策略。

攻防博弈模型 ADG（Attack-Defense Game）可用一个二元组 ADG=(N,S,U) 来描述，其中：

1）$N=(P_1,P_2,\cdots,P_n)$ 是参加攻防博弈的局中人集合，局中人是博弈的决策主体和策略制定者。在不同的博弈中局中人的含义是不同的，局中人既可以是个人也可以是具有共同目标和利益的团体或者集团。这里的局中人是攻击者或防御系统。若攻击者的数量≥2，则表示分布式协同攻击；若防御系统的数量≥2，则表示多个防御系统协同防御。

2）$S=(S_1,S_2,\cdots,S_n)$ 是局中人的策略集合（Strategy Set），$\forall i \in n, S_i=(s_1^i,s_2^i,\cdots,s_m^i)$ 表示局中人 P_i 的策略集合，是局中人 P_i 进行博弈的工具和手段，每个策略集合至少应该有两个不同的策略，即 $m \geq 2$。

3）$U=(U_1,U_2,\cdots,U_n)$ 是局中人的效用函数（Utility Function）集合。$\forall i \in n$，U_i 是 $S_i \to R$ 的函数，表示局中人 P_i 的效用函数，其中 R 是效用值。效用函数表达了攻防双方从博弈中能够得到的收益水平，它是所有局中人策略的函数。采用不同的策略可能得到不同的收益，它是每个局中人真正关心的参数。攻防效用函数分别表示攻防成本和回报之和。

网络攻防博弈模型如图 2.12 所示，该模型是网络攻防博弈模型的通用模型。为了简化分析，只考虑 n=2 的情况，ADG=((P_a,P_d),(S_a,S_d),(U_a,U_d))，其中 P_a 表示攻击者，P_d 表示防御者。

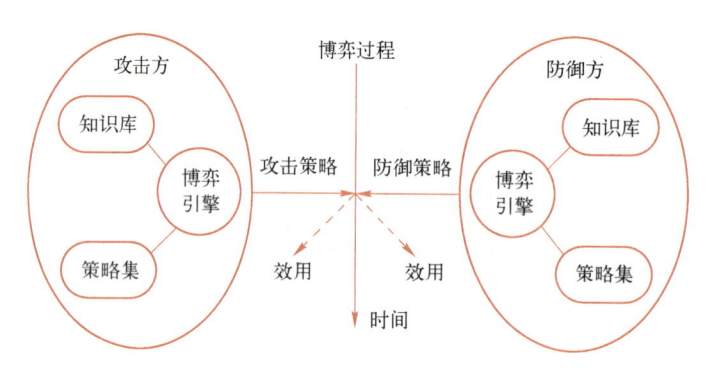

图 2.12 网络攻防博弈模型

$S_a=(s_1^a,s_2^a,\cdots,s_m^a)$ 表示攻击者的攻击策略集合，$S_d=(s_1^d,s_2^d,\cdots,s_n^d)$ 是防御系统的防御策略集合。

$\forall s_i^a \in S_a, s_j^d \in S_d, U_a(s_i^a,s_j^d), U_d(s_i^a,s_j^d)$ 分别表示防御系统对攻击者的攻击策略 s_i^a 采取防御策略 s_j^d 后，攻击者和防御者的收益。效用函数集合可以表示为一个矩阵 U，攻击者可能选取的攻击策略用矩阵中每一行来表示，防御者选取矩阵中每一列作为其防御策略。攻防双方的目标是最大化自身收益，用矩阵中的数字表示攻防双方的收益。

在任何网络攻防环境中，攻击者和防御者之间的关系都是非合作的、对抗性的。在攻防博弈的过程中，攻防双方不会事先将策略决策信息告知对方。攻击者总是希望通过破坏目标资源的功能或服务质量来获得最大化收益。防御系统总是希望把系统的损失降为最少。所以，我们的攻防博弈模型是一个非合作攻防博弈（Non-Cooperative ADG，NCADG）。

通常，在攻防博弈中，网络信息系统的损失即攻击者的收益。但是考虑到在一些特殊情况下，攻防双方的收益和损失并非总是相等的，所以攻防双方的收益关系可分为零和与非零和。

如果攻防双方的收益 U_a 和 U_d 满足 $U_a+U_d=0$，就称此博弈为零和攻防博弈。$U_a+U_d\neq 0$，称为非零和攻防博弈。根据不同的网络环境和攻防情景选择零和或非零和博弈模型。

定义 2.1：纳什均衡（Nash Equilibrium，NE）

在 $\text{ADG}=((P_a,P_d),(S_a,S_d),(U_a,U_d))$ 中，攻防策略对 (s^a*,s^d*) 是一个纳什均衡，当且仅当对每一个局中人 i，策略 s^i* 是对付另一个局中人的最优策略。

对于 $\forall s^a \in S_a, U_a(s^a*,s^d*) \geq U_a(s^a,s^d*)$。

对于 $\forall s^d \in S_a, U_a(s^a*,s^d*) \geq U_a(s^a*,s^d)$。

在攻防双方都对对方具有完全信息的假设下，纳什均衡表示了攻防双方的最优策略。利用定义 2.1，我们可以计算攻防博弈模型所有可能的纳什均衡。但是考虑到攻防双方行为的不确定性，有时可能不存在纳什均衡，此时攻防各方必须考虑攻防混合策略。

定义 2.2：混合策略（Mixed Strategy，MS）

给定一个攻防博弈 $\text{ADG}=((P_a,P_d),(S_a,S_d),(U_a,U_d))$，攻防双方的混合策略分别是 $S_a=(s_1^a,s_2^a,\cdots,s_n^a)$ 和 $S_d=(s_1^d,s_2^d,\cdots,s_n^d)$ 的概率分布 $p_a=(p_{a1},p_{a2},\cdots,p_{am})$ 和 $p_d=(p_{d1},p_{d2},\cdots,p_{dn})$，且满足 $0 \leq p_{ai} \leq 1, 0 \leq p_{dj} \leq 1, \sum_{i=1}^{m}p_{ai}=1, \sum_{j=1}^{n}p_{dj}=1$。

在网络攻防环境下，特别是在处理单个攻击者的未知攻击策略时，防御者利用先验知识来评估该攻击者可能使用的策略概率分布，从而可以采用混合防御策略。

定义 2.3：混合策略纳什均衡（MSNE）

给定一个攻防博弈 $\text{ADG}=((P_a,P_d),(S_a,S_d),(U_a,U_d))$，攻防双方的混合策略分别是概率分布 $p_a=(p_{a1},p_{a2},\cdots,p_{am})$ 和 $p_d=(p_{d1},p_{d2},\cdots,p_{dn})$，那么攻防双方的期望收益分别用下式来计算。

$$V_a(p_a,p_d) = \Big(\sum_{i=1}^{m}\sum_{j=1}^{n}p_{ai}\Big)p_{dj}U_a(s_i^a,s_j^d) \tag{2.5}$$

$$V_d(p_a,p_d) = \Big(\sum_{i=1}^{m}\sum_{j=1}^{n}p_{ai}\Big)p_{dj}U_d(s_i^a,s_j^d) \tag{2.6}$$

混合策略 (p_a^*,p_d^*) 是纳什均衡，当且仅当该混合策略是攻防双方的最优混合策略时，即满足

对于 $\forall p_a, V_a(p_a^*,p_d^*) \geq V_a(p_a,p_d^*)$。

对于 $\forall p_d, V_d(p_a^*,p_d^*) \geq V_d(p_a^*,p_d)$。

利用定义 2.3，可以计算攻防双方采用混合策略时的纳什均衡。

网络攻防策略及其成本收益分析是网络攻防博弈模型求解的基础。由于目标资源的重要程度是随着网络环境的不同而变化的，而且各类攻击的固有危害也是不尽相同的，所以攻击造成的损失不仅与攻击的类型有关，而且与攻击的目标有关。为了能尽量精确地评估攻击损失代价，需要建立攻击分类模型和攻击对目标资源的损害模型，损失代价的量化可以结合攻击及其攻击目标进行计算。

攻防策略分类须考虑：①攻防策略分类空间大小直接影响后续攻防博弈模型分析复杂度；②攻防策略分类方法符合现有的技术手段。在总结各种防御方法并对其分类的基础之上，结合上述攻击分类和主动防御的时空特点，根据攻防博弈模型要求，将防御策略分为基于主机和基于网络两大类，每一大类包括若干个子类，具体见表 2.1。

表 2.1 防御策略分类

分类	子类	描述	Ocost
基于主机的防御	关闭进程	关闭可疑进程或者所有进程	OL1
	删除文件	删除被修改或者感染的文件	OL1
	删除用户账号	删除可疑用户账号	OL1
	关闭服务	关闭易受攻击的软件	OL2
	限制用户活动	限制可疑用户的权限和活动	OL2
	关闭主机	关闭被攻击主机	OL2
	重启主机	重新启动被攻击主机	OL2
	安装软件升级补丁	升级存在漏洞的软件到最新版本	OL2
	系统病毒扫描	利用杀毒软件扫描系统	OL3
	文件完整性检验	利用软件工具检验系统文件完整性	OL3
	安装系统升级补丁	升级系统到最新版本	OL3
	重新安装系统	安装被感染或者文件被修改的系统	OL3
	修改账号密码	修改系统的所有账号密码	OL2
	格式化硬盘	格式化硬盘去除所有恶意代码	OL3
	备份系统	备份系统数据	OL3
	其他		
基于网络的防御	隔离主机	通过关闭 NIC（网络接口卡）隔离受害主机	OL2
	丢弃可疑数据包	利用 IDS（入侵检测系统）或防火墙丢弃可疑数据包	OL2
	断开网络	断开信息系统与外部网络连接	OL2
	TCP 重置	发送重置包重置会话	OL2
	阻断端口	利用软件阻断端口	OL2
	阻断 IP 地址	利用软件阻断 IP 地址	OL2
	设置黑洞路由	利用防火墙修改路由表到不可达 IP	OL2
	其他		

其中，Ocost（Operation Cost）是操作代价，表示防御者的防御操作消耗的时间和计算资源的数量。根据防御操作的复杂程度分为以下 3 个级别。

OL1：操作代价非常小，几乎可以忽略不计，如关闭进程等。

OL2：防御操作在生效时间内持续占用系统资源，但占用资源较少，如限制用户活动。

OL3：防御操作在生效时间内持续占用较多的系统资源，如备份系统。

3. 基于 OODA 和博弈论的网络攻防过程模型

OODA（Observe，Orient，Decide，Act）循环理论的发明人是美国陆军上校约翰·包以德（John Boyd），OODA 循环的发明纯粹是为军事服务的，是一种在空对空的飞行搏击中克敌制胜的战术。后来，包以德把 OODA 循环上升为一种让敌人心理瘫痪的战略。

OODA 循环理论的基本观点是：武装冲突可以看作敌对双方互相较量谁能更快更好地完成

"观察—分析—决策—行动"的循环程序。双方都从观察开始,观察自己、观察环境和敌人。基于观察,获取相关的外部信息,根据分析出的外部威胁,及时做出应对决策,并采取相应行动。包以德认为,敌、我的这一决策循环过程的速度显然有快慢之分。己方的目标应该是,率先完成一个 OODA 循环,然后迅速采取行动,干扰、延长、打断敌人的 OODA 循环。

网络对抗是一个攻防双方不断探测、调整、决策和行动的过程,通过循环这一过程推进网络对抗。网络对抗过程描述思路如图 2.13 所示。借鉴 OODA 思想将攻防过程分解为一系列的决策和行动过程。

在每一个决策点处,按照图 2.14 所示的方法进行决策和行动,决策的过程可按照博弈论的思想进行。

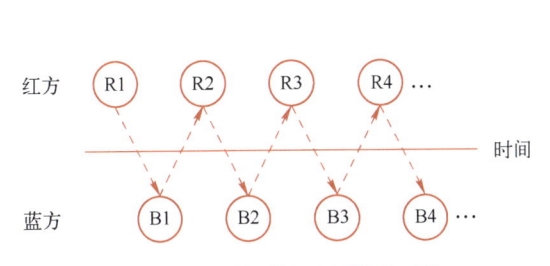

图 2.13 网络对抗过程描述思路

图 2.14 决策和行动方法

网络攻防过程的 OODA 循环模型如图 2.15 所示。

图 2.15 网络攻防过程的 OODA 循环模型

本章小结

本章主要介绍了网络安全的理论基础、方法论,以及与网络安全密切相关的密码学理论、访问控制理论和博弈论等基础理论的基本概念、原理、特点等。

习题

1. 简述密码学的发展历程及各阶段的典型成果。
2. 简述密码学在网络安全中的地位与作用。
3. 简述密码体制的分类。
4. 简述访问控制的分类。
5. 简述访问控制在网络安全中的地位与作用。
6. 如何理解网络安全的博弈特征?
7. 简述网络安全博弈模型的构成要素。
8. 请针对密码分析学的发展动态进行调研和分析。

第 3 章 网络安全模型与架构

网络安全模型是保证网络安全的理论基础，网络安全架构则是网络系统安全运行的体系保证。本章首先介绍 PDRR 模型、P2DR 模型、WPDRRC 模型、纵深防御模型、网络生存模型等典型网络安全模型的原理，然后介绍可信计算安全架构、自适应安全架构、零信任架构等网络安全架构的组成。

3.1 网络安全模型

网络安全形势变幻莫测、日趋严峻，要保障网络系统的安全，急需把相应的安全策略、各种安全技术和安全管理融合在一起，建立网络安全防御体系，使之成为一个有机的整体安全屏障。网络安全体系是一项复杂的系统工程，需要把安全组织体系、安全技术体系和安全管理体系等进行有机融合，构建一体化的整体安全模型。针对网络安全防护，国内外先后提出多个网络安全模型，其中比较经典的包括 PDRR 模型、P2DR 模型、WPDRRC 模型、纵深防御模型和网络生存模型等。

3.1.1 PDRR 模型

PDRR 模型由美国国防部（DoD）提出，PDRR 是防护（Protection）、检测（Detection）、恢复（Recovery）、响应（Response）的缩写。PDRR 改进了传统的只注重防护的单一安全防御思想，强调信息安全保障的 4 个重要环节。PDRR 模型的主要内容如图 3.1 所示。

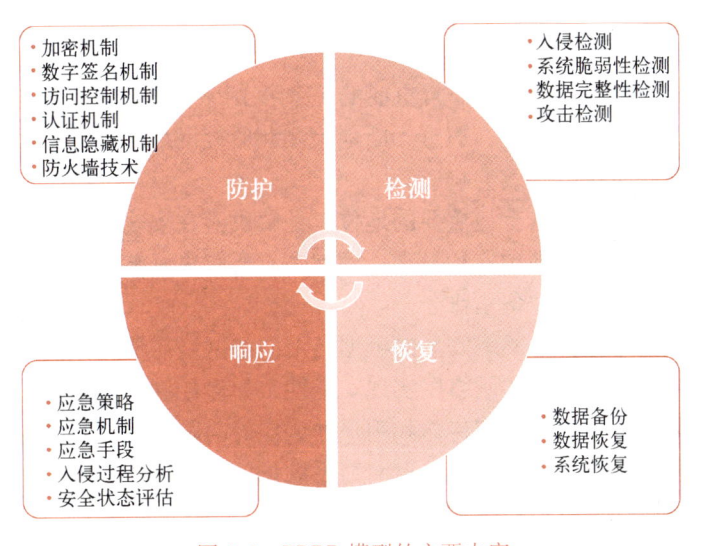

图 3.1 PDRR 模型的主要内容

（1）防护

防护是预先阻止攻击发生的条件产生，使攻击者无法顺利地入侵。防护可以减少大多数的入侵事件。防护的手段主要包括加密机制、数字签名机制、访问控制机制、认证机制、信息隐藏机制和防火墙技术等。

（2）检测

防护可以阻止大多数入侵事件的发生，但不能阻止所有入侵，特别是那些利用新的系统缺陷、新的攻击手段的入侵。检测的目的是如果有入侵发生就将其检测出来。检测并不是根据网络和系统的缺陷，而是根据入侵事件的特征去检测。检测的手段主要包括：入侵检测、系统脆弱性检测、数据完整性检测、攻击检测等。

（3）恢复

恢复是事件发生后，把系统恢复到原来的状态，或者比原来更安全的状态。恢复的手段主要包括数据备份、数据恢复和系统恢复等。

（4）响应

响应就是已知一个入侵事件发生之后，进行处理。响应的主要手段包括应急策略、应急机制、应急手段、入侵过程分析和安全状态评估等。

3.1.2　P2DR 模型

P2DR 模型是一种常用的网络安全模型，如图 3.2 所示。P2DR 模型包含 4 个主要部分：安全策略（Policy）、防护（Protection）、检测（Detection）和响应（Response）。防护、检测和响应组成了一个完整的、动态的安全循环。在整体安全策略的控制和指导下，在综合运用防护工具（如防火墙、身份认证、加密等手段）的同时，利用检测工具（如网络安全评估、入侵检测等系统）掌握系统的安全状态，然后通过适当的响应将系统调整到"最安全"或"风险最低"的状态。该模型认为：安全技术措施围绕安全策略的具体需求而有序地组织在一起，构成一个动态的安全防范体系。

图 3.2　P2DR 模型示意图

防护：防护通常是通过一些传统的静态安全技术及方法来实现的，主要有防火墙、加密、认证等。

检测：在 P2DR 模型中，检测是非常重要的一个环节，是动态响应和加强防护的依据。它也是强制落实安全策略的有力工具，通过不断地检测和监控网络和系统，来发现新的威胁和弱点，通过循环反馈来及时做出有效的响应。

响应：响应在安全系统中占有最重要的地位，是解决潜在安全问题的最有效办法。从某种意义上讲，保障安全就是要解决响应和异常处理问题。要解决好响应问题，就要制定好响应的方案，做好响应方案中的一切准备工作。

安全策略：安全策略是整个网络安全的依据。不同的网络需要不同的策略，在制定策略以前，需要全面考虑局域网中如何在网络层实现安全性，如何控制远程用户访问的安全性，在广域网上的数据传输如何实现安全加密传输和用户的认证等问题。对这些问题做出详细回答，并确定相应的防护手段和实施办法，就是针对网络系统的一份完整的安全策略。策略一经制订，应当作为整个网络系统安全行为的准则。

P2DR 模型有一套完整的理论体系，以数学模型作为其论述基础：基于时间的安全理论

(Time Based Security)。该理论的基本思想是：与信息安全有关的所有活动，包括攻击行为、防护行为、检测行为和响应行为等都要消耗时间，可以用时间来衡量一个体系的安全性和安全能力。

作为一个防护体系，从入侵者开始发起攻击起，每一步都需要花费时间。攻击成功花费的时间就是安全体系提供的防护时间 P_t。在入侵发生的同时，检测系统也在发挥作用，检测到入侵行为所要花费时间，即检测时间 D_t；在检测到入侵后，系统会做出应有的响应动作，该过程所要花费时间，即响应时间 R_t。

P2DR 模型通过一些典型的数学公式来表达安全的要求，即

$$P_t > D_t + R_t \tag{3.1}$$

式中　P_t——系统为了保护安全目标设置各种保护后，入侵者攻击安全目标所花费的时间。

　　　D_t——从入侵者开始发动入侵起，系统能够检测到入侵行为所花费的时间。

　　　R_t——从发现入侵行为开始，系统能够做出足够的响应，将系统调整到正常状态的时间。

那么，针对需要保护的安全目标，如果 P_t 大于 D_t 加上 R_t，即可实现在入侵者危害安全目标之前就能够检测到入侵并及时处理。

$$E_t = D_t + R_t, \quad 如果 P_t = 0 \tag{3.2}$$

公式（3.2）的前提是假设 P_t 为 0。

式中　D_t——从入侵者破坏了安全目标系统开始，系统能够检测到破坏行为所花费的时间。

　　　R_t——从发现遭到破坏开始，系统能够做出足够的响应，将系统调整到正常状态的时间。比如，恢复 Web Server 被破坏的页面。

　　　E_t——D_t 与 R_t 的和就是该安全目标系统的暴露时间。针对需要保护的安全目标，E_t 越小系统就越安全。

这样的定义为安全问题的解决给出了明确的方向：提高系统的 P_t，降低 D_t 和 R_t。

P2DR 理论给人们提出了新的安全概念，安全既不能依靠单纯的静态防护，也不能依靠单纯的技术手段。

P2DR 安全模型也存在一个明显的弱点，那就是忽略了内在的变化因素。如人员的流动、人员素质的差异和安全策略贯彻执行的不完全等。实际上，安全问题牵涉的面非常广，不仅包括防护、检测和响应，还包括系统本身安全能力的增强、系统结构的优化、人员素质的提升等，而这些方面都是 P2DR 模型没有考虑到的。

3.1.3　WPDRRC 模型

WPDRRC 模型是由我国"863"信息安全专家组根据我国国情提出的信息安全保障体系建设模型，主要由六个环节、三大要素组成，如图 3.3 所示。

其中，六个环节分别是预警、保护、检测、响应、恢复和反击，各环节间具有较强的时序性和动态性。三大要素分别是人员、策略和技术，其中人员是核心、策略是桥梁、技术是保证。三大要素落实在 WPDRRC 模型六个环节的各个方面，将安全模型变为安全现实。

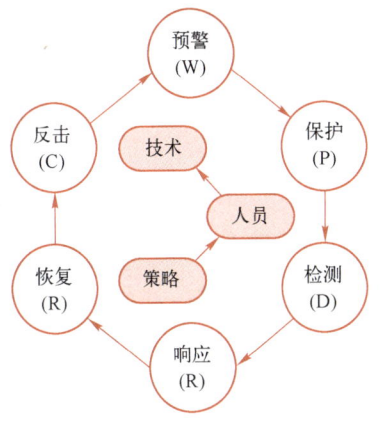

图 3.3　WPDRRC 模型示意图

3.1.4 纵深防御模型

纵深防御模型的基本思路就是将信息网络安全防护措施有机组合起来，针对保护对象，部署合适的安全措施，形成多道保护线，各安全防护措施能够互相支持和补救，尽可能地阻断攻击者的威胁。一般认为纵深防御需要建立四道防线。

第一道防线是网络安全保护，其目的是阻止对网络的入侵和危害；第二道防线是网络安全监测，其目的是及时发现入侵和破坏；第三道防线是网络的实时响应，其目的是当攻击发生时保证网络"打不垮"；第四道防线是网络的恢复，其目的是使网络在遭受攻击后能以最快的速度"起死回生"，最大限度地降低入侵事件带来的损失。

3.1.5 网络生存模型

网络生存性是指网络信息系统在遭受入侵的情形下，仍然能够持续提供必要服务的能力。目前，国际上的网络生存模型遵循"3R"的建立方法。首先将系统划分成不可攻破的安全核和可恢复部分。然后对一定的攻击模式，给出相应的"3R"策略，即抵抗（Resistance）、识别（Recognition）和恢复（Recovery）。最后，定义网络信息系统应具备的正常服务模式和可能被利用的入侵模式，给出系统需要重点保护的基本功能服务和关键信息等。

在对网络生存模型支撑技术的研究方面，马里兰大学结合入侵检测提出了生存性的屏蔽、隔离和重放等方法，在防止攻击危害的传播和干净的数据备份等方面进行了有益的探讨。美国CERT（计算机安全应急响应组）、DoD等机构都开展了有关研究项目，如DARPA（美国国防高级研究计划局）已启动容错网络（Fault Tolerant Network）研究计划。

3.2 可信计算安全架构

经典网络安全系统主要由防火墙、入侵监测和病毒查杀等组成，一般称为"老三样"。基于"老三样"的"封堵查杀"策略难以应对利用逻辑缺陷的攻击。只有构建主动免疫可信体系才能有效抵御已知和未知的各种攻击。

3.2.1 可信计算发展历程

可信计算的发展历程可以分为3个阶段，如图3.4所示，分别从特性、对象、结构、机理和形态5个方面对可信计算各个阶段的特点进行对比分析。

	可信计算1.0（主机）	可信计算2.0（PC）	可信计算3.0（网络）
特性	主机可靠性	节点安全性	系统免疫性
对象	计算机部件	PC单机为主	节点虚拟动态性
结构	冗余备份	功能模块	"宿主+可信"双节点
机理	故障诊查	被动度量	主动免疫
形态	容错算法	TPM+TSS	可信免疫架构
	世界容错组织	TCG	中国可信计算

图 3.4 可信计算发展历程

可信计算 1.0 以世界容错组织为代表，主要特征是主机可靠性，通过容错算法、故障诊查实现计算机部件的冗余备份和故障切换。可信计算 2.0 以可信计算组织（Trusted Computing Group，TCG）为代表，主要特征是节点安全性，通过主程序调用外部挂接的 TPM（可信赖平台模块）芯片实现被动度量。中国可信计算 3.0 的主要特征是系统免疫性，其保护对象是系统节点为中心的网络动态链，构成"宿主+可信"双节点可信免疫架构，宿主机运算的同时可信机进行安全监控，实现对网络信息系统的主动免疫防护。

可信计算 3.0 的理论基础是基于密码的计算复杂性理论以及可信验证。它针对已知流程的应用系统，根据系统的安全需求，通过"量体裁衣"的方式，针对应用和流程制定策略来适应实际安全需要，无须修改应用程序，特别适合为重要生产信息系统提供安全保障。可信计算 3.0 防御特性见表 3.1。

表 3.1 可信计算 3.0 防御特性

分 项	特 性
理论基础	计算复杂性、可信验证
应用适应面	适用服务器、存储系统、终端、嵌入式系统
安全强度	强，可抵御未知病毒、未知漏洞的攻击、智能感知
保护目标	统一管理平台策略支撑下的数据信息处理可信和系统服务资源可信
技术手段	密码为基因、主动识别、主动度量、主动保密存储
防范位置	行为的源头，网络平台自动管理
成本	低，可在多核处理器内部实现可信节点
实施难度	易实施，既适用于新系统建设也适用于旧系统改造
对业务的影响	不需要修改原应用，通过制定策略进行主动实时防护，业务性能影响在 3%以下

可信计算 3.0 是传统访问控制机制在新型信息系统环境下的创新发展，以密码为基因，通过主动识别、主动度量、主动保密存储，实现统一管理平台策略支撑下的数据信息处理可信和系统服务资源可信。可信计算 3.0 在攻击行为的源头判断异常行为并进行防范，可抵御未知病毒、利用未知漏洞的攻击，能够智能感知系统运行过程中出现的安全问题，实现真正的态势感知。

可信计算 3.0 只加芯片和软件即可实现，对现有硬软件架构影响小，可以利用现有计算资源的冗余进行扩展，也可以在多核处理器内部实现可信节点，实现成本低、可靠性高。同时，可信计算 3.0 提供可信 UKey 接入、可信插卡以及可信主板改造等多种方式进行老产品改造，使新老产品融合，构成统一的可信系统。系统通过分析应用程序操作环节安全需求，制定安全策略，由对操作系统透明的主动可信监控机制保障应用可信运行，不需要修改原应用程序代码。这种防护机制不仅对业务性能影响很小，而且克服了打补丁会产生新漏洞的困境。

3.2.2 主动免疫的可信计算架构

主动免疫可信计算是指计算在运算的同时得到安全防护，计算全程可测可控，不被干扰，只有这样才能使计算结果总是与预期一样。这种主动免疫的计算模式改变了传统的只讲求计算效率，而不讲安全防护的片面计算模式。

主动免疫的新计算节点双体系结构中，采用了一种安全可信策略，在其管控下运算和防护并存，以密码为基础实施身份识别、状态度量、保密存储等功能，及时识别"自己"和"非己"成分，从而破坏与排斥进入机体的有害物质，相当于为网络信息系统培育了免疫能力。安全可信的计算节点双体系结构如图3.5所示。

网络化基础设施、云计算、大数据、工业控制、物联网等新型信息化环境需要安全可信作为基础和发展的前提，必须进行可信度量、识别和控制。采用安全可信系统架构可以确保体系结构可信、资源配置可信、操作行为可信、数据存储可信和策略管理可信，从而达到积极主动防御的目的。安全可信系统架构如图3.6所示。

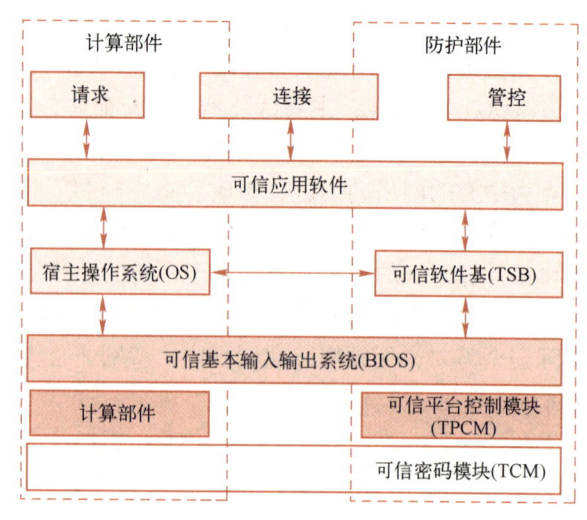

图 3.5 安全可信的计算节点双体系结构

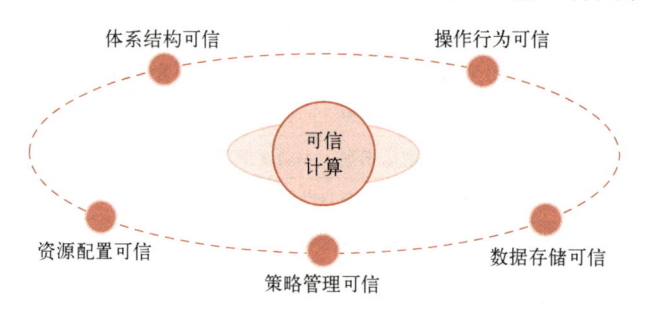

图 3.6 安全可信系统架构

在主动免疫可信计算架构下，将信息系统安全防护体系划分为可信计算环境、可信边界、可信通信网络三层，从技术和管理两个方面进行安全设计，建立安全可信管理中心支持下的主动免疫三重防护框架，如图3.7所示。

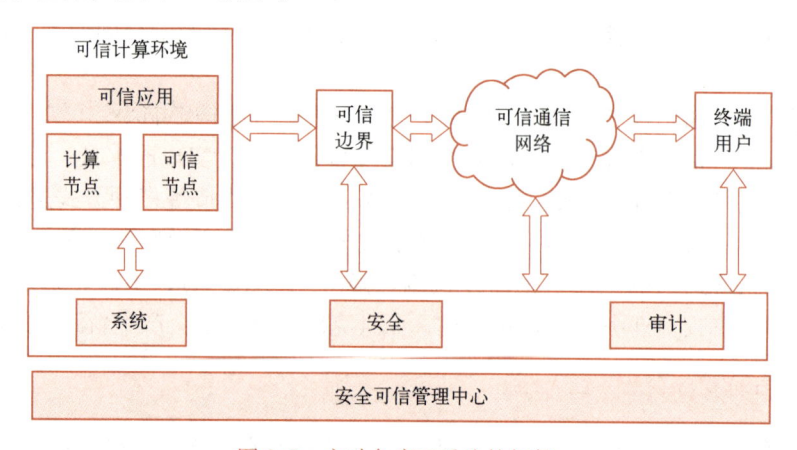

图 3.7 主动免疫三重防护框架

该框架实现了国家等级保护标准要求《信息安全技术　网络安全等级保护安全设计技术要求》（GB/T 25070—2019），做到可信、可控、可管。按照安全可信管理中心支持下的主动免疫三重防护框架构建积极主动的防御体系，可以达到攻击者进不去、非授权者拿不到重要信息、看不懂被窃取保密信息、系统和信息改不了、系统工作瘫不了和攻击行为赖不掉的防护效果。

采用主动免疫的可信计算（即可信计算 3.0）技术的系统在内部建立主动免疫机制，提供执行程序实时可信度量，保障正常的可执行程序持续工作，同时阻止非授权和不符合预期结果的恶意程序运行，从而实时阻止未知的恶意代码的发作。即使用户系统在建立主动免疫机制前已感染病毒，可信计算 3.0 技术也可以限制病毒软件的越权访问，避免病毒破坏重要资源，真正地实现积极主动防御未知的攻击。

3.2.3 我国可信计算创新研究

可信计算（Trusted Computing）已是世界网络安全的主流技术，国际可信计算组织（Trusted Computing Group，TCG）于 2003 年正式成立，已有 190 多个成员，以 Windows 10 为代表的可信计算已成焦点。

我国可信计算源于 1992 年正式立项研究"主动免疫的综合防护系统"，经过长期攻关，形成了自主创新的可信体系，不少已被 TCG 采纳。

1. 创新的可信计算体系结构框架

相对于国外可信计算被动调用的外挂式体系结构，我国可信计算开创了自主密码为基础、控制芯片为支柱、双融主板为平台、可信软件为核心、可信连接为纽带、策略管控成体系、安全可保应用的可信计算体系结构框架，如图 3.8 所示。

该可信计算体系结构框架突破了 TCG 可信计算在密码体制、体系结构等方面的局限性。

（1）突破了密码体制的局限性

TCG 原版本只采用了公钥密码算法 RSA，散列算法只支持 SHA1 系列，回避了对称密码。由此导致密钥管理、密钥迁移和授权协议的设计复杂化，也直接威胁着密码的安全。

（2）消除了体系结构的不合理

TCG 采用外挂式结构，未在计算机体系结构上

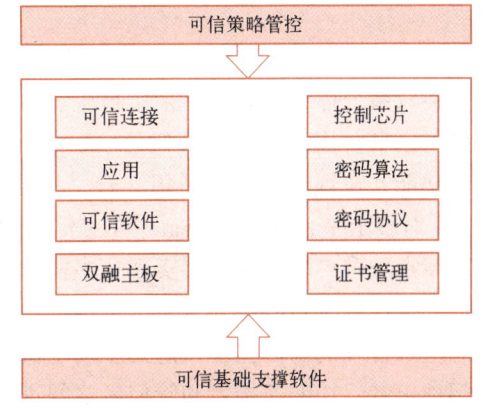

图 3.8 可信计算体系结构框架

做变更，把可信平台模块（TPM）作为外部设备挂接在外总线上。软件上，可信软件栈（TSS）是可信平台软件（TPS）的子程序库，被动调用，无法动态主动度量。我国可信计算创新地采用了双系统体系架构，变被动模式为主动模式，使主动免疫防御成为可能。

2. 创新的可信密码体系

可信计算平台密码方案的创新之处主要体现在算法、机制和证书结构 3 个方面：
1）在密码算法方面，采用自主设计的算法，定义了可信密码模块（TCM）。
2）在密码机制方面，采用对称与公钥密码相结合体制，提高了安全性和效率。
3）在证书结构方面，采用双证书结构简化了证书管理，提高了可用性和可管性。

其中，公钥密码算法采用的是椭圆曲线密码算法 SM2，对称密码算法采用的是 SM4 算法，完整性校验采用的是 SM3 算法。利用密码机制，可以保护系统平台的敏感数据和用户敏感数据。

3. 创新的主动免疫体系结构

主动免疫是我国可信计算革命性创新的集中体现。我国自主创建的主动免疫体系结构如图 3.9 所示。

```
三元三层可信连接      请求        连接        管控
                      ↕          ↕          ↕
                    ┌─────────────────────────┐
                    │      可信应用软件        │
                    └─────────────────────────┘
                           ↕          ↕
双重系统核心软件     ┌─────────┐   ┌──────────────┐
                    │ 宿主OS  │↔│ 可信软件基(TSB)│
                    └─────────┘   └──────────────┘
                           ↕          ↕
                    ┌─────────────────────────┐
                    │        可信BIOS          │
                    └─────────────────────────┘
                           ↕          ↕
计算可信融合主板     ┌─────────┐  ┌────────────────────┐
                    │ 计算部件 │  │可信平台控制模块(TPCM)│
                    └─────────┘  └────────────────────┘
自主创新密码体系     ┌─────────────────────────┐
                    │   可信密码模块(TCM)      │
                    └─────────────────────────┘
                               ⇧
                    ┌─────────────────────────┐
                    │     可信策略安全管控     │
                    └─────────────────────────┘
```

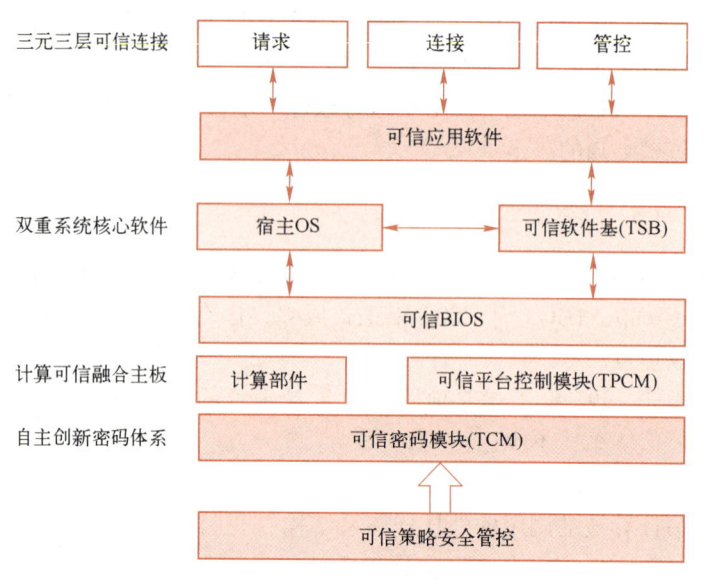

图 3.9　主动免疫体系结构

在双系统体系框架下，采用自主创新的对称与非对称相结合的密码体制，作为免疫基因；通过可信平台控制模块（TPCM）植入可信源根，在可信密码模块（TCM）基础上加上信任根控制功能，实现密码与控制相结合，将可信平台控制模块设计为可信计算控制节点，实现了TPCM 对整个平台的主动控制；在可信平台主板中增加了可信度量控制节点，实现了计算和可信双节点融合；软件基础层实现宿主操作系统（OS）和可信软件基（TSB）的双重系统核心，通过在操作系统核心层并接一个可信的控制软件接管系统调用，在不改变应用软件的前提下实施对应执行点的可信验证，达到主动防御效果；网络层采用三元三层对等的可信连接架构，在访问请求者、访问连接者和管控者之间进行三重控制和鉴别，管控者对访问请求者和访问连接者实现统一的策略验证，解决了合谋攻击的难题，提高了系统整体的可信性。

通过安全可信管理中心支持的计算节点可信架构，可以为计算节点的监控提供可信支撑，及时保障计算资源不被干扰和破坏，提高计算节点自我免疫能力。计算节点可信架构如图 3.10 所示，其中可信链以物理可信根和密码固件为平台，实施可信基础软件为核心的可信验证过程，以此支撑可信应用。

架构中的可信基础软件由基本信任基、可信基准库、支撑机制和主动监控机制组成，主动监控机制又包括了控制机制、度量机制和判定机制。控制机制是通过监视接口接管操作系统的调用命令解释过程，验证主体、客体、操作和执行环境的可信，根据执行点的策略要求，调用支撑机制进行度量验证，与可信基准库比对，由判定机制决定处置办法。可信基础软件通过主动监控机制监控应用进程行为可信和宿主节点的安全机制和资源可信，实现计算节点的主动安全免疫防护。可信协作机制可以实现本地可信基础软件与其他节点可信基础软件之间的可信互联，从而实现了信任机制的进一步扩展。安全可信管理中心管理各计算节点的可信基准库，并对各个计算节点的安全机制进行总体调度。

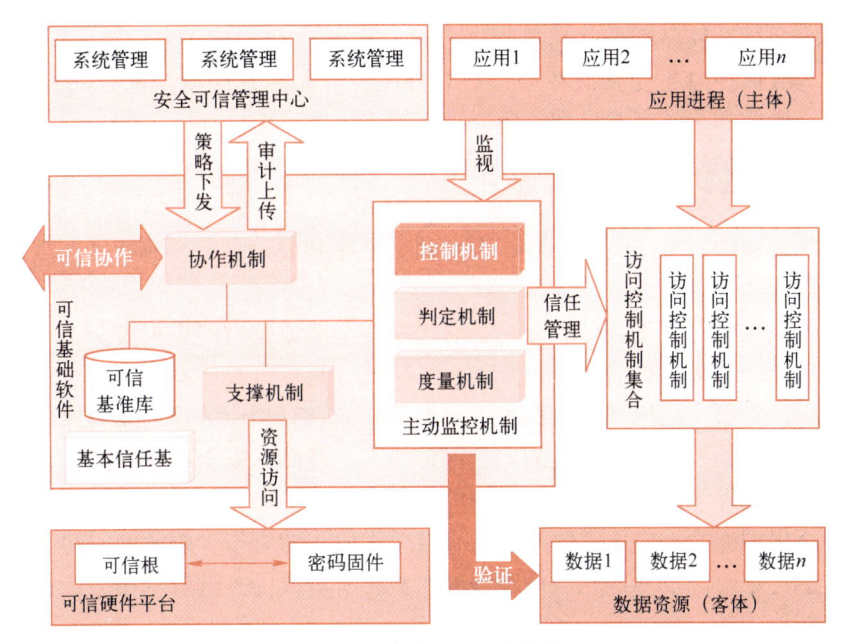

图 3.10　计算节点可信架构

3.2.4　可信计算对等级保护的支撑作用

信息安全等级保护是我国信息安全保障的基本制度性工作，是网络空间安全保障体系的重要支撑，是应对 APT（高级持续性威胁）的有效措施，可信计算是实现等级保护的主要基础。

1. 等级保护概述

2016 年，《中华人民共和国网络安全法》对网络安全等级保护制度提出了新的要求，信息安全等级保护进入了 2.0 时代。

等级保护 2.0 在科学技术层面，由分层被动防护发展到了科学安全框架下的主动免疫防护；在工程应用层面，由传统的计算机信息系统防护转向了新型计算环境下的网络空间主动防御体系建设。等级保护 2.0 时代重点对云计算、移动互联、物联网、工业控制以及大数据安全等进行全面安全防护，确保关键信息基础设施安全。

等级保护 2.0 划分了五个保护等级，第一级是用户自主保护级，第二级是安全审计保护级，第三级为安全标记保护级，第四级是结构化保证保护级，第五级是实时监控保护级。每个级别都有相应的监管制度和可信保障要求，见表 3.2。

表 3.2　等级保护及可信保障要求

等　级	按级监管	保　护　级	可信保障
第一级	自主保护	用户自主	静态可信
第二级	指导保护	安全审计（自主访问）	建可信链
第三级	监督检查	安全标记（强制访问）	动态度量
第四级	强制监督检查	结构化保证	实时感知
第五级	专门监督检查	实时监控	智能处置

第一级：等级保护对象受到破坏后，会对公民、法人和其他组织的合法权益造成损害，但

不损害国家安全、社会秩序和公共利益。

第二级：等级保护对象受到破坏后，会对公民、法人和其他组织的合法权益造成严重损害，或者对社会秩序和公共利益造成损害，但不损害国家安全。

第三级：等级保护对象受到破坏后，会对社会秩序和公共利益造成严重损害，或者对国家安全造成损害。

第四级：等级保护对象受到破坏后，会对社会秩序和公共利益造成特别严重损害，或者对国家安全造成严重损害。

第五级：等级保护对象受到破坏后，会对国家安全造成特别严重损害。

第三级及以上的等级保护对象是国家的核心系统，是国家政治安全、疆土安全和经济安全之所系。等级保护对象应依据其安全保护等级保证它们具有相应等级的安全保护能力，不同安全保护等级的保护对象要求具有不同的安全保护能力。显然，安全等级越高，其安全保护能力要求也就越高。不同等级的保护对象应具备的基本安全保护能力如下：

第一级安全保护能力：应能够防护免受来自个人的、拥有很少资源的威胁源发起的恶意攻击，一般的自然灾难，以及其他相当危害程度的威胁所造成的关键资源损害，在自身遭到损害后，能够恢复部分功能。

第二级安全保护能力：应能够防护免受来自外部小型组织的、拥有少量资源的威胁源发起的恶意攻击，一般的自然灾难，以及其他相当危害程度的威胁所造成的重要资源损害，能够发现重要的安全漏洞和安全事件，在自身遭到损害后，能够在一段时间内恢复部分功能。

第三级安全保护能力：应能够在统一安全策略下防护免受来自外部有组织的团体、拥有较丰富资源的威胁源发起的恶意攻击，较为严重的自然灾难，以及其他相当危害程度的威胁所造成的主要资源损害，能够发现安全漏洞和安全事件，在自身遭到损害后，能够较快恢复绝大部分功能。

第四级安全保护能力：应能够在统一安全策略下防护免受来自国家级别的、敌对组织的、拥有丰富资源的威胁源发起的恶意攻击，严重的自然灾难，以及其他相当危害程度的威胁所造成的资源损害，能够发现安全漏洞和安全事件，在自身遭到损害后，能够迅速恢复所有功能。

2. 可信计算 3.0 对于等级保护 2.0 的支撑作用

现有的等级保护以访问控制功能为核心。自主访问控制、强制访问控制基于访问者（主体）的权限来判定能否访问资源（客体），没有对主客体的真实性进行验证，标记标识没有与实体可信绑定，难以防止篡改和假冒的攻击，因此必须对主体、客体、操作和执行环境进行可信验证。可信计算 3.0 是等级保护的关键支撑技术，对落实网络安全等级保护制度发挥着重要作用，关键支撑技术如图 3.11 所示。

可信宿主	TCM	TPCM	检验软件	TSB		
	静态可信验证基础软件可信			建链检验应用程序可信	动态度量执行环境	实时感知关联态势
	BIOS	引导OS，装载系统		应用加载	应用执行	所有执行
	第一级			第二级	第三级	第四级

图 3.11　可信计算 3.0 对于等级保护的关键支撑技术

3.3 自适应安全架构

3.3.1 自适应安全架构简介

云计算与大数据的迅猛发展极大地推动了社会各个领域在服务模式上的颠覆式变革，但其面临的网络安全威胁也日益严峻。传统的基于防火墙、IDS、WAF（Web 应用防火墙）等安全设备的安全体系已经不能适应云计算平台的安全需求。依托被动的纵深防御方式无法真正应对云安全威胁，在此背景下，可实现主动防御与持续响应的自适应安全架构应运而生。

2014 年，Gartner 首次提出了针对高级定向攻击的自适应安全架构。与传统的依托纵深防御策略重视防御和边界不同的是，该架构不再被动地进行防御与应急响应，而是另辟蹊径，重点强调实时监测与动态响应，通过持续性地监控与分析，从而具备对未知的网络攻击的预测能力，构成了防御、监测、响应以及预测的安全防控流程闭环。自提出以来，自适应安全架构从 1.0 版本发展到了 3.0 版本。

1. 自适应安全架构 1.0

2016 年，自适应安全架构得到了全球网络安全厂商的认可，开始打造自适应的安全平台。因此，2016 年被认为是"自适应安全架构 1.0 时代"。自适应安全架构 1.0 如图 3.12 所示。

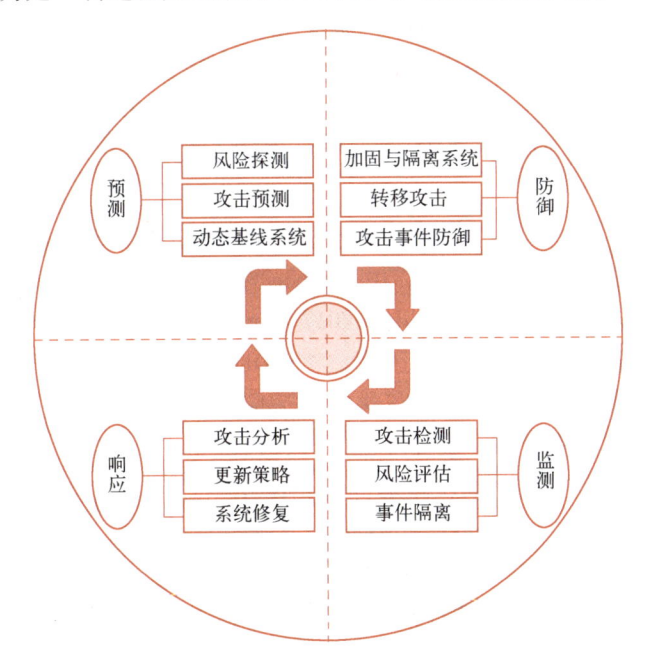

图 3.12 自适应安全架构 1.0

2. 自适应安全架构 2.0

在自适应安全架构 1.0 的基础上，增加了一部分内容，完善了防御、监测、响应与预测 4 部分的内部循环体系，形成了自适应的安全架构 2.0，如图 3.13 所示。

首先，在持续监测中加入了对用户和实体的行为分析（User and Entity Behavior Analytics，UEBA）模块。UEBA 通过机器学习与大数据分析，能够对用户、终端以及应用层、网络层等网络设备进行行为实时分析模拟，搜集相关安全缺陷，辅助终端安全厂商与网络安全厂商发现

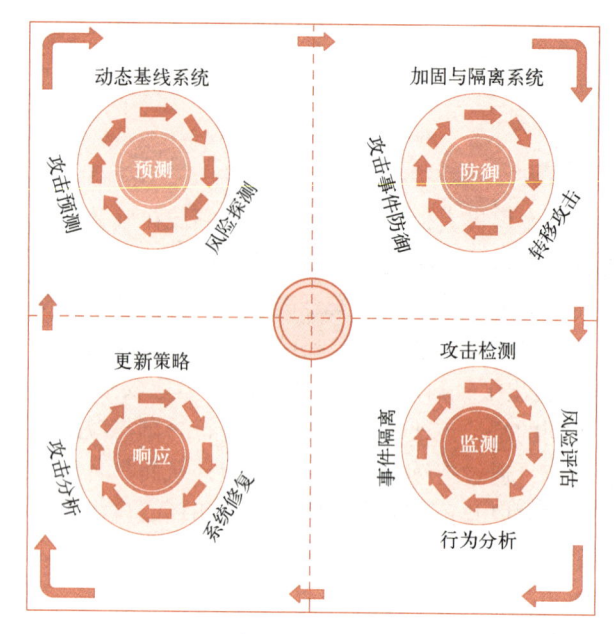

图 3.13　自适应安全架构 2.0

更深层次的安全问题。其次，在保持防御、监测、响应与预测之间的大循环体系不变的同时，在各自模块内引入小的循环体系，形成了动态持续的主动防御能力。最后，在防御、监测、响应与预测之间的大循环中加入了策略与合规性要求，并阐明了该循环的目的与意义。策略与合规性问题的引入进一步提升了自适应安全架构的普适性，而非仅仅针对最初的高级攻击防御架构。

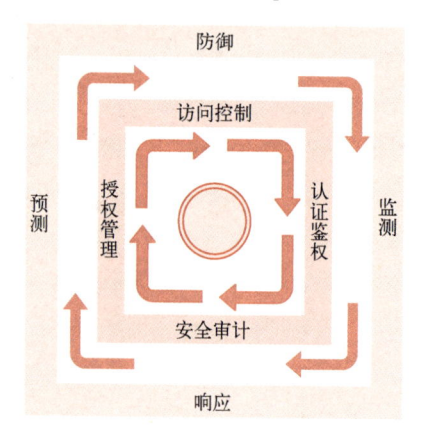

3. 自适应安全架构 3.0

自适应安全架构 3.0 也称为"持续自适应风险与信任评估"（Continuous Adaptive Risk and Trust Assessment，CARTA）的安全体系，由 Gartner 的知名分析师 Ahlm、Krikken 与 Neil McDonald 于 2017 年 6 月在第 23 届 Gartner 安全与风险管理峰会上提出。CARTA 安全体系可连续不间断地针对风险与信任进行自适应评估，进而形成一个动态可信任的云服务环境。与自适应安全架构 2.0 相比，新提出的 CARTA 体系引入了云访问安全代理（Cloud Access Security Broker，CASB），形成了自适应安全架构与 CASB 内外双环的循环保护结构，无论是自适应的认证鉴权体系还是安全防御体系都形成了监测、防御、响应与预测的闭环。自适应安全架构 3.0 如图 3.14 所示。

图 3.14　自适应安全架构 3.0

3.3.2　自适应安全架构解析

自适应安全架构是面向云计算、大数据、物联网、人工智能领域的下一代安全防护体系框架，包含防御、监测、响应、预测 4 个外环模块以及云访问安全代理内环，通过持续处理与循环形成了安全防控双层闭环，可通过细粒度、全方位、实时不间断的安全威胁分析处理，自适应地适配多种网络威胁环境，动态调整安全防护策略，优化自身安全防护机制，形成智能集成联动的安全防御体系。

(1) 防御模块

防御是指通过部署安全防护产品，制定安全防御策略与机制，缩小信息系统的攻击面，形成动态主动防御能力，在形成有效攻击之前完成拦截。防御模块主要分为3个层面：加固与隔离系统、转移攻击、攻击事件防御。在加固与隔离系统中，基于渗透测试和模糊测试可识别系统自身漏洞与恶意代码，进而对信息系统进行加固。此外加固与隔离系统结合端点隔离与沙箱技术，限制攻击者通过系统接口触及系统核心的能力。转移攻击则构建了一个基于网络主动跳变快速迁移的动态系统环境，随机更改网络节点属性，攻击者无法有效识别和锁定信息系统核心。攻击事件防御则采用已有的安全防护手段确保信息系统运行安全，包括防火墙、入侵检测、动态防御、漏洞扫描设备等。

(2) 监测模块

监测是指针对绕过安全防御机制的攻击行为进行监测，并在尽量短的时间内隔离已被感染的数据与系统，降低攻击带来的损失。监测模块分为4个层面：攻击检测、行为分析、风险评估与事件隔离。由于网络攻击与防御的不对称性，任何信息系统都无法避免被攻破的可能性，一旦攻击者绕过已部署的防御措施，通过持续监控系统态势，检测攻击行为特征形成的异常，快速判定入侵攻击情况。检测到入侵攻击后，针对事故风险进行态势评估，明确攻击行为特征，将被感染的数据与资产进行划分，形成可视化的图形界面，迅速隔离被感染的系统和账户，形成有效的阻断机制，封锁该攻击路径，防止其他正常系统被进一步入侵。

(3) 响应模块

响应是指针对监测的入侵攻击行为，通过智能化分析获取此类攻击特征、来源、路径、方式以及最终目标，相应地更改安全防护措施，制定有效的预防机制，防止类似攻击。响应模块包含攻击分析、更新策略与系统修复3个层面。通过回溯分析整个攻击事件，利用事件中所有监测到的态势数据，对其进行特征分类，挖掘出导致此次攻击的最根本原因。更新已制定的安全防护策略，对部分导致此次攻击入侵的漏洞进行加固，关闭攻击路径中涉及的无用端口，升级信息加密措施，形成具备子模块联动的响应机制，修复原有信息系统存在的安全问题。

(4) 预测模块

预测是指利用上述3个模块积累的攻击模型持续智能优化基线系统，能够实现对未知攻击威胁的预测，对信息系统可能存在的漏洞风险进行预判，并将预判的结果不断反馈至防御、监测、响应模块，形成整个自适应安全防御体系的闭环。动态基线系统、攻击预测、风险探测是预测模块的3个子模块，其中动态基线系统可适应性地针对信息系统的变动进行变化。攻击预测可分析知晓攻击者的意图，调整安全防护机制，提升主动防御的能力。风险探测则针对已有情报信息进行处理，对信息系统威胁风险进行预测评估等。

(5) 云访问安全代理

云访问安全代理部署于自适应安全架构与信息系统核心数据中间，能够实现集中的可嵌入式的安全策略，包括单点登录、认证鉴权、用户授权、安全审计、数据加密、集中管控、威胁告警以及异常侦测/阻断等，可解决业界公认的云安全难题影子IT（Shadow IT）。云访问安全代理可进行可视化管理，让云安全态势得以清晰明了地展示，监测和防护企业与用户对云端数据的连接访问。此外，云访问安全代理保证云数据的合规性，数据拥有者可对云服务提供商进行安全审计与信任管理。除此之外，数据安全与威胁防护保证了云基础设施与云端数据的健壮性。

3.3.3 动态自适应演进安全架构

现有的 Gartner 提出的自适应安全架构,是从企业安全防护的角度出发的,具有一定的局限性,无法直接使用在网络空间安全保密防护场景,此外现有的架构只给出了概念性解释,缺乏关于安全架构中功能逻辑、数据流向、依赖关系等重要内容的阐述。下面介绍基于现有自适应安全架构思路,提出的一种动态自适应演进安全架构。该架构能够实时监测网络空间威胁风险,并根据智慧决策生成自适应策略,通过动态执行功能实施动态防御和风险处理,融合全息态势评估执行效能,实现内部驱动智慧决策的自适应生成,同时该架构引入先验决策和新型威胁,通过外部驱动实现智慧决策的动态演进。动态自适应演进安全架构如图 3.15 所示。

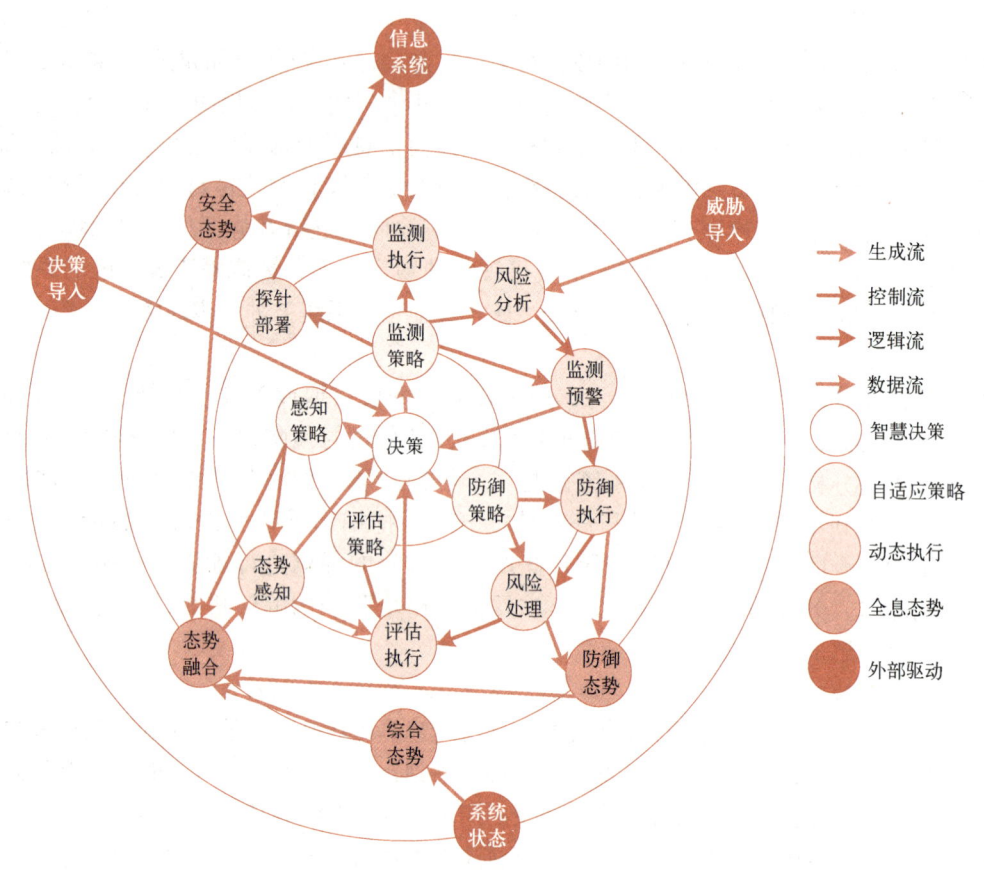

图 3.15 动态自适应演进安全架构

动态自适应演进安全架构包括智慧决策、自适应策略、动态执行、全息态势、外部驱动 5 种模型元素,可以分为监测预警、动态防御、态势感知、效能评估、演进决策五种功能元素。模型元素和功能元素从不同的视角实现对层次和功能的划分,各元素之间包括生成流、控制流、数据流、逻辑流 4 种流向。生成流表示决策动态地生成自适应功能决策;控制流表示功能元素之间的管控关系;数据流表示功能元素之间的数据流向管理;逻辑流突出功能元素之间的逻辑顺序。

(1) 模型元素

1) 智慧决策。智慧决策基于大数据分析、深度学习、生成对抗网络等人工智能技术,能够对知识进行理解和联想，完成知识归纳与分析，实现决策的判断和评估。

2）自适应策略。面向监测预警、风险防御、态势感知和效能评估的动态自适应需求，智慧决策根据其功能需求和动态反馈，生成自适应策略，指导控制其功能执行。

3）动态执行。在自适应策略的指导控制下，各功能元素按照自适应策略的部署方案、执行流程进行动态执行，执行过程可以根据自适应策略进行动态的调整。

4）全息态势。在功能元素动态执行过程中，实时获取风险威胁等监测态势、安全和保密等防御态势、信息系统的综合态势，融合形成整个网络空间的全息态势。

5）外部驱动。外部驱动的元素主要包括信息系统、系统状态、决策导入和威胁导入，为实现智慧决策的动态演进提供信息来源。

（2）功能元素

1）监测预警。监测预警通过决策生成的监测策略实时动态控制探针部署、监测执行和风险分析。首先将探针部署到信息系统中，在监测执行过程中，通过探针实时收集整个网络空间的网络、计算、存储、终端、用户、应用等运行状态信息；基于人工智能技术执行风险分析，发现网络空间已知或未知的安全威胁、风险漏洞；根据监测策略对安全威胁和风险漏洞进行监测预警，将预警信息反馈至演进决策功能元素，实现内部驱动演进；同时通过逻辑流将信息传送给动态防御功能元素。

2）动态防御。动态防御通过决策生成的防御策略实时动态控制防御执行与风险处理。首先根据防御策略，在信息系统中部署加密、认证、可信、防火墙、漏洞扫描、入侵检测、防病毒等安全保密功能设备，以及密码管理、安全管理、安全审计等安全保密管理设备，包括部署位置、层次、数量、安全域划分、隔离交换等部署属性，并根据监测预警情况，对可能发生的安全威胁和风险漏洞进行有针对性的增强防护；对已经发生的入侵和漏洞进行风险处理，防御阻断入侵攻击，修复安全漏洞，清理病毒木马，保证网络空间的安全可控。

3）态势感知。态势感知通过决策生成的感知策略实时动态控制态势融合与态势感知。安全态势包括监测预警执行过程中直接监测和通过风险分析、监测预警间接处理得到的网络空间安全威胁和风险漏洞的实时状态和发展趋势；防御态势包括防御执行和风险处理过程中的安全保密相关装备部署和运行状态，抵御入侵和防病毒的防御状态，入侵和漏洞等风险处理的处理状态，以及防御状态的发展趋势；综合态势包括信息系统中的网络运行状态、终端运行状态、计算和存储资源使用状态，以及各状态的发展趋势；态势融合通过数据清理、数据标注、数据特征工程等实现对各种态势数据的融合；态势感知通过态势数据可视化呈现和态势预测判断为演进决策提供数据支撑和辅助分析。

4）演进决策。演进决策是动态自适应演进安全架构的核心，能够实现监测策略、防御策略、评估策略和感知策略的生成。演进决策能够对网络空间态势、监测预警情况、执行评估结果进行总体视角的研究判断；根据判断结果，能够制定生成执行策略、细分执行任务、统筹执行计划、突出执行重点和难点；能够根据网络空间的状态和发展趋势，动态地调整各类执行策略；能够导入外部先验决策实现网络空间的初始防护，能够根据各类功能执行后的结果实现内部驱动的决策演进，能够根据外部导入的新型威胁风险实现外部驱动的决策演进。

（3）架构特点

1）动态自适应。安全架构整体具有动态自适应的特点，能够持续地对网络空间威胁风险进行监测，并动态自适应地调整监测策略、防御策略、评估策略和感知策略，应对持续多变、已知和未知的安全威胁。

2）执行流程闭环。安全架构包括监测、防御、评估、感知、决策等功能，形成了网络空间安全保密防护的流程闭环，是一个有机的融合整体，能够对网络空间安全进行全面、完整的安全防护，并不断迭代更新。

3）内外双驱动演进。动态自适应演进安全架构能够根据系统应对内部实时威胁风险，实现内部驱动的防御演进，同时能够导入外部新型威胁风险，实现外部驱动的防御预先演进，具有较高的威胁风险应对能力和预防能力。

3.4 零信任架构

典型的企业网络基础设施变得越来越复杂。单个企业可以运行多个内部网络、具有自己的本地基础设施的远程办公室、远程个人，以及云服务。这种复杂性超过了基于边界的网络安全的传统方法，因为企业没有单一的、易于识别的边界。这种复杂的企业已经导致了一种新的企业网络安全规划方法，这种方法称为零信任架构（Zero Trust Architecture，ZTA）。2019 年 9 月 NIST（美国国家标准与技术研究院）发布《零信任架构》标准草案第 1 版，2020 年 2 月发布《零信任架构》标准草案第 2 版，2020 年 8 月发布《零信任架构》标准正式版，表明零信任架构的标准化进程正在加速推进中。

ZTA 不是单一的网络架构，而是一套网络基础设施设计和运行的指导原则，可以用来改善任何密级或敏感级别的安全态势。现在许多组织的基础设施中已经有了 ZTA 的元素。组织应该逐步实现零信任原则、流程变更、保护其数据资产和业务功能的技术解决方案。当与现有的网络安全政策和指南、身份和访问管理、持续监测、通用网络安全相结合时，ZTA 能够使用管理风险的方法增强组织的安全状态，并提供针对常规威胁的防护。

3.4.1 零信任架构概述

ZTA 是一种端到端的网络/数据安全方法，包括身份、凭证、访问管理、操作、终端、宿主环境和互联基础设施。零信任是一种侧重于数据保护的架构方法。初始的重点应该是将资源访问限制在那些"需要知道"的人身上。传统上，机构主要专注于边界防御，授权用户可以广泛地访问资源。因此，网络内未经授权的横向移动一直是机构面临的最大挑战之一。可信互联网连接（TIC）和机构边界防火墙提供了强大的互联网网关，这有助于阻止来自互联网的攻击者，但 TIC 和边界防火墙在检测和阻止来自网络内部的攻击方面用处不大。

ZTA 提供了一个概念、思路和组件关系（架构）的集合，旨在消除在信息系统和服务中实施精确访问决策的不确定性。此定义聚焦于消除对数据和服务的非授权访问，以及使访问控制的实施尽可能精细。也就是说，授权和批准的主体（用户或计算机）可以访问数据，但不包括所有其他主体（即攻击者）。进一步，可以使用"资源"一词代替"数据"，以便 ZTA 与资源访问（例如打印机、计算资源、物联网执行器等）相关联，而不仅仅是数据访问。为了减少不确定性，重点是身份验证、授权和缩小隐含信任区域，同时最大限度地减少网络身份验证机制中的时间延迟。访问规则被限制为最小权限，并尽可能细化。用户或计算机访问资源需要通过策略决策点（PDP）和相应的策略实施点（PEP）授予访问权限。

系统必须确保用户"可信"且请求有效。PDP/PEP 会传递恰当的判断，以允许主体访问资源。这意味着零信任适用于两个基本领域：身份验证和授权。总之，企业需要为资源访问制定基于风险的策略，并建立一个系统来确保正确执行这些策略。这意味着企业不应依赖于隐含的可信性，而隐含可信性是指如果用户满足基本身份验证级别（即登录到系统），则假定所有资源请求都同样有效。

"隐含信任区"表示一个区域，其中所有实体都至少被信任到最后一个 PDP/PEP 网关的级别。以机场的乘客筛选模型为例，所有乘客通过机场安检点（PDP/PEP）进入登机门。乘客可以在候机区内闲逛，所有乘客都有一个共同的信任级别。在这个模型中，隐含信任区是候机区。PDP/PEP 应用一组公共的控制，使得检查点之后的所有通信流量都具有公共信任级别。PDP/PEP 不能在流量中应用超出其位置的策略。为了使 PDP/PEP 尽可能细致，隐含信任区必须尽可能小。ZTA 提供了技术和能力，以允许 PDP/PEP 更接近资源。其思想是对网络中从参与者（或应用程序）到数据的每个流进行身份验证和授权。

1. ZTA 的原则

ZTA 的设计和部署遵循以下基本原则：

1）所有数据源和计算服务都被视为资源。网络可以由几种不同类别的设备组成。网络可能还具有占用空间小的设备，这些设备将数据发送到聚合器/存储器，还有将指令发送到执行器的系统等。此外，如果允许个人拥有的设备访问企业拥有的资源，则企业可以将其归类为资源。

2）无论网络位置如何，所有通信都是安全的。网络位置并不意味着信任。来自企业自有网络基础设施上的系统的访问请求（例如，在边界内）必须满足与来自任何其他非企业自有网络的访问请求和通信相同的安全要求。换言之，不应对位于企业自有网络基础设施上的设备自动授予任何信任。所有通信应以安全的方式进行（即加密和认证）。

3）对单个企业资源的访问权限是基于每个连接授予的。在授予访问权限之前，将评估请求者的信任。这可能意味着此特定事务只能在"以前某个时间"发生，并且在启动与资源的连接之前可能不会直接发生。但是，对一个资源的身份验证不会自动授予对另一个不同资源的访问权限。

4）对资源的访问由策略决定，包括用户身份和请求系统的可观察状态，也可能包括其他行为属性。一个组织通过定义其拥有的资源、其成员是谁、这些成员需要哪些资源访问权限，来保护资源。用户身份包括使用的网络账户和企业分配给该账户的任何相关属性。请求系统状态包括设备特征，如已安装的软件版本、网络位置、以前观察到的行为、已安装的凭证等。行为属性包括自动化的用户分析、设备分析、度量到的与已观察到的使用模式的偏差。策略是组织分配给用户、数据资产或应用程序的一组属性。这些属性基于业务流程的需要和可接受的风险水平。资源访问策略可以根据资源/数据的敏感性而变化。最小权限原则用以限制可视性和可访问性。

5）企业确保所有拥有的和关联的系统处于尽可能安全的状态，并监视系统以确保它们保持尽可能安全的状态。实施 ZTA 战略的企业应建立持续诊断和缓解（CDM）计划，以监测系统状态，并根据需要应用补丁/修复程序。被发现为已失陷、易受攻击和/或非企业所有的系统，与那些企业所有或与企业相关的被认为处于最安全状态的系统相比，可能会被区别对待（包括拒绝与企业资源的所有连接）。

6）在允许访问之前，用户身份验证是动态的并且是严格强制实施的。这是一个不断访问、扫描和评估威胁、调整、持续验证的循环。实施 ZTA 策略的企业具有用户供应系统（User Provisioning System），并使用该系统授权对资源的访问。这包括使用多因子身份验证（MFA）访问某些（或所有）企业资源。根据策略（如基于时间的、请求的新资源、资源修改等）的定义和实施，在用户交互过程中进行持续监视和重新验证，以努力实现安全性、可用性、使用性和成本效率之间的平衡。

上述原则试图尽可能地做到技术不可知（Technology-Agnostic）。例如，"网络 ID"可以包括用户名/口令、证书、一次性密码或某些其他标识等因素。

2. 零信任视角的网络

对于在网络规划和部署中使用 ZTA 的任何企业，都有一些关于网络连接性的基本假设。其中一些假设适用于企业所有的网络基础设施，另一些适用于非企业所有的网络基础设施上使用的企业所有的资源（例如，公共 WiFi）。在实施 ZTA 战略的企业中，网络的开发应遵循以下假设。

（1）对由企业所有的网络基础设施的假设

1）企业私有网络并不可信。系统应始终假设企业网络上存在攻击者，通信应该以安全的方式进行。这需要对所有连接进行身份验证，对所有通信流量进行加密操作。

2）网络上的设备可能不归企业所有或不可配置。访客或外包服务可能包括需要网络访问才能履行其职责的非企业所有系统。这还包括自带设备（BYOD）策略，允许企业用户使用非企业所有的设备访问企业资源。

3）没有设备是内生可信的。在连接到企业所有的资源之前，每个设备都必须认证自己（无论是对资源还是对 PEP）。与来自非企业所有设备相比，企业所有设备可以具有启用身份验证并提供更高信任度的构件。用户凭证并不足以对企业资源进行设备认证。

（2）对非企业所有的网络基础设施的假设

1）并非所有的企业资源都在企业所有的基础设施上。这包括远程用户和云服务。企业必须能够监视、配置和修补任何系统，但任何系统都可能依赖本地（即非企业）网络进行基础的连接和网络服务（如 DNS 等）。

2）远程企业用户不能信任本地网络连接。远程用户应该假设本地（即非企业所有）网络是不怀好意的。系统应该假设所有流量都被监视并可能被修改。所有连接请求都应该经过身份验证，所有通信流量都应该加密。

3.4.2 零信任架构的逻辑组件

在企业中，构成 ZTA 网络部署的逻辑组件有很多。这些组件可以作为场内服务或通过基于云的服务来操作。图 3.16 中的概念框架模型显示了组件及其相互作用的基本关系。

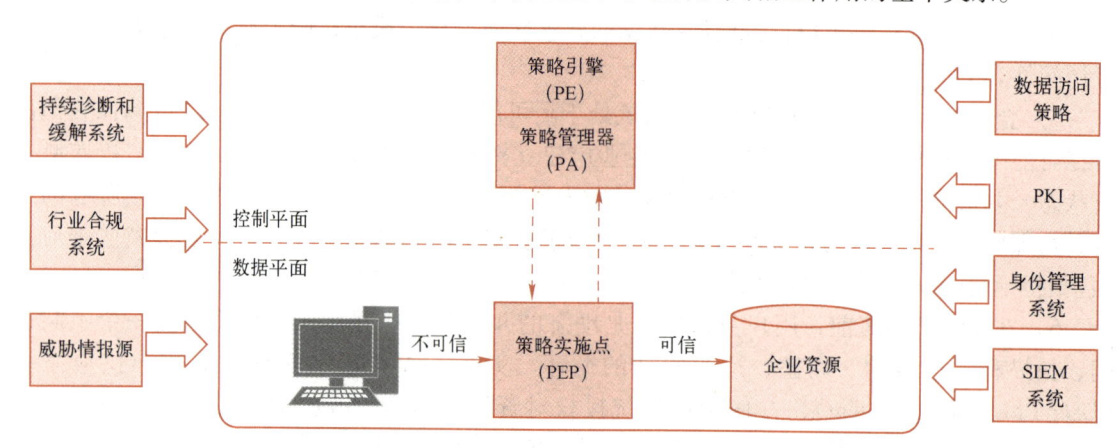

图 3.16 概念框架模型

其中，PDP 被分解为两个逻辑组件：策略引擎（Policy Engine，PE）和策略管理器（Policy Administrator，PA）。

(1) 策略引擎

该组件负责最终决定是否授予指定访问主体对资源（访问客体）的访问权限。策略引擎使用企业安全策略以及来自外部源（例如 IP 黑名单、威胁情报服务）的输入作为"信任算法"的输入，以决定授予或拒绝对该资源的访问。

(2) 策略管理器

该组件负责建立客户端与资源之间的连接（是逻辑职责，而非物理连接）。它将生成客户端用于访问企业资源的任何身份验证令牌或凭证。它与策略引擎紧密相关，并依赖于策略引擎决定最终允许或拒绝连接。

策略引擎与策略管理器组件配对使用，策略引擎做出（并记录）决策，策略管理器执行决策（批准或拒绝），共同构成 PDP。

(3) PEP

此系统负责启用、监视并最终终止主体和企业资源之间的连接。这是 ZTA 中的单个逻辑组件，但也可能分为两个不同的组件：客户端（例如，用户笔记本计算机上的代理）和资源端（例如，在资源之前控制访问的网关组件）。

除了企业中实现 ZTA 策略的核心组件之外，还有几个数据源提供输入和策略规则，以供策略引擎在做出访问决策时使用。

(4) 持续诊断和缓解系统

该系统收集关于企业系统当前状态的信息，并对配置和软件组件应用已有的更新。企业持续诊断和缓解系统向策略引擎提供关于发出访问请求的系统的信息，例如它是否正在运行适当的打过补丁的操作系统和应用程序，或者系统是否存在任何已知的漏洞。

(5) 行业合规系统

行业合规系统（Industry Compliance System）确保企业遵守其可能归入的任何监管制度（如 FISMA、HIPAA、PCI-DSS 等）。这包括企业为确保合规性而制定的所有策略规则。

(6) 威胁情报源

威胁情报源（Threat Intelligence Feed）提供外部来源的信息，帮助策略引擎做出访问决策。它们可以是从多个外部源获取数据并提供关于新发现的攻击或漏洞相关信息的多个服务，也可以是 DNS 黑名单、发现的恶意软件或命令和控制（C&C）系统。

(7) 数据访问策略

数据访问策略（Data Access Policies）是一组由企业围绕企业资源而创建的数据访问的属性、规则和策略。规则可以在策略引擎中编码，也可以由策略引擎动态生成。策略是授予对资源的访问权限的起点，因为它们为企业中的参与者和应用程序提供了基本的访问权限。角色和访问规则应基于用户角色和组织的任务需求。

(8) 企业公钥基础设施

企业公钥基础设施（PKI）负责生成由企业颁发给资源、参与者和应用程序的证书，并将其记录在案，其中还包括全球 CA（证书授权）生态系统，它们可能与企业公钥基础设施集成，也可能未集成。

(9) 身份管理系统

身份管理系统（ID Management System）负责创建、存储和管理企业用户账户和身份记录。

该系统包含必要的用户信息（如姓名、电子邮件地址、证书等）和其他企业特征，如角色、访问属性或分配的系统。

（10）安全信息和事件管理系统

安全信息和事件管理（SIEM）系统是聚合系统日志、网络流量、资源授权和其他事件的企业系统，它们提供对企业信息系统安全态势的反馈。这些数据之后可被用于优化策略并对企业系统可能遭到的主动攻击提出预警。

3.4.3 零信任架构的部署

上述组件都是逻辑组件，不一定是唯一的系统。单个系统可以执行多个逻辑组件的职责，一个逻辑组件可以由多个硬件或软件元素组成。根据企业网络的建立方式，一个企业中的不同业务流程可以使用多个 ZTA 部署模型。

（1）基于设备代理/网关的部署模型

在这个部署模型中，PEP 被分为两个组件，它们位于资源上，或者作为一个组件直接位于资源前面。例如，每个企业发布的系统，都有一个已安装的设备代理来协调连接，而每个资源都有一个网关组件直接放在前面，以便资源只与网关通信，网关组件实质上充当了资源的反向代理。网关负责连接到策略管理器，并且只允许由策略管理器配置的已批准连接，如图 3.17 所示。

（2）基于资源飞地的部署模型

此部署模型是上述设备代理/网关部署模型的变体。在这个模型中，网关组件可能位于资源飞地（例如，当地数据中心）的边界，如图 3.18 所示。通常，这些资源服务于单个业务功能，或者可能无法直接与网关通信。此部署模型对于使用基于云的微服务进行业务处理的企业也很有用。在这个部署模型中，整个私有云位于网关之后。

（3）基于资源门户的部署模型

在这个部署模型中，PEP 是一个单独的组件，充当用户请求的网关。网关门户可以是单个资源，也可以是用于单个业务功能的资源集合的微周边。一个例子是进入私有云或包含遗留应用程序的数据中心的网关门户，如图 3.19 所示。

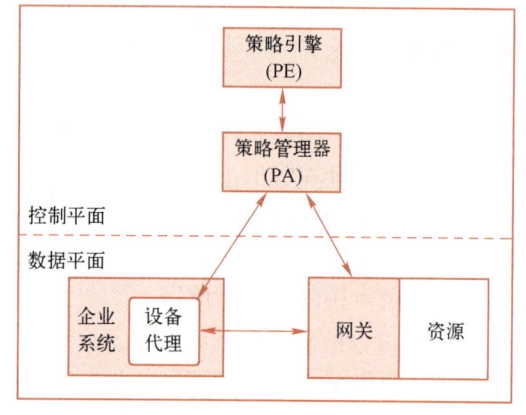

图 3.17　基于设备代理/网关的部署模型

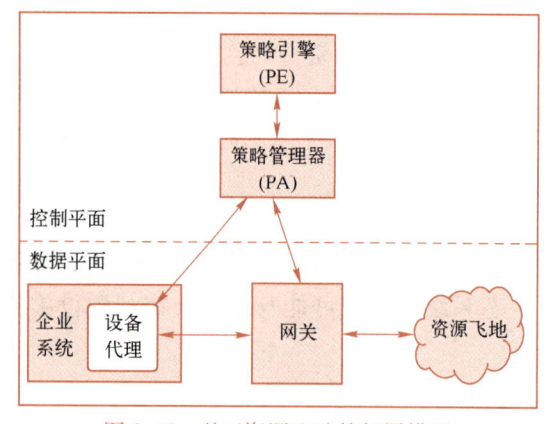

图 3.18　基于资源飞地的部署模型

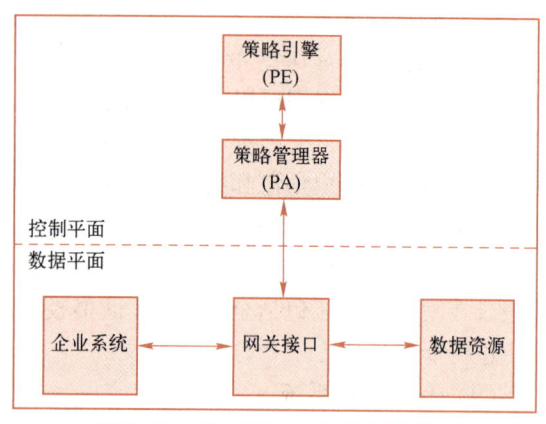

图 3.19　基于资源门户的部署模型

与其他部署模型相比，此部署模型的主要优点是不需要在所有企业系统上安装软件组件。该部署模型对于 BYOD 政策和组织间协作项目而言也更加灵活。企业管理员在使用之前不需要确保每个设备都有适当的设备代理。缺点是企业可能无法完全看到或控制企业拥有的系统，因为它们只能在连接到门户时看到/扫描这些系统。

（4）系统应用程序沙箱部署模型

设备代理/网关部署模型的另一个变体是让可信应用程序在系统上隔离运行。这种隔离可以是虚拟机（VM）、容器或其他实现，但目标都是保护应用程序不受主机和系统上运行的其他应用程序的影响。应用程序沙箱部署模型如图 3.20 所示。

用户系统在沙箱中运行可信应用程序。可信应用程序可以与 PEP 通信以请求对资源的访问，但 PEP 将拒绝来自系统上其他（不可信）应用程序的连接。在这个部署模型中，PEP 可以是企业本地服务，也可以是云服务。这种部署模型的主要优点是将单个应用程序与系统的其他部分隔离开来，可以保护这些单独的沙箱应用程序，使其免受主机系统上潜在的恶意软件感染。这种部署模型的缺点是必须为所有系统维护这些沙箱应用程序，并且可能无法完全看到客户端系统。

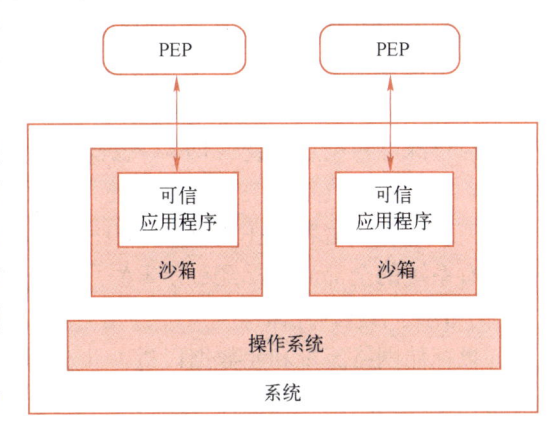

图 3.20 应用程序沙箱部署模型

3.4.4 零信任架构面临的威胁

任何企业都不能完全消除网络安全风险。当与现有的网络安全政策和指南、身份和访问管理、持续监测共用时，ZTA 可以减少整体风险暴露，并提供针对常规威胁的防护。不过，ZTA 也面临一些独特的安全威胁。

（1）ZTA 决策过程受损

在 ZTA 中，PE 和 PA 组件是整个企业的关键组件。企业资源之间不会发生连接，除非经过 PE 和 PA 批准和可能的配置。这意味着必须正确配置和维护这些组件。如果任何具有 PE 规则配置访问权限的企业管理员，都可以执行未经批准的更改（或误操作），这些更改可能会中断企业运行。同样，失陷的 PA 可能允许访问未经批准的资源。要缓解相关风险，必须正确配置和监控 PE 和 PA 组件，并且必须记录所有配置更改并接受审计。

（2）拒绝服务或网络中断

在 ZTA 中，PA 是资源访问的关键组件。未经 PA 的许可和相关配置操作，企业资源不能相互连接。如果攻击者中断或拒绝对 PEP 或 PA 的访问，则可能对企业操作造成不利影响。大多数企业可通过将策略强制驻留在云中或按照网络弹性要求在多个位置备份来缓解此威胁。

（3）被盗凭证/内部威胁

ZTA 可以防止失陷的账户或系统访问其正常权限之外或正常访问模式之外的资源。但是，与传统企业一样，具有有效凭证的攻击者（或恶意内部人员）仍然可能访问已授予账户访问权限的资源。ZTA 增强了对这种攻击的抵抗力，并防止任何失陷的账户或系统在整个网络中横向移动。此外，上下文信任算法（Trust Algorithm，TA）比传统网络更容易检测到此类攻击并快速响应。上下文 TA 可以检测出超出正常行为的访问模式，并拒绝失陷账户（或内部威胁）访问敏感资源。

（4）网络可见性

ZTA 需要检查并记录网络上的所有流量，并对其进行分析，以识别和应对针对企业的潜在攻击。然而，企业网络上的一些（可能是大多数）流量对于网络分析工具来说是不透明的。这些流量可能来自非企业所有的系统（例如，使用企业基础设施访问互联网的外包服务）。企业无法执行深度数据包检查（DPI）或检查加密的通信，必须使用其他方法评估网络上可能的攻击者。企业可以收集有关加密流量的元数据，并使用这些元数据检测网络上可能存在的恶意软件通信或活动攻击者。在 ZTA 部署中，只需要检查来自非企业所有系统的流量，因为来自企业所有系统的全部流量都经过了 PA（通过 PEP）的分析。

（5）网络信息的存储

如果存储网络流量和元数据以进一步分析，则这些流量和元数据将成为攻击者的目标。与网络拓扑、配置文件和其他各种网络架构文档一样，这些资源也应该受到保护。如果攻击者能够成功地访问存储的流量信息，则他们就有机会深入了解网络架构并识别资源以进一步侦察和攻击。零信任网络上攻击者的另一个侦察信息来源是用于编码访问策略的管理工具。与存储的通信流量一样，此组件包含对资源的访问策略，可以向攻击者提供高价值的账户信息，对其应提供足够的保护，以防止未经授权的访问和访问尝试。由于这些资源对安全至关重要，因此应该制定最严格的访问策略，并且只允许指定（或专用）的管理员账户访问。

（6）对专有数据格式的依赖

ZTA 依赖多个不同的数据源来做出访问决策，包括请求用户相关信息、所用系统、企业内部和外部情报、威胁分析等。通常，用于存储和处理这些信息的系统在如何交互和交换信息方面没有一个通用的、开放的标准。与 DoS（拒绝服务）攻击一样，这种风险并非 ZTA 独有，但由于 ZTA 严重依赖信息的动态访问，中断可能会影响企业的核心业务功能。为降低相关风险，企业应综合考虑供应商安全控制、企业转换成本、供应链风险管理等因素，对服务提供商进行评估。

（7）ZTA 管理中非个人实体的使用

许多企业已部署人工智能（AI）和其他基于软件的代理，以管理企业网络上的安全问题。这些组件需要与 ZTA 的管理组件（例如，PE、PA 等）交互，有时代替了人工管理员。在实施 ZTA 策略的企业中，这些组件如何对自己进行身份验证是一个开放性问题。假设大多数自动化技术系统在用到资源组件的一个 API 时，将使用某种方式进行身份验证。相关的风险是，攻击者将能够诱导或强制非个人实体（NPE）代理执行某些攻击者无权执行的任务。与人类用户相比，软件代理可能具有较低的认证标准，以执行管理或安全相关任务。还有一个潜在的风险是攻击者可以在执行任务时访问软件代理的凭证并模拟该代理。

本章小结

本章介绍了网络安全模型和体系架构。经典的网络安全模型有 PDRR 模型、P2DR 模型、WPDRRC 模型、纵深防御模型和网络生存模型等，典型网络安全体系架构有可信计算安全架构、自适应安全架构和网络安全零信任架构等。

习题

1. 简述 PDRR 模型。
2. 简述 P2DR 模型。
3. 简述零信任体系架构中所包含的逻辑组件。
4. 对比分析 1.0、2.0 和 3.0 版本的自适应安全架构的特点。
5. 简述可信计算 3.0 防御特性,以及其对等级保护 2.0 的支撑作用。
6. 请调研分析网络安全零信任架构的实践与应用情况。

第 4 章
经典网络安全技术

经过长期的发展，网络安全领域沉淀出了一系列经典网络安全技术，在保障网络系统安全方面发挥了重要作用，时至今日依然在蓬勃发展。本章主要介绍防火墙技术、入侵检测技术、认证技术、恶意代码检测与防范技术、备份技术和网络安全检测技术等经典网络安全技术的原理。

4.1 防火墙技术

4.1.1 防火墙概述

防火墙的本意是指古时候人们在住所之间修建的墙，这道墙可以在火灾发生时防止火势蔓延到其他住所。在网络安全领域，防火墙（Firewall）是应用最为广泛的网络安全技术之一。在构建安全网络环境的过程中，防火墙作为第一道安全防线，受到广泛关注。

1. 防火墙的概念

防火墙是位于被保护网络和外部网络之间执行访问控制策略的一个或一组系统，包括硬件和软件，构成一道屏障，以防止发生对被保护网络的不可预测的、潜在破坏性的侵扰。它对两个网络之间的通信进行控制，通过强制实施统一的安全策略，限制外界用户对内部网络的访问及管理内部用户访问外部网络，防止对重要信息资源的非法存取和访问，以达到保护内部网络系统安全的目的。在逻辑上，防火墙是一个分离器、一个限制器，也是一个分析器，可有效地监控内部网络和外部网络之间的任何活动，保证内部网络的安全。

防火墙配置在不同网络（如可信的单位内部网络和不可信的公共网络）或网络安全域之间，本质上，它遵循的是一种允许或阻止业务来往的网络通信安全机制，也就是提供可控的过滤网络通信，只允许授权的通信，能根据单位的安全政策控制（允许、拒绝、监测）出入网络的信息流，尽可能地对外部屏蔽网络内部的信息、结构和运行状况，以此来实现内部网络的运行安全。

2. 防火墙的功能

防火墙是网络安全防御体系的重要组成部分，通过控制和监测网络之间的信息交换和访问行为来实现对网络安全的有效管理。对数据和访问的控制、对网络活动的记录，是防火墙发挥作用的基础。

从总体上看，防火墙应具有以下基本功能：过滤进、出网络的数据，管理进、出网络的访问行为，封堵某些禁止的业务，记录通过防火墙的信息内容和活动。

（1）过滤进、出网络的数据

防火墙是任何信息进、出网络的必经之路，它检查所有数据的细节，并根据事先定义好的策略允许或禁止这些数据通信。这种强制性的集中实施安全策略的方法，更多的是考虑内部网络的整体安全共性，一般不为网络中的某一台计算机提供特殊安全保护，简化了管理，提高了效率。

（2）管理进、出网络的访问行为

网络数据的传输更多的是通过不同的网络访问服务而获取的，只要对这些网络访问服务加以限制，包括禁止存在安全脆弱性的服务进出网络，就能够达到安全目的。

（3）封堵某些禁止的业务

传统的内部网络系统与外界相连后，往往把自己的一些本身并不安全的服务，比如 NFS（网络文件服务）和 NIS（网络信息服务）等完全暴露在外，使它们成为外界主机侦探和攻击的主要目标。防火墙可用于对相应的服务进行封堵。

（4）记录通过防火墙的信息内容和活动

对一个内部网络已经连接到外部网络上的机构来说，重要的问题并不是网络是否会受到攻击，而是何时会受到攻击。网络管理员必须记录并审计所有通过防火墙的重要信息。如果网络管理员不能及时响应报警并审查常规记录，防火墙就形同虚设。

3. 防火墙的局限性

虽然防火墙是保证内部网络安全的重要手段，但防火墙也有其局限性。防火墙的局限性主要体现在以下两个方面：

（1）网络的安全性通常是以网络服务的开放性和灵活性为代价的

在网络系统中部署防火墙，通常会使网络系统的部分功能被削弱：

1）防火墙的隔离作用，在保护内部网络的同时也使网络系统与外部网络的信息交流受到阻碍。

2）在防火墙上附加各种信息服务的代理软件，增大了网络管理开销，还减慢了信息传输速率，在大量使用分布式应用的情况下，使用防火墙是不切实际的。

（2）防火墙并不能做到万无一失

1）只能防范经过其本身的非法访问和攻击，对绕过防火墙的访问和攻击无能为力。

2）不能解决来自内部网络的攻击和安全问题。

3）不能防止受病毒感染的文件的传输。

4）不能防止策略配置不当或错误配置引起的安全威胁。

5）不能防止自然或人为的故意破坏。

6）不能防止本身安全漏洞的威胁。

4.1.2 防火墙体系结构

目前，防火墙的体系结构一般有以下几种：双重宿主主机体系结构、屏蔽主机体系结构和屏蔽子网体系结构。

1. 双重宿主主机体系结构

双重宿主主机体系结构是围绕具有双重宿主的计算机而构筑的，该计算机至少有两个网络接口。这样的主机可以充当与这些接口相连的网络之间的路由器；它能够从一个网络到另一个网络发送 IP 数据包。然而，实现双重宿主主机的防火墙体系结构禁止这种发送功能，因而 IP 数据包从一个网络（例如，互联网）并不是直接发送到其他网络（例如，内部的、被保护的网络）的。防火墙内部的系统也能与双重宿主主机通信，同时防火墙外部的系统也能与双重宿主主机通信，但是这些系统不能直接互相通信。它们之间的 IP 通信被完全阻止。

双重宿主主机的防火墙体系结构是相当简单的：双重宿主主机位于内部和外部网络之间，并且被连接到外部网络和内部网络。这种体系结构如图 4.1 所示。

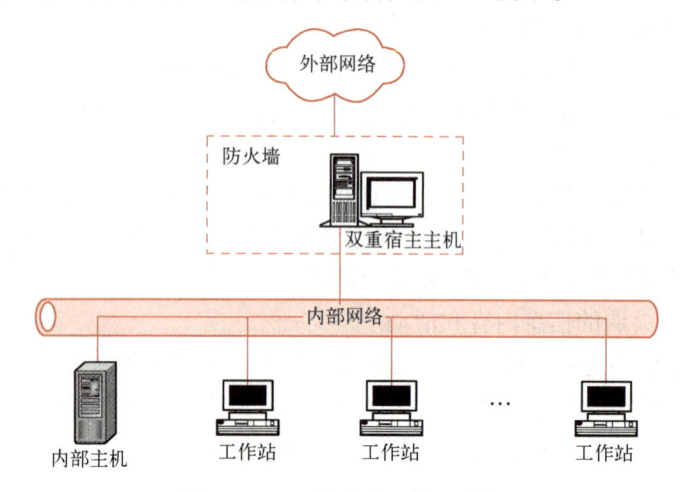

图 4.1　双重宿主主机体系结构

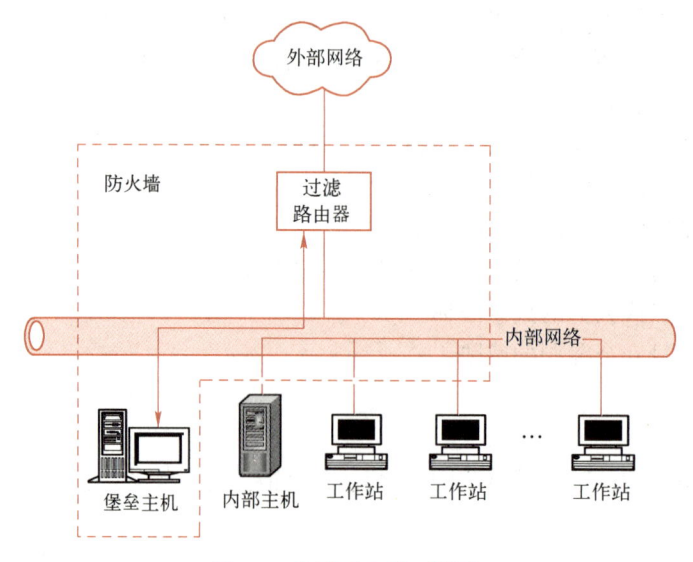

2. 屏蔽主机体系结构

双重宿主主机体系结构是由一台同时连接内外部网络的双重宿主主机提供安全保障的，而屏蔽主机体系结构则不同，在屏蔽主机体系结构中，提供安全保护的主机仅仅与被保护的内部网络相连。屏蔽主机体系结构还使用一个单独的过滤路由器来提供主要安全，其结构如图 4.2 所示。

图 4.2　屏蔽主机体系结构

堡垒主机位于内部网络，是外部网络主机连接到内部网络各系统的桥梁。即使这样，也仅有某些确定类型的连接被允许，任何外部系统试图访问内部系统或者服务时将必须连接到这台堡垒主机上。因此，堡垒主机需要拥有高等级的安全。

数据包过滤也允许堡垒主机开放可允许的连接（什么是"可允许"将由用户站点的安全

策略决定）到外部网络。

在该结构的路由器中数据包过滤配置可以按下列方法执行：

1）允许其他内部主机为了某些服务与外部网上的主机连接（即允许那些已经由数据包过滤的服务）。

2）不允许来自内部主机的所有连接（强迫那些主机经由堡垒主机使用代理服务）。

用户可以针对不同的服务混合使用这些手段；某些服务可以被允许直接经由数据包过滤，而其他服务可以被允许仅间接地经过代理。这完全取决于用户实行的安全策略。

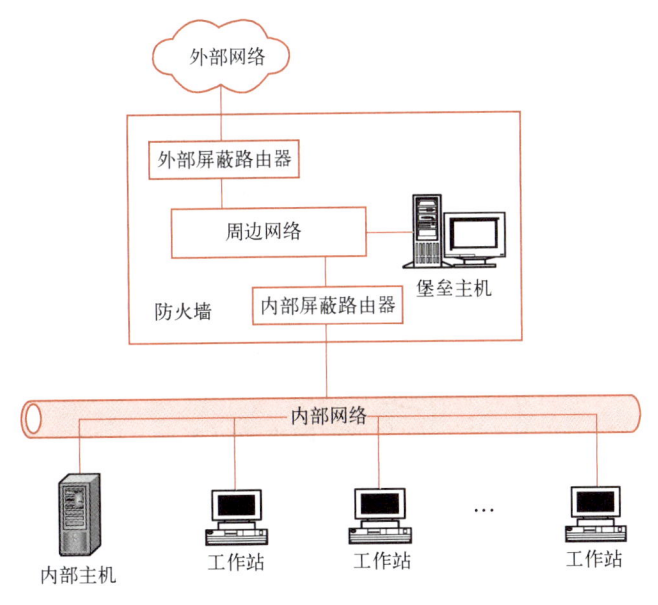

3. 屏蔽子网体系结构

屏蔽子网体系结构添加额外的安全层到屏蔽主机体系结构，即通过添加周边网络更进一步地把内部网络与外部网络隔离开。

堡垒主机是用户网络上最容易受侵袭的计算机。在屏蔽主机体系结构中，堡垒主机是非常诱人的攻击目标，因为它一旦被攻破，那么被保护的内部网络就会在外部入侵者面前门户洞开，在堡垒主机与内部网络的其他内部计算机之间没有其他防御手段（除了它们可能有的通常非常少的主机安全手段）。如果有人成功地侵入屏蔽主机体系结构中的堡垒主机，那么就毫无阻挡地进入了内部系统。

通过用周边网络隔离堡垒主机，能减少堡垒主机被入侵所造成的影响。可以说，它只给入侵者一些访问的机会，但不是全部。屏蔽子网体系结构的最简单形式为：两个屏蔽路由器的每一个都连接到周边网络，一个位于周边网络与被保护的内部网络之间，另一个位于周边网络与外部网络之间。屏蔽子网体系结构如图 4.3 所示。

图 4.3 屏蔽子网体系结构

为了侵入此类体系结构保护的内部网络，入侵者必须通过两个路由器。即使入侵者设法侵入堡垒主机，他也必须通过内部屏蔽路由器。

4.1.3 防火墙实现技术

从工作原理角度看，防火墙主要可以分为网络层防火墙和应用层防火墙。这两种类型防火墙的具体实现技术主要有包过滤技术、代理服务技术、状态检测技术、WAF 技术等。

1. 包过滤技术

包过滤防火墙工作在网络层，通常基于 IP 数据包的源地址、目的地址、源端口和目的端口进行过滤。它的优点是效率比较高，对用户来说是透明的，用户可能不会感觉到包过滤防火墙的存在，除非他是非法用户，被拒绝了。缺点是对于大多数服务和协议不能提供安全保障，无法有效地区分同一 IP 地址的不同用户，并且包过滤防火墙难以配置、监控和管理，不能提供足够的日志和报警。

数据包过滤（Packet Filtering）技术是在网络层对数据包进行选择，选择的依据是系统内设置的过滤逻辑，被称为访问控制列表（Access Control List，ACL）。通过检查数据流中每个数据包的源地址、目的地址、所用端口号和协议状态等因素或它们的组合，来确定是否允许该数据包通过。

2. 代理服务技术

代理服务（Proxy）技术是一种较新型的防火墙技术，它分为应用层网关和电路层网关。

（1）代理服务的原理

代理服务是指代表客户处理连接请求的程序，当其得到一个客户的连接请求时，将核实客户请求，并用特定的安全的代理应用程序来处理连接请求，将处理后的请求传递到真实的服务器上，然后接收服务器应答，并做进一步处理后，将答复交给发出请求的最终客户。代理服务器在外部网络向内部网络申请服务时发挥了中间转接和隔离内、外部网络的作用，所以又叫代理防火墙。

（2）应用层网关型防火墙

应用层网关（Application Level Gateways）防火墙是传统代理型防火墙，它的核心技术就是代理服务技术，它是基于软件的，通常安装在专用工作站系统上。这种防火墙通过代理技术参与一个 TCP 连接的全过程，并在网络应用层上建立协议过滤和转发功能，所以被称为应用层网关。当某用户（无论是远程的还是本地的）试图和一个运行代理的网络建立联系时，此代理（应用层网关）会阻塞这个连接，然后在过滤的同时，对数据包进行必要的分析、登记和统计，形成检查报告。如果此连接请求符合预定的安全策略或规则，代理防火墙便会在用户和服务器之间建立一个"桥"，从而保证其通信。对不符合预定的安全策略或规则的，则阻塞或抛弃。换句话说，"桥"上设置了很多控制。同时，应用层网关将内部用户的请求在确认后送到外部服务器，再将外部服务器的响应回送给用户。

应用层网关防火墙同时也是内部网络与外部网络的隔离点，起着监视和隔绝应用层通信流的作用，它工作在 OSI（开放系统互连）模型的最高层，掌握着应用系统中可用于安全决策的全部信息。

（3）电路层网关防火墙

另一种类型的代理技术称为电路层网关（Circuit Level Gateway）或 TCP 通道（TCP Tunnel）。这种防火墙不建立被保护的内部网络和外部网络的直接连接，而是通过电路层网关中继 TCP 连接。在电路层网关中，包被提交用户应用层处理。电路层网关用来在两个通信的终点之间转换包。

电路层网关是建立应用层网关的一种更加灵活的方法。它是针对数据包过滤和应用网关技术存在的缺点而引入的防火墙技术，一般采用自适应代理技术，也称为自适应代理防火墙。在电路层网关中，需要安装特殊的客户机软件。

3. 状态检测技术

基于状态检测技术的防火墙是由 Check Point 软件技术有限公司率先提出的，也称为动态包过滤防火墙。基于状态检测技术的防火墙通过一个在网关处执行网络安全策略的检测引擎而获得非常好的安全特性。

状态检测防火墙监视和跟踪每一个有效连接的状态，并根据这些状态信息决定是否允许网络数据包通过防火墙。它在协议栈底层截取数据包，然后分析这些数据包的当前状态，并将其与前一时刻相应的状态进行对比，从而得到对该数据包的控制信息。

在包过滤防火墙中，所有数据包都被认为是孤立存在的，不关心数据包的历史或未来，允许或拒绝数据包的决定完全取决于包自身所包含的信息，如源地址、目的地址、端口号等。状态检测防火墙不仅跟踪数据包中所包含的信息，还跟踪数据包的状态信息。为了跟踪数据包的状态，状态检测防火墙还记录有用的信息以帮助识别包，例如已有的网络连接、数据的传出请求等。

4. WAF 技术

WAF 是 Web 应用防火墙的简称，诞生于 2004 年，用于保护各种网站上的 Web 服务器免受网络攻击的入侵，并解决传统防火墙束手无策的 Web 应用程序安全问题。

WAF 在最终用户和 Web 应用程序之间放置一个通用的安全策略，该策略可以用软件或硬件来实现。软件 WAF 通常作为应用程序安装在通用操作系统上，而硬件 WAF 串行部署在 Web 服务器前端。WAF 的主要任务是保护 Web 应用程序，使其免受入侵攻击的侵害和未经授权的方式访问服务程序。

WAF 防火墙可以有效保护应用程序的安全，其防护原理是通过将原本直接访问 Web 应用程序的流量先引流到 WAF 防火墙，经过 WAF 威胁清洗过滤后再将安全流量转发给 Web 应用程序，从而确保到达用户业务站点的流量安全可信。目前 WAF 的防护机制主要包括基于正则匹配的检测、异常行为检测和黑白名单等技术。

WAF 防火墙具有实时检测和响应功能，及时响应和拦截非法请求的能力，能够确保网络请求内容的安全性和合法性，达到有效保护企业和个人的信息数据安全的目的，是网络安全纵深防御体系里重要的一环。

4.2 入侵检测技术

4.2.1 入侵检测概述

入侵检测（Intrusion Detection）作为一类快速发展的安全技术，由于对网络系统的实时监测和快速响应特性，逐渐发展成为保障网络系统安全的关键部件，作为继防火墙之后的第二层安全防范措施。入侵检测可在不影响网络性能的情况下，对内部攻击、外部攻击和误操作进行防御，是构筑多层次网络纵深防御体系的重要组成部分。

1. 入侵检测概念

入侵检测技术研究最早可追溯到 1980 年 James P. Anderson 提出的一份技术报告，他首先提出了入侵检测的概念，并将入侵尝试（Intrusion Attempt）或威胁（Threat）定义为：潜在的有预谋的未经授权的访问信息、操作信息，致使系统不可靠或无法使用的企图。1987 年 Dorothy Denning 提出了入侵检测系统（Intrusion Detection System，IDS）的抽象模型，如图 4.4 所示。

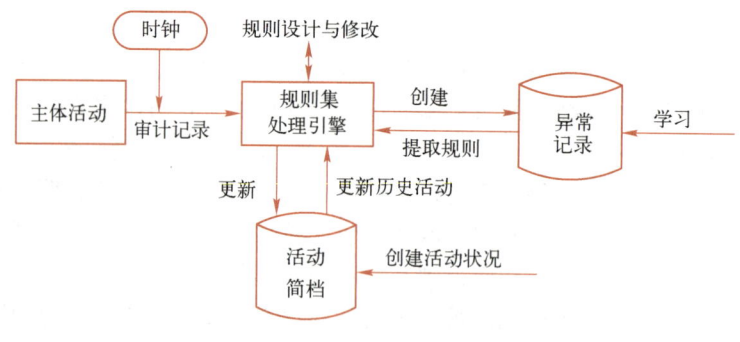

图 4.4　入侵检测系统抽象模型

1990 年 Heberlein 等人提出了一个具有里程碑意义的新型概念：基于网络的入侵检测——网络安全监视器（Network Security Monitor，NSM）。NSM 与此前的 IDS 系统最大的区别在于它并不检查主机系统的审计记录，而是通过主动地监视局域网上的网络信息流量来追踪可疑的行为。

2. 入侵检测基本原理

入侵检测是用于检测任何损害或企图损害系统的保密性、完整性或可用性的一种网络安全技术。它通过监视受保护系统的状态和活动，采用误用检测（Misuse Detection）或异常检测（Anomaly Detection）的方式，发现非授权或恶意的系统及网络行为，为防范入侵行为提供有效的手段。入侵检测的基本原理如图 4.5 所示。

入侵检测提供了用于发现入侵攻击与合法用户滥用特权的一种方法，其应用前提是入侵行为和合法行为是可区分的，即可以通过提取行为的模式特征来判断该行为的性质。一般地，入侵检测系统需要解决两个问题，一是如何充分并可靠地提取描述行为特征的数据，二是如何根据特征数据，高效并准确地判定行为的性质。

3. 入侵检测系统结构

由于网络环境和系统安全策略的差异，不同的入侵检测系统在具体实现上也有所不同。从系统构成上看，入侵检测系统应包括数据提取、入侵分析、响应处理和远程管理等四部分，另外还可能结合安全知识库、数据存储等功能模块，提供更为完善的安全检测及数据分析功能。典型的入侵检测系统结构如图 4.6 所示。

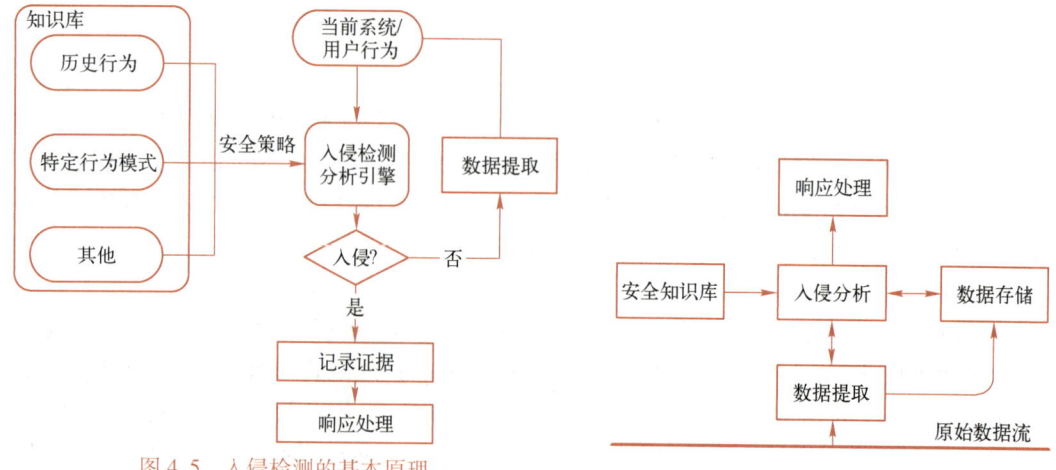

图 4.5　入侵检测的基本原理

图 4.6　典型的入侵检测系统结构

数据提取负责提取与被保护系统相关的运行数据或记录,并对数据进行简单的过滤。入侵分析就是在提取到的数据中找出入侵的痕迹,将授权的正常访问行为和非授权的异常访问行为区分开,分析出入侵行为并对入侵者进行定位。响应处理功能在发现入侵行为后被触发,执行响应措施。由于单个入侵检测系统的检测能力和检测范围的限制,入侵检测系统一般采用分布监视、集中管理的结构,多个检测单元运行于不同的网段或系统中,通过远程管理功能在一个管理站点上实现统一的管理和监控。

4.2.2 入侵检测技术原理

从原理上看,入侵检测技术主要包括误用检测和异常检测两大类,此外还存在一些其他类型的检测技术。

1. 误用检测

误用检测是按照预定模式搜寻事件数据的,最适合对已知模式的可靠检测。执行误用检测,主要依赖于可靠的用户活动记录和分析事件的方法。

(1) 条件概率预测法

条件概率预测法基于统计理论来量化全部外部网络事件序列中存在入侵事件的可能程度。预测误用入侵发生可能性的条件概率表达式为 $P(I|EP)$,其中,EP 表示网络事件序列,I 表示入侵事件。求解该表达式,应用贝叶斯(Bayes)公式,即

$$P(I|EP) = P(EP|I)\frac{P(I)}{P(EP)} \tag{4.1}$$

这样,问题转移为求解式(4.1)的右侧。在实际工作中,管理员对其维护的目标网络系统的安全状况通常比较熟悉,也就是说根据经验值就可知一般情况下发生入侵事件的可能概率,即目标网络环境中入侵事件发生的先验概率 $P(I)$。此外,通过对网络系统全部事件数据的统计,可知构成每个入侵的所有事件序列,由此可以计算出构成特定入侵的事件序列占全部入侵事件序列集的相对发生频率,这个值就是特定入侵攻击的事件序列条件概率 $P(ES|I)$。同样地,在给定的入侵审计失败事件序列集中,可以统计出入侵审计失败时对应的事件序列的条件概率 $P(ES|\neg I)$。由上述两个条件概率可以计算出事件序列的先验概率为:$P(ES) = (P(ES|I) - P(ES|\neg I))P(I) + P(ES|\neg I)$。

至此,等式右侧三个单项表达式均得出结果,代入可得条件概率预测法的计算公式为

$$P(I|EP) = P(ES|I)\frac{P(I)}{(P(ES|I) - P(ES|\neg I))P(I) + P(ES|\neg I)} \tag{4.2}$$

(2) 专家系统

用专家系统对入侵进行检测,主要是基于规则检测入侵行为。所谓规则,即知识,专家系统的建立依赖于知识库的完备性,而知识库的完备性又取决于审计记录的完备性与实时性。

专家系统成功地将系统的控制推理与解决问题的描述分离开,这个特性使得用户可以使用 if-then 形式的语法规则输入攻击信息,再以审计事件的形式输入事实,系统根据输入的信息评估这些事实,当满足表示入侵的 if 条件时,then 语句的规则就被执行,整个过程无须理解产生式系统的内部功能,这就避免了用户自己编写决策引擎和规则代码的麻烦。

专家系统存在的问题在于:不适合处理大批量数据,这是因为产生式系统中使用的说明性规则一般作为解释系统实现,而解释器效率低于编译器;没有提供对连续数据的任何处理;综合能力的不足致使专家系统的专业技能只能达到一般技术安全人员的水准。

(3) 状态转换方法

状态转换方法使用系统状态和状态转换表达式来描述和检测入侵,采用最优模式匹配技巧来结构化误用检测,增强了检测的速度和灵活性。目前,主要有状态转换分析、有色 Petri-Net 等方法。

1) 状态转换分析。状态转移分析是一种使用高层状态转移图来表示和检测已知攻击模式的误用检测技术。图 4.7 以序列的方式给出了状态转移图的各个组成部分。

图 4.7 中节点(Node)表示系统的状态,弧线代表每一次状态的转变。所有入侵者的渗透过程都可以看作从有限的特权开始,利用系统存在的脆弱性,逐步提升自身的权限。正是这种共性使得攻击特征可以使用系统状态转移的形式来表示。每个步骤中,攻击者获得的权限或者攻击成功的结果都可以表示为系统的状态。用于误用检测的状态转移分析引擎包括一组状态转移图,各自代表一种入侵或渗透模式。在每个给定的时间点上,都认为是一系列用户行为使得系统到达了每个状态转移图中的特定状态。每次发生新的行为时,状态转移分析引擎检查所有的状态转移图,查看是否会导致系统的状态转移。如果新行为否定了当前状态的断言(Assertion),状态转移分析引擎就将状态转移图回溯到断言仍然成立的状态;如果新行为使系统状态转移到了入侵状态,状态转移信息就被发送到决策引擎,并根据预先定义的策略采取相应的响应措施。

2) 有色 Petri-Net。有色 Petri-Net(Coloured Petri-Net,CP-Net)由普渡大学开发,并成功应用于 Idiot("傻瓜")系统。当一个入侵被表示成一个 CP-Net 时,事件的上下文是通过 CP-Net 中每个令牌颜色变化来模拟的,借助审计踪迹模式匹配的驱动,起始状态到结束状态之间的令牌移动过程指示了一次入侵或攻击的发生。

一个 TCP/IP 连接的 CP-Net 模式如图 4.8 所示,图中顶点表示系统状态,入侵模式存在前提条件和与之相关的后续动作。一般来说,这种模式匹配模型由 3 部分组成:一个上下文描述,即能够进行匹配的、构成入侵信号的各种事件;语义学内容,容纳了多种混杂在同一事件流中入侵模式的多个事件源;一个动作描述,当模式匹配成功后执行的相关动作。

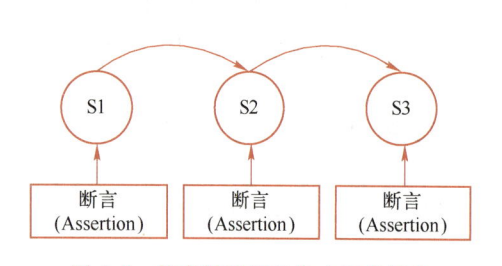

图 4.7 状态转移图的各个组成部分

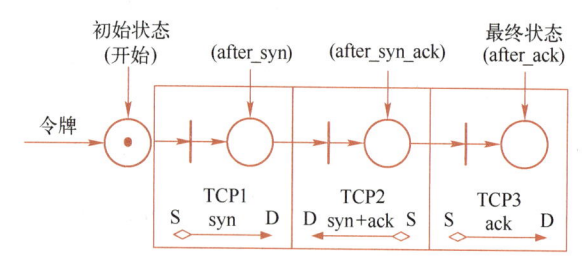

图 4.8 TCP/IP 连接的 CP-Net 模式
注:S 表示源,D 表示目的,syn 表示同步,ack 表示确认同步。

2. 异常检测

异常检测方法是指通过计算机或网络资源统计分析,建立系统正常行为的"轨迹",定义一组系统正常情况的数值,然后将系统运行时的数值与所定义的"正常"情况相比较,得出是否有被攻击的迹象。

异常检测基于一个假定:用户的行为是可预测、遵循一致性模式的,且随着用户事件的增加,异常检测会适应用户行为的变化。用户行为的特征轮廓在异常检测中由度量集来描述,度量是特定网络行为的定量表示,通常与某个检测阈值或某个域相联系。

但是，异常检测的前提是异常行为包括入侵行为。理想情况下，异常行为集合等同于入侵行为集合。此时，如果入侵检测系统能够检测到所有异常行为，则表明能够检测到所有入侵行为。但在现实中，入侵行为集合通常不等同于异常行为集合。事实上，具体的行为有4种状况：①行为是入侵行为，但不表现异常；②行为不是入侵行为，却表现异常；③行为既不是入侵行为，也不表现异常；④行为是入侵行为，且表现异常。

异常检测方法的基本思路是构造异常行为集合，从中发现入侵行为。异常检测依赖于异常模型的建立，不同模型构成不同的检测方法。常用的异常检测方法包括以下4种类型。

(1) 基于统计的异常检测方法

基于统计的异常检测方法就是利用数学统计方法，构建用户或系统正常行为的统计特征轮廓。其中统计性特征轮廓通常由主体特征变量的频度、均值、方差、被监控行为的属性变量的统计概率分布以及偏差等统计量来描述。典型的系统主体特征包括系统的登录与注销时间、资源被占用的时间，以及处理器、内存和外设的使用情况等。统计的抽样周期可以从几分钟到几个月，甚至更长。基于统计特征轮廓的异常检测器，对收集到的数据进行统计处理，并与描述主体正常行为的统计性特征轮廓进行比较，然后根据二者的偏差是否超过指定的门限来进一步判断、处理。

(2) 基于模式预测的异常检测方法

基于模式预测的异常检测方法的前提条件是事件序列不是随机发生的，而是服从某种可辨别的模式，其特点是考虑了事件序列之间的相互联系。安全专家 Teng 和 Chen 给出了一种基于时间的推理方法，利用时间规则识别用户正常行为模式的特征。通过归纳产生这些规则集，并能动态地修改系统中的这些规则，使之具有较高的预测性、准确性和可信度。如果规则在大部分时间是正确的，并能够成功地用于预测所观察到的数据，那么规则就具有较高的可信度。例如，TIM（Time-based Inductive Machine，基于时间的归纳机）给出下述产生规则

$$(E_1!E_2!E_3)(E_4=95\%, E_5=5\%)$$

式中，$E_1 \sim E_5$ 表示安全事件。上述规则表示，事件发生的顺序是 E_1、E_2、E_3、E_4、E_5。事件 E_4 发生的概率是95%，事件 E_5 发生的概率是5%。根据观察到的用户行为，归纳产生出一套规则集，构成用户的行为轮廓框架。如果观测到的事件序列匹配规则的左边，而后续的事件显著地背离根据规则预测到的事件，那么系统就可以检测出这种偏离，表明用户操作异常。这种方法的主要优点是：①能较好地处理变化多样的用户行为，并具有很强的时序模式；②能够集中考察少数几个相关的安全事件，而不是关注可疑的整个登录会话过程；③容易发现针对检测系统的攻击。

(3) 基于文本分类的异常检测方法

基于文本分类的异常检测方法的基本原理是将程序的系统调用视为某个文档中的"字符"，而进程运行所产生的系统调用集合就产生一个"文档"。对于每个进程所产生的"文档"，利用 K-最近邻（K-Nearest Neighbor）聚类文本分类算法，分析文档的相似性，发现异常的系统调用，从而检测入侵行为。

(4) 基于贝叶斯推理的异常检测方法

基于贝叶斯推理的异常检测方法，是指在任意给定的时刻，测量变量 $A_1, A_2, \cdots, A_n$ 的值，推理判断系统是否发生入侵行为。其中，每个变量 A_i 表示系统某一方面的特征，例如磁盘 I/O 的活动数量、系统中页面出错的数目等。假定变量 A_i 可以取 1 和 0 两个值，1 表示异常，0 表示正常。令 I 表示系统当前遭受的入侵，每个变量 A_i 的异常可靠性和敏感性分别用 $P(A_i =$

$1|I)$ 和 $P(A_i=1|\neg I)$ 表示。于是，在给定每个 A_i 值的条件下，由贝叶斯定理得出 I 的可信度为

$$P(I|A_1,A_2,\cdots,A_n) = P(A_1,A_2,\cdots,A_n|I)\frac{P(I)}{P(A_1,A_2,\cdots,A_n)} \tag{4.3}$$

式中，要求给出 I 和 $\neg I$ 的联合概率分布。假定每个测量 A_i 仅与 I 相关，与其他测量条件 $A_j(i\neq j)$ 无关，则有

$$\begin{aligned}P(A_1,A_2,\cdots,A_n|I) &= \prod_{i=1}^{n}P(A_i|I)\\ P(A_1,A_2,\cdots,A_n|\neg I) &= \prod_{i=1}^{n}P(A_i|\neg I)\end{aligned} \tag{4.4}$$

从而得到

$$\frac{P(I|A_1,A_2,\cdots,A_n)}{P(\neg I|A_1,A_2,\cdots,A_n)} = \frac{P(I)}{P(\neg I)} \times \frac{\prod_{i=1}^{n}P(A_i|I)}{\prod_{i=1}^{n}P(A_i|\neg I)} \tag{4.5}$$

3. 其他检测方法

（1）基于规范的检测方法

基于规范的检测方法（Specification-Based Intrusion Detection）介于异常检测和误用检测之间，其基本原理是用一种策略描述语言 PE-grammars 事先定义系统特权程序有关安全的操作执行序列，每个特权程序都有一组安全操作序列，这些操作序列构成特权程序的安全跟踪策略（Trace Policy）。若特权程序的操作序列不符合已定义的操作序列，就进行入侵报警。该方法的优点是不仅能够发现已知的攻击，而且能发现未知的攻击。

（2）基于生物免疫的检测方法

基于生物免疫的检测方法，是指模仿生物有机体的免疫系统工作机制，使受保护的系统能够将"非自我"（Non-self）的攻击行为与"自我"（Self）的合法行为区分开来。该方法综合了异常检测和误用检测两种方法，其关键技术在于构造系统"自我"标志以及标志演变方法。

（3）基于攻击诱骗的检测方法

基于攻击诱骗的检测方法，是指将一些虚假的系统或漏洞信息提供给入侵者，如果入侵者应用这些信息攻击系统，就可以推断系统正在遭受入侵，并且安全管理员还可以诱惑入侵者，进一步跟踪攻击来源。

（4）基于入侵报警的关联检测方法

基于入侵报警的关联检测方法是通过对原始的入侵检测系统报警事件的分类及相关性分析来发现复杂攻击行为。其方法可以分为三类：第一类基于报警数据的相似性进行报警关联分析；第二类通过人为设置参数或通过机器学习的方法进行报警关联分析；第三类根据某种攻击的前提条件与结果（Precondition and Consequence）进行报警关联分析。基于入侵报警的关联检测方法有助于在大量报警数据中挖掘出潜在的关联安全事件，消除冗余安全事件，找出报警事件的相关度及关联关系，从而提高入侵判定的准确性。

（5）基于沙箱动态分析的检测方法

基于沙箱动态分析的检测方法是指通过构建程序运行的受控安全环境，形成程序运行安全沙箱，然后监测可疑恶意文件或程序在安全沙箱的运行状况，获取可疑恶意文件或可疑程序的动态信息，最后检测相关信息是否异常，从而发现入侵行为。

(6) 基于大数据分析的检测方法

基于大数据分析的检测方法是指通过汇聚系统日志、入侵检测系统报警日志、防火墙日志、DNS 日志、网络威胁情报、全网流量等多种数据资源，形成网络安全大数据资源池，然后利用人工智能技术，基于网络安全大数据进行机器学习，以发现入侵行为。常见的大数据分析检查技术有数据挖掘、深度学习、数据关联、数据可视化分析等。

4.2.3 入侵检测系统分类

根据入侵检测系统的检测数据来源和它的安全作用范围，可将入侵检测系统分为三大类：第一类是基于主机的入侵检测系统（简称 HIDS），即通过分析主机的信息来检测入侵行为；第二类是基于网络的入侵检测系统（简称 NIDS），即通过获取网络通信中的数据包，对这些数据包进行攻击特征扫描或异常建模来发现入侵行为；第三类是分布式入侵检测系统（简称 DIDS），从多台主机、多个网段采集检测数据，或者收集单个入侵检测系统的报警信息，根据收集到的信息进行综合分析，以发现入侵行为。

1. 基于主机的入侵检测系统

基于主机的入侵检测系统，安装在需要重点检测的主机之上，监视与分析主机的审计记录时，如果发现主体的活动十分可疑（如违反统计规律），入侵检测系统就会采取相应措施。基于主机的入侵检测系统对分析"可能的攻击行为"非常有用，可以提供较为详尽的取证信息，具体来说，它可以指出入侵者试图执行的"危险命令"，分辨出入侵者的具体行为，如运行程序、打开文件、执行系统调用等。

由于入侵行为会引起主机系统的变化，因此 CPU 利用率、内存利用率、磁盘空间大小、网络端口使用情况、注册表、文件的完整性、进程信息、系统调用等常常作为识别入侵事件的依据。基于主机的入侵检测系统一般适合检测以下入侵行为：

- 针对主机的端口或漏洞扫描。
- 重复失败的登入尝试。
- 远程口令破解。
- 主机系统的用户账号添加。
- 服务启动或停止。
- 系统重启动。
- 文件的完整性或许可权变化。
- 注册表修改。
- 重要系统启动文件变更。
- 程序的异常调用。
- 拒绝服务攻击。

基于主机的入侵检测系统的优点：

- 可以检测基于网络的入侵检测系统不能检测的攻击。
- 基于主机的入侵检测系统可以运行在应用加密系统的网络上，只要加密信息在到达被监控的主机时或到达前解密。
- 基于主机的入侵检测系统可以运行在交换网络中。

基于主机的入侵检测系统的缺点：

- 必须在每个被监控的主机上安装和维护信息收集模块。

- 由于基于主机的入侵检测系统的一部分安装在被攻击的主机上，基于主机的入侵检测系统可能受到攻击并被攻击者破坏。
- 基于主机的入侵检测系统占用受保护的主机系统的系统资源，降低了主机系统的性能。
- 不能有效地检测针对网络中所有主机的网络扫描。
- 不能有效地检测和处理拒绝服务攻击。
- 只能使用它所监控的主机的计算资源。

2. 基于网络的入侵检测系统

基于网络的入侵检测系统通过捕获网络数据包，并依据网络数据包是否包含攻击特征，或者网络通信流是否异常来识别入侵行为。基于网络的入侵检测系统通常由一组用途单一的计算机组成，其构成多分为两部分：探测器和管理控制器。探测器分布在网络中的不同区域，通过侦听方式获取网络数据包，探测器将检测到的攻击行为形成报警事件，向管理控制器发送报警信息，报告发生入侵行为。管理控制器可监控不同网络区域的探测器，接收来自探测器的报警信息。一般说来，基于网络的入侵检测系统能够检测到以下入侵行为：

- SYN 洪水（SYN Flood）拒绝服务攻击。
- 分布式拒绝服务攻击。
- 网络扫描。
- 缓冲区溢出攻击。
- 协议攻击。
- 流量异常。
- 非法网络访问。

基于网络的入侵检测系统的优点：

- 适当地配置可以监控一个大型网络的安全状况。
- 基于网络的入侵检测系统的安装对已有网络影响很小，通常属于被动型的，它们只监听网络而不干扰网络的正常运作。
- 基于网络的入侵检测系统可以很好地避免自身遭受攻击，对于攻击者甚至是不可见的。

基于网络的入侵检测系统的缺点：

- 在高速网络中，基于网络的入侵检测系统很难处理所有的网络数据包，因此有可能出现漏检现象。
- 交换机可以将网络分为许多小单元 VLAN（虚拟局域网），而多数交换机不提供统一的监测端口，这就减小了基于网络的入侵检测系统的监测范围。
- 如果网络流量被加密，基于网络的入侵检测系统中的探测器无法对数据包中的协议进行有效的分析。
- 基于网络的入侵检测系统仅依靠网络流量无法推知命令的执行结果，从而无法判断攻击是否成功。

3. 分布式入侵检测系统

网络系统结构的复杂化和大型化，给入侵检测带来许多新问题，包括：

1）系统的漏洞分散在网络中的各个主机上，这些弱点有可能一起被攻击者用来攻击网络，仅依靠基于主机或网络的入侵检测系统难以发现入侵行为。

2）入侵行为不再是单一的行为，而是相互协作的行为。

3）入侵检测所依靠的数据来源分散化，收集原始的检测数据变得困难。如交换型网络使监听网络数据包受到限制。

4）网络传输速度加快，网络的流量增大，集中处理原始数据的方式往往造成检测瓶颈，从而导致漏检。

面对这些新的入侵检测问题，分布式入侵检测系统应运而生，它可以跨越多个子网检测攻击行为。分布式入侵检测系统可以分成两种类型，即基于主机检测的分布式入侵检测系统和基于网络的分布式入侵检测系统。

（1）基于主机检测的分布式入侵检测系统

基于主机检测的分布式入侵检测系统（HDIDS），其结构分为两个部分：主机探测器和入侵管理控制器。基于主机检测的分布式入侵检测系统将主机探测器按层次、分区域地配置、管理，把它们集成为一个可用于监控、保护分布在网络区域中的主机系统。基于主机检测的分布式入侵检测系统用于保护网络的关键服务器或其他具有敏感信息的系统，利用主机的系统资源、系统调用、审计日志等信息，判断主机系统的运行是否遵循安全规则。在实际工作过程中，主机探测器多以安全代理（Agent）的形式直接安装在每个被保护的主机系统上，并通过网络中的系统管理控制台进行远程控制。这种集中式控制方式，便于对系统进行状态监控、管理以及对检测模块的软件进行更新。

（2）基于网络的分布式入侵检测系统

基于主机检测的分布式入侵检测系统只能保护主机的安全，而且要在每个受保护的主机系统上配置一个主机探测器，如果当网络中需要保护的主机系统比较多时，其安装配置的工作量非常大。此外，对于一些复杂攻击，主机探测器无能为力。因此，需要使用基于网络的分布式入侵检测系统（NDIDS）。

基于网络的分布式入侵检测系统的结构分为两部分：网络探测器和管理控制器。网络探测器部署在重要的网络区域，如服务器所在的网段，用于收集网络通信数据和业务数据流，通过采用异常和误用两种方法对收集到的信息进行分析，若出现攻击或异常网络行为，就向管理控制器发送报警信息。

基于网络的分布式入侵检测系统一般适用于大规模网络或者地理区域分散的网络，这种结构有利于实现网络的分布式安全管理。

综上所述，分布式入侵检测系统能够将基于主机和网络的入侵检测系统结构结合起来，检测所用到的数据源丰富，可以克服前两者的弱点。但是，分布式结构也带来了新的问题，例如传输安全事件的通信安全问题、安全管理配置复杂度增加问题等。

4.3 认证技术

4.3.1 认证概述

认证是防止主动信息攻击的一种重要技术，其应用目的包括三个方面：一是消息完整性认证，验证信息在传送或存储过程中是否被篡改；二是身份认证，验证消息的收发者是否持有正确的身份认证符，如口令、密钥等；三是消息的序号和操作时间（时间性）等认证，目的是防止消息重放或会话劫持等攻击。

1. 认证模型

认证是一个实体向另外一个实体证明其所声称的身份的过程。在认证过程中，需要被证实的实体是声称者，负责检查和确认声称者的实体是验证者。一个安全的认证体制应该至少满足以下要求：

1）指定的消息接收者能够检验和证实消息的合法性、真实性和完整性。

2）消息的发送者对所发的消息不能抵赖，有时也要求消息的接收者不能否认收到的消息。

3）除了合法的消息发送者外，其他人不能伪造发送消息。

认证体制的基本模型（又称纯认证系统模型）如图 4.9 所示。

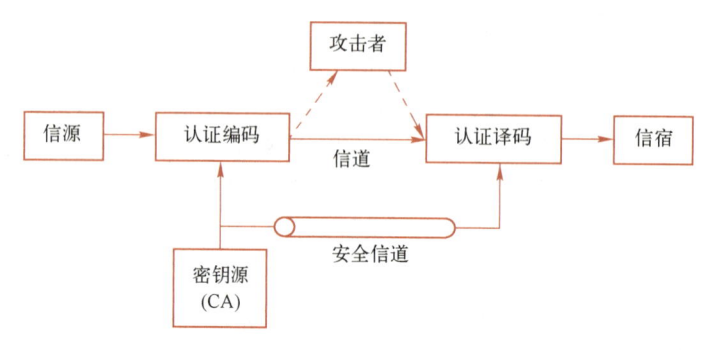

图 4.9 纯认证系统模型

在这个模型中，发送者通过一个公开的无扰信道将消息送给接收者。接收者不仅得到消息本身，而且还要验证消息是否来自合法的发送者及消息是否被篡改。攻击者不仅要截收和分析信道中传送的密报，而且可能伪造密文发送给接收者进行欺诈等主动攻击。认证体制中通常存在一个可信中心或可信第三方（如 CA），用于仲裁、颁发证书或管理某些机密信息。

认证一般由标识（Identification）和鉴别（Authentication）两部分组成。标识是用来代表实体对象（如人员、设备、数据、服务、应用）的身份标志，确保实体的唯一性和可辨识性，同时与实体存在强关联。标识一般用名称和唯一标识符（ID）来表示。唯一标识符可以代表实体。例如，网络管理人员常用 IP 地址、网卡地址作为计算机设备的标识。操作系统以符号串作为用户的标识。鉴别一般是指利用口令、电子签名、数字证书、令牌、生物特征、行为表现等相关数字化凭证对实体所声称的属性进行识别验证的过程。鉴别的凭据主要包括所知道的秘密信息、所拥有的实物凭证、所具有的生物特征以及所表现的行为特征。

2. 认证依据

认证依据也称为鉴别信息，通常是指用于确认实体（声称者）身份的真实性或者其拥有的属性的凭证。目前，常见的认证依据主要有四类。

1）所知道的秘密信息：实体所掌握的秘密信息，如用户口令、验证码等。

2）所拥有的实物凭证：实体所持有的不可伪造的物理设备，如智能卡、U 盾等。

3）所具有的生物特征：实体所具有的生物特征，如指纹、声音、虹膜、人脸等。

4）所表现的行为特征：实体所表现的行为特征，如鼠标使用习惯、键盘敲键力度、地理位置等。

4.3.2 数字签名技术

数字签名技术是一种实现消息完整性认证和身份认证的重要技术。一个数字签名方案由安全参数、消息空间、签名、密钥生成算法、签名算法、验证算法等成分构成。按照接收者验证签名的方式，可将数字签名分为真数字签名和公证数字签名两类。

在真数字签名中，签名者直接把签名消息传送给接收者，接收者无须求助于第三方就能验证签名，其验证过程如图 4.10 所示。

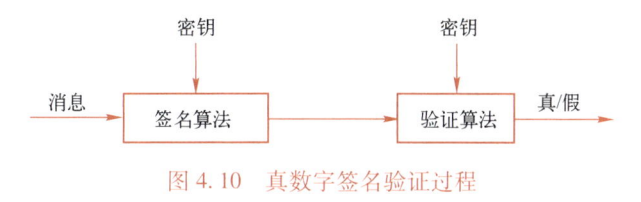

图 4.10　真数字签名验证过程

在公证数字签名中，签名者把签名消息经由被称作公证者的可信第三方发送给接收者，接收者不能直接验证签名，签名的合法性是通过公证者作为媒介来保证的，也就是说接收者要验证签名就必须同公证者合作，其验证过程如图 4.11 所示。

数字签名算法可分为普通数字签名算法、不可否认数字签名算法、Fail-Stop（失败即停）数字签名算法、盲数字签名算法和群数字签名算法等。普通数字签名算法包括 RSA 数字签名算法、ElGamal 数字签名算法、Fiat-Shamir 数字签名算法、Guillou-Quisquarter 数字签名算法等。

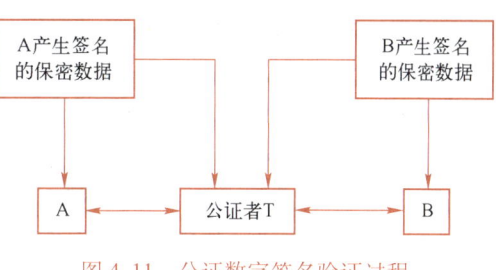

图 4.11　公证数字签名验证过程

数字签名与传统手写签名的主要区别在于：一是一个人的手写签名是不变的，而数字签名对不同的消息是不同的，即手写签名因人而异，数字签名因消息而异；二是手写签名是易被模仿的，无论哪种文字的手写签名，伪造者都可以较容易模仿出来，而数字签名是在密钥控制下产生的，在没有密钥的情况下，模仿者几乎无法模仿出数字签名。

4.3.3　身份认证技术

身份认证的目的是验证信息收发方是否持有合法的身份认证符（口令、密钥和实物证件等）。从认证机制上讲，身份认证技术可分为两类：一类是专门进行身份认证的直接身份认证技术；另一类是在消息签名和加密认证过程中，通过检验收发方是否持有合法的密钥而进行的认证，称为间接身份认证技术。

在用户接入（或登录）系统时，直接身份认证技术首先要验证他是否持有合法的身份证（口令或实物证件等）。如果他有合法的身份证，就允许他接入系统中，进行允许的收发等操作，否则就拒绝接入系统。对计算机的访问和使用以及安全地区的出入放行等都是以准确的身份认证作为基础的。通信和数据系统的安全性常常取决于能否正确识别通信用户或终端的个人身份，如银行的自动取款机（ATM）系统可将现金发放给经它正确识别的账号持卡人。

1. 身份认证方式

身份认证常用的方式主要有两种，口令方式和持证方式。

（1）口令方式

口令方式是使用最广泛的一种身份认证方式。比如我国古代调兵用的虎符、现代通信网的接入协议等。口令一般为数字、字母、特殊字符等组成的长字符串。口令识别的方法是被认证者先输入他的口令，然后计算机确定其正确性。被认证者和计算机都知道这个秘密的口令，每次登录时计算机都要求输入口令,这就要求计算机存储口令,一旦口令文件暴露,攻击者就有机可乘。为此,人们采用单向函数来克服这种缺陷,此时,计算机存储口令的单向函数值而不是存储口令本身,其认证过程为:

1) 被认证者将他的口令输入计算机。
2) 计算机完成口令的单向函数值计算。
3) 计算机把单向函数值和机器存储的值比较。

由于计算机不再存储每个人的有效口令表,即使攻击者侵入计算机也无法从口令的单向函数值表中获得口令。

(2) 持证方式

持证方式是一种实物认证方式。持证(Token)是一种个人持有物,它的作用类似于钥匙,用于启动电子设备。

根据认证依据所利用的时间长度,身份认证可分成一次性口令(One Time Password,OTP)、持续认证(Continuous Authentication)。其中,一次性口令用于保护口令安全,防止口令重用攻击。一次性口令常见的认证实例如使用短消息验证码。持续认证是指连续提供身份确认,其技术原理是对用户整个会话过程中的特征行为进行连续的监测,不间断地验证用户所具有的特性。持续认证是一种新兴的认证方法,其标志是将对事件的身份验证转变为对过程的身份验证。持续认证增强了认证机制的安全强度,有利于防止身份假冒攻击、钓鱼攻击、身份窃取攻击、社会工程攻击、中间人攻击。持续认证所使用的鉴定因素主要是认知因素(Cognitive Factor)、物理因素(Physics Factor)、上下文因素(Contextual Factor)。认知因素主要有眼手协调、应用行为模式、使用偏好、设备交互模式等。物理因素主要有左/右手、按压大小、手震、手臂大小和肌肉使用。上下文因素主要有事务、导航、设备和网络模式。例如,有些网站的访问会根据地址或位置信息来判断来访者的身份,以确认是否授权访问。

2. 身份认证协议

目前,认证协议大多数为询问—应答式协议,其基本工作过程是:认证者提出问题(通常为口令、图像识别、验证码等),由被认证者回答,然后认证者验证其身份的真实性。询问—应答式协议可分为两类:一类是基于私钥的密码体制,在这类协议中认证者知道被认证者的秘密;另一类是基于公钥的密码体制,在这类协议中认证者不知道被认证者的秘密,因此,又称为零知识身份认证协议。

下面介绍著名的 Feige-Fiat-Shamir 零知识身份认证协议。在该协议中,可信赖的 CA(认证机构)选定一个随机数 m 作为模数,并把 m 分发给认证双方(用户 A 和 B)。CA 产生随机数 v,使 $x^2=v \bmod m$(v 为模 m 的平方剩余),且存在 v 的逆元 v^{-1}(即 $vv^{-1}=1 \bmod m$)。以 v 作为公钥分发给用户。而后计算最小的整数 s,$s=\sqrt{1/v} \bmod m$,并把 s 作为私钥分发给用户 A。

(1) 实施身份证明的协议

实施身份证明的协议如下:

1) 用户 A 取随机数 r($r<m$),计算 $x=r^2 \bmod m$ 发送给 B。
2) B 将一随机位数 b 发送给 A。
3) 若 $b=0$,则 A 将 r 发送给 B;若 $b=1$,则 A 将 $y=rs$ 发送给 B。
4) 若 $b=0$,则 B 证实 $x=r^2 \bmod m$,从而证明 A 知道 $\sqrt{x}$;若 $b=1$,则 B 证实 $x=y^2 (v \bmod m)$,从而证实 A 知道 s。

这是一次鉴定,A 和 B 可重复 t 次鉴定,每次采用不同的 r 和 b,直到 B 相信 A 知道 s

为止。

（2）协议的安全性分析

协议的安全性分析如下：

1）A 欺骗 B 的可能性。A 不知道 s，他也可取 r，发送 $x = r^2 \bmod m$ 给 B，B 发送 b 给 A，A 可将 r 发送出去。当 $b = 0$ 时，则 B 可通过检验而受骗，当 $b = 1$ 时，则 B 可发现 A 不知道 s，B 受骗概率为 1/2，但连续重复 t 次受骗的概率仅为 2^{-t}。

2）B 伪装 A 的可能性。B 和其他被认证者 c 开始一个协议，第 1 步他可用 A 用过的随机数 r，若 c 所选的 b 值恰好与以前发给 A 的一样，则 B 可将在协议第 3 步所发的数值重发给 c，从而成功地伪装 A，但 c 随机选 b 为 0 或 1，故这种攻击成功的概率为 1/2。重复执行 t 次后，攻击成功概率降为 2^{-t}。

3. 身份认证方式

按照认证过程中鉴别双方参与角色及所依赖的外部条件，身份认证可分成单向认证、双向认证和第三方认证。

（1）单向认证

单向认证是指在认证过程中，验证者对声称者进行单方面的鉴别，而声称者不需要识别验证者的身份。实现单向认证的技术方法有基于共享秘密和基于挑战响应两种。

1）基于共享秘密。假设验证者和声称者共享一个秘密 K_{AB}，ID_A 为实体 A 的标识，则认证过程如下：

第 1 步，A 产生并向 B 发送消息 (ID_A, K_{AB})。

第 2 步，B 收到 (ID_A, K_{AB}) 消息后，B 检查 ID_A 和 K_{AB} 的正确性。若正确，则确认 A 的身份。

第 3 步，B 回复 A 验证结果消息。

2）基于挑战响应。设验证者 B 生成一个随机数 R_B，ID_A 为实体 A 的标识，ID_B 为实体 B 的标识，则认证过程如下：

第 1 步，B 产生一个随机数 R_B，并向 A 发送消息 (ID_B, R_B)。

第 2 步，A 收到 (ID_B, R_B) 消息后，生成包含随机数 R_B 的秘密 K_{AB}，并发送消息 (ID_A, K_{AB}) 到 B。

第 3 步，B 收到 (ID_A, K_{AB}) 消息后，解密 K_{AB}，检查 R_B 是否正确。若正确，则确认 A 的身份。

第 4 步，B 回复 A 验证结果消息。

（2）双向认证

双向认证是指在认证过程中，验证者对声称者进行单方面的鉴别，同时声称者也对验证者的身份进行确认，即参与认证的实体双方互为验证者。

在网络服务认证过程中，双向认证要求服务方和客户方互相认证，客户方也认证服务方，这样就可以解决服务器的真假识别安全问题。

（3）第三方认证

第三方认证是指两个实体在鉴别过程中通过可信的第三方（Trusted Third Party，TTP）来认证。第三方认证原理如图 4.12 所示，第三方 P 与每个认证实体共享秘密，实体 A 和实体 B 分别与它共享密钥 K_{PA} 和 K_{PB}。当实体 A 发起认证请求时，实体 A 向 P 申请获取实体 A 和实体 B 的密钥 K_{AB}，然后实体 A 和实体 B 使用 K_{AB} 加密保护双方的认证消息。

图 4.12 第三方认证原理

实体 A 和实体 B 基于第三方的认证方案有多种形式，这里仅介绍一种基于第三方挑战响应的实现方案。设 A 和 B 各生成随机数为 R_A、R_B，ID_A 为实体 A 的标识，ID_B 为实体 B 的标识，则认证过程简要描述如下：

第 1 步，实体 A 向第三方 P 发送加密消息 $K_{PA}(ID_B, R_A)$。

第 2 步，第三方 P 收到 $K_{PA}(ID_B, R_A)$ 消息后，解密获取实体 A 消息。生成消息 $K_{PA}(R_A, K_{AB})$ 和 $K_{PB}(ID_A, K_{AB})$ 发送到实体 A。

第 3 步，实体 A 发送 $K_{PB}(ID_A, K_{AB})$ 到实体 B。

第 4 步，实体 B 解密消息 $K_{PB}(ID_A, K_{AB})$，生成消息 $K_{AB}(ID_A, R_B)$，然后发送给实体 A。

第 5 步，实体 A 解密 $K_{AB}(ID_A, R_B)$，生成消息 $K_{AB}(ID_B, R_B)$ 发送给实体 B。

第 6 步，实体 B 解密消息 $K_{AB}(ID_B, R_B)$，检查 R_B 的正确性，若正确，则实体 A 认证通过。

第 7 步，B 回复 A 验证结果消息。

4.3.4 消息认证技术

消息认证是指通过对消息或消息相关信息进行加密或签名变换而进行的认证，其目的包括消息内容认证（即消息完整性认证）、消息的源和宿认证（即身份认证）以及消息的序号和操作时间认证等。

1. 消息内容的认证

消息内容认证常用的方法是在要发送的消息中加入一个鉴别码，经加密后发送给接收者，接收者利用约定的算法对解密后的消息进行鉴别运算，若计算得到的鉴别码与原鉴别码相等则接收，否则拒绝接收。

鉴别码一般通过散列（Hash）函数对源消息运算来得到。散列函数是将任意长的数字串 M 映射成一个较短的定长数字串 H 的函数，以 h 表示，$h(M)$ 易于计算，称 $H=h(M)$ 为 M 的散列值，也称散列码、散列结果等。h 是多对一映射，因此无法从 H 求原来的 M，但可以验证任意给定序列 M' 是否与 M 有相同的散列值。H 显然包含输入字符串 M 的烙印，因此又被称为 M 的数字指纹（Digital Fingerprinting）或数据摘要（Message Digest）。

若散列函数 h 为单向函数，则称其为单向散列函数。用于消息认证的散列函数都是单向散列函数。单向散列函数按其是否有密钥控制划分为两大类：一类是有密钥控制，以 $h(k,M)$ 表示，为密码散列函数；另一类是无密钥控制，为一般散列函数。无密钥控制的单向散列函数，其散列值只是输入字串的函数，任何人都可以计算，因而不具备身份认证功能，只用于检测接收数据的完整性。有密钥控制的单向散列函数，要满足各种安全要求，其散列值不仅与输入有关，而且与密钥有关，只有持此密钥的人才能够计算出相应的散列值，因此具有身份验证功能。

散列函数在实际中有着广泛的应用，在密码学和数据安全技术中，它是实现有效、安全、可靠数字签名和认证的重要工具，是安全认证协议中的重要模块。散列函数由于应用的多样性和其本身的特点而有很多不同的名字，其含义也有差别，如压缩（Compression）函数、紧缩（Contraction）函数、数据认证码（Data Integrity Check）、消息摘要、数字指纹、数据完整性校验（Data Integrity Check）、密码检验和（Cryptographic Check Sum）、消息认证码（Message Authentication Code，MAC）、篡改检测码（Manipulation Detection Code，MDC）等。

构造散列函数的方法有两种：一是直接构造，比如由美国麻省理工学院 Rivest 设计的 MD5 散列算法，可以将任意长度的明文，转换为 128 bit 的数据摘要；美国国家标准局（NIST）为配合数字签名标准于 1993 年对外公布的安全散列函数（SHA），可对任意长度的明文产生 160 bit 的数据摘要；另一种是间接构造，主要是利用现有的分组加密算法，诸如 DES、AES 等，对其稍加修改，采用它们加密的非线性变换构造散列函数。如 Rabin 在 1978 年利用 DES，提出了一种简单快速的散列函数，其方法是：首先将明文分成长度为 64 bit 的明文组 $m_1, m_2, \cdots, m_N$，采用 DES 的非线性变换对每一明文组依次进行变换，即令 $h_0=$ 初始值，$h_i = E_{mi}[h_{i-1}]$，最后输出的 h_N 就是明文的散列值。

2. 源和宿的认证

在消息认证中，消息源和宿认证的常用方法有两种：一种是通信双方事先约定发送消息的数据加密密钥，接收者只需证实发送来的消息是否能用该密钥还原成明文就能鉴别发送者。如果双方使用同一个数据加密密钥，那么只需在消息中嵌入发送者识别符即可。另一种是通信双方事先约定用于各自发送消息的通行字，发送消息时将通行字一并加密，接收者只需判别消息中解密的通行字是否与约定通行字相符就可鉴别发送者。

3. 消息序号和操作时间的认证

消息的序号和操作时间的认证，主要用于阻止消息的重放攻击，常用的方法有消息的流水作业、链接认证符随机数认证法和时戳等。

4.3.5 数字签名与消息认证

散列函数产生的散列值（鉴别码）可直接用于消息认证，也可通过数字签名方法间接用于消息认证。一般地，对长度较大的明文直接进行数字签名需要的运算量和传输开销也较大，而散列值就是明文的"指纹"或"摘要"，因而对散列值进行数字签名，可以视为对其明文进行数字签名。实际应用中，通常也是对明文散列值而非明文本身进行数字签名，目的就在于提高数字签名效率。

消息认证可以帮助接收方验证消息发送方的身份以及消息是否被篡改。当收发方之间没有利害冲突时，这种方式对于防止第三方破坏是有效的，但当存在利害冲突时，单纯采用消息认证技术就无法解决纠纷，这时就需要借助数字签名技术来辅助进行更有效的消息认证。

4.4 恶意代码检测与防范技术

4.4.1 恶意代码概述

恶意代码是一种程序，通常在人们没有察觉的情况下把代码寄宿到另一段程序中，从而达到破坏被感染计算机的数据、运行具有入侵性或破坏性的程序、破坏被感染系统数据的安全性和完整性的目的。

按照恶意代码的工作原理和传输方式，恶意代码可以分为传统病毒、木马、网络蠕虫、移动代码和复合型病毒等类型。

（1）传统病毒

计算机病毒并不是自然界中的生命体，它们不过是某些人专门做出来的、具有一些特殊功能的程序或者程序代码片段。计算机病毒通过附着在各种类型的文件上，随着文件从一个用户复制给另一个用户，而传播蔓延开来。

可以从下面几个方面来理解计算机病毒的定义。首先，病毒是以磁盘、磁带和网络等作为媒介传播扩散且能"传染"其他程序的程序。其次，病毒能够实现自身复制且借助一定的载体存在，具有潜伏性、传染性和破坏性。再次，计算机病毒是一种人为制造的程序，它不会自然产生，是精通编程的人精心编制的，通过不同的途径寄宿在存储介质中，当某种条件成熟时，才会复制、传播，甚至变异后传播，使计算机的资源受到不同程度的破坏。

（2）木马

木马（全称特洛伊木马）是根据古希腊神话中的木马来命名的。黑客程序以此命名，有"一经潜入，后患无穷"之意。木马程序表面上没有任何异常，实际上却隐含着恶意企图。一些木马程序会通过覆盖系统文件的方式潜伏于系统中，还有一些木马以正常软件的形式出现。木马类的恶意代码通常不容易发现，这主要是因为它们通常以正常应用程序的身份在系统中运行。

（3）网络蠕虫

网络蠕虫是一种可以自我复制的完全独立的程序，其传播过程不需要借助被感染主机中的其他程序。网络蠕虫的自我复制不像其他病毒，它可以自动创建与其功能完全相同的副本，并在不需要人工干涉的情况下自动运行。网络蠕虫通常利用系统中的安全漏洞和设置缺陷进行自动传播，因此可以以非常快的速度传播。

（4）移动代码

移动代码是能够从主机传输到客户端计算机上并执行的代码，它通常作为病毒、蠕虫、木马等的一部分被传送到目标计算机。此外，移动代码可以利用系统的安全漏洞进行入侵，如窃取系统账户密码或非法访问系统资源等。移动代码通常利用 Java Applet、ActiveX、JavaScript 和 VBScript 等技术来实现。

（5）复合型病毒

恶意代码通过多种方式传播就形成了复合型病毒，著名的网络蠕虫 Nimda 实际上就是复合型病毒的一个例子，它可以同时通过 E-mail、网络共享、Web 服务器、Web 终端 4 种方式传播。除上述方式外，复合型病毒还可以通过点对点文件共享、直接信息传送等方式传播。

4.4.2 恶意代码检测

恶意代码检测技术主要有特征代码法、校验和法、行为监测法和软件模拟法等。

1. 特征代码法

特征代码法是检测已知恶意代码的最简单、开销最小的方法。特征代码法的实现步骤如下：

1）采集已知恶意代码样本。

2）在恶意代码样本中，抽取特征代码。

依据如下原则：抽取的代码要长度适当，一方面维持特征代码的唯一性，另一方面又避免太大的空间与时间的开销。

3）打开被检测文件，在文件中搜索，检查文件中是否含有恶意代码数据库中的恶意代码的特征代码。如果发现恶意代码特征代码，由于特征代码与恶意代码一一对应，便可以断定，被查文件中包含何种恶意代码。

检测准确、可识别恶意代码的名称、误报警率低是特征代码法的优点，可依据检测结果，进行清除处理。但是，采用特征代码法的检测工具，面对不断出现的新恶意代码，必须不断更新版本，否则检测工具便会老化，逐渐失去实用价值。特征代码法对从未见过的新恶意代码，由于缺乏相应的特征代码，因而无法检测。

因此，特征代码法有以下特点：

1）速度慢，随着恶意代码种类增多，检索时间变长。
2）误报警率低。
3）不能检查多态性恶意代码。
4）不能检查隐蔽性恶意代码。

2. 校验和法

对正常文件的内容，计算其校验和，将该校验和写入文件中或写入别的文件中保存。在文件使用过程中，定期地或每次使用文件前，检查文件现在内容算出的校验和与原来保存的校验和是否一致，从而可以发现文件是否感染，这种方法叫作校验和法，它既可发现已知恶意代码又可发现未知恶意代码。

运用校验和法检测恶意代码可采用 3 种方式：

1）在检测恶意代码工具中纳入校验和法，对被查的对象文件计算其正常状态的校验和，将校验和写入被查文件中或检测工具中，而后进行比较。

2）在应用程序中，放入校验和法自我检查功能，将文件正常状态的校验和写入文件本身中，每当应用程序启动时，比较现行校验和与原校验和，实现应用程序的自检测。

3）将校验和检查程序常驻内存，每当应用程序开始运行时，自动比较和检查应用程序内部或别的文件中预先保存的校验和。

但是，校验和法不能识别恶意代码类，不能报出恶意代码名称。由于恶意代码感染并非文件内容改变的唯一原因，文件内容的改变有可能是正常程序引起的，所以校验和法常常误报警。

校验和法的优点是方法简单，能发现未知恶意代码和被查文件的细微变化。会误报警、不能识别恶意代码名称、不能对付隐蔽性恶意代码则是该方法的缺点。

3. 行为监测法

利用恶意代码的特有行为特征来监测恶意代码的方法，称为行为监测法。通过对恶意代码多年的观察、研究，发现一些行为是恶意代码的共同行为，而且比较特殊。在正常程序中，这些行为比较罕见。当程序运行时，监视其行为，如果发现了恶意代码行为，立即报警。

行为监测法的优点：可发现未知恶意代码，可相当准确地预报未知的多数恶意代码。行为监测法的缺点：可能误报警，不能识别恶意代码名称，实现上有一定难度。

4. 软件模拟法

多态性恶意代码每次感染都会改变其恶意代码密码，对付这种恶意代码，特征代码法失效。因为多态性恶意代码实施密码化，而且每次所用密钥不同，所以把染毒的恶意代码样本相互比较，也无法找出相同的可能作为特征的稳定代码。虽然行为检测法可以检测多态性恶意代码，但是在检测出恶意代码后，由于不知恶意代码的种类，难以进行清除操作。

为了检测多态性恶意代码，可应用新的检测方法——软件模拟法。它是一种软件分析器，用软件方法来模拟和分析程序的运行。新型检测工具纳入了软件模拟法，该类工具开始运行时，使用特征代码法检测恶意代码，如果发现隐蔽性恶意代码或多态性恶意代码嫌疑时，启动软件模拟模块，监视恶意代码的运行，待恶意代码自身的密码译码以后，再运用特征代码法来识别恶意代码的种类。

4.4.3 恶意代码防范

恶意代码与传统计算机病毒有许多相似的特征，因此在恶意代码防范方面，传统的反病毒技术依然可以发挥重要作用，事实上许多杀毒软件直接将恶意代码当作普通病毒来对待。此外，针对恶意代码的特点发展出了一些新的防范方法。

（1）及时更新系统，修补安全漏洞

许多恶意代码的入侵和传播都是利用系统（包括操作系统和应用系统）的特定安全漏洞进行的。通常情况下，在恶意代码大规模泛滥之前，其入侵和传播所依赖的安全漏洞的修补程序就已经发布，只是许多用户还没有及时安装这些修补程序而成为恶意代码的攻击对象。

如果能够在恶意代码入侵之前发现并修补系统的安全漏洞，就可以避免攻击。因此，及时更新系统、修补安全漏洞对于防范恶意代码具有重要意义。

（2）设置安全策略，限制脚本程序的运行

通过网页浏览器传播的恶意代码，即利用 Java Applet、ActiveX、JavaScript 和 VBScript 等技术实现的代码移动已经成为恶意代码传播的主要途径，是普通上网用户的主要安全隐患。但是该类恶意代码必须在浏览器允许执行脚本程序的条件下才可运行。因此，只要设置适当的安全策略，限制相应脚本程序的运行，就可以在很大程度上避免移动代码的危害。

（3）启用防火墙，过滤不必要的服务和系统信息

计算机系统暴露到互联网上的信息越多，就越容易受到攻击。因此通过防火墙过滤不必要的服务和系统信息，可以降低系统遭受恶意代码攻击的风险。

（4）养成良好的上网习惯

以目前的技术水平，单靠技术手段还难以从根本上杜绝恶意代码的危害，因此良好的上网习惯就显得非常重要。良好的上网习惯主要包括：

1）不随意打开来历不明的电子邮件。
2）不随意下载来历不明的软件。
3）不随意浏览来历不明的网站。
4）不随意使用移动终端设备连接不可信的无线热点。

（5）警惕恶意代码的新传播方式

互联网技术的发展催生了许多新技术，尤其是移动终端的软硬件技术，它们发展得更为迅速，但这些技术在给用户带来方便的同时也给恶意代码传播提供了新的隐蔽途径，例如通过制造商预装、刷机助手、第三方市场、二维码、微博等方式可以更加隐蔽地传播恶意代码。因此在使用新技术时也要注意提高安全意识，不可麻痹大意。

4.5 备份技术

4.5.1 备份概述

数据的灾难恢复是保证系统安全、可靠不可或缺的基础。网络的高可靠性和高可用性是最基本的要求，重要业务数据都存储在网络中，一旦丢失，后果不堪设想，因此，建立一套行之有效的灾难恢复方案就显得尤为重要。

1. 备份相关概念

（1）数据备份

数据备份是指将计算机磁盘上的原始数据复制到可移动存储介质上，如磁带、光盘等。在出现数据丢失或系统灾难时将复制在可移动存储介质上的数据恢复到磁盘上，从而保护计算机的系统数据和应用数据。

与备份对应的概念是恢复，恢复是备份的逆过程。在数据失效后，计算机系统无法使用，但由于保存了一套备份数据，利用恢复措施就能够很快将失效的数据重新建立起来。

热备份是计算机容错技术的一个概念，是实现计算机系统高可用性的主要方式。它通过避免系统单点故障（如磁盘损伤）导致整个计算机系统无法运行，从而实现计算机系统的高可用性。最典型的实现方式是双机热备份，即双机容错。

在线备份是指对正在运行的数据库或应用进行备份。通常对打开的数据库和应用是禁止备份的，但是在线备份要求数据存储管理软件能够对在线的数据库和应用进行备份。

离线备份是指在数据库或应用关闭后对其数据进行备份，离线备份通常只采用全备份。

（2）系统备份

系统备份与普通数据备份的不同在于，它不仅备份系统中的数据，还备份系统中安装的应用程序、数据库系统、用户设置、系统参数等信息，以便迅速恢复整个系统。

与系统备份对应的概念是灾难恢复。灾难恢复同普通数据恢复的最大区别在于：在整个系统都失效时，用灾难恢复措施能够迅速恢复系统；普通数据恢复则不行，如果系统也发生了失效，在开始数据恢复之前，必须重新装入系统。也就是说，数据恢复只能处理狭义的数据失效，而灾难恢复则可以处理广义的数据失效。对系统数据进行安全有效的备份，具有非常重要的意义。

1）复制≠系统备份。备份不等于单纯复制，这是因为系统的重要信息无法用复制的方式备份下来，而且管理也是备份的重要组成部分。管理包括自动备份计划、历史记录保存、日志管理和报表生成等，没有管理功能的备份，不能算是真正意义上的备份，单纯的复制并不能减轻繁重的备份任务。

2）硬件备份≠系统备份。硬件备份属于系统备份的一个层次，可以有效地防止物理故障。但对于那些人为错误或故意破坏而引起的数据丢失，硬件备份则无能为力。因此，硬件备份不能完全保证系统数据的安全，只有系统备份才能提供真正的数据保护。

3）数据文件备份≠系统备份。有很多人认为备份只是对数据文件的备份，系统文件与应用程序无须备份，因为它们可以通过安装盘重新安装。实际上这是对备份的误解。在网络环境中，系统和应用程序安装起来并不是那么简单：人们必须找出所有安装盘和原来的安装记录进行安装，然后重新设置各种参数、用户信息、权限等，这个过程可能要持续好几天。因此，最有效的方法是对整个网络系统进行备份。这样，系统无论遇到多大的灾难，都能够应付自如。

2. 对备份的认识误区

1）用人工操作进行简单的数据备份，来代替专业备份工具的完整解决方案。采用人工操作的方法操作数据备份，这带来了许多管理和数据安全方面的问题，如人工操作引入了人的疏忽，备份管理人员的更换交接不清可能造成备份数据的混乱，造成恢复时的错误，人工操作恢复使恢复可能不完全且恢复的时间无法保证，也可能造成重要的数据备份遗漏，无法保证数据恢复的准确和高效率。

2）忽视数据备份介质管理的统一通用性。忽视数据备份介质的统一通用性会造成恢复时由于介质不统一的问题，包括磁带或光盘的标识命名混乱，而给恢复工作带来不必要的麻烦。

3）用硬件冗余容错设备代替对系统的全面数据备份。这种做法完全与数据备份的宗旨相背离，在管理上有巨大的漏洞且很不完善。用户应该认识到任何程度的硬件冗余也无法百分之百地保证单点的数据安全性，独立磁盘冗余阵列（RAID）技术不能，镜像技术也不能，甚至双机备份也不能替代数据备份。

4）忽视数据异地备份的重要性。数据异地备份在客户计算机应用系统遭遇单点突发事件或自然灾难时显得非常有效和重要。

5）以用户应用数据备份替代系统全备份。这种错误会极大影响恢复时的时间和效率，而且很可能由于系统无法恢复到原程度而造成应用无法恢复，数据无法再次使用；还会因为客户不能真正了解应用数据存放的位置而造成用户应用数据备份不完整，造成恢复时的问题。

6）忽视制订完整的备份和恢复计划，以及维护计划并测试的重要性。忽视制订测试、维护数据备份和恢复计划会造成实施上的无章可循和混乱。

7）忽视对系统备份恢复人员的理论培训。

4.5.2 数据备份方案

为保证关键数据和应用系统的正常运行，根据数据和应用系统的特点，制定数据备份方案是至关重要的。目前的数据备份方案主要有磁盘备份、双机备份和网络备份。

1. 磁盘备份

磁盘备份就是用磁盘备份数据，也就是把重要的数据备份到磁盘上，它的主要方式是磁盘阵列和磁盘镜像。

（1）磁盘阵列

磁盘阵列针对不同应用使用的不同技术，称为 RAID 级别（level），RAID（Redundant Array of Inexpensive Disk）的每一级别代表一种技术，目前业界公认的标准是 RAID0～RAID5，其中的级别并不代表技术的高低，而是代表适用的场合。

（2）磁盘镜像

简单地讲，磁盘镜像就是一个原始的设备虚拟技术，它的原理是：系统产生的每个 I/O 操作都在两个磁盘上执行，而这一对磁盘看起来就像一个磁盘一样。

有 3 种方式可以实现磁盘镜像，它们是运行在主机系统的软件方式、外部磁盘子系统方式和主机 I/O 控制器方式。第 1 种方式是软件实现方式，后两种主要是硬件实现方式。

软件镜像是一个系统的管理应用，它运行在主机系统上，并利用主机的处理器周期和内存资源执行自己的作业。大多数主流服务器操作系统和文件系统都提供基本的磁盘镜像功能，为了易于安装，一般都省略了性能、远程管理和配置灵活性等，因此，操作系统的镜像功能提供了一个既廉价又方便的选择。

外部磁盘子系统中的镜像运行于外部 RAID 子系统，RAID 包含一个智能处理器，能够提供高级的磁盘操作和管理，这也就是通常所说的 RAID1。置换磁盘驱动器的方便性与性能优势是外部磁盘子系统真正吸引人之处。

主机 I/O 控制器镜像的实现位于主机 I/O 控制器中，简单地说，就是通过主机中的 RAID 卡来实现磁盘镜像。主机 I/O 控制器镜像集中了软件镜像和外部子系统镜像的许多优点，提供了较好的性能。当与外部磁盘子系统一起工作时，镜像功能可以在专门的芯片上实现，不仅提供最好的性能，而且不占用服务器的 CPU 周期，节省的 CPU 周期可用于其他任务。

2. 双机备份

双机备份即所谓的双机热备用（Hot Standby），就是一台主机为工作机（Primary Server），另一台主机为备用机（Standby Server）。在系统正常情况下，工作机为信息系统提供支持，备用机监视工作机的运行情况。当工作机出现异常，不能支持信息系统运营时，备用机主动接管（Take Over）工作机的工作，继续支持信息系统运营，从而保证信息系统能够不间断地运行（Non-Stop）。

双机备份目前运用得比较广泛，它可以保证信息系统能够不间断地运行，目前普遍的解决方案有纯软件方案、灾难备份方案、共享磁盘阵列方案、双机单柜方案、双机双柜方案等 5 种。

3. 网络备份

网络备份是指在分布式网络环境下，通过专业的数据存储管理软件，结合相应的硬件和存储设备，来对全网络的数据备份进行集中管理，从而实现自动化备份、文件归档、数据分级存储以及灾难恢复等。

网络备份的工作原理是在网络上选择一台应用服务器作为网络数据存储管理服务器，安装网络数据存储管理服务器端软件，使它成为整个网络的备份服务器。在备份服务器上连接一台大容量存储设备。在网络中其他需要进行数据备份管理的服务器上安装备份客户端软件，通过局域网将数据集中备份管理到与备份服务器连接的存储设备上。

网络备份的核心是备份管理软件，通过备份软件的计划功能，可为整个企业建立一套完善的备份计划及策略。备份软件也提供完善的灾难恢复手段，能够将备份硬件的优良特性完全发挥出来，使备份和灾难恢复时间大大缩短，实现网络数据备份的全自动智能化管理。

4.5.3 数据备份策略

备份策略是指确定需备份的内容、备份时间及备份方式。各个组织要根据自己的实际情况制定不同的备份策略。目前主流备份策略主要有完全备份、增量备份、差分备份 3 种。

1. 完全备份

完全备份就是每天对自己的系统进行一次完整的备份。这种备份策略的优点是当发生数据丢失的灾难时，只要用最近一次的备份就可以恢复已丢失的数据。然而它也有不足之处：首先，由于每天都对整个系统进行完全备份，造成备份数据大量重复。这些重复数据占用了大量存储空间，这对用户来说就意味着增加成本。其次，由于需要备份的数据量较大，因此备份所需的时间也就较长。

2. 增量备份

增量备份就是在每周的某一天如星期天进行一次完全备份，然后在接下来的 6 天里只对当天新的或被修改过的数据进行备份。这种备份策略的优点是节省了存储空间，缩短了备份时间。但它的缺点在于，当灾难发生时，数据的恢复过程比较麻烦。

3. 差分备份

差分备份就是管理员先在每周的某一天如星期天进行一次系统完全备份，然后在接下来的 6 天里，管理员再将当天所有与星期天不同的数据备份到存储介质上。差分备份策略在避免了以上两种策略缺陷的同时，又具有了它们的优点。首先，它无须每天都对系统做完全备份，因此备份所需时间短，并节省了磁带空间；其次，在灾难发生时，数据的恢复过程也很方便。

4.5.4 灾难恢复策略

数据备份的最终目的是灾难恢复，灾难恢复措施在整个备份机制中占有相当重要的地位，因为它关系到系统在经历灾难后能否迅速恢复。灾难恢复操作通常可以分为全盘恢复、个别文件恢复和重定向恢复。

1. 全盘恢复

全盘恢复一般应用在服务器发生意外灾难导致数据全部丢失、系统崩溃，或者有计划的系统升级、系统重组等场景，也称为系统恢复。

2. 个别文件恢复

个别文件恢复可能要比全盘恢复常见得多，利用网络备份系统的恢复功能，很容易恢复受损的个别文件。只需浏览备份数据库或目录，找到该文件，触发恢复功能，软件就将自动驱动存储设备，加载相应的存储介质，然后恢复指定文件。

3. 重定向恢复

重定向恢复是将备份的文件恢复到另一个不同位置或系统上去，而不是备份操作当时它们所在的位置。重定向恢复可以是整个系统恢复也可以是个别文件恢复。重定向恢复时需要慎重考虑，要确保系统或文件恢复后的可用性。

4.6 网络安全检测技术

网络安全检测是保证网络信息系统安全运行的重要手段，对于准确掌握网络信息系统的安全状况具有重要意义。由于网络信息系统的安全状况是动态变化的，因此网络安全检测与评估也是一个动态的过程。网络安全检测主要包括端口扫描、操作系统探测和安全漏洞探测。通过端口扫描，可以掌握系统都开放了哪些端口，提供了哪些网络服务；通过操作系统探测，可以掌握操作系统的类型信息；通过安全漏洞探测，可以发现系统中可能存在的安全漏洞。网络安全检测的一个重要目的就是要在入侵者之前发现系统中存在的安全问题，及时采取相应的防护措施，防患于未然。

4.6.1 端口扫描技术

端口扫描技术是检测目标主机端口开放情况的有效手段。根据所使用通信协议的不同，网络通信端口可以分为 TCP（传输控制协议）端口和 UDP（用户数据报协议）端口两大类，因此端口扫描技术也可以相应地分为 TCP 端口扫描技术和 UDP 端口扫描技术。

1. 端口扫描原理

端口扫描的原理是向目标主机的 TCP/UDP 端口发送探测数据包，并记录目标主机的响应。通过分析响应来判断端口是打开的还是关闭的等状态信息。

2. TCP 端口扫描技术

TCP 端口扫描技术主要有全连接扫描、半连接（SYN）扫描等。

（1）全连接扫描技术

全连接扫描是 TCP 端口扫描的基础，也称为 TCP connect( )扫描。扫描主机通过 TCP/IP 的三次握手与目标主机的指定端口建立一次完整的 TCP 连接。连接由系统调用 connect 开始。如果端口开放，则连接将建立成功；否则，若返回-1 则表示端口关闭。

（2）半连接端口扫描技术

半连接端口扫描的原理是端口扫描没有完成一个完整的 TCP 连接，在扫描主机和目标主机的指定端口建立连接时只完成了前两次握手，在第三步时，扫描主机中断了本次连接，使连接没有完全建立起来。

半连接扫描的优点在于即使日志中对扫描有所记录，尝试进行连接的记录也要比全连接扫描少得多。缺点是在大部分操作系统中，构造 SYN 数据包需要超级用户或者授权用户权限访问专门的系统调用。

3. UDP 端口扫描技术

UDP 端口扫描主要用来确定在目标主机上有哪些 UDP 端口是开放的。其实现原理是发送 UDP 信息包到目标主机的各个端口，若收到一个 ICMP（互联网控制报文协议）端口不可达的回应，则表示该端口是关闭的。

4.6.2 操作系统探测技术

由于操作系统的漏洞信息总是与操作系统的类型和版本相联系的，因此操作系统的类型信息是网络安全检测的一个重要内容。操作系统探测技术主要包括：获取标识信息探测技术、TCP 分段响应分析探测技术和 ICMP 响应分析探测技术。

（1）获取标识信息探测技术

获取标识信息探测技术主要是指借助操作系统本身提供的命令和程序进行操作系统类型探测的技术。通常，可以利用 telnet 这个简单命令得到主机操作系统的类型。

（2）TCP 分段响应分析探测技术

TCP 分段响应分析探测技术是依靠不同操作系统对特定分段的 TCP 数据报文的不同反应，来区分不同操作系统及其版本信息的。

（3）ICMP 响应分析探测技术

ICMP 响应分析探测技术先发送 UDP 或 ICMP 的请求报文，然后分析各种 ICMP 应答信息来判断操作系统的类型及其版本信息。

4.6.3 安全漏洞探测技术

安全漏洞探测是采用各种方法对目标可能存在的已知安全漏洞进行逐项检查。安全漏洞探测可以分为两种：从系统内部探测，由系统管理员做安全检查；从外部进行探测，类似于攻击者的漏洞扫描。

按照网络安全漏洞的可利用方式，安全漏洞探测技术可以分为信息型漏洞探测和攻击型漏洞探测两种。

（1）信息型漏洞探测

大部分网络安全漏洞都与特定的目标状态，如目标的设备型号、目标所运行的操作系统版本及补丁安装情况、目标的配置情况、运行服务及其服务程序版本等因素直接相关，因此只要对目标的此类信息进行准确探测就可以在很大程度上确定目标存在的安全漏洞。

信息型漏洞探测技术具有实现方便、对目标不产生破坏性影响的特点，广泛应用于各类网络安全漏洞扫描软件。其不足之处是对具体某个漏洞存在与否，难以做出确定性结论，这主要是因为该技术在本质上是一种间接探测技术，探测过程中无法完全消除某些不确定因素的影响。

（2）攻击型漏洞探测

模拟攻击是最直接的漏洞探测技术之一，其探测结果的准确率也是最高的。攻击型漏洞探测技术的主要思想是模拟网络入侵的一般过程，对目标系统进行无恶意攻击尝试，若攻击成功则表明相应安全漏洞必然存在。

模拟攻击技术也有其局限性，首先模拟攻击行为难以做到面面俱到，因此就有可能存在无法探测到的一些漏洞，其次模拟攻击过程不可能做到完全没有破坏性，不可避免地会给目标系统带来一定负面影响。

本章小结

本章主要介绍了经典的网络安全技术，包括防火墙技术、入侵检测技术、认证技术、恶意代码检测与防范技术、备份技术、网络安全检测技术等。

习题

1. 防火墙的体系结构可以分为哪几种类型？
2. 简述防火墙实现技术的分类及原理。
3. 简述入侵检测系统的分类。
4. 简述消息认证的主要用途及相应的实现原理。
5. 恶意代码主要有哪些类型？各有什么特点？
6. 恶意代码的检测手段可以分为哪些类型？
7. 简述常用数据备份策略的原理和特点。
8. 简述端口扫描技术的分类。
9. 请分析经典网络安全技术在应对高级持续性威胁（APT）攻击时的局限性。

第 5 章
网络安全态势感知与知识图谱

经典的网络安全技术主要站在被动防护的视角进行自身网络的数据过滤和安全审计，如防火墙、入侵检测等，即使采用了一些主动探测的方法，也主要是针对自身网络的，无法对整个网络空间时刻存在的安全威胁进行监测和响应。因此，基于积极防御的角度，网络安全态势感知与知识图谱技术应运而生，其采用主被动结合的方式对网络中有关安全威胁的信息进行获取和分析，构建网络安全知识图谱，生成网络安全态势，从而为网络安全决策和行动提供新的技术手段。本章主要介绍网络安全态势感知模型、相关信息获取方法、分析评估方法和可视化方法，以及网络安全知识图谱概念、本体构建和知识推理的基本原理与方法。

5.1 网络安全态势感知概述

随着网络应用技术的不断发展和应用领域的不断深化，网络系统的安全防护压力不断加大。以高级持续性威胁（Advanced Persistent Threat，APT）为代表的新型威胁致使各种独立运行的安全防护机制已经很难应对如此复杂的网络环境。特别值得注意的是，当某些安全威胁发生时，单点安全防护设施只能给出有限、零散的检测信息，无法有效对攻击实施取证和追踪溯源。有些安全威胁甚至在网络内部潜伏、破坏了数天乃至数月，难以察觉。为了解决该问题，1999 年美国空军提出了网络态势感知（Cyberspace Situation Awareness，CSA）的概念，即在大规模网络环境中，对能够引起网络态势变化的各种要素进行获取、理解、显示，以及预测发展趋势的一系列活动的总称。在网络安全领域，网络安全态势感知是指获取并理解大量网络安全要素，判断当前整体安全状态，并对网络安全的发展趋势进行预测和预警的过程。

从对整个安全体系支撑的角度来看，网络安全态势感知提供了一种动态、整体地洞悉安全风险的能力，是以安全大数据为基础，从全局视角提升对安全威胁发现识别、理解分析、响应处置能力的一种方式。实际上，网络安全态势感知就是要将网络安全威胁"未有形而除之"，将其扼杀在事前或事中，从而降低威胁事件带来的风险。

5.2 网络安全态势感知模型

态势感知以数据融合为中心，其模型的建立也以数据融合模型为基础。目前已经提出了几十种数据融合模型，其中最著名的是 JDL 数据融合模型，在此基础上提出的 Endsley 模型和 Bass 模型在网络安全态势感知领域也较具参考价值。

5.2.1 JDL 数据融合模型

JDL 数据融合模型是由美国国防部数据融合联合指挥实验室（Joint Directors of

Laboratories）提出的，它将数据融合分为 4 个等级，分别是事件提取、态势评估、影响评估、资源管理与过程控制，其结构如图 5.1 所示。

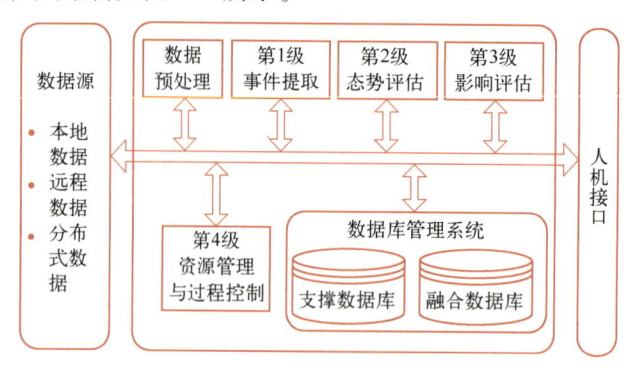

图 5.1 JDL 数据融合模型的结构

针对本地或远程获取的多种数据源，该模型通过数据预处理模块实现对不同格式数据的规范化处理，在此基础上进行第 1 级网络安全相关事件的细粒度提取。态势评估作为较高层次的第 2 级，向下从第 1 级融合接收网络安全事件的监测数据，形成对当前网络安全状态的认知评估。第 3 级影响评估在当前态势认知的基础上，进一步调用威胁模型进行网络变化预测和作用范围影响评估，用于辅助决策支持。第 4 级资源管理与过程控制是为应对威胁而实施的具体应对过程管控。

5.2.2 Endsley 模型

Endsley 模型从人的认知角度出发，在通用数据模型的基础上，通过将态势感知的过程按分阶段处理做进一步细化，细化为态势获取、态势理解、态势预测 3 个层次。Endsley 模型的结构如图 5.2 所示。

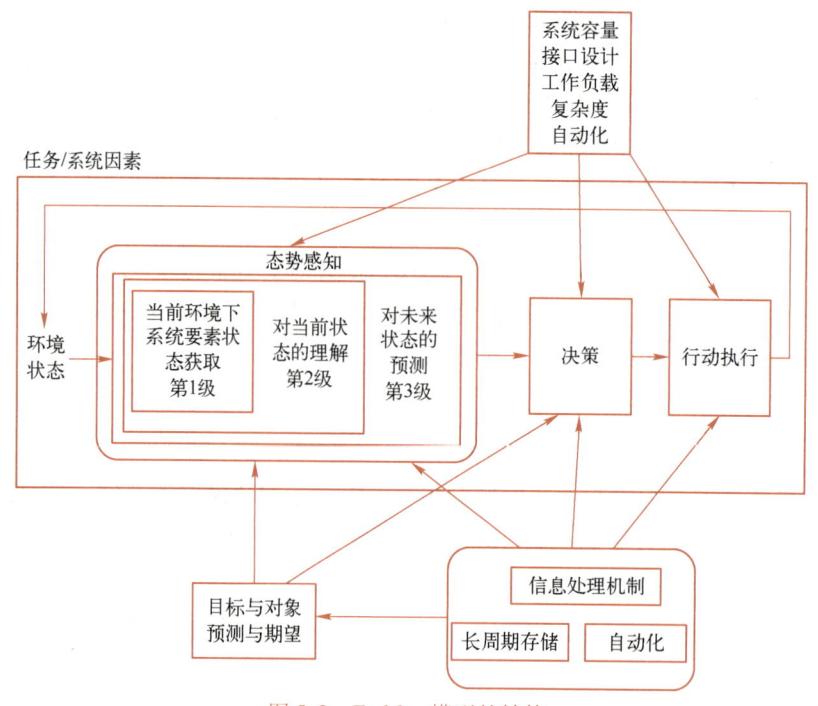

图 5.2 Endsley 模型的结构

态势获取是态势感知的基础,通过采用各种传感和侦测技术获取态势相关原始数据,并转化为统一易理解的格式,为态势理解提供丰富、规范的多源数据。态势理解是态势感知的核心,通过识别态势信息中的关键要素,并进行分析和评估,形成对目标环境的整理认知能力。态势预测是态势感知技术本身的应用,依据历史变化信息和当前状态信息,采用特定的模型算法预测未来发展趋势,为指挥决策、行动执行提供依据。整个模型采用环状设计,行动执行的结果作用到当前环境中引起新的变化,从而持续进行态势感知。

5.2.3 Bass 模型

1999 年,Tim Bass 等人指出下一代入侵检测系统应该融合大量异构分布式网络传感器采集的数据来实现网络安全态势感知,于是提出了基于多传感器数据融合的态势感知模型,该模型结构如图 5.3 所示。

Bass 模型在 JDL 数据融合模型的基础上将整个态势感知过程划分成物理层、信息层和认知层 3 个层面的活动。物理层主要依托网络中配置的各种传感器、探测器和控制器进行各种数据的获取,同时也包括为应对威胁进行资源管控操作后对网络状态产生的影响。信息层主要解决如何提取网络安全相关对象并进行各种对象状态监测管理的问题。认知层提取网络安全相关的态势要素,生成网络安全态势图,进行威胁评估并产生安全决策,向下指导各种网络资源的威胁应对操作。

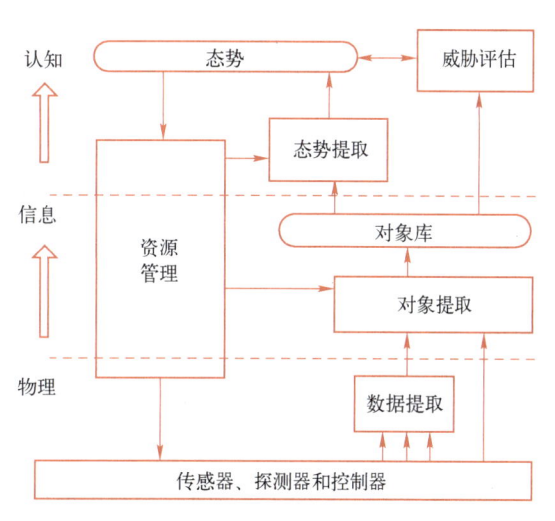

图 5.3 Bass 模型的结构

尽管态势感知模型种类较多,但从上面介绍的 3 种模型中可以看出它们的两个共性特点。一是尽管不同模型的组成部分名称各不相同,但功能内涵基本一致。模型的重点都在于针对多源获取的原始数据进行安全对象和事件的提取,进而分析态势要素并进行威胁评估;模型的目的都是支撑安全决策和行动。二是循环是态势感知的本质。模型中每个组成部分在应用过程中都构成了一个环路,与 OODA 类似,形成了闭环系统。

5.3 网络安全态势相关信息获取

网络安全态势相关信息获取主要采用探测与采集技术从网络空间获取与网络安全相关的多维信息。

5.3.1 网络节点信息探测与采集

网络节点信息的获取方式主要包括外部探测和内部采集两种。

1. 外部探测

节点信息外部探测技术主要采用远程扫描的方式发现网络资产的运行状态和脆弱性信息,包括端口扫描、服务类型信息识别、操作系统类型探测和安全漏洞探测等。通常情况下,针对所需防护的网络,网络内部会部署安全漏洞检测平台实现对节点信息的外部探测。但是

101

在当前全网安全威胁日益严重的情况下，为了获得安全威胁在全网中的分布状态信息，在互联网上也相继出现了一些对全网资产进行测绘的平台，典型的有 Shodan、Censys、Fofa 和 Zoomeye 等。

（1）Shodan

Shodan 最早是由美国计算机科学家约翰·马瑟利（John Matherly）于 2009 年开发的一款网络资产搜索引擎，可以根据开放端口、服务、设备类型等检索所有连接互联网的设备以及可能存在的安全风险。它既可以帮助单位和个人防护自身的网络设备安全问题，也可以被攻击者利用，实施对网络的情报搜集工作。

（2）Censys

与 Shodan 类似，Censys 也是类似的一款资产搜索引擎，它以互联网数据为核心，最早是以美国密歇根大学研制的 ZMap 工具为基础。2017 年 Censys 公司成立，由 Google 提供支持，用于搜索 IPv4 地址空间范围内的所有在线节点及其运行状态信息。Censys 平台基于 ZMap 和后续的 ZGrab 等大规模网络扫描器，其探测速度明显优于其他同类型平台，其中 ZMap 工具采用的典型技术是无状态异步探测机制。

无状态异步探测机制的主要内涵是将发送数据报和接收数据报解耦合，发送和接收设置两个线程。发送线程只负责高速发送探测数据报，不需要等待是否收到响应数据报或者超时因素，因此只受当前节点网络访问带宽的约束；接收线程专门负责接收大量响应数据报，并与对应的探测数据报进行关联处理。由于发送和接收相分离，为了识别响应数据报对应哪一个探测数据报，ZMap 在具体实现时对构造的 TCP 端口探测数据报做了特定的设计——将探测目标 IP 地址计算哈希值并保存在探测数据报 TCP 首部中的源端口和序列号两个字段中。

采用无状态异步探测机制能够显著提高探测数据报发送效率，但也会带来被探测网络地址段中同时收到大量数据报的问题。在探测端产生较大网络流量的现象不可避免，但需解决在被探测网络端短时间内收到大量探测数据报的问题，否则会产生网络威胁预警。ZMap 使用整数模 n 乘法群对所有 IPv4 地址进行了随机化处理，避免了探测数据报在被探测网络端的聚集现象。

（3）Fofa 和 Zoomeye

Zoomeye 是 2013 年北京知道创宇公司旗下 404 实验室打造的网络空间搜索引擎，通过分布在全球的大量测绘节点，实现对全球网络节点的探测识别。

Fofa 是 2015 年北京白帽汇公司（简称"白帽汇"）推出的一款网络空间资产测绘平台，能够周期性对全球网络在线节点进行状态扫描与探测，发现网络安全风险。2018 年北京华顺信安科技有限公司成立，白帽汇成为其旗下安全研究院，一直开展网络安全领域的相关技术研发。

这些资产测绘平台使用的探测原理与 4.6 节介绍的内容大致相同，但它们为了提高在大规模网络探测中的适用性，多数构建了大量资产应用、组件服务的指纹库，通过采用分布式架构和部署大量探测源实现对全网服务节点的探测。

2. 内部采集

针对具有访问权限的节点，可以通过安装配置网络安全软件以及利用系统自带的日志记录和审计功能实现对节点信息的内部采集。为了实现对不同节点信息的集中存取和分析，可以配置专门的安全服务器实现信息的统一管理。可采集的信息主要包括主机基本状态信息、网络应用访问信息、异常威胁告警信息等。

（1）主机基本状态信息

主机基本状态信息采集可以通过调用系统 API 函数来监控系统运行状态的方式实现，现在的网络安全软件大多具备这样的功能。采集信息主要包括操作系统软硬件运行状态、当前进程信息、开放服务及访问情况等。

（2）网络应用访问信息

网络应用访问信息主要来源于节点运行应用服务记录的账号登录使用情况，以及防火墙、网关、代理服务器等访问控制设备记录的与当前节点相关的各种日志记录等。

（3）异常威胁告警信息

异常威胁告警信息主要基于系统日志审计和杀毒软件、IDS 系统等提供的告警信息，必要时可以与网络流量设备相结合，实现对可疑网络流量的捕获，为网络威胁分析提供数据支撑。

5.3.2 网络路由信息探测获取

在网络安全态势生成中，网络节点关联关系是非常重要的态势要素，它是网络安全态势底图展现的关键。在大规模网络场景下，网络节点关联关系的获取主要集中在对网络路由信息的探测，目前主要探测方法有基于 Traceroute 的网络路径探测和基于公网数据的路由信息获取两种。

1. 基于 Traceroute 的网络路径探测

Traceroute 可以基于 TCP、UDP、ICMP 等方式实现。采用 TCP 方式的 Traceroute，将端口号设置为 80，可以有效地探测防火墙后的路径信息。但是在探测实际网络时发现，采用 TCP 方式得到的探测路径并不总是最长路径的情况，而且在路径中，有些路由器并不响应 TCP 探测报文，出现一些节点匿名的现象。因此，为了获取最长有效路径，在探测过程中可以采用基于 TCP、UDP 和 ICMP 的混合探测方式，选取探测结果最长路径作为基本路径，从而使获取的路径更加完整。

在探测效率方面，传统 Traceroute 采用同步等待超时的方式处理未响应的中间路由节点，在这种方式下即使采用多线程策略仍然无法有效提高探测速率。因此，相关研究基于 ZMap 的异步无状态扫描机制，提出了针对路由路径的异步无状态扫描实现方法。其主要思想是将发送探测包和接收响应包相分离，使发送探测包速率不受是否接收到有效响应包的影响，能够尽可能快地对外发送数据；同时为了避免快速发包可能造成被探测网络出现拥塞的问题，可使用目标地址和 TTL（time to live，生存时间）值的组合的随机化代替 ZMap 中的目标地址随机化，尽可能分散在被探测端的网络流量。典型的探测工具有 Flashroute。

2. 基于公网数据的路由信息获取

在互联网 IPv4 域间路由过程中，实际运行的路由协议是 BGPv4（BGP 即边界网关协议）。BGPv4 的消息共有 4 种类型，分别是打开（Open）、更新（Update）、保活（KeepAlive）和通知（Notification）。BGP 传输连接成功建立后，对等体之间通过交换 Open 消息确认连接参数，通过 Update 消息交换路由信息，初始交换的数据是整个 BGP 路由表。之后，只有当路由表发生改变时，才发送增量的 Update 消息。BGP 发言者通过周期性发送 KeepAlive 消息来保证连接的存在，当有错误或者特别情况发生时就发送 Notification 消息并且关闭连接。通过获取和分析 BGP 路由信息，可以得到自治域之间的网络路径信息。

BGP 获取信息的方法主要有以下 3 种：

1) 建立对等 BGP 路由器。在网络中特定位置架设 BGP 路由器，直接与其他 BGP 路由器建立会话，通过只接受路由更新而不向外发送路由更新的方式获取路由信息。这种方式在硬件上需要本地设置一台较高性能的路由器，还需要申请自身的自治系统号码，并与其他 BGP 路由器协商建立对等关系。

2) 截获 BGP Update 报文。BGPv4 在交换路由信息时主要包含 4 种报文：建立连接的 Open 报文，定期发送的 KeepAlive 报文，路由更新的 Update 报文和差错检测的 Notification 报文。其中与路由相关的报文主要是 Update 报文。每条 Update 报文都用来在对等路由器之间增加或者撤销一条路由。由于 BGP 是基于 TCP 179 端口互联发送的，因此可以选取 BGP 路由的关键链路实施网络监听，通过截获 BGP Update 报文的方式获得路由信息。

3) 手工 BGP 路由表收集法。由于前两种方法都需要较高的前提条件，因此也可以基于互联网上已有的数据资源和开源项目进行手工路由表的收集。比较著名的数据源是俄勒冈大学的 RouteViews 项目，其网站 route-views.oregon-ix.net 上提供了可供下载的 BGP 路由表。RouteViews 项目使用 AS6447 作为自身的自治系统号码，与全球大多数骨干自治系统的边界路由器建立对等连接，在会话连接中只接收路由不转发路由，且自身不发布任何前缀。另一个 BGP 数据源是路由信息服务 RIS，RIS 是由 RIPE（欧洲 IP 网络论坛）支持的研究项目，从 1999 年开始提供公共 BGP 路由信息。与 RouteViews 不同，RIS 提供了十几个不同级别的自治系统的 BGP 路由转发表以及从这十几个自治系统采集的 Update 消息，很多研究路由稳定性和互联网平稳性的研究项目都使用 RIS 数据。

从 RouteViews 下载的 BGP 路由表的格式如图 5.4 所示。

```
BGP table version is 3352665, local router ID is 198.32.162.100
Status codes: s suppressed, d damped, h history, * valid, > best, i - internal,
              S Stale
Origin codes: i - IGP, e - EGP, ? - incomplete

   Network          Next Hop            Metric LocPrf Weight Path
*> 2.2.2.0/24       209.123.12.51                         0 8001 64666 i
*  3.0.0.0          209.10.12.28             3            0 4513 701 703 80 i
*  4.0.0.0          209.10.12.28          8203            0 4513 7911 3356 i
*  4.17.225.0/24    209.10.12.28             3            0 4513 701 11853 6496 6496 6496 6496 i
*  4.17.226.0/23    209.10.12.28             3            0 4513 701 11853 6496 6496 6496 6496 i
*  4.21.112.0/23    209.10.12.28             3            0 4513 701 7018 26207 26207 26207 26207 i
*  4.21.130.0/23    209.10.12.28             3            0 4513 701 7018 26207 26207 26207 26207 i
*  4.21.153.0/24    209.10.12.28             3            0 4513 701 7018 26207 26207 26207 26207 i
```

图 5.4 BGP 路由表的格式

其中，Network 项表示可路由网络地址，由于采用了无类别域间路由机制，没有显式表明子网掩码的地址默认按传统 A、B、C 类划分，即 3.0.0.0 表示 3.0.0.0/8；Next Hop 项表示下一跳需要经过的边界路由器地址；Metric、LocPrf 和 Weight 项表示参数、本地优先级和权重，在路由选择中使用；Path 表示到达目的网络还需要经过的自治域路径。以其中第 2 条记录为例，该条记录表示到达目的网络为 3.0.0.0 的地址，需要经过的下一跳 BGP 路由器为 209.10.12.28，需要经过的自治域为 4513、701、703 和 80，进入编号（ASN）为 80 的自治域网络后，转入该自治域内部路由。

5.3.3 网络安全舆情类信息获取

网络安全舆情类信息获取技术包括基于模板的网站信息抽取、基于主题定制的网络爬虫等技术。

1. 基于模板的网站信息抽取技术

基于模板的网站信息抽取技术主要针对结构化较好的网站，网站内的网页都是由一个或几个模板生成的，该技术利用网页结构的相似性来学习抽取模板，其最大优点是可以全自动地抽取信息，需要很少标注或不用标注训练样例，通常对于每个模板只需要学习几个网页就可以获得很好的抽取效果；其局限性是对抽取源有较高的要求，必须是结构化较好的网页。

基于模板的网站信息抽取的一般步骤为：首先将网页进行结构化处理，然后根据结构化网页学习抽取模板，最后利用模板进行信息抽取。

HTML 语言中定义的"标记"只是告诉浏览器软件如何显示所定义的信息，却不包含任何语义，这也是 HTML 语言的先天不足。因此由 HTML 语言所表述的 Web 页面经过浏览器分析后只适合人浏览，而不适合作为一种数据交换的方式由机器处理。

文档对象模型（Document Object Model，DOM）通过对 HTML 文档的解析，生成相应的树形逻辑结构。树形逻辑结构可以准确地描述元素的相对位置关系，很适合描述 Web 的半结构化数据。Dave Raggett 为万维网联盟（W3C）开发的 HTML Tidy 是一个很好的将 HTML 转化成符合 DOM 规范的工具，Tidy 能将 HTML 代码转化为符合 DOM 规范的标记语言 XHTML，再由 XHTML 产生该网页的 DOM 树。当前大部分基于模板的信息抽取方法都是基于 DOM 的方法。

2. 基于主题定制的网络爬虫技术

通用网络爬虫（General Web Crawler）是一个自动抓取网页的程序，主要功能是为搜索引擎从因特网上下载网页，是搜索引擎的核心部件之一。通用网络爬虫从一个或若干初始网页 URL 开始，在抓取网页的过程中，不断从当前页面上抽取新的 URL（统一资源定位符）放入队列，直到满足特定停止条件。

主题网络爬虫（Topical Crawler 或 Focused Crawler）在通用网络爬虫的基础上发展而来，其工作流程较为复杂，需要根据预先给定的目标主题描述，按一定的"启发式"搜索策略来分析、过滤与主题无关的网页与链接，抓取主题相关网页，保留主题相关链接并将其加入待抓取 URL 队列中。然后，它将根据一定的搜索策略从队列中选择下一步要抓取的网页 URL，并重复上述过程，直到满足某一条件时停止。所有抓取的主题相关网页将会被存储，并进行分析、过滤、索引以及主题知识抽取和信息检索。对于主题网络爬虫来说，从这一过程得到的分析结果还可能对后续的抓取过程给出反馈和修正。

综上可知，通用网络爬虫基于图的遍历搜索策略（如广度或深度优先）并不适合主题网络爬虫，以何种搜索策略进行专项内容爬取已经成为主题网络爬虫研究的关键问题之一。目前的主题网络爬虫主要采用基于主题知识分析的"启发式"搜索策略，即基于预先设定的目标主题关键词或预先训练的主题模型来预测、评价所抓取网页的主题相关性和待抓取 URL 的价值，然后按最好优先原则选择价值最大的链接进行下一步搜索和抓取。按照所采用的主题知识和计算待抓取 URL 价值方法的不同，现有的主题爬虫爬取方法主要分为两大类：基于内容分析的爬取方法和基于超链接结构分析的爬取方法。

基于内容分析的爬取方法的主要特点是利用页面中的文本信息来指导搜索，并根据页面或链接文本与主题（如关键词、主题相关文档等）之间相似度的高低来评价链接价值，这类搜索策略的典型算法主要有 Fish-Search 算法、Shark-Search 算法、Best First Search 算法和 IntelligentCrawling 算法。

基于超链接结构分析的爬取方法的主要特点是利用 Web 结构信息指导搜索，并通过分析 Web 页面之间相互引用的关系来确定页面和链接的价值，通常认为拥有较多高质量入链的页面具有较高的价值，Google 的 PageRank 算法和 IBM 的 HITS 算法是其中具有代表性的算法。

5.4 网络安全态势评估

网络安全态势评估建立在获取海量网络数据信息的基础上，通过融合分析多源信息，解析安全事件之间的关联性，从而形成刻画网络威胁行为和影响趋势的安全态势。其中，数据融合技术是网络安全态势评估的核心。按照数据融合方法不同，将网络安全态势评估方法分为基于数学模型的评估方法、基于概率统计的评估方法和基于规则推理的评估方法等。

5.4.1 基于数学模型的评估方法

基于数学模型的评估方法是在对态势要素进行汇总处理的基础上，构造评定函数对其进行评估，得到态势评估结果。典型方法有基于层次分析法的网络安全态势评估方法。

层次分析法（Analytic Hierarchy Process，AHP）可以用于解决难以完全定量分析的问题，将与决策有关的各个元素分解为目标、准则和方案等不同的层次，再进行定性和定量的分析。基于层次分析法的网络安全态势评估方法基于收集到的多元网络数据信息，构造评定函数，计算网络态势值，从而实现对网络安全态势的评估。利用层次分析法进行网络系统安全态势评估时，可以基于入侵检测系统（IDS）海量告警信息、漏洞、网络性能指标等数据信息，将网络系统按规模和层次关系分解为系统、主机、服务、攻击 4 个层次，采用自下而上、先局部后整体的评估策略，构建层次化网络系统安全威胁态势量化评估模型。首先，在攻击层分析攻击的严重程度；其次，在服务层结合用户数目、访问频率等服务重要性参数，计算服务威胁指数；再次，在主机层基于服务层提供的数据和专家给出的主机重要性权重，计算主机威胁指数；最后，在系统层根据主机层的数据，根据网络系统结构实现对网络系统的安全威胁态势的评估。

5.4.2 基于概率统计的评估方法

基于概率统计的评估方法针对信息的不确定性特征，充分利用先验知识的统计特性，建立态势评估的模型以评估网络的安全态势。典型方法有基于贝叶斯网络（Bayesian Network）的网络安全态势评估方法、基于隐马尔可夫模型（Hidden Markov Model，HMM）的网络安全态势评估方法等。

贝叶斯网络也被称为信念网络（Belief Network），是一种概率图模型，它利用有向无环图方式直观表示事物之间的因果关系。基于贝叶斯网络的网络安全态势评估方法利用贝叶斯网络基于先验分布推断后验分布的特点，在事先得知每个威胁发生和意图发生概率的前提下，分析推断不同网络威胁发生的概率对整个网络安全状况的影响，确定网络当前所处的状态，实现对网络安全态势的感知和评估。

隐马尔可夫模型由马尔可夫模型转化而来，也是一种概率图模型，用来描述随机过程的统计特性，被广泛应用于自然语言处理等领域。基于隐马尔可夫模型的网络安全态势评估方法可以反映态势要素信息与安全状态信息之间的关联关系。基于隐马尔可夫模型进行网络安全态势评估时，可以基于入侵检测系统的告警信息、漏洞数据信息、资产信息等，计算网络威胁度的值，并将威胁度作为获取模型的观测序列的依据，计算网络中主机在不同威胁状态下的概率，结合代价向量得到主机的安全态势值，进一步得到网络的安全态势值。

5.4.3 基于规则推理的评估方法

基于规则推理的评估方法利用逻辑推理方法搭建网络态势评估模型，先对多源、多属性的网络信息进行模糊量化处理，然后利用相应的规则和经验进行逻辑推理，实现对网络安全态势的评估。典型方法有基于模糊逻辑的网络安全态势评估方法和基于D-S证据理论的网络安全态势评估方法。

模糊逻辑针对数据信息的不确定性（模糊性）问题，应用模糊集合量化概念或者属性内在不确定性的程度，利用模糊规则进行推理，实现模糊综合判断。基于模糊逻辑的网络安全态势评估方法可以对局部结果进行量化处理和评估，建立隶属度函数，对数据进行模糊集合的划分，对数据做模糊化处理和评估后，基于局部结果进行模糊推理和识别，得到网络态势情况，实现对网络安全态势的评估。

D-S证据理论也称为Dempster-Shafer证据理论，能够基于证据和组合来进行不确定性推理。基于D-S证据理论的网络安全态势评估可以基于收集的网络报警信息（入侵检测系统报警信息、防火墙报警数据等）对网络安全态势进行评估。具体来说，将网络报警信息对应的网络威胁作为证据，将可能的态势情况作为命题，建立证据和命题之间的逻辑关系；在得到网络报警信息后，利用网络安全领域知识对命题进行度量、构成证据，然后构造基本概率分配函数，对命题（可能的态势情况）赋予置信度，根据合成规则对得到的证据信息进行证据合成，得到新的概率分配，将具有最大置信度的命题，即可能的网络态势情况作为备选命题。不断基于得到的证据信息执行该过程，如果备选命题超过指定阈值，则认为该命题（即网络态势情况）成立。

5.5 网络安全态势可视化

根据网络安全态势的特征，并参考传统态势的展现方法，网络安全态势可视化可以采用基于电子地图背景的态势分布展现和基于逻辑拓扑结构的态势分布展现相结合的方法。

5.5.1 基于电子地图背景的态势分布展现

基于电子地图背景的态势分布展现技术主要将网络中的各种安全态势要素信息映射到其实体设备所在的地理位置上，通过构建合理的分层模型将不同态势要素按照电子地图的显示模式和范围以及一定策略展现到以地图为背景的显示界面中，从而直观可视化展现网络安全态势信息。

基于电子地图背景的态势分布展现技术的关键问题是如何构建合理的态势要素分层模型，即态势要素随电子地图显示模式和范围变化的问题。网络态势要素显示所依赖的实体设备主要是各种路由器、交换机、服务器和用户主机，这些设备统称为网络节点，因此态势要素分层模型的建立需要针对这些网络节点展开。

众所周知，地理信息系统对全球地理的显示主要是依据图形的缩放特性来实现的。当比例尺较小时，可以显示全球地理的概要信息，这时在地图上的名称多以大洲名和国家或地区名的形式出现。如果需要进一步查看某个国家或地区，可以放大比例尺，使得当前显示的内容仅仅专注于该国家或地区的地理信息，这时在地图上出现的名称可能是该国家或地区内的各个行政区名和城市名。如果需要进一步查看某个城市的地图，可以进一步放大比例尺，查看该城市的街道、建筑物等。依据地理信息系统的缩放显示特性，可以研究设计网络安全态势展现的缩放机制，通过分析网络安全态势要素中的属性信息，将某些共同属性进行聚合，实现网络节点在显示过程中的缩放功能。

网络节点的主要属性见表 5.1。节点属性主要用来标绘节点的显示类型和标识，网络属性是节点在网络中所呈现出的一些特征参数，地理属性主要由节点的相关归属信息构成。

表 5.1 网络节点的主要属性

节点属性			网络属性				地理属性		
节点 IP	节点名称	节点类型	节点度	聚类系数	节点核数	节点介数	经纬度	所在城市	所属 ISP	所属国家地区

其中，所属 ISP 是指当前这个网络节点由哪个网络服务提供商（ISP）维护运行。尽管每个网络节点的经纬度和所在城市信息很难准确获得，但每个网络节点所属 ISP 的信息却可以通过分析 BGP 路由表信息得到，其基本方法为：通过分析 BGP 路由表中可路由的网络地址属于哪一个自治域号，该自治域号由哪个 ISP 运行维护，来找出网络节点 IP 地址所属的 ISP，接着再通过 ISP 所属的国家地区信息，进一步确定每个网络节点的国家地区属性。

在基于电子地图的网络安全态势显示中至少可以完成对全球网络结构信息的两层聚合。第一层，将所有属于同一个 ISP 的实际网络节点聚合成一个虚拟节点，显示全球网络结构的自治域级连接情况。一般情况下，一个 ISP 维护一个自治域号的网络，因此，一个 ISP 网络相当于一个自治域网络。在网络拓扑研究中，以自治域号为节点、自治域之间存在的业务流量关系为边所形成的网络称作自治域级网络。第二层，将属于同一个国家地区的 ISP 聚合起来，显示全球网络结构的国家级连接情况。

具体展现策略如下：首先显示全球网络结构的国家级连接情况，这相当于全球地图显示中比例尺最小的层面，可以直接以国家地区的代表城市为节点所在位置，绘制它们之间的连接情况。随着地图的放大，当需要查看特定某个国家地区内部网络时，可以以该国家地区内每个自治域网络整体为显示节点，绘制出该国家地区内部自治域网络之间的连接关系。进一步深入，当显示范围集中在特定国家地区的某个自治域内部网络时，可以在地图上显示该范围内实际网络节点（通常是路由器/交换机等）的布局和连接信息。

当显示到路由器节点层面时，仍然会遇到大量路由器节点出现在同一个地理位置坐标上的问题。对于此问题，可以采用基于逻辑拓扑结构的态势分布展现技术。

5.5.2 基于逻辑拓扑结构的态势分布展现

当显示同一个地理位置的网络或者具体的目标局域网时，以网络拓扑结构为背景的态势要素展现能更直观地反映网络空间态势的具体信息。在未知目标网络拓扑结构的情况下，基于逻辑拓扑结构的态势分布展现技术主要解决如何根据实际获取的节点和链路信息，高效直观地生成可视化网络拓扑结构的问题。

目前，针对网络拓扑布局算法的研究有数百种，类型划分方法也没有统一，典型的布局算法类型包括力导向布局算法、随机布局算法、圆形布局算法、聚类布局算法等。下面主要介绍一种基于力导向布局的网络拓扑动态生成算法。

力导向布局算法的基本思想是模拟力学平衡原理：将整个网络看成一个能量系统，网络中的节点看成钢环，节点之间的连接看成弹簧，当该系统处于平衡状态时，得到的网络布局就是优化的布局结果。根据这一思想，力导向布局过程包括两个阶段，首先将网络节点随机生成一个初始化布局，然后再根据节点的受力情况对整个布局进行优化，当系统平衡时，得到最优化布局。

具体布局策略是：首先根据显示范围的大小 area = LW（L 和 W 分别表示显示的长和宽）和布局的节点数 V，确定节点之间的标准距离 $d_0 = \sqrt{area/V}$，令节点之间布局距离为 d，则一个节点受到另一个节点的引力为 $f_a = d^2/d_0$，斥力为 $f_r = -d_0^2/d$。为简化计算，针对一个节点的引力，只计算与该节点相连节点之间的影响，而针对节点的斥力，则需要计算所有节点产生的影响。因此，节点的受力模型可以表示为式（5.1）。

$$F(u) = \sum_{(u,v) \in E} \frac{|p(u) - p(v)|}{d_0}(p(u) - p(v)) + \sum_{|u,v| \in V^{(2)}} -\frac{d_0^2}{|p(u) - p(v)|^2}(p(u) - p(v))$$
(5.1)

式中，$p(u)$、$p(v)$ 表示节点 u、v 的布局坐标；$|p(u)-p(v)|$ 表示节点之间的欧几里得距离；E 表示网络的边集合；$V^{(2)} = \{\{u,v\} | u,v \in V\}$ 表示包含任意两个节点的节点对，$E \subseteq V^{(2)}$。

从节点在三维空间内的随机坐标生成开始，每个节点都具有一个三维布局坐标 P 和一个二维显示坐标 D。在每一步中，根据节点的布局坐标 P 来计算每个节点的受力情况 $F(u)$，从而确定节点的移动方向和距离，移动完成后再将改变后的坐标 P 转换到坐标 D 上进行显示。由于布局的范围限制，在移动节点时，还需要考虑是否超出边界的问题，以保证布局生成在合理的范围内。

为了最小化布局时间，需要尽量限制节点的移动范围，使图的布局能够快速达到受力平衡状态。具体实现中可以采用模拟退火算法中的温度参数 T 来计算在每一步中节点能够移动的最大距离。初始时，使用一个较大的移动步长 T_0，来避免陷入局部最小条件中，每次移动步长 T_i 是根据前一次循环的移动步长决定的，计算方法见式（5.2）。

$$T_i = \begin{cases} T_{i-1} - \dfrac{1}{T_{i-1}}, & (T_0 - T_i \leq 1) \\ T_{i-1} - 1, & (T_0 - T_i > 1) \end{cases}$$
(5.2)

当 $T_0 - T_i \leq 1$ 时，通过上半段函数每个节点能够以较大的步长进行移动，避免布局陷入局部最优的状态；当 $T_0 - T_i > 1$ 时，节点移动步长迅速减小，直至最终使整个网络布局收敛于受力平衡状态。

5.6 网络安全知识图谱

随着网络安全上升到国家战略层面，如何使用大数据、人工智能技术提升网络安全防护能力成为研究热点。将知识图谱技术应用到网络安全领域并构建相应的网络安全知识图谱，可将互联网上多源异构海量网络安全数据整合为语义可理解的知识以供关联分析与深度挖掘，为网络安全态势感知、威胁识别及预测提供支撑。

5.6.1 知识图谱概述

知识图谱的一个定义是 Google 公司为增强其搜索引擎功能而开发的知识库，基于知识图谱的搜索引擎服务能够提升用户体验。正如该定义所述，知识图谱最初是为了提升用户的搜索体验而提出的。知识图谱的出现极大地改变了传统搜索引擎的模式，其不再通过所查询关键词简单匹配网页上存在的文本信息，而是通过对查询语句的处理，解析出用户需要查询的实体，再通过问句的意图理解和捕获用户搜索的需求，以此面向知识库进行语义检索，在准确获得待查实体信息的同时，还能获取与所查询实体关联的其他信息，全面直观地呈现所查询实体的状态和关联信息。

Google 把知识图谱描述为"一种用图模型来描述事物的关联关系的技术",强调了知识图谱展示的是事物(Thing),而不是字符串(String)。有的学者称知识图谱为"事物关系的可计算模型",人们可以通过知识图谱发现事物、概念间的复杂关系。

通常人们认为,知识图谱是一种以图结构(Graph Structure)来对客观世界的知识进行建模的技术,其主要功能是描述客观世界所存在的概念、属性、实体及其语义关联等,并以图结构直观地呈现。知识图谱旨在改变对知识组织结构的表达,通过更加智能的访问操作,使用户能够准确、高效地获取其所需的各类信息,并在一定程度上实现智能辅助决策。

就本质而言,知识图谱旨在采用图结构来建模和记录世界万物之间的关联关系和知识,从数据中识别、发现和推断事物与概念之间的复杂关系,是事物关系的可计算模型。

作为一种大规模的语义网络,知识图谱继承了传统语义网络的特性:以现实世界中的事物及其属性为节点,以其间的语义关系为边,构建有向图以形成直观的知识表达。相比于传统的结构和非结构化的知识表达方式,如框架、脚本、一阶谓词、产生式等,知识图谱在形式上更加直观和简洁,在组织方式上更加灵活,对知识语义特性的表达更强。

1. 知识图谱分类

知识图谱可以分为通用知识图谱与领域知识图谱两类,两类图谱本质相同,其区别主要体现在覆盖范围与使用方式上。

(1)通用知识图谱

通用知识图谱可以被形象地看成一个面向通用领域的结构化的百科知识库,其中包含了大量现实世界中的常识性知识,覆盖面广。通用知识图谱的主要特点包括:

1)面向通用领域。
2)以常识性知识为主。
3)形态通常为结构化的百科知识。
4)强调的是知识的广度。
5)使用者一般是普通用户。

(2)领域知识图谱

领域知识图谱又叫行业知识图谱或垂直知识图谱,通常面向某一特定领域,可被看成一个基于语义技术的行业知识库,因为其基于行业数据,有着严格而丰富的数据模式,所以对所在领域知识的深度、准确性有着更高的要求。本书所关注的网络安全知识图谱就属于领域知识图谱。领域知识图谱相对通用知识图谱具有以下特点:

1)面向特定领域的知识图谱。
2)用户目标对象需要考虑行业中各种级别的人员,不同人员对应的操作和业务场景不同,因而需要一定的深度与完备性。
3)领域知识图谱对准确度要求非常高,通常用于辅助各种复杂的分析应用或决策支持。
4)有严格而丰富的数据模式,通常情况下领域知识图谱中的实体属性比较多且具有行业意义。

相比较而言,领域知识图谱的知识规模化扩展要求更迅速、知识结构更复杂、知识质量要求更高、知识的应用形式也更广泛。表5.2从多个方面对通用知识图谱和领域知识图谱进行了比较。

表 5.2 通用知识图谱与领域知识图谱的比较

比较项目	通用知识图谱	领域知识图谱
知识来源及规模化	以互联网开放数据，如 Wikipedia 或社区众包为主要来源，逐步扩大规模	以领域或企业内部的数据为主要来源，通常要求快速扩大规模
对知识表示的要求	主要以三元组事实型知识为主	知识结构更加复杂，通常包含较为复杂的本体工程和规则型知识
对知识质量的要求	较多地采用面向开放域的 Web 抽取，对知识抽取质量有一定容忍度	对知识抽取的质量要求更高，较多地依靠从企业内部的结构化、非结构化数据中进行联合抽取，并依靠人工进行审核校验，保障质量
对知识融合的要求	融合主要起到提升质量的作用	融合多源的领域数据是扩大规模的有效手段
知识的应用形式	以搜索和问答为主要应用形式，对推理要求较低	应用形式更加全面，除搜索问答外，通常还包括决策分析、业务管理等，对推理的要求更高，并有较强的可解释性要求
典型案例	DBpedia、Yago、百度、Google 等	电商、医疗、金融、网络安全等

2. 知识图谱构建技术

知识图谱的构建技术主要有自顶向下和自底向上两种。自顶向下构建是指借助高质量的结构化数据源，从中提取本体和模式信息，加入知识库里。自底向上构建则是借助一定的技术手段，从公开采集的数据中提取出资源模式，选择其中置信度较高的信息，加入知识库中。在知识图谱技术发展初期，多数参与企业和科研机构主要采用自顶向下的方式构建基础知识库，如 Freebase。随着自动知识抽取与加工技术的不断成熟，当前的知识图谱大多采用自底向上的方式来构建，如 Google 的 Knowledge Vault 和微软的 Satori 知识库。构建知识图谱的整体技术架构如图 5.5 所示，包括数据采集过程和知识图谱构建过程。其中，知识图谱构建过程主要包括信息抽取、知识融合和知识加工 3 个阶段。构建知识图谱实际上就是这三个阶段迭代更新的过程。

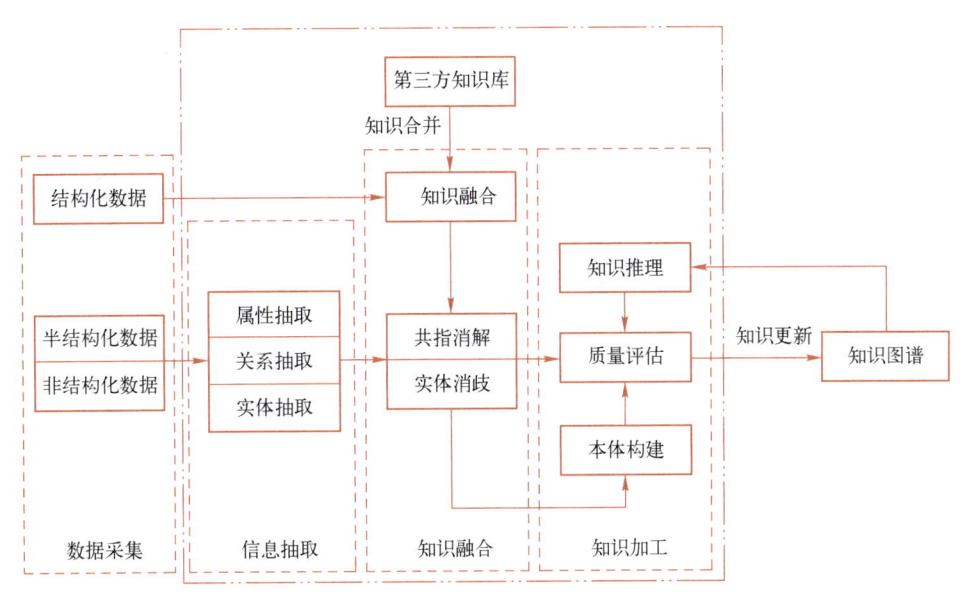

图 5.5 构建知识图谱的整体技术架构

（1）数据采集

数据采集的数据类型包括结构化数据、半结构化数据和非结构化数据3类。

结构化数据是指可以用关系数据库来表示和存储，表现为二维形式的数据。结构化数据的特点是数据以行为单位，一行数据表示一个实体的信息，每一列数据的属性是相同的。

半结构化数据是介于结构化和非结构化的数据，它并不符合关系数据库或其他数据表形式关联起来的数据模型结构要求，但包含相关标记，用来分隔语义元素以及对记录和字段分层。因此，它也被称为自描述的结构。常见的半结构数据有 XML 和 JSON。

非结构化数据，其数据结构不规则或不完整，没有预定义的数据模型，不方便用数据库二维逻辑表来表现。非结构化数据包括所有格式的办公文档、文本、图片、各类报表、图像和音频/视频信息等。

（2）信息抽取

信息抽取是知识图谱构建的第一步，是一种自动化地从半结构化和非结构数据中抽取实体、关系以及实体属性等结构化信息的技术。信息抽取涉及的关键技术包括实体抽取、关系抽取和属性抽取。

实体抽取：实体抽取也称为命名实体识别（Named Entity Recognition，NER），是指从文本数据集中自动识别出命名实体。实体抽取的研究主要是从面向单一领域的实体抽取，逐步发展到面向开放域的实体抽取。

关系抽取：经过实体抽取之后，得到的是一系列离散的命名实体，为了得到语义信息，还需要从相关语料中提取出实体之间的关联关系，只有通过关联关系将实体联系起来，才能够形成网状的知识结构。这就是关系抽取需要做的事。

属性抽取：属性抽取的目标是从不同信息源中采集特定实体的属性信息，如针对某个公众人物，可以从网络公开信息中得到其昵称、生日、国籍、教育背景等信息。

目前已出现较多的信息抽取工具，例如斯坦福自然语言处理工具 Stanford NLP、自然语言处理工具包 NLTK、清华关键词抽取包 THUTag 等。

（3）知识融合

通过信息抽取可以从原始的非结构化和半结构化数据中获取到实体、关系以及实体的属性信息。但是这些信息就像拼图碎片，散乱无章，甚至还有其他拼图里的碎片、本身就是用来干扰拼图的错误碎片。也就是说，拼图碎片（信息）之间的关系是扁平化的，缺乏层次性和逻辑性；拼图（知识）中还存在大量冗杂和错误的拼图碎片（信息）。

知识融合的过程可以被比喻成完成拼图的过程，包括实体链接和知识合并两部分。

1）实体链接。实体链接（Entity Linking）是指将从文本中抽取得到的实体对象，链接到知识库中对应的正确实体对象的操作。其基本思想是首先根据给定的实体指称项，从知识库中选出一组候选实体对象，然后通过相似度计算将指称项链接到正确的实体对象。

实体链接的流程：从文本中通过实体抽取得到实体指称项；进行实体消歧和共指消解，判断知识库中是否存在同名实体却代表不同的含义，以及知识库中是否存在其他不同命名实体却表示相同的含义；在确认知识库中对应的正确实体对象之后，将该实体指称项链接到知识库中对应实体。

实体消歧（Entity Disambiguation）是专门用于解决同名实体产生歧义问题的技术。例如"苹果"可以指水果，也可以指手机。通过实体消歧，就可以根据当前的语境，准确建立实体链接。实体消歧主要采用聚类法。聚类法消歧的常用模型有：空间向量模型、语义模型、社网络模型、百科知识模型。

共指消解主要用于解决多个指称对应同一实体对象的问题。在一次会话中，多个指称可能指向同一实体对象。利用共指消解技术，可以将这些指称关联（合并）到正确的实体对象。由于共指问题在信息检索等领域具有特殊的重要性，所以共指消解引起了广泛的关注。共指消解还有一些其他名字，比如对象对齐、实体匹配和实体同义。

2）知识合并。知识合并的主要目的是把外部知识库和关系数据库等结构化数据来源的数据与通过实体链接从半结构化数据和非结构化数据中抽取出来的数据融合。一般来说知识合并主要分为两种。

合并外部知识库：例如将来自百度百科、维基百科等的数据进行知识合并。该过程主要处理两个层面的问题。一是数据层的融合，包括实体的指称、属性、关系以及所属类别等，主要问题是如何避免实例以及关系的冲突；二是通过模式层的融合，将新得到的本体融入已有的本体库中。

合并关系数据库：知识图谱构建过程中，一个重要的高质量知识来源是企业或者机构自己的关系数据库。为了将这些结构化的历史数据融入知识图谱中，可以采用资源描述框架（RDF）作为数据模型。这一过程被称为RDB2RDF，实质就是将关系数据库的数据转换成资源描述框架的三元组数据。

（4）知识加工

通过信息抽取，从原始语料中提取出了实体、关系与属性等知识要素，并且经过知识融合，消除了实体指称项与实体对象之间的歧义，得到一系列基本的事实表达。然而事实本身并不等于知识。要想最终获得结构化、网络化的知识体系，还需要经历知识加工的过程。知识加工主要包括本体构建、知识推理、质量评估3方面内容。

1）本体构建。本体（Ontology）是对概念进行建模的规范，是描述客观世界的抽象模型，以形式化的方式对概念及其之间的联系给出明确定义。本体最大的特点在于它是共享的，本体反映的知识是一种明确定义的共识，如"人""事""物"。

本体是同一领域内的不同主体之间进行交流的语义基础。本体是树状结构，相邻层次的节点（概念）之间有严格的隶属（IsA）关系。在知识图谱中，本体位于模式层，用于描述概念层次体系，是知识库中知识的概念模板。

本体可以采用人工编辑的方式手动构建，也可以以数据驱动的方式自动化地构建。人工方式工作量巨大，且很难找到符合要求的专家，因此当前主流的全局本体库产品都是从一些面向特定领域的现有本体库出发，采用自动构建技术逐步扩展得到的。

自动化本体构建过程包含三个阶段：

① 实体并列关系相似度计算。实体并列关系相似是用于考察任意给定的两个实体在多大程度上属于同一概念分类的指标。相似度越高，表明这两个实体越有可能属于同一语义类别。当前主流的实体并列关系相似度计算方法有模式匹配法和分布相似度法。其中，模式匹配法采用预先定义实体对模式的方法，通过模式匹配取得给定关键字组合在同一语料单位中共同出现的频率，据此计算实体对之间的相似度。分布相似度法的前提假设是在相似的上下文环境中频繁出现的实体之间具有语义上的相似性。

② 实体上下位关系抽取。实体上下位关系抽取用于确定概念之间的隶属关系，这种隶属关系也称为上下位关系。实体上下位关系抽取的主要研究方法是基于语法模式抽取IsA实体对。

③ 本体的生成。主要任务是对各层次得到的概念进行聚类，并对其进行语义类的标定，为该语义类中的实体指定一个或多个公共上位词。

2）知识推理。知识推理是指从知识库中已有的实体关系数据出发，进行计算机推理，建立实体间的新关联，从而拓展和丰富知识网络。知识推理是构建知识图谱的重要手段和关键环节。通过知识推理，能够从现有知识中发现新的知识。

知识推理的对象并不局限于实体间的关系，也可以是实体的属性值、本体的概念层次关系等。知识推理方法主要包括基于逻辑的推理、基于图的推理和基于深度学习的推理3类。

3）质量评估。质量评估也是知识库构建技术的重要组成部分，其意义在于可以量化知识的置信度，通过舍弃置信度较低的知识来保障知识库的质量。

3. 知识图谱应用技术

知识图谱的相关技术已经在搜索引擎、智能问答、语言理解、推荐计算、大数据决策分析等众多领域得到广泛的实际应用。近年来，随着自然语言处理、深度学习、图数据处理等众多技术的飞速进步，知识图谱在自动化知识获取、知识表示学习与推理、大规模图挖掘与分析等领域取得较大进展。知识图谱已经成为人工智能不可缺少的重要技术之一。知识图谱的典型应用技术包括语义集成、语义搜索和基于知识的问答等。

（1）语义集成

语义集成的目标就是将不同知识图谱融合为统一、一致、简洁的形式，为使用不同知识图谱的应用程序间的交互提供语义互操作性。常用技术方法包括本体匹配（也称为本体映射）、实例匹配（也称为实体对齐、对象共指消解）以及知识融合等。

语义集成是知识图谱研究中的一个核心问题，对于链接数据和知识融合至关重要。语义集成研究对于提升基于知识图谱的信息服务水平和智能化程度，推动语义网以及人工智能、数据库、自然语言处理等相关领域研究发展，具有重要的理论价值和广泛的应用前景。

（2）语义搜索

知识图谱是对客观世界认识的形式化表示，将字符串映射为客观事件的事务（实体、事件以及之间的关系）。当前基于关键词的搜索技术在知识图谱的知识的支持下可以上升到基于实体和关系的检索，即语义搜索。

语义搜索利用知识图谱可以准确地捕捉用户搜索意图，直接给出满足用户搜索意图的答案，而不是包含关键词的相关网页的链接。

（3）基于知识的问答

问答（Question Answering，QA）系统是指让计算机自动回答用户提出的问题，是信息服务的一种高级形式。不同于现有的搜索引擎，问答系统返回给用户的不再是基于关键词匹配的相关文档排序，而是精准的自然语言形式的答案。问答系统被认为是未来信息服务的颠覆性技术之一，被认为是机器具备语言理解能力的主要验证手段之一。

5.6.2 网络安全情报

网络安全情报主要包括漏洞情报、资产情报以及威胁情报等。不同的安全情报具有不同的应用目的：漏洞情报关注软件、硬件或协议的脆弱性所带来的安全威胁；资产情报包括企业内部的软硬件资产以及对资产重要程度的描述信息；威胁情报主要收集与攻击者或攻击行为相关的外部要素，聚焦于收集、整合、共享威胁信息，为安全分析查询和比对提供依据，从而达到对威胁信息的及时管控。其中，漏洞情报发展较为成熟，以围绕NVD（美国国家计算机通用漏洞数据库)、CNNVD(中国国家信息安全漏洞库)等几个大型漏洞库的建设、共享为主;威胁情报发展较晚,但近几年发展迅速。

2012年,美国开始建立覆盖其关键基础设施的威胁情报共享体系,形成威胁情报中心的雏形。2015年,美国众议院通过了网络安全信息共享法案,提高了威胁情报在不同部门间的流通、共享、利用的能力。2017年,国家发展改革委批复了国家网络空间威胁情报共享开放平台(China National Cyber Threat Intelligence Collaboration,CNTIC)的建设方案,通过政府和企业合作共建的方式加强威胁情报的整合利用。安全厂商还通过建立自己的威胁情报中心,提出威胁情报的相关标准和格式,促进威胁情报的商业化。2012年,MITRE(一个美国非营利组织)提出了结构化威胁信息表达(Structured Threat Information eXpression,STIX)——已成为情报表示的主流标准,随后在此基础上进行改进,STIX 2.0应运而生。其他威胁情报相关标准也相继被提出,如TAXII(Trusted Automated eXchange of Indicator Information,指标信息可信自动交换)提供安全情报交换的协议,OpenIOC(Open Indicator of Compromise,开放的危害指标)提供灵活的事件表示框架,CybOX(Cyber Observable eXpression,网络可观察对象描述格式)从主机、流量等底层角度对情报信息进行划分。与此同时,学术界也展开对威胁情报的研究,如情报的溯源分析、质量评估、威胁推演等,推动了威胁情报的发展。

1. STIX

STIX(结构化威胁信息表达)为网络威胁信息的表达提供了一种结构化的描述框架,其基于XML或JSON语法可实现对网络威胁情报内容的结构化描述,提高了网络威胁情报处理、利用及管理的效率,并可为网络威胁分析、网络威胁特征表达、网络威胁应急响应以及网络威胁情报共享等场景提供支撑。

STIX自提出至目前已经历两个版本,相较于STIX 1.0版本,STIX 2.0版本在1.0版本基础上对相应构件通过增删操作进行了进一步细化表达,STIX 2.0版本共包含12种构件,具体描述见表5.3。

表5.3 STIX 2.0版本构件的具体描述

名称	含义	说明
Observed Data	预测数据	对网络上可观察到的行为(如网络堵塞、系统破坏)以及传输信息(如IP地址)的描述
Indicator	失陷指标	描述威胁的特征指示器,通过这些特征,检测相关的网络威胁
Course of Action	响应措施	针对攻击所采取的响应行为和措施
Campaign	攻击活动	针对特定目标的攻击活动或恶意行为
Threat Actor	威胁源	描述攻击活动的主体(包括带有恶意企图的个人、团体或组织)
Vulnerability	漏洞	可被攻击者直接利用并使系统遭受破坏
Attack Pattern	攻击模式	针对特定目标所采取的破坏方式
Identity	身份	威胁源的身份描述(包括个人、组织或团体),以及威胁源的类别
Intrusion Set	入侵特征集	由单个威胁源产生的一组具有共同属性的攻击行为和资源
Malware	恶意软件	秘密植入系统中并破坏其机密性、完整性或可用性的程序或代码
Tool	攻击工具	威胁源为实现破坏行动所采取的工具
Report	威胁报告	威胁情报的集合,描述威胁相关的上下文信息

2. TAXII

TAXII（指标信息可信自动交换）标准是针对 STIX 描述格式的威胁情报所提出的一种安全传输与交换规范，其在 HTTPS 协议的基础上进行拓展，以实现威胁情报信息的可信交换。尽管 TAXII 标准是为支持 STIX 标准的威胁情报交换与共享而设计的，但它也可用于非 STIX 描述格式的数据传输。

3. CybOX

CybOX（网络可观察对象描述格式）用于规范计算机可观察对象与网络动态和实体，即描述从计算机系统及其相关操作中观察到的内容，其中可观察对象包括文件、HTTP 会话以及系统配置项等，此类可观察对象通常可以用于检测网络威胁。换言之，网络可观察对象本质上属于威胁情报中的失陷指标，有助于组织对网络威胁的检测与响应。当前，CybOX 规范已发展到 CybOX 2.1 版本，并已被集成到 STIX 2.0 框架中。借助 CybOX 标准对可观察对象的准确描述，当前网络威胁情报在 STIX 框架下，通过 TAXII 规范进行传输与共享。CybOX 规范的数据结构如图 5.6 所示。

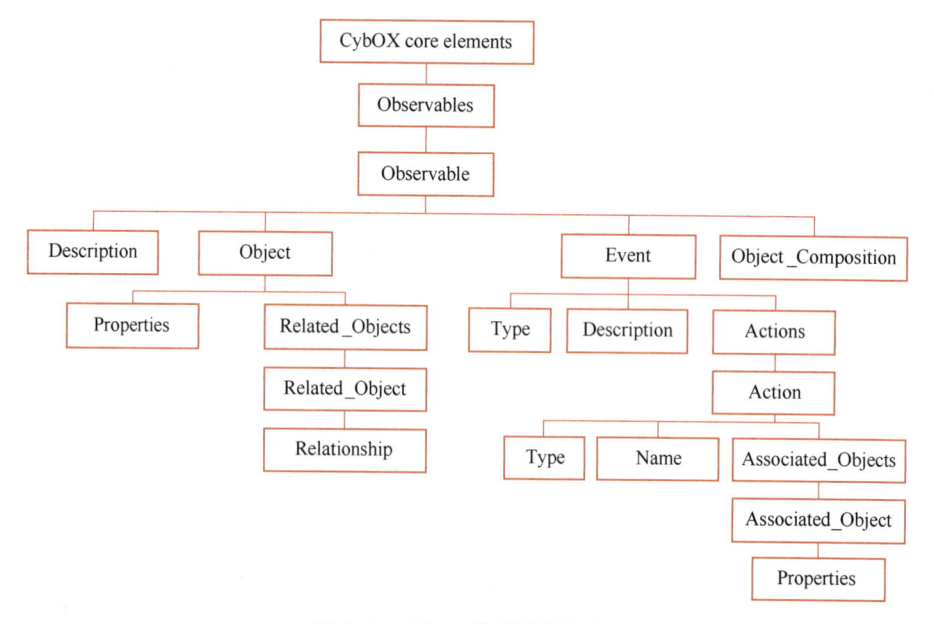

图 5.6 CybOX 数据结构框架

4. OpenIOC

OpenIOC 是 Mandiant 公司提出的一种威胁情报共享规范，为威胁失陷指标的共享提供了一个开源、灵活的框架，其通过将失陷指标定义成机器可读的格式来实现情报的快速共享。失陷指标 IOC 用于表征威胁相关的属性和特征，可用于帮助用户预先检测特定威胁。OpenIOC 共享规范则对 IOC 建立逻辑分组，以一种机器可读的格式实现威胁信息的共享。

5. CAPEC

CAPEC（Common Attack Pattern Enumeration and Classification，常见攻击模式列表和分类）标准列举了常见的攻击模式并提供了分类标准，帮助用户理解攻击者如何利用系统和网络中的脆弱性来完成攻击。攻击模式描述了威胁的主体针对特定目标实施破坏所采用的方式，包括水坑攻击、SQL 注入攻击、暴力破解以及鱼叉攻击等。

6. MAEC

MAEC（Malware Attribute Enumeration and Characterization，恶意软件属性枚举与特性描述）规范用于恶意软件结构化信息的共享，其通过定义一种标准化语言来描述恶意软件的行为、组件信息以及攻击模式等，当前 MAEC 标准多用于恶意软件和网络威胁的分析，以及入侵检测等任务中。相较于 STIX 标准，MAEC 更侧重于描述全面的、结构化的恶意软件样本的详细信息，而 STIX 则侧重于尽可能全面地描述恶意软件样本的基本信息。通常，在威胁情报共享中组合使用 STIX 规范和 MAEC 规范。

尽管通过上述标准和规范的制定和发布，威胁情报在共享层面得到了一定的发展，但当前威胁情报对于普通的机构而言还是一种较为奢侈的网络安全数据服务，主要表现为缺乏有效的情报分析工具和分析手段。随着网络威胁的持续演化，网络安全数据纷繁复杂。要想充分利用此类网络安全大数据，需要依赖专业的安全运维分析师。面对海量的网络安全数据，单纯依靠人工去判断和分析耗时且费力，已无法有效应对快速变化的网络威胁。此外，当前威胁情报领域所取得的发展成果主要面向网络威胁情报的结构化表达与共享；面对大规模、碎片化的多源异构网络威胁情报，以高效且智能的方式实现关键威胁要素的融合与关联，是推动威胁情报发挥最大效用的关键。

5.6.3 网络安全领域本体构建

网络安全领域本体作为网络安全知识图谱的知识体系，可用于表示、整合与共享网络安全相关知识。下面基于资产维、脆弱维和攻击维 3 个维度构建一个具备更强通用性的网络安全领域本体。

1. 网络安全领域本体模型

网络安全领域本体模型可表示为四元组模型 $CSDO=(C, I, R, A)$，其中 CSDO 表示网络安全领域本体（Cybersecurity Domain Ontology），$C=\{c_1, c_2, \cdots, c_{|C|}\}$ 表示网络安全领域类的集合如漏洞类、攻击类等，$I=\{i_1, i_2, \cdots, i_{|I|}\}$ 表示对应某类的实体集合，如漏洞类中的某一具体漏洞 CVE-2014-0160（OpenSSL 心脏滴血漏洞），$R=\{r_1, r_2, \cdots, r_{|R|}\}$ 表示类与类之间关系的集合如攻击类与漏洞类的利用关系，$A=\{a_1, a_2, \cdots, a_{|A|}\}$ 表示类与关系的约束集合如网络带宽属于攻击目标是一个事实。

2. 网络安全领域本体构建方法

基于网络安全领域本体模型，可构建网络安全领域本体，在七步法本体构建方法的基础上，通过引入反馈机制对构建的本体进行评估分析以确保所构建本体的质量，本体构建流程如图 5.7 所示。

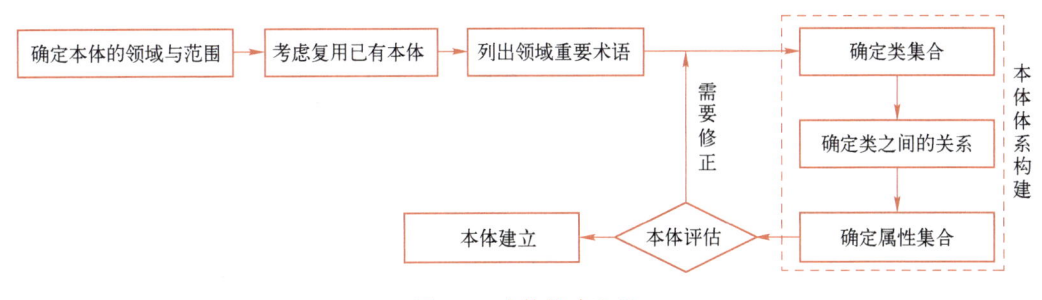

图 5.7 本体构建流程

首先确定本体的领域与范围为网络安全领域。目的是将互联网中网络安全相关数据进行融合并标准化表示，为构建网络安全知识图谱提供顶层模式，因此本体的范围是网络安全领域内的知识。其次在确定本体领域与范围后，考虑复用已有网络安全领域本体，这有利于提高本体构建效率。再次，列出领域重要术语，基于现有数据源的特点分析实现本体体系构建，主要包括网络安全领域类集合确定、类之间关系确定及属性集合确定3个部分。最后对构建好的网络安全领域本体进行评估，以考察所确定本体能否有效整合当前网络安全数据源，并基于评估结果对网络安全领域本体进行调整修改以确保所构建的本体完全适用，从而完成网络安全领域本体构建。

（1）网络安全领域主要术语

公开的网络安全领域术语平台主要有 NICCS、Global Knowledge，以及美国网络安全技能培训平台 Cybrary 等，其中给出了一系列术语定义及详细描述信息。与网络资产、脆弱性以及攻击相关的部分网络安全领域主要术语见表 5.4。

表 5.4　与网络资产、脆弱性以及攻击相关的部分网络安全领域主要术语

术　语	术　语　描　述
asset	资产，包括人员、设备、信息、记录及有价值的资源、材料等
attack	攻击，获取系统服务、资源、信息等的未授权访问尝试
attack method	攻击方法，攻击者在攻击时使用的方式、技术或手段
attack pattern	攻击模式，表示已经或正在发生攻击的类似安全事件或行为
attacker	攻击者，包括发动攻击的个人、组织、机构或政府
consequence	后果，表示事件的影响
exploit	利用，表示违反安全策略、破坏网络或系统安全性的技术
hardware	硬件，表示信息系统的物理组件
host	主机，表示可以连接到网络的计算机或其他设备
IP address	IP 地址，表示互联网协议地址
malware	恶意软件，通过执行未经授权的功能或进程破坏系统运行的软件
network service	网络服务，支持信息共享与传输的服务
port	端口，表示操作系统中通信的端点
software	软件，表示能够以电子方式存储的计算机指令、数据或程序
targets	目标，表示攻击区域，包括地区、国家及其他实体
vulnerability	漏洞，使组织或资产易受到威胁的特征
weakness	弱点，软件设计、实现或部署中的缺陷

（2）重要类集合定义

在构建领域本体时复用已有的网络安全领域本体，有利于提高本体构建效率，已有网络安全领域本体中包含的主要类集合见表 5.5。

表 5.5　已有网络安全领域本体中包含的主要类集合

本　体	类　集　合
安全事件领域本体	Attackers、Tool、Vulnerability、Action、Target、Unauthorized Result、Objectives
入侵检测领域本体	Host、System Component、Attack、Input、Means、Consequence
恶意软件领域本体	TrojanHorse、GeneralVirus、Dropper、Exploit
STUCCO	User、Account、Host、Address、IP、Port、Domain Name、Address Range、Service、Software、Vulnerability、Malware、Flow、Attack、Attacker
UCO	Means、Consequences、Attack、Attacker、AttackPattern、Exploit、Exploit Target、Indicator

可以看出已有本体中的主要类集合包含了网络安全领域大部分概念，但每类本体因其构建时侧重点不同而导致单一的网络安全领域本体难以扩展到更广的数据源中，其发挥的作用受到限制。随着攻击趋向于复杂化、高级化和多样化，攻击者不再简单地利用漏洞进行攻击，而是开始针对网络空间中的脆弱环节采用更加隐蔽的攻击技术发动攻击，这导致检测难度增大。为构建更好的网络安全本体，在复用已有本体的基础上，可结合现有数据源并引入部分新概念，从资产维、脆弱维和攻击维3个维度描述网络安全领域本体中的重要类。

资产维是安全目标的基础环境，其中安全目标通常为政府、企业和机构等，基础环境包括主机环境和网络环境两个方面。主机环境由个人计算机、服务器及其他联网设备等组成，主机通常由硬件构成并运行着相关操作系统及软件以提供相应的服务。已有的网络安全领域本体大多考虑了操作系统和软件却忽略了硬件要素，但随着网络攻击技术的发展，利用硬件缺陷发动的攻击往往因分布广泛而影响范围广，威胁巨大且难以检测，因此在资产维中引入硬件要素十分有必要。网络环境包括内网环境和外网环境，通常包括IP地址、域名、端口和服务等要素，表现为网络流。基于安全目标环境生成资产维的重要类集合为 Class(Asset) = {Organization, Host, Hardware, OS, Software, Network, IP, Domainame, Port, Service}。

由环境中存在的脆弱性引申出脆弱维，除常见的漏洞脆弱性外，脆弱维还引入弱点脆弱性这一概念。漏洞脆弱性存在于某一具体的硬件、操作系统及软件上。弱点脆弱性对硬件设计、软件开发过程及网络空间中可能存在的弱点进行描述，相较于漏洞脆弱性，弱点脆弱性更具普适性。由脆弱维要素组成的重要类集合为 Class(Fragility) = {Vulnerability, Weakness}。

攻击者利用脆弱维中的脆弱性要素可针对目标环境发动攻击，其中攻击维要素主要包含攻击者、攻击方式、所用工具、攻击事件和产生的攻击后果。其中攻击维中的攻击者包括个人、团体或黑客组织，黑客组织是一类非常典型的攻击主体，其攻击手法、所用工具、所属背景和活动轨迹对于攻击意图推测和攻击检测具有极大的价值，且黑客组织造成的攻击影响范围广泛，因此黑客组织这一概念可以作为一个重要类。攻击方式包括攻击所用的技术与手段，如TCP端口扫描、SQL注入、SYN泛洪（SYN Flood）、暴力破解（Brute Force）、DNS欺骗（DNS Spoofing）等。所用工具包括正常软件和恶意软件两类，攻击趋向于高隐蔽性，攻击者常常会恶意使用正常的工具，在很大程度上隐藏其踪迹。攻击事件表示攻击者利用攻击方法和工具进行攻击。攻击后果用来描述攻击的效果，如非授权访问、提权、拒绝服务等。随着APT攻击的频发，攻击活动通常包含多种攻击行为且具有极强目的性。单一的攻击事件已难以表示此类复杂且带有强目的性的攻击活动，因此可以引入战役这一概念来表示某组织基于特定目的针对某类对象发动的攻击，战役通常具有标志性，如针对Google公司网络的极光攻击、破坏伊朗核电站的超级工厂病毒（震网）攻击等。基于攻击要素而生成的重要类集合表示为 Class(Attack) = {Attacker, Group, Mean, Tool, Malware, Consequence, Attack, Campaign}。

（3）类之间关系集合定义

基于表5.5中的网络安全领域主要类集合，从资产维、脆弱维和攻击维3个维度构建类与类之间的关联关系，从而构成网络安全领域本体（Asset Fragility Attack Cybersecurity Domain Ontology，AFACSDO），其模型如图5.8所示。

网络安全理论与技术

图 5.8 AFACSDO 模型

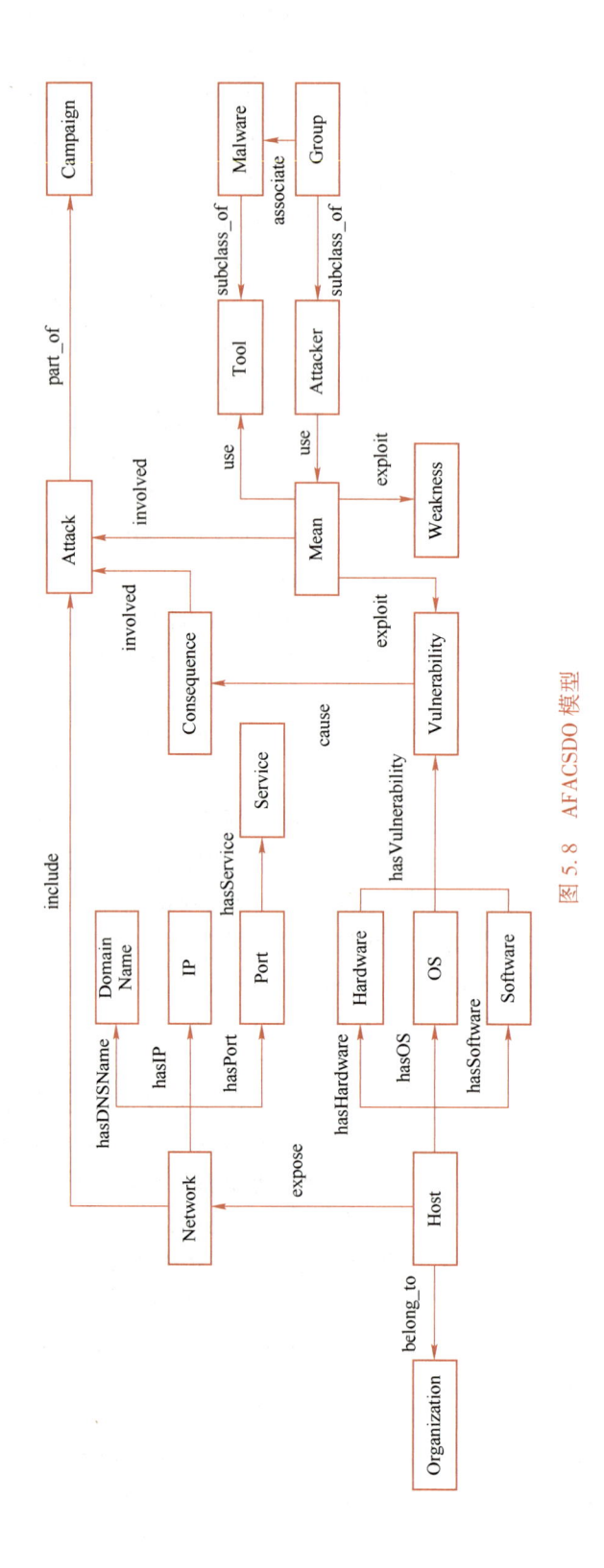

120

AFACSDO 模型设计主要考虑建模依据、特性及作用 3 个方面。首先，在 AFACSDO 模型中，资产维是攻击基础，脆弱维是攻击依据，攻击维是攻击行为。资产维要素存在脆弱性，脆弱维中的脆弱性容易被攻击维利用，攻击维要素作用于资产维，3 个维度形成攻击闭环并可用于完整描述攻击，因此将这 3 个维度作为建模依据。其次，AFACSDO 模型在复用已有领域本体的基础上，引入硬件、弱点、黑客组织等网络安全领域重要概念补全与完善了本体模型，使其具备更强通用性。最后，AFACSDO 中本体作为知识图谱构建的知识体系：一方面可用于对网络安全知识进行整合，为网络安全知识图谱构建提供支撑；另一方面可通过知识推理对网络安全知识图谱进行补全，如在网络中发现了某一恶意软件，这一恶意软件是某黑客组织的典型应用工具，可推理相关攻击活动的攻击者是该黑客组织。

AFACSDO 包括资产维、脆弱维和攻击维中 20 类重要实体及其对应关系。资产维中主机属于某一机构表示为 belong_to 关系，主机由硬件、操作系统及软件组成，类与类之间的关系表示为拥有关系，同时针对不同的类将拥有关系细分为 hasHardware、hasOS、hasSoftware。主机通过网络暴露于内网或互联网中，表示为 expose 关系，其中网络包括 IP 地址、域名和端口，分别用 hasIP、hasDNSName 和 hasPort 表示其拥有关系，其中端口有相关服务可以表示为 hasService 关系。资产维中主机上的硬件、操作系统及软件自身存在相应的安全漏洞，其与脆弱维中漏洞类的关系表示为 hasVulnerability。脆弱维中的漏洞容易被攻击维中的攻击方法利用，并造成相应的攻击后果，故攻击方法与漏洞之间的关系表示为 exploit 关系，漏洞与攻击后果之间的关系表示为 cause 关系。同时，攻击方法也会利用弱点并使用某些攻击工具进行攻击，故攻击方法与弱点的关系表示为 exploit 关系，与攻击工具的关系表示为 use 关系。攻击者通常会使用某些攻击方法进行攻击并造成攻击后果，产生相应的攻击事件，攻击者与攻击方法的关系表示为 use 关系，攻击方法、攻击后果与攻击事件的关系表示为 involved 关系（包含于关系）。此外，恶意软件是攻击工具的子类，其关系表示为 subclass_of 关系。黑客组织是攻击者的子类，也表示为 subclass_of 关系。黑客组织通常会开发与使用具有组织特性的恶意软件进行攻击，因此黑客组织与恶意软件之间的关系为 associate 关系，同时一般黑客组织具有特定的攻击手法，这也是安全分析人员通常会用来进行分析的特征——通过攻击者建立黑客组织与攻击方法之间的 use 关系。攻击行为一般隐藏在网络流量中，网络安全检测设备如入侵检测设备、网络审计系统、网站应用级入侵防御系统（如 WAF）可通过分析网络流量发现其中的恶意攻击行为，故网络与攻击事件的关系为 include 关系。复杂的攻击活动通常由多种攻击行为组成，故攻击类与攻击活动类的关系表示为 part_of 关系。因此 AFACSDO 的关系集合表示为 Relation = {belong_to, hsHardware, hasOS, hasSoftware, expose, hasIP, hasDNSName, hasPort, hasService, hasVulnerability, exploit, use, subclass_of, involved, cause, include, associate, part_of}

（4）属性集合定义

基于网络安全领域重要类集合及关系集合构建的网络安全领域本体仅实现了网络安全体系结构的总体架构表示，但缺乏对类的详细描述，因此本节结合现有网络安全数据分析，实现类属性集合定义。下面重点介绍几类属性集合。

1）硬件、操作系统及软件类属性集合。硬件、操作系统及软件这三类通常由某个厂商或组织机构设计、开发与发布，同时根据产品的生命周期可更新迭代以修复某些缺陷或增强其功能，具体体现在版本号上。参考通用平台库（Common Platform Enumeration，CPE）中的表示方法提取出硬件、操作系统及软件的通用属性，表示为 Property（Hardware|OS|Software）= {vendor, product, version}，通用属性描述见表 5.6。

表 5.6　硬件、操作系统及软件类通用属性描述

属　　性	属 性 描 述
vendor	发布厂商
product	对应产品
version	产品对应的版本号

2）漏洞类属性集合。漏洞类属性的构建主要基于公开漏洞库的信息进行分析与归纳，国内外主要的漏洞库包括 CVE（公共漏洞和暴露）、BID（BugtraqID，软件漏洞跟踪）、国家信息安全漏洞共享平台（CNVD）、国家信息安全漏洞库（CNNVD）、知道创宇漏洞库 Seebug、Vulhub 信息安全漏洞门户等。在此可以将漏洞类属性集合表示为 Property(Vulnerbility) = {vuln_id, alias, vuln_name, vuln_type, severity_level, threat_type, affected_entity, patch, vuln_desc, publish_date, update_date, reference}。

漏洞类属性描述见表 5.7。

表 5.7　漏洞类属性描述

属　　性	属 性 描 述
vuln_id	漏洞编号
alias	漏洞编号别称
vuln_name	漏洞名称
vuln_type	漏洞类型
severity_level	漏洞危害等级
threat_type	漏洞威胁类型
affected_entity	影响的实体
patch	漏洞补丁信息
vuln_desc	漏洞描述信息
publish_date	漏洞发布时间
update_date	漏洞更新时间
reference	引用信息

3）弱点类属性集合。弱点类属性以通用弱点库（CWE）进行属性集归纳。CWE 是一种通用语言，可针对软件架构、设计及编码等阶段存在的安全弱点进行表示，其针对细节的表示和描述为软件缺陷的识别、缓解及预防提供基线标准，在代码安全审计领域发挥重要作用。解析 CWE 信息时，发现弱点信息主要包括弱点唯一性标识、弱点名称、弱点应用的平台、弱点的描述信息、弱点可能出现的阶段、弱点被利用进行攻击的可能性、弱点被利用导致的常见后果、软件中弱点的检测方法、如何实施相关措施进行弱点缓解并针对具体示例给出弱点的详细解释。基于这些详细信息，提炼出其中的属性集合表示为 Property(Weakness) = {weak_id, weak_name, applicable_platform, weak_desc, mode_of_introduction, common_consequence, likelihood_of_exploit, detection_method, potential_mitigation, affected_resource, related_attack_pattern}。弱点类属性描述见表 5.8。

表 5.8 弱点类属性描述

属　　性	属 性 描 述
weak_id	弱点 ID
weak_name	弱点名称
applicable_platform	弱点应用平台
weak_desc	弱点的描述
mode_of_introduction	弱点可能出现的阶段
common_consequence	弱点常见后果
likelihood_of_exploit	被利用的可能性
detection_method	检测方法
potential_mitigation	潜在解决方案
affected_resource	影响的资源
related_attack_pattern	相关攻击模式

4）攻击方法类属性集合。攻击方法主要包括攻击战术、技术与过程（Tactics Techniques Procedures，TTP），因关注点不同而出现了两种不同的表示方式，分别为通用攻击模式库（Common Attack Pattern，CAPEC）和攻击行为模型知识库（Adversarial Tactics，Techniques，and Common Knowledge，ATT&CK）。

通用攻击模式库主要关注网络空间中脆弱性的利用，枚举了利用脆弱性进行攻击的攻击方法，可静态地对利用已知软件脆弱性的攻击行为分类，其攻击目标是已知的。攻击行为模型知识库矩阵枚举的攻击方法的作用目标是已知或未知的，其关注攻击技术本身而非特定的系统或软件，可动态地关联攻击上下文并进行攻击意图推测，对复杂的攻击活动分析具有极高价值。已有的网络安全领域本体一方面极少使用这两种表示方式，另一方面即使使用，大多数本体也仅使用通用攻击模式库和攻击行为模型知识库中的一种来表示。将两者结合可以更加全面地表示攻击方法属性，通过从其官网（http://capec.mitre.org 和 http://attack.mitre.org）中提取出攻击方法表示的属性，并对重复的属性去冗余，将异构的属性融合，可得到表 5.9 的攻击方法类属性描述。

表 5.9 攻击方法类属性描述

属　　性	属 性 描 述
mean_id	攻击方法编号
mean_name	攻击方法名称
mean_desc	攻击方法描述
likelihood_of_mean	利用攻击方法的可能性
mean_severity	利用攻击方法的危害性
execution_flow	攻击方法执行流程
prerequisite	利用攻击方法的先决条件

(续)

属　　性	属　性　描　述
required_skill	攻击方法需要的技能
mean_mitigation	针对此攻击方法的解决方案
related_weak	攻击方法关联的弱点
mean_tactic	攻击方法的战术意图
platform	攻击方法应用平台
required_permission	攻击方法需要的权限
capec_id	CAPEC 编号
att_ck_id	ATT&CK 编号
common_target	常见的攻击目标
common_group	常见的黑客组织
common_tool	常见可用的工具
affected_service	影响的服务信息

攻击方法类的属性集合表示为 Property（Mean）= {mean_id, mean_name, mean_desc, likelihood_of_mean, mean_severity, execution_flow, prerequisite, required_skill, mean_mitigation, related_weak, mean_tactic, platform, required_permission, capec_id, att_ck_id, common_target, common_group, common_tool, affected_service}。

3. 网络安全领域本体应用

网络安全领域本体作为网络安全知识图谱的知识体系（Schema，模式层），可用于链接外部网络安全数据，将网络安全知识数据整合到知识体系中，构建相应的网络安全知识图谱。下面以非结构化网络安全文本数据为例，说明如何构建基于网络安全领域本体的网络安全知识图谱，具体流程如图 5.9 所示。

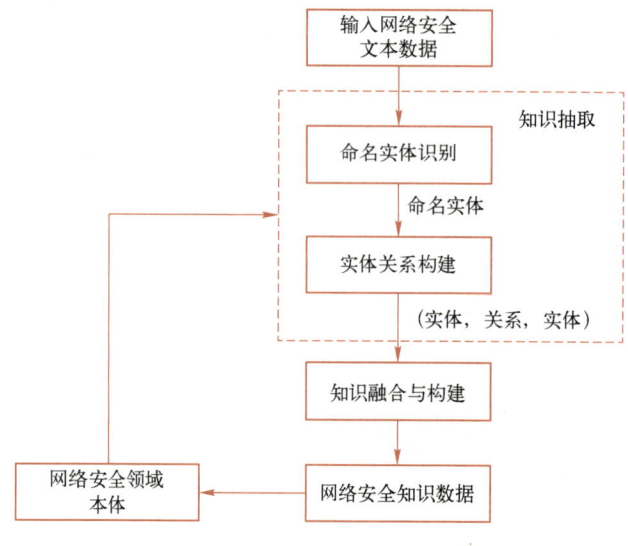

图 5.9　基于网络安全领域本体的网络安全知识图谱构建流程

针对非结构化网络安全文本数据，首先基于网络安全领域本体中类及类之间关系，通过命名实体识别将其中命名实体抽取出来，然后利用关系模板抽取出类与类之间的关系并构建实体网络安全实体对（实体，关系，实体），最后将抽取出的网络安全知识数据经融合与验证后链接到网络安全领域本体中，形成网络安全知识图谱。下面以图 5.10 中网络安全文本数据为例进行说明。

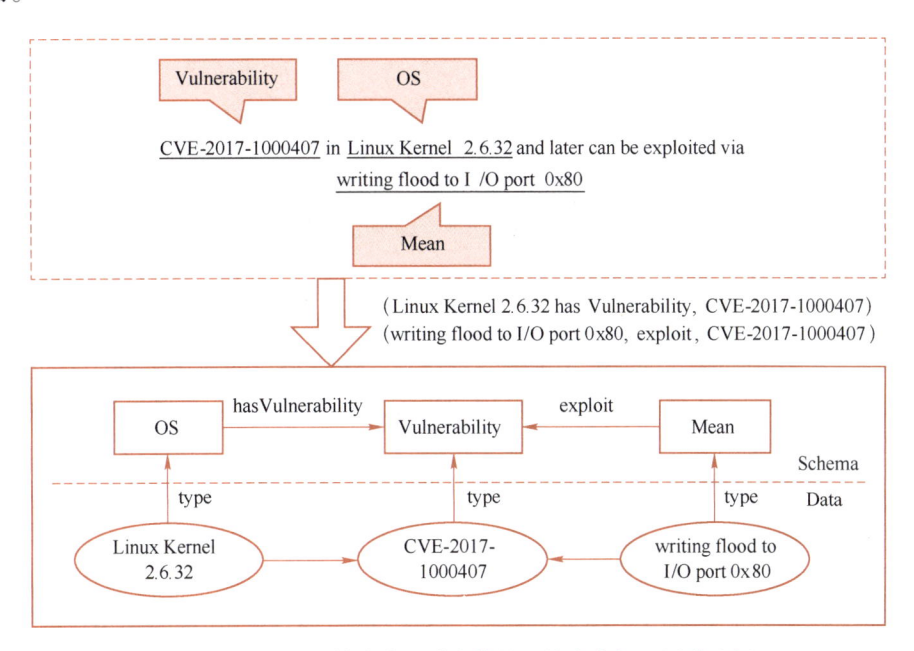

图 5.10 基于网络安全领域本体的网络安全知识图谱示例

针对图中的非结构化网络安全文本数据，首先基于网络安全领域本体中实体类别识别出其中的网络安全实体 CVE-2017-1000407（漏洞类，Vulnerability）、Linux Kernel 2.6.32（操作系统类，OS）和 writing flood to I/O port 0x80（攻击方法类，Mean）。

其次通过关系模板可以得到（CVE-2017-1000407, in, Linux Kernel 2.6.32）和（CVE-2017-1000407, exploited, writing flood to I/O port 0x80）两个实体对，然后基于网络安全领域本体中操作系统类与漏洞类的 hasVulnerability 关系、攻击方法类与漏洞类的 exploit 关系，将得到的实体对标准格式化，形成规范的网络安全知识数据：

1) 实体对（Linux Kernel 2.6.32, hasVulnerability, CVE-2017-1000407），表示操作系统 Linux Kernel 2.6.32 上有漏洞 CVE-2017-1000407。

2) 实体对（writing flood to I/O port0x80, exploit, CVE-2017-1000407），表示向 I/O 端口 0x80 写 flood 的攻击方法可利用漏洞 CVE-2017-1000407 进行攻击。

最后基于网络安全领域本体，将抽取到的网络安全知识数据经融合与验证后链接到网络安全领域本体模式层以实现对网络安全知识图谱的构建。

5.6.4 网络安全领域知识推理

由于很多网络安全数据的组织形式比较简单，因此信息抽取之后创建的知识图谱中主要包含句子中显式表达的关系。我们还需要在现有知识的基础上通过知识推理，挖掘隐含知识，丰富网络安全知识图谱。网络安全知识图谱的知识推理可以结合具体的任务需求，综合使用基于规则的推理方法和基于知识表示学习的推理方法。针对某些网络安全数据，可以根据专家经验知识定义规则，例如对于某些具有鲜明特征的 APT 组织的攻击手段或技术方法，可以由专家定义规则知识库，将知识图谱中的知识与规则库进行模式匹配。目前在知识图谱推理的基础研究中，结合领域知识图谱的本体知识来构建知识图谱表示模型的研究成果较少。研究针对网络安全领域知识图谱的表示模型，可以在一定程度上提高图谱推理的准确率，实现更为精准、更具可操作性的安全决策推理。

推理是"使用理智从某些前提产生结论"的过程。知识推理通过基于三元组（实体，关系，实体）的知识表示，利用已知三元组推测新的实体或关系要素来组成新的三元组，实现新知识的发现，对知识图谱进行补全。

通用知识图谱推理主要研究如何提高推理的准确率；网络安全知识图谱推理则侧重于实现知识和业务的结合，如何在风险评价、溯源取证、攻击路径推理、目标画像构建等实际安全应用场景中发挥作用是当前网络安全知识图谱推理的重点研究方向及急需突破的难题。因此，网络安全知识图谱的推理在通用图谱推理的基础上需进一步考虑：①知识与分析方法的结合。虽然对应到本体上的知识构成了相互连接的知识网络，但是在场景应用中这些联系仍稍显不足，通常需要借助机器学习方法来更加有效地挖掘知识模式，典型方法包括神经网络模型、马尔可夫模型、贝叶斯网络等。除此之外还可以在策略分析中引入钻石模型和杀伤链模型等安全分析方法。②知识与低层次信息的结合。网络安全知识虽然涵盖了高层次的历史信息，但是代码片段、流量包、数据日志等原始信息作为分析的对象并不包含在知识的范畴中。历史知识与现实信息的结合可以更充分地发挥安全情报的作用。③多元关系相互推理的结合。在现实中多元关系较二元关系更为普遍，因此在网络安全推理中使用多元关系推理比使用二元关系推理更易于发现真实规律。

由于网络安全知识图谱与应用的紧密结合，因此网络安全知识图谱的推理与通用知识图谱的推理具有不同的含义，其推理并不局限在三元组的推理中，而是与不同的应用场景相适应，具有多样的推理形式和推理结果。根据情报知识推理中所借助的逻辑形式，现有安全研究的方法可以划分为基于规则的情报知识推理与基于图的情报知识推理。

（1）基于规则的情报知识推理

基于规则的情报知识推理借助规则、公理等逻辑形式实现知识的演绎推理。在安全研究中，基于规则的推理方法主要包括基于一阶逻辑规则的方法和基于本体规则的方法。其中，基于一阶逻辑规则的方法通过构建谓词逻辑公式实现知识的推断，具有较为久远的研究历史，但是谓词逻辑公式的使用范围较窄，且应用过程较为复杂。基于本体规则的方法是近些年发展起来的方法，以 OWL（Web Ontology Language，万维网本体语言）和 SWRL（Semantic Web Rule Language，语义网规则语言）或其他形式化语言定义的规则约束在本体的基础上建立推理关系，具有定义简洁、描述丰富等特点。

（2）基于图的情报知识推理

基于图的情报知识推理借助图拓扑结构实现信息推理，与基于规则的方法相比，推理过程更充分地利用了网络安全知识图谱中的关联信息，具有表现力丰富、鲁棒性强、定义简单的特点。基于图的推理研究主要包括攻击图推理、社交网络推理和相似图判断推理等。

攻击图是安全分析中常用的图形化结构，一经提出就引起了广泛关注，具有丰富的研究和应用成果。攻击图用有向图来表示，一般使用节点表示系统状态，边表示可导致状态变化的攻击行为。通过情报与系统状态的结合，实现资产受威胁程度和潜在攻击路径的推理。攻击图方法在其发展过程中逐渐暴露了一些问题，主要包括以下 3 方面：①如何有效提高大规模攻击图的推理效率；②如何定量分析潜在攻击路径的危害；③如何充分结合攻击图与知识。

社交网络作为当前最受欢迎的网络沟通方式和信息传播媒介，其上蕴含着海量的安全情报信息。因此，近年来大量安全人员利用这些信息从事安全事件分析和挖掘的研究。

相似图判断推理可用于恶意软件家族推理、威胁情报检索等应用。相似图判断推理是在构建图拓扑结构之后，通过图的相似度匹配进行关联推理等过程。在 APT 攻击中，恶意软件通常以家族的方式进行演变，因此建立恶意程序的家族图谱对于 APT 攻击的溯源以及对新的恶意程序的理解具有意义。

（3）知识推理方法的发展

知识推理在近几年随着知识图谱的发展取得了较大的进步。在安全相关研究中，基于规则的推理方法与基于本体的方法相结合，充分利用了本体中蕴含的规则知识，具有可靠和准确的特点，但是在具有高可靠性的同时也存在规则使用范围局限的缺点，为了覆盖较多的应用类型，需要依靠分析人员制定大量规则。基于图的推理方法利用图拓扑结构对数据关系的丰富表现能力，提高了信息的推理深度，但是计算效率较低是直接应用图方法面临的问题。

近年在通用知识图谱推理中兴起的基于知识分布式表示的知识推理和基于深度学习的知识推理吸引了人们的关注。基于知识分布式表示的知识推理，首先使用嵌入式方法将知识的三元组表示转化为低维向量表示，同时将推理操作变为基于向量的运算。知识的分布式表示方法主要可以分为基于转移距离模型的方法和基于语义匹配的方法。基于知识分布式表示的方法具有运算简单、推理效率高的特点，但是难以涵盖复杂的语义逻辑，推理能力有限。基于深度学习的知识推理，利用神经网络刻画三元组间的语义联系，通过模拟计算步骤或推理过程实现知识推理，具有表达能力丰富、推理能力强的特点。

本章小结

本章阐述了网络安全态势的概念和内涵，重点以网络安全态势感知模型为基础介绍了态势信息获取、态势分析评估和态势可视化 3 个部分的技术与方法。其中，网络安全态势信息获取中包含网络节点信息探测与采集、网络路由信息探测获取、网络安全舆情类信息获取等相关内容；网络安全态势分析评估主要介绍了基于数学模型、概率统计的评估方法，以及基于规则推理的融合方法；网络安全态势可视化介绍了基于电子地图背景和基于逻辑拓扑结构的态势分布展现。针对网络安全知识图谱的构建与应用，介绍了网络安全情报的相关标准、网络安全领域本体构建与知识推理的关键技术，分析了网络安全知识图谱研究面临的问题。

习题

1. 简述网络安全态势感知的概念及其包含的主要阶段。
2. 简述网络安全态势感知功能框架的组成。
3. 简述网络路由信息的探测获取原理与方法。
4. 简述产生匿名路由器合并问题的原因。

5. 简述网络安全态势预测模型。
6. 简述网络安全态势信息可视化的主要技术。
7. 请对比分析通用知识图谱与领域知识图谱。
8. 简述知识图谱的技术架构。
9. 简述网络安全领域本体模型及其构建方法。
10. 简述网络安全情报知识推理的主要方法。
11. 请调研分析网络安全态势感知技术面临的技术难点。
12. 请调研分析网络安全情报在网络安全防御中的作用。

第 6 章
网络安全测试评估与建模仿真

网络安全测试评估技术是发现网络安全风险的一种有效手段，在网络安全防御体系中具有重要作用。目前已涌现了一大批网络安全测试评估的成熟产品。网络安全建模仿真技术则是从理论层面对网络安全威胁进行仿真分析与效能评价的重要手段，对开展大规模网络安全威胁分析具有重要意义。本章主要介绍网络安全渗透测试、网络安全风险评估技术、网络安全仿真与虚拟化技术、网络靶场技术的基本原理和主要方法。

6.1 网络安全渗透测试

6.1.1 概述

网络安全渗透测试（Penetration Testing）是一种在合法、授权条件下，通过模拟恶意攻击者的技术与方法，挫败目标系统安全控制措施，取得访问控制权，并发现潜在安全隐患的安全测试与评估方式，通常简称为渗透测试。

渗透测试在 20 世纪 90 年代后期逐步从军队与情报部门拓展到安全业界。一些对安全性需求很高的企业开始采纳这种方式来对自己的业务网络与系统进行测试，而渗透测试也逐渐发展为一种由安全公司提供的专业化安全评估服务。

渗透测试过程一般需要从攻击者视角对目标系统进行主动探测分析，以发现潜在的系统漏洞，包括不恰当的系统配置、已知或未知的软硬件漏洞以及在安全计划与响应过程中的操作性弱点等。渗透测试中发现的所有安全问题，以及如何避免这些问题的技术解决方案，将在最终报告中呈现给目标系统的拥有者，帮助他们修补并提升系统的安全性。

渗透测试已经成为系统整体安全评估中的一个组成部分，例如银行支付行业数据安全标准等都将渗透测试作为必须进行的安全测试形式。

6.1.2 渗透测试的分类

渗透测试包括黑盒测试和白盒测试两种基本类型。黑盒测试设计为模拟一个对客户组织一无所知的攻击者所进行的渗透攻击；白盒测试则被设计为渗透测试者拥有客户组织所有知识的情况下所进行的渗透测试。此外，还有一种结合黑盒测试和白盒测试优势的灰盒测试。

1. 黑盒测试

黑盒测试（Black-Box Testing）也称外部测试（External Testing）。采用这种方式时，渗透测试者将从一个远程网络位置来评估目标网络基础设施，不知晓任何目标网络内部拓扑等相关信息，他们完全模拟真实网络环境中的外部攻击者，采用流行的攻击技术与工具，有组织、有步骤地对目标组织进行逐步的渗透与入侵，发现目标网络中一些已知或未知的安全漏洞，并评估这些漏洞能否被利用，以获取控制权或造成业务资产的损失。

黑盒测试还可以对目标组织内部安全团队的检测与响应能力做出评估。在测试结束之后，黑盒测试会对所发现的目标系统安全漏洞、所识别的安全风险及其业务影响评估等信息进行总结和报告。

黑盒测试需要渗透测试者具备较高的技术能力。在安全业界的渗透测试者眼中，黑盒测试通常是更受推崇的，因为它能更加逼真地模拟一次真正的攻击过程。

2. 白盒测试

白盒测试（White-Box Testing）也称内部测试（Internal Testing）。进行白盒测试的渗透测试者可以了解到关于目标环境的所有内部与底层信息，从而以最小的代价发现和验证系统中最严重的安全漏洞。如果实施到位，白盒测试能够比黑盒测试消除更多的目标基础设施环境中的安全漏洞与弱点，从而给客户组织带来更大的价值。

白盒测试的实施流程与黑盒测试类似，不同之处在于无须进行目标定位与情报搜集。此外，白盒测试能够更加方便地集成在一次常规的开发与部署计划周期中，从而能够在早期就消除掉一些可能存在的安全问题，避免被入侵者发现和利用。

白盒测试中发现和解决安全漏洞所需的时间和代价要比黑盒测试少许多。白盒测试的最大问题在于无法有效地测试客户组织的应急响应程序，也无法判断出它们的安全防护计划检测特定攻击的效率。如果时间有限或特定的渗透测试环节（如情报搜集）并不在范围之内，那么白盒测试可能是最好的选项。

3. 灰盒测试

通过组合上述两种渗透测试基本类型，可以为目标系统提供更加深入和全面的安全审查，这就是灰盒测试（Grey-Box Testing）。组合的好处是能够同时发挥两种基本类型渗透测试方法的优势。灰盒测试需要渗透测试者能够根据所掌握的关于目标系统的有限知识与信息，来选择评估整体安全性的最佳途径。在采用灰盒测试方法的外部渗透场景中，渗透测试者也需要从外部逐步渗透进入目标网络，但他所拥有的目标网络底层拓扑与架构信息将有助于更好地决策攻击途径与方法，从而达到更好的渗透测试效果。

6.1.3 渗透测试方法

要完成一次高质量的渗透测试过程，渗透测试者除了要具备高超的具体实践技术能力，还需要掌握一套完整和正确的渗透测试方法。

虽然渗透测试所面临的目标组织网络系统环境与业务模式千变万化，而且过程中需要充分发挥渗透测试者的创新与应变能力，但是渗透测试的流程、步骤与方法仍具有一些共性，并可以用一些标准化方法体系进行规范和限制。

目前，安全业界比较流行的开源渗透测试方法体系标准包括以下几个。

（1）安全测试方法学开源手册

安全测试方法学开源手册（OSSTMM）是由安全与公开方法学研究所（ISECOM）制定的一个被业界认可的用于安全测试和分析的国际标准。OSSTMM 提供物理安全、人类心理学、数据网络、无线通信媒介和电讯通信这 5 类渠道的非常细致的测试用例，同时给出评估安全测试结果的指标标准。

OSSTMM 的特色在于非常注重技术的细节，这使其成为一个具有很好可操作性的方法指南。

（2）NIST SP 800-42 网络安全测试指南

NIST 在 SP 800-42 网络安全测试指南中讨论了渗透测试流程与方法，虽然不及 OSSTMM 全面，但是它更可能被管理部门所接受。

（3）OWASP 十大 Web 应用安全威胁项目

针对目前最普遍的 Web 应用层，OWASP 为安全测试人员和开发者提供了识别与避免安全威胁的指南。OWASP 十大 Web 应用安全威胁项目只关注具有最高风险的 Web 领域，并不是一个高普适性的渗透测试方法指南。

（4）Web 安全威胁分类标准

与 OWASP 十大 Web 应用安全威胁项目类似，Web 应用安全威胁分类标准（WASC-TC）全面地给出了目前 Web 应用领域中的漏洞、攻击与防范措施视图。

（5）PTES 渗透测试执行标准

PTES 即渗透测试执行标准，是 2010 年发起的渗透测试过程规范标准项目，其核心理念是通过建立起实施渗透测试所要求的基本准则基线，来定义一次真正的渗透测试过程。当前，PTES 已得到安全业界的广泛认同。

深入了解这些开放的渗透测试方法体系标准，有助于用户建立起对渗透测试的整体知识与技能体系，所有这些方法体系标准背后的基本想法就是渗透测试过程应该按步骤实施，从而确保更加精确地评价目标系统的安全性。下面以 PTES 渗透测试执行标准为例介绍渗透测试的一般流程。

6.1.4　渗透测试流程

PTES 渗透测试执行标准由安全业界多家领军企业技术专家共同发起，期望为企业组织与安全服务提供商设计并制定用来实施渗透测试的通用描述准则。PTES 项目的网站为 http://www.pentest-standard.org。

PTES 中定义的渗透测试流程基本上反映了网络安全业界的普遍认同，具体包括以下 7 个阶段。

（1）前期交互阶段

在前期交互（Pre-Engagement Interaction）阶段，渗透测试团队与客户组织交互讨论，最重要的是确定渗透测试的范围、目标、限制条件以及服务合同细节。

该阶段通常涉及收集客户需求、准备测试计划、定义测试范围与边界、定义业务目标、项目管理与规划等活动。

（2）情报搜集阶段

在目标范围确定之后，会进入情报搜集（Information Gathering）阶段。渗透测试团队可以利用各种信息来源与方法，尝试获取更多关于目标组织网络拓扑、系统配置与安全防御措施的信息。

渗透测试团队可以使用的情报搜集方法包括公开来源信息查询、Google Hacking（即利用各种搜索引擎搜索信息来进行入侵的技术和行为）、社会工程学、网络踩点、扫描探测、被动监听、服务查点等。情报搜集是否充分在很大程度上决定了渗透测试的成败，如果遗漏了关键的情报信息，在后面的阶段里将可能一无所获。

（3）威胁建模阶段

在搜集到充分的情报信息之后，需要针对获取的信息进行威胁建模与渗透测试规划。这是渗透测试过程中非常重要，但很容易被忽视的一个关键点。

渗透测试团队共同完成情报分析与攻击思路头脑风暴，可以从大量的信息情报中厘清头绪，确定最可行的攻击通道。

（4）漏洞分析阶段

在确定最可行的攻击通道之后，需要考虑如何取得目标系统的访问控制权，即进入漏洞分析（Vulnerability Analysis）阶段。

在该阶段，渗透测试者需要综合分析前几个阶段获取并汇总的情报信息，特别是安全漏洞扫描结果、服务查点信息等，通过搜索可获取的渗透代码资源，找出可以实施渗透攻击的攻击点，并在实验环境中进行验证。在该阶段，高水平的渗透测试团队还会针对攻击通道上的一些关键系统与服务进行安全漏洞探测与挖掘，期望找出可被利用的未知安全漏洞，并开发出渗透测试代码，从而打开渗透测试通道上的关键路径。

（5）渗透攻击阶段

渗透攻击（Exploitation）是渗透测试过程中最具有魅力的阶段。在此阶段中，渗透测试团队需要利用他们找出的目标系统安全漏洞，来真正入侵目标系统，获得访问控制权。

渗透攻击可以利用通过公开渠道获取的渗透代码，但一般在实际应用场景中，渗透测试团队还需要充分地考虑目标系统特性来定制渗透攻击方法，并需要挫败目标网络与系统中实施的安全防御措施，才能成功达成渗透目的。在黑盒测试中，渗透测试团队还需要考虑对目标系统检测机制的逃逸，从而避免引起目标组织安全响应团队的警觉或被发现。

（6）后渗透攻击阶段

后渗透攻击（Post Exploitation）是整个渗透测试过程中最能够体现渗透测试团队创造力与技术能力的阶段。可以说前面的阶段都是在按部就班地完成非常普遍的目标，而在这个阶段，渗透测试团队需要根据目标组织的业务经营模式、保护资产形式与安全防御计划的不同特点，自主设计出攻击目标，识别关键基础设施，并寻找客户组织最具价值和尝试保护安全的信息和资产，最终确定能够对客户组织造成最重要业务影响的攻击途径。

在不同的渗透测试场景中，攻击目标与途径可能是千变万化的，设置是否准确并且可行也取决于团队自身的创新意识、知识范畴、实际经验和技术能力。

（7）报告阶段

渗透测试最终需向客户组织提交一份渗透测试报告。这份报告凝聚了之前所有阶段渗透测试团队所获取的关键情报信息、探测和发掘出的系统安全漏洞、成功渗透攻击的过程，以及造成业务影响后果的攻击途径，同时还要站在防御者的角度，分析安全防御体系中的薄弱环节、存在的问题，以及修补与升级的技术方案。

6.2 网络安全风险评估技术

6.2.1 网络安全风险评估简介

网络安全风险评估至今没有统一的定义，不同的专家学者依据侧重点给出了不同定义：信息安全风险评估是对系统及其传输和存储的信息的保密性、完整性和可用性等安全属性进行评价的过程；网络安全风险评估是识别网络系统中存在的资产和漏洞，对其被利用的可能性和所带来的后果进行有效评估，提出合理的安全策略和防护措施。总体来说，网络安全风险评估是指运用一定的科学方法，定性或定量地分析系统的安全状况、脆弱性和所面临的风险，综合各方面信息给出系统的风险评价，评估系统承受风险的能力。

1. 网络安全风险评估标准

网络安全风险评估标准是评估行为的依据和指导。美国国防部于 1985 年发布了《可信计算机系统评估准则》，该标准只针对单个计算机系统，不适合计算机网络。欧洲标准委员会发表了《信息技术安全评估准则》（ITSEC），该标准是一种静态模型。国际标准化组织统一多个准则，制定了第一个国际性标准——《信息技术安全评估通用准则》（CC）。我国则颁布了《信息安全技术　信息安全风险评估方法》（GB/T 20984—2022）和《计算机信息系统　安全保护等级划分准则》（GB 17859—1999），给出了信息系统安全评估的定义和安全等级划分，用于指导对信息系统的测试评估。

2. 网络安全风险评估方法

网络安全风险评估的范围广泛、内容复杂，涉及多个领域。目前国内外现有网络安全风险评估方法有很多，有基于漏洞扫描和入侵检测的评估方法、基于知识推理的评估方法、基于资产价值的评估方法等，在理论研究领域应用最广的是基于模型的评估方法。

基于漏洞扫描和入侵检测的评估方法，利用专业扫描工具或者入侵检测系统，匹配已有知识库，自动按规则实施检测，得出安全风险报告。此类方法不需要人为过多干预，选定扫描对象即可，评估结果集合各专业工具的优势，但评估过于依赖工具以及相关知识库的完善，构建的知识库只考虑到已知的威胁信息，不能匹配未知风险，评估只是针对系统局部区域，忽略了整体性。

基于知识推理的评估方法引入了专家经验，将要评估的目标以既定形式描述，如问卷，按照专家建立的规则库、风险库进行评估，产生评估报告，指出系统的风险指数。

基于资产价值的评估方法是对风险行为造成的资产损失进行评估的过程，包括资产的固有价值、替换所需的代价及时间成本等，不考虑系统中的其他情况，以资产损失反映网络安全风险状况，该方法常用于企业内部的自我评估。

基于模型的风险评估能够考虑网络的综合情况，科学地对系统状态和行为进行抽象和建模，为网络安全风险评估提供可靠依据，其中结构化和可重用的模型便于不同研究人员的改进，因此在理论研究领域最为常见。

6.2.2　网络安全风险评估模型

基于模型的网络安全风险评估方法可以分为两大类：定性分析模型和定量分析模型。定性分析模型依据评估者经验知识等非量化因素进行评估，清楚简单，易于理解，但主观性较强，不同评估者所得结论会有出入，评估结果多为粗略值，不够精准，只能定性地反映系统安全性的强弱。常用的定性分析模型有攻击链模型、攻击面模型及自动机模型等。定量分析模型在建模过程中使用数量指标，通过严谨计算来评估系统，科学直观，结果精确；但是建模过程较为复杂，常常简化系统的某些行为或者模糊处理，使得结果不全面。常见的定量分析模型有故障树模型、攻击树模型、攻击图模型、Petri 网模型、网络传染病模型及贝叶斯网络模型等。

1. 定性分析模型

（1）攻击链模型

攻击链模型最早由洛克希德·马丁公司于 2011 年提出，它既是入侵者随着时间的推移，对目标信息系统进行攻击所采取的路径及手段的集合，也是对攻击者入侵行动和预期效果的建模和分析。该模型已被 NIST 采纳为官方模型，称为网络攻击生命周期模型。该模型包含 7 个攻击阶段。

目标侦察（Reconnaissance）：选择目标，收集有关目标的信息，如目标使用的技术、社会关系、潜在的漏洞等。

武器化（Weaponize）：开发恶意代码以尝试利用已识别的漏洞，将开发的代码与可交付有效载体（如 PDF、DOC 和 PPT）相结合。

交付（Delivery）：将武器化的有效载体传送到目标环境。常见交付手段如电子邮件附件、钓鱼攻击、下载、USB/传输介质、DNS 缓存攻击等。

漏洞利用（Exploitation）：基于目标系统的漏洞执行恶意代码。

安装（Installation）：远程访问控制通常需要安装控制（木马）程序等恶意软件，使攻击者可以长期潜伏在目标系统中。

命令和控制（Command and Control，C2）：攻击者需要一个通信通道来控制其恶意软件并继续其操作。因此，需要连接到 C2 服务器。

行动（Act on Objective）：它是攻击链的最后一个阶段，攻击者执行所需要的攻击行为，如通过数据窃取和篡改、控制链接等操作实现其目标。

为了攻破更复杂的防御系统，攻击者可能需要执行一个或多个攻击链来规避不同的防御策略。而通过了解对手的攻击链，防御者有更多的机会发现和回应攻击。

攻击链模型以攻击者为中心，对网络攻击行为建模，把完整的攻击过程分解为多个阶段攻击链。分析者可以针对每个阶段制定相应的防御手段，任一阶段被破坏，攻击行为都不能达到最终目标。攻击链模型没有涉及系统方面，与系统本身的架构和属性无关，单纯刻画了攻击过程，忽略了针对不同系统攻击行为的差异，缺乏对系统的量化手段。

（2）攻击面模型

为了更直观地刻画系统安全性能，从系统本身资源等方面考虑，攻击面大小也可作为一个参考指标，即一个系统的攻击面越大，一般其脆弱点越多，被攻陷的可能性越高，安全性也会越差。系统攻击面是系统受攻击的风险指标。根据对常见攻击类型的总结，大多数攻击如缓冲区溢出攻击，都是攻击者通过系统操作环境向系统发送数据或从系统发送到环境中造成的。有两类典型的攻击场景：一类是攻击者通过系统通道（如 sockets）连接到系统，而后调用系统方法（如 API）将数据项（如输入字符串）发送到系统或者从系统中接收数据项。调用系统方法涉及系统入口点和出口点：系统入口点指系统中代码的函数方法，通过函数方法可从系统环境中直接或间接地接收数据；如果系统方法可将数据发送到环境中，则称为系统的出口点。另一类是攻击者可以通过借用共享的对系统和用户均可见的持久性数据项（如文件、cookies、数据库记录和注册表项等），间接地发送数据到系统中或从系统中接收数据。因此，攻击者可以通过使用系统方法、通道以及保存在系统环境中的数据项等资源与系统连接交互，从而达到破坏系统的目的。所以，系统方法、通道和数据项可被看成系统资源，可用于系统攻击的系统资源的子集可被定义为攻击面。需要注意的是，并非所有资源都是攻击面的一部分，只有攻击者利用某种资源攻击系统时，该种资源才算攻击面的一部分。

攻击面的概念独立于攻击者的能力，仅取决于系统的设计和固有属性，与系统中出现的任何攻击无关。攻击面对所有入口点和出口点的检查包括所有已知漏洞以及尚未发现和利用的潜在漏洞。对于具体的系统，可明确其方法、通道和数据项，并从这 3 个维度对攻击面展开量化度量，同时考虑各类资源对攻击面的贡献。两个系统的攻击面相比较而言，攻击面越大的系统安全性越差。

攻击面模型以系统和防御为中心，将攻击可利用的系统资源按属性分类进行量化，度量得到系统攻击表面的风险值。攻击面模型适用于对系统不同版本的软件安全性进行比较，但在不同系统之间很难把握度量标准的统一性，且没有考虑攻击者行为，没有预料系统面对攻击行为做出的动态应对。

（3）自动机模型

自动机是有限状态机（Finite-State Machine，FSM）的数学模型，也称有限自动机，它具有有限数目的内部状态；在不同输入序列的作用下，系统内部的状态不断地转换。鉴于自动机对状态、转移过程和条件的刻画能力，不少研究者将其应用于描述网络攻防系统。网络空间中的攻击和防御是一个动态变化的对抗过程，双方通过实施各种行为或控制手段推动安全平衡状态的不断变化，攻击者试图破坏安全平衡，防御者则努力保持安全平衡。可使用自动机对网络攻防进行状态变化的描述，并构造网络防御系统的自动机模型，以模拟网络系统的运行状态及其动态迁移的条件和过程，尤其是由各种安全事件导致的安全状态转移。对网络攻防系统而言，状态表示攻防双方的安全形势，状态迁移用于表征攻防双方各种行为带来的安全形势变化，通过对安全状态的调节和控制实现安全形势稳定。

有限自动机是实际系统的抽象模型，因而可以用来对网络防御系统或攻防过程建模，只要将系统的各个状态、转移条件等对应到有限自动机的各个元素即可。要明确系统的状态（含初始状态及终止状态）以及导致系统发生状态转移的方法和原因，将系统建模为一个有限自动机，依据模型用状态转换图来表达，并对其进行安全分析，如基于自动机对网络攻击模型的基本过程进行描述，对攻击者入侵 Web 服务器时系统的状态转换过程进行描述等。

自动机模型针对特定攻防行为，刻画在各种输入序列下的系统状态转换，模拟系统的动态迁移过程，反映系统状态的转移条件。自动机模型虽然可以直观地表现系统安全变化过程，但对细节的描述不够，系统抽象不够全面，在面对复杂系统时系统状态数增加，开销增加，可能造成空间爆炸的问题。

2. 定量分析模型

（1）故障树模型

故障树分析（Fault Tree Analysis，FTA）是考虑节点间关联关系，分析网络系统安全性和可靠性的重要方法。故障树分析方法，按照演绎分析法从顶事件逐级向下分析事件的直接原因，确定发生故障的各种组合，分析基本事件的概率和逻辑关系，最终得到造成顶事件的直接原因。目前的分析方法主要关注整体风险的评估，但对形成整体风险的基本故障的评估考虑不足。通过引入底层故障重要性的概念，对底层故障的重要性进行定量分析，系统安全人员更容易发现关键故障，以便采取具体措施。

（2）攻击树模型

攻击树（Attack Tree）是对目标网络系统可能受到攻击的层次化描述，从故障树演变而来，被 Schneier 推广。Schneier 将攻击树作为一种安全威胁的建模方法，利用层次化表示，通过自下而上的参数扩散进行定量的安全评估。

攻击树的构造过程是一个反向推理的过程，能够准确刻画攻击行为及各阶段攻击目标之间的关系。树的根节点表示攻击的最终目标，子节点表示实现该目标的子目标，层层细化，最后的叶节点表示不可分解的原子攻击。从根节点到叶节点的路径表示实现目标的一个完整攻击流程。攻击树表示实现目标的所有可能的攻击路径。节点之间的基本关系有"与""或"和"顺序与"3 种，如图 6.1 所示。

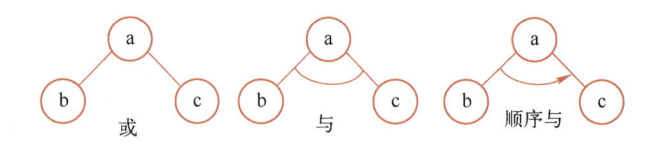

图 6.1　攻击树中节点之间的关系

"与"表示只有子节点代表的手段和方法同时完成，才可以实现父节点；"或"表示只要完成一个子节点就可以实现父节点；"顺序与"表示子节点需要按顺序完成，才可以实现父节点的目标。构建攻击树后需要对节点的属性赋值，计算子节点的风险值，然后根据节点之间的依赖关系得到目标的风险值。

攻击树模型以攻击者为中心，构造简单，因图形化方式而清晰直观，适合描述攻击过程，定量评估系统风险。面对大型系统时，建模效率低，没有合适的自动化攻击树生成算法。在攻击过程中，系统会做出相应的防御策略致使树中的某些节点失效，此时攻击树不能够恰当反映系统的变化。

(3) 攻击图模型

攻击图（Attack Graph）可以自动分析目标网络中脆弱性之间的关系和由此产生的潜在威胁，揭示网络的安全状态及面临的风险。基于攻击图的风险评估方法被公认为表示脆弱性之间依赖关系和因果关系的最有效的模型之一，它采用有向图的形式，根据节点和边之间的逻辑关系，生成描绘网络遭受攻击详细过程的攻击路径。

攻击图是一个有向图，图中的节点表示攻击期间系统的可能状态，有向边表示攻击者的行为所导致的状态变化，每条边被分配了权重，例如攻击时间、攻击难度等。攻击图通过当前状态来匹配一组预先定义的攻击模板，并不断向前搜索构建。攻击图分析中，结合边的权重计算出一组最短路径，这组最短路径很可能是攻击者实际选择的路径。攻击图可以根据 3 种类型的输入自动生成：攻击模板（包括所有已知攻击所需的条件和造成的后果）、要攻击的系统的详细描述（拓扑、组件、配置、脆弱性等）和攻击者的概要文件（能力工具等）。

基于攻击图模型的网络安全风险评估主要分为 3 个阶段：第 1 阶段使用形式化语言对系统配置信息、脆弱性及已知漏洞知识库建模，利用自动构建引擎生成攻击图；第 2 阶段根据攻击者能力，对生成的攻击图化简；第 3 阶段是安全风险计算，对系统的脆弱性、漏洞的利用前提以及攻击难度等进行量化，计算风险发生概率和风险产生的后果等。

根据图中节点和边的不同含义，攻击图主要分为状态攻击图和属性攻击图两种。属性攻击图中节点有两种类型：一种是属性节点，表示攻击的条件或后果；另一种是原子攻击节点，表示一次攻击行为。

攻击图模型将网络的配置信息、脆弱性和攻击者能力都考虑在内，评估更加全面，而且具有攻击图自动生成引擎，减少了人为因素可能产生的问题。但是生成的攻击图十分复杂，在面对大规模网络或者复杂网络时，攻击图本身会存在状态爆炸和空间消耗的问题，不利于查找路径和后续的量化计算。

(4) Petri 网模型

在网络中攻击事件发生的同时，网络的防御也会发生，因此在网络安全分析过程中需要考虑网络攻击与防御的并发性，以更形象更直观的方式表达故障的动态传递过程。Petri 网既是一种图形演绎的方法，也是基于图形的数学建模工具。因为 Petri 网具有语义规范、表达能力强等特点，所以更适合描述网络攻击过程。

经典 Petri 网在实际应用中存在许多局限性，例如，没有明确考虑时间因素并量化分析，描述复杂系统时模型烦琐等。因此，后续研究者对经典 Petri 网模型进行了拓展，提出了随机 Petri 网、广义随机 Petri 网、有色 Petri 网、模糊 Petri 网等，其中应用比较多的是随机 Petri 网（Stochastic Petri Net，SPN）和有色 Petri 网（Colored Petri Net，CPN）。随机 Petri 网是在经典 Petri 网中引入时间概念，有色 Petri 网则是引入了"颜色"（颜色可以被看作数据类型）表示方法。有的扩展通过与矩阵方法结合在一起，建立系统状态方程、代数方程；有的与随机过程论、信息论中的方法结合在一起，描述和分析系统运行的不确定性或随机性，如对 SPN 的性能分析建立在其状态空间与马尔可夫链同构的基础之上。SPN 为系统的性能模型提供了良好的描述手段，随机马尔可夫过程为模型的评价提供了坚实的数学基础。基于 SPN 的网络防御系统性能评估的基本过程如下：

第 1 步：分析网络防御系统，对应到 SPN 的各个元素，给出系统的 SPN 模型。

第 2 步：构造与 SPN 模型同构等价的马尔可夫链。

第 3 步：基于马尔可夫链的稳态的状态概率进行网络防御系统性能评估，当稳态概率难以求解时，可使用 SPN 仿真软件，获得系统可能的行为和状态变化，以及系统的可用性、安全性和可靠性等。

（5）网络传染病模型

传播行为在许多实际网络中都广泛存在，如社会网络中的疾病传播、信息传播，电力网络的相继故障等。一些研究者发现疾病传播和谣言传播行为的研究结果可以应用到互联网病毒传播行为分析中（如传播特点、传播过程），提出计算机网络中的传染病模型，研究如何更有效地降低病毒的扩散范围。通过研究计算机网络中病毒或攻击的传播行为，提出相对应的策略以控制或消除网络中的攻击，使网络达到安全的状态。这对于降低病毒或攻击对网络的损害具有重要意义。计算机网络中传染病模型的基础是复杂网络，把网络中的节点看成图中的顶点，节点间的关系用图中的边表示。目前，学术界对复杂网络中的传染病传播动力学研究较为深入，这些模型可以分析网络上病毒的传播过程。迄今为止，已有多种传染病模型被提出，常见的模型有 4 种：SI，SIS，SIR，SIRS。模型中字母 S（Susceptible）表示易受感染状态，I（Infected）表示已受感染状态，R（Removed）表示免疫状态或被移除状态。

SI 模型假设个体只有两种状态：易受感染 S 状态和已受感染 I 状态。初始时个体处于 S 状态，被其他个体感染的概率为 x，感染后处于 I 状态，并以相同概率感染其他相邻个体，直至所有个体都为 I 时达到平衡状态。

SIS 模型在 SI 模型的基础上假设已感染个体有一定的概率 y 恢复为 S 状态。整个网络中，初始时感染个体数量不断增加，随后部分个体恢复为 S 状态，感染数量出现波动，最终达到平衡状态，趋于稳定。

SIR 模型在 SI 模型的基础上假设已感染个体按概率 y 得到恢复，进入 R 状态之后不会再被感染。如果 $x<y$，则最终无法传播；如果 $x>y$，则感染的范围逐渐增大；$x=y$ 时，是临界值。

SIRS 模型在 SIR 模型上假设个体处于 R 状态时，有概率 z 丧失免疫，重新成为 S 状态，该假设更符合真实网络情况。

使用传染病模型的关键在于传播控制策略方面，其中免疫策略和隔离策略是两种基本的控制策略，分别从控制传播节点（消除或解决病毒节点）和控制传播路径（阻止病毒扩散）的角度应对病毒传播。不同网络结构有可能会导致截然相反的网络传播，如计算机病毒更新补丁属于免疫策略，主要是通过保护网络中部分节点来切断病毒传播途径。免疫策略中有一个重要概念，即感染临界值 σ_c。如果有效感染率大于或等于该临界值，则病毒可以传播扩散，并使全网感染节点数量达到动态平稳状态；反之，若小于该值，则感染节点数量将大幅衰减，无法大范围扩散。最基本的免疫策略有 3 种：随机免疫、目标免疫和熟人免疫。隔离策略受自然界中传染病的启发，为了消除检测系统误警带来的负面影响，抑制病毒、蠕虫等的快速传播，当一台主机的行为（如流量）可疑时，先把它隔离（如封掉其通信端口、断开网络连接等），交由网络管理人员检查，经过一定时间后，如果没有问题，再释放回网络中。在实际中，可以根据不同的情况选择不同的免疫策略，同时确定不同的参数，如隔离时间、免疫比例等。

结合网络传染病模型的网络防御分析一般过程为：首先分析网络防御系统的特点，选择适合的传染病模型或者改进已有模型；然后结合实际系统进行建模，确定各参数（建立网络拓扑图与实际网络系统的对应关系，如复杂网络拓扑图中的顶点对应于实际网络系统中的节点，图的边对应于节点之间的连接关系或属性），求解传播阈值条件以及不同状态间的最终平衡状态，同时可采取防御策略以最终达到安全状态，即无感染节点。

网络传染病模型侧重于对整体网络的分析评估，能够体现网络中的传播特性，但是对网络设备的抽象程度过高，没有考虑节点之间的差异性。模型中假设个体只能感染相邻个体，但在网络中很难界定"相邻"这一概念。

（6）贝叶斯网络模型

贝叶斯网络模型是一种将概率论与因果知识相结合，用于描述不确定性因果关系的模型。它本质上是一个被赋值的因果关系网络图，原因和结果变量都用节点表示，节点之间用有向弧连接，其有向图是无环的。基于贝叶斯网络的概率计算方法也只适用于无环攻击图，因为其计算复杂度是指数级的，所以不适用于大规模网络。贝叶斯网络模型在处理不确定性问题方面有明显的优势，强大的计算能力为通过已知信息推测出未知信息提供了保障。在网络风险评估过程中存在很多不确定因素，所以用贝叶斯网络模型进行风险评估具有可行性。

3. 常用网络安全风险评估模型对比分析

基于模型的网络安全评估与分析已经成为评估与分析网络防御者及系统必不可少的有效手段，在以阻止网络攻击为目的或者以网络安全性评估为目的的网络防御领域有广泛的应用。表 6.1 对常用网络安全风险评估模型的适用领域和不足之处等进行了对比分析。

表 6.1　常用网络安全风险评估模型对比分析

模型类型	定性或定量	适用领域	特色及优势	不足之处
攻击链	定性	适合对攻击过程进行建模	从链的角度较为细致地刻画了一般攻击过程，有助于防御者有针对性地制定防御手段	仅描述了攻击，缺乏量化手段
攻击面	定性	适合对不同版本、不同配置的软件系统的安全性进行比较	评价方式与系统所采用的具体实现方式无关，仅取决于系统的设计和固有属性	仅定性分析，具有相对性，类型不同的系统难以严格度量和对比，未考虑攻击者能力等
自动机	定性	适合描述有状态转移的网络攻防系统	可以较好地模拟网络系统的运行状态及其动态转移的条件和过程，尤其是由各种安全事件导致的安全状态转移	对攻防细节如状态转移条件、属性和状态的概括等刻画不足，难以描述复杂系统
攻击树	定量	适合描述系统攻击过程，可用于推断系统面临的安全威胁	直观地表明和辅助分析系统存在的风险，易于理解	难以灵活有效描述大型、复杂、动态的网络防御系统，存在状态空间爆炸风险

(续)

模型类型	定性或定量	适用领域	特色及优势	不足之处
攻击图	定量	适合描述网络或信息系统中存在的脆弱点以及脆弱点之间的关联关系	直观地展示攻击者利用目标网络脆弱性实施网络攻击的各种可能攻击路径，可自动发现未知的系统脆弱性及其之间的关系，进而全方位地对系统各类风险展开评估	存在状态空间爆炸风险，不适合对具有并发性和协作性的攻击过程进行建模和分析
Petri 网	定量	适合描述符合 Petri 网特性（如并发、同步和冲突等）的网络攻防系统	直观的图形表现，数学基础严密，有专门的可视化仿真建模分析工具	存在状态空间爆炸风险，难以描述不符合 Petri 网特性的系统
网络传染病	定量	适合描述计算机病毒网络传播分析和控制	可实现对网络系统的整体分析和评估	抽象度较高，对节点的特殊性考虑不足

6.3 网络安全仿真与虚拟化技术

6.3.1 网络仿真的概念及分类

网络仿真通常也称为网络模拟，原因在于网络仿真不但能够替代真实的网络应用环境，获取准确的实验结果数据，而且也能对系统中的行为和特征进行模拟。

一个典型的网络仿真的工作流程主要由两大部分构成：建立网络仿真模型和对网络仿真实验进行验证。第一部分是根据真实网络行为构建仿真模型。第二部分是对上述网络模型进行实验验证，对网络行为进行刻画，输出并分析实验结果。网络仿真模型通常采用以下两种方式分类。

（1）根据网络仿真系统状态变化方式分类

根据网络仿真系统状态变化方式，可以把仿真模型分为离散事件模型和连续模型。离散事件模型指的是其状态变化仅发生在离散的时间点上，连续模型是指其状态变化随仿真时间连续改变。

（2）根据仿真中时间管理机制差异分类

根据仿真中时间管理机制差异，可把仿真模型分为事件驱动仿真、时间步进仿真和真实时间仿真。

事件驱动仿真按照仿真中时间戳（即事件发生的时间）的先后顺序构成一个队列，该队列称为"未来事件队列"，存放的都是将来仿真器所需执行的任务，仿真的进程从队列头部开始依次进行，并完成仿真状态的改变。在离散事件的网络仿真中，路由器缓冲队列的长度、链路状态（拥塞阻塞与否等）常用来作为仿真系统的状态参数。仿真中比较典型的事件为数据包从一个节点转发、到达仿真网络中的另一节点，时钟超时等。

时间步进仿真按照时间步长依次朝前推进。时间步长是指固定不变的时间间隔。仿真时间切换至下个时间区间的前提是：当前仿真时间区间内的所有仿真事件已结束。

真实时间仿真依赖于真实计算机时间，其仿真时间与计算机时钟时间一致。

6.3.2 网络仿真工具

当前大多数网络仿真研究工作都基于仿真工具实现，因此，网络仿真工具的选择在网络仿真研究中起重要作用。较完善的仿真工具一般具有合理的建模机制、相对完备的模型库、比较丰富的外部接口以及强大的仿真能力，其中 NS、OMNeT++、OPNET、QualNet 是比较具有代表性的仿真工具。

1. NS

由于 NS（Network Simulator）软件具有开源、免费等优点，一直以来世界各地网络研究者不断对它进行综合完善，使其成为网络仿真中较优秀的仿真工具。下面介绍 NS2 和 NS3 的特点、功能及工作流程。

（1）NS2

NS2（Network Simulator 2）是一个完全开源的基于离散事件驱动的网络仿真器，起源于 20 世纪 90 年代初由 DARPA 资助的一个研究项目 REAL（Residential End-user Access Link）网络仿真器。REAL 网络仿真器的主要目标是模拟家庭用户接入网络的行为，以帮助理解和改进互联网服务提供商（ISP）网络的性能和可靠性。它之后在 DARPA 资助的 VINT（Virtual Inter-Network Tested）工程项目下被联合开发，为研究者提供了一个测试和改进网络协议及仿真网络各种行为的网络仿真平台。它本身有一个虚拟时钟，所有的仿真都由离散事件驱动。NS2 具有可扩展性，且为面向对象的网络仿真器，其采用 C++和 OTcl 编写而成，C++用来对仿真器进行开发，而 OTcl 交互性脚本由于方便修改，且不是强类型的，因此适用于对仿真器的设置和操作。

NS2 功能强大、构件库丰富，适用于对不同的通信网络进行仿真。NS2 广泛支持各种网络协议和算法，已拥有的仿真模块包括：网络传输协议，如 TCP 和 UDP；应用层协议，如 FTP、Telnet、Web CBR 和 VBR 等；路由队列管理协议，如 Drop-Tail、RED 和 CBQ 等；MAC 协议，如 802.3、802.11 和 TDMA 等；路由协议，如 Dijkstra 算法、静态路由、组播路由等；Ad Hoc 路由、卫星通信网络及移动 IP 等。

NS2 仿真器中各组成模块较多，具体有节点、分组、链路、代理、事件调度器等。节点代表端节点和路由器，主要由一些复杂的仿真组件构成，如地址分类器、端口分类器、多播分类器和复制器等。分组主要包括连续的分组头和数据空间，它是对象间交互的基本单元。链路负责连接网络间的节点，按照队列的方式对分组的到达、离开和丢弃进行管理。代理负责网络层分组的发送与接收，可以用于实现多个层次的网络协议。NS2 最关键的模块是事件调度器，调度器是 NS2 的调度中心，主要功能是处理分组的延迟和充当定时器。

通常情况下采用两种方式完成仿真：①进行仿真实验时，完全利用 NS2 中已有功能模块，使用 OTcl 编写运行脚本，即可完成仿真，基本仿真过程如图 6.2 所示。②根据用户的需要，对 NS2 做修改或添加自定义的功能，其中需要修改 C++类，因此需要对 NS2 进行重新编译，编译成功之后方可使用。然后对编写好的 OTcl 脚本进行编译，仿真，最后对仿真结果进行分析。根据仿真结果可继续修改 C++代码和 OTcl 脚本，重新编译，执行新一次的仿真。

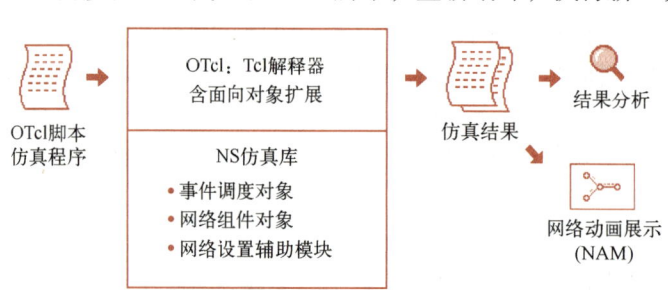

图 6.2 NS2 基本仿真过程

(2) NS3

NS3（Network Simulator 3）是一款非常有特色的新型网络仿真器，其在完备性、开源性、可扩展性和易用性等方面比其他网络仿真器拥有明显优势。NS3 具有强大的功能，仿真和研究的范围广泛，可涉及各种网络、各种协议以及各个层次，同时还允许研究者任意扩展和改进。

NS3 本质上是一个面向对象的、基于离散事件驱动的网络仿真器。它支持 C++和 Python 两种语言，核心模块全部采用 C++编写而成，适用于多类型的协议仿真，具有较强的通用性。

NS3 并非 NS2 的升级版，不支持 NS2 的 API。它是独立组建的、新颖的网络仿真工具。

相比于 NS2，NS3 的优势在于以下几方面：

1）在 NS2 中，编写仿真程序只能使用 OTcl，这是因为需要使用 OTcl 语言查看动画界面的仿真结果。在 NS3 中，整个仿真程序既可以完全用 C++编写，也可以完全用 Python 语言编写，大大降低了使用难度。

2）NS3 在仿真过程中，可生成真实的 Pcap 文件，研究者可通过第三方软件（如 Wireshark 或 Tcpdump）查看 Pcap 文件的内容，用于分析数据包，方便研究者分析网络协议，具有较高的真实性。

3）NS3 在仿真过程中使用新的网络动画显示工具，可以更加直观地展示仿真效果，并处于持续更新当中。

4）NS3 仿真器提供了很多 NS2 没有的新方法，如实现代码执行环境等。

5）NS3 正在不断地更新发展，极度活跃，而 NS2 基本上已停止改进。

2. OMNeT++

OMNeT++是一款免费的、开源的、可扩展的多协议网络仿真软件。OMNeT++作为离散事件仿真器，具备强大完善的图形界面接口。OMNeT++支持分布式并行仿真，可以利用多种机制来进行并行仿真，容易扩展、添加新的模块，可用于构建大规模仿真网络。

OMNeT++是面向对象的离散事件模拟工具，为基于进程式和事件驱动两种方式的仿真提供了支持。OMNeT++采用了混合式建模方式，同时使用了 OMNeT++特有的 NED（Network Discription，网络描述）语言和 C++建模。

OMNeT++的主要组件包括：

1）仿真内核库（Simulation Kernel Library）。
2）网络描述语言的编译器（Network Description Compiler，NEDC）。
3）图形化的网络编辑器（Graphical Network Description Editor，GNDE）。
4）仿真程序的图形化用户接口（Tkenv）。
5）仿真程序的命令行用户接口（Cmdenv）。
6）图形化的输出工具（Plove 和 Scalar）。

3. OPNET

OPNET（Optimal Network Engineering Tool）是一款商业离散事件仿真工具，用于模拟和分析网络性能。它使用面向对象的建模方法，并提供图形化编辑界面，方便用户直观地分析网络性能。OPNET 在多个产业领域得到广泛应用，包括通信、网络和国防科技等领域。

利用 OPNET 进行仿真开发的基本过程如图 6.3 所示，主要包括利用 OPNET 仿真设备组件、构建仿真网络环境、定义统计数据、运行仿真和仿真结果分析等步骤。

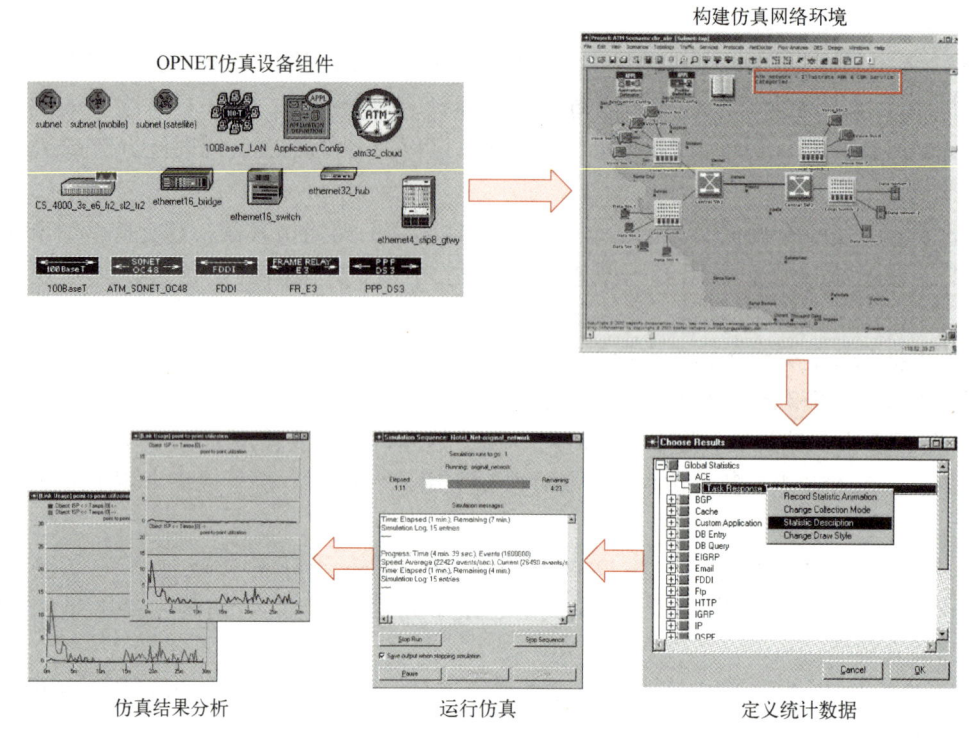

图 6.3　利用 OPNET 进行仿真开发的基本过程

除了利用 OPNET 提供的仿真设备组件构建仿真网络环境外，用户还可以自定义新的网络设备，以满足特定需求。自定义网络设备是 OPNET 的核心功能之一，用户只有掌握了自定义网络设备的设计，才能灵活运用 OPNET。下面是自定义网络设备的一般过程：

第 1 步，设计网络设备。用户需要设计自定义网络设备的功能和特性。这包括确定设备的输入输出接口、处理逻辑和行为等。

第 2 步，实现设备模型。用户需要使用 OPNET 提供的建模语言或工具来实现自定义网络设备的模型。这可以包括编写代码、定义设备的属性和行为等。

第 3 步，配置设备参数。用户需要配置自定义网络设备的参数，例如设备的带宽、延迟、缓冲区大小等。这些参数将影响仿真结果。

第 4 步，集成设备到仿真环境。用户需要将自定义网络设备集成到 OPNET 的仿真网络环境中。这可以通过添加设备到拓扑图或配置仿真场景来实现。

第 5 步，运行仿真实验。完成设备的集成后，用户可以运行仿真实验并观察自定义网络设备的行为和性能。根据实验结果，用户可以对设备进行调整和优化。

通过以上步骤，用户可以自定义网络设备并灵活地将其应用于 OPNET 的仿真网络环境中。

4. QualNet

QualNet 是 Scalable Network Technologies 公司的一款商用版网络仿真工具，其前身为 GloMoSim。QualNet 主要应用于无线、有线以及混合动态网络的仿真，其优势在于优化处理了无线移动通信网络，大大提升了仿真速度。对同规模的网络模型仿真时，其运行速度明显高于其他仿真器。QualNet 的协议模块更独立且更加模块化，QualNet 支持对某些协议模块的屏蔽、删除、增加，同时支持 TCP/IP 协议栈的标准层间接口，方便用户使用。QualNet 拥有友好的用户操作界面，如图 6.4 所示。

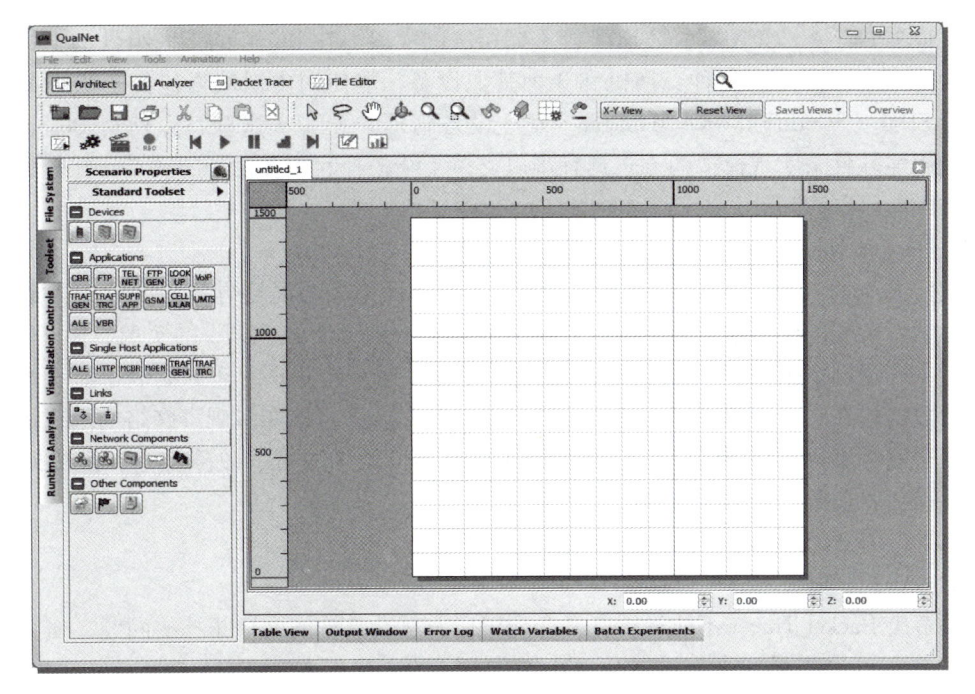

图 6.4 QualNet 的用户操作界面

6.3.3 网络虚拟化模拟技术

网络虚拟化是指把逻辑网络从底层的物理网络中分离开来或在一个物理网络上模拟出多个逻辑网络，同时对每个逻辑网络进行独立的部署及管理。网络虚拟化本质上是资源共享，目前比较常见的网络虚拟化应用包括虚拟局域网（VLAN）、虚拟专用网（VPN）、虚拟网络设备等。

网络虚拟化模拟软件是指利用虚拟化技术在主机上实现网络设备虚拟化，以实现自定义网络拓扑的构建和配置的软件。这种软件能够创建和模拟虚拟网络环境，使用户能够进行网络性能评估、应用测试和网络安全验证等工作。通过使用网络虚拟化模拟软件，用户能够构建和测试各种复杂的网络环境，以及进行网络性能优化和故障排除。它们为网络工程师、系统管理员和安全专家等提供了强大的工具来开展工作和研究。以下是一些典型的网络虚拟化模拟软件。

1. Boson 与 Packet Tracer 模拟软件

Boson 与 Packet Tracer 都是 Cisco（思科）官方早期开发的典型虚拟化模拟软件。自带的 CCNA 与 CCNP 实验以及教学功能，使得它们成为初学者的首选模拟器。

（1）Boson

Boson 不仅可以模拟 PC、交换机、路由器，还能模拟多种协议的连接方式，以及多种类型的网络，如 PSTN（公共交换电话网络）、ISDN（综合业务数字网）、PPP（点对点协议网络）。与真实设备上的实验相比，Boson 最大的优点是省去了制作网线连接设备以及频繁变换接口线的环节。Boson 网络设备模拟器包含三大组件：Network Designer、Control Panel 与 Lab Navigator。Network Designer 可以让用户自主构建网络拓扑结构以及查看他人的网络拓扑结构；Control Panel 实现配置功能，所有设备的指令输入执行都由 Control Panel 完成；Lab Navigator

则提供了很多 CCNA、CCNP 与 CCENT 等不同层级的实验。在 Boson 的三大组件的支撑下，软件能够支持 42 种路由器、7 种交换机和 3 种其他设备，能使用虚拟数据包技术来模拟网络流量，支持 SDM（Security Device Manager，安全设备管理）模拟，这些特点使得 Boson 广受欢迎。但是用纯软件来实现模拟的方式具有难以支持复杂拓扑和繁多设备的缺点，在较大拓扑的实验中，Boson 不够稳定。

（2）Packet Tracer

相较于 Boson，Packet Tracer 功能更加强大，而且操作较为简捷方便，因此成为最适合网络设备初学者使用的模拟器软件之一。Packet Tracer 也自带许多 CCNA 的实验，除了和 Boson 一样能自主构建网络拓扑，Packet Tracer 还自带了很多已经建立好的任务案例与演示环境，提供了查看数据包在网络中的详细处理过程的功能，让学习者可以实时观察网络的运行情况。这些功能使学习者不仅可以学习 IOS 的配置，还可以培养不断思考、故障排查和解决问题的能力，因此是一款非常适合教学与学习的网络虚拟化工具。

2. GNS3 与 Web-IOU

（1）GNS3

为了解决 Packet Tracer 不能运行有复杂配置以及复杂结构的网络拓扑的问题，研究人员开发了基于 Dynamips 来导入真实设备的 IOS 镜像的 GNS3 模拟器。GNS3 是可运行于 Windows、Linux 和 MacOS 等多平台的具有图形化界面的开源网络虚拟化软件。GNS3 的操作界面如图 6.5 所示。

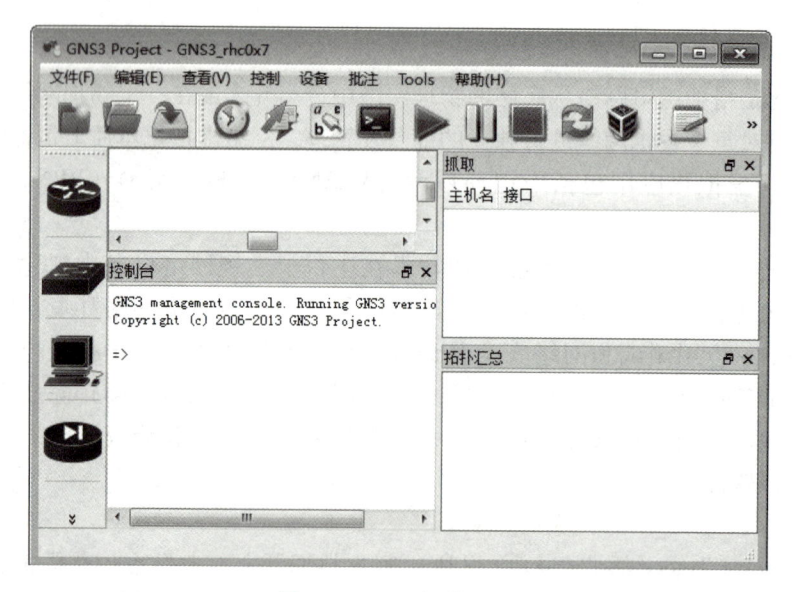

图 6.5　GNS3 操作界面

GNS3 是 Dynamips 的图形前端，其软件组件包括 Dynamips、Dynagen、Pemu、Winpcap 等。其核心组件 Dynamips 是一个用于模拟 Cisco 路由器的模拟器，可模拟 Cisco 2691、3620、3640、3660、3725 和 7206 硬件平台，并且能够运行标准的 IOS 镜像。开发者本意是将该模拟器用于帮助用户熟悉 Cisco 设备性能以及命令，进行 Cisco IOS 的测试和实验并快速检查验证在真实路由器上部署的配置的有效性。后续的项目组开发人员以及志愿者们在 Dynamips 基础上发展了一些分支版本以及组件，较受欢迎的 Dynamips 的文本前端 Dynagen 便是其中之一。自此，

GNS3 作为 Dynamips 与 Dynagen 的图形前端，取代 Boson、Packet Tracer 进行 CCNA、CCNP 的实验，在全球广受欢迎。

如上所述，Dynagen 是 Dynamips 的文本前端，它是利用 Python 实现的使用 Hypervisor 模式与 Dynamips 进行通信的组件。Dynagen 是让用户可以使用简单易懂的配置文件来指定虚拟路由器的硬件配置，并规定了用于互联路由器、网桥、帧中继、ATM（异步传输方式）和以太网交换机的简单语法。Dynagen 更重要的作用是促使前后端的分离，使得整个模拟器可以在 C/S（客户端/服务器）的模式下工作，从而使得用户可以在多台计算机上搭建大型虚拟网络。

Dynamips 的存在，使得用户可以导入 Cisco 镜像，从而获得模拟设备的更加完整真实的功能。Dynagen 的前后端特点，使用户可以用 SecureCRT 这样的远程登录软件来与后端镜像通信交互，拓展了工作场景，也使用户可以在远程服务器上部署后台，从而搭建大型虚拟网络。Pemu 防火墙的引入，使 GNS3 可以实现虚拟网络与外界真实网络的通信，使模拟实验的网络场景更加多样化。

（2）Web-IOU

为了解决 GNS3 消耗 CPU 与内存资源较大的问题，同样基于 Dynamips 的 IOU（IOL）是由 Cisco 开发的另一款官方模拟器。IOU 相较于 GNS3，IOU 具有更加完善的 3 层交换功能，支持更多协议，如多业务传送平台（MSTP）。IOU 的模拟真实度非常接近真实环境，模拟交换机的效果也非常出众，加上资源使用率较高，故 IOU 更多用于复杂拓扑上的模拟实验。

基于 Linux 系统的操作难度远高于图形界面的 GNS3。借鉴了 GNS3 的 C/S 结构，开发者对 IOU 进行了再次开发，通过 Web 后台技术开发了 B/S（浏览器/服务器）结构的 Web-IOU。Web-IOU 相较于 IOU 操作难度大大降低，如 Web-IOU 可以直接在 Web 界面上导入 IOS，而不必先将其传入 Linux 再加载，图形化界面便于用户灵活地直接拖拽图标来组建拓扑，可以根据添加设备的接口模块和需求分配内存，可以导入、导出和保存拓扑。

3. eNSP 与 HCL 模拟器

（1）eNSP

eNSP 是华为提供的免费、可扩展、图形化操作的网络模拟平台，支持华为 AR 系列路由器（AR201、AR1220、AR2220、AR2240、AR3260 等）、华为 S 系列交换机（S3700、S5700）、华为无线设备（AC6005、AC6605、AP6010）、华为防火墙（USG5500）、终端设备（PC、MCS、Client、Server、STA、Cell-Phone 等）、各种连接链路，可完美实现多种大型网络场景。其操作特点与同为 C/S 结构的 GNS3 较相似，都有图形化操作的简便性，都支持远程登录、抓包分析、配置导入和导出等。

（2）HCL

HCL 是华三公司（H3C）研发的网络模拟平台，同样是一款 C/S 结构的图形化前端软件。目前它支持设备较少，仅有交换机、路由器与主机 3 种，且每种设备只有一个型号。HCL 独有的用户自定义设备功能使用户可自己设置设备的类型，自定义添加接口，并实现接口的编辑。

eNSP 与 HCL 具有与 GNS3 相似的软件架构，它们在性能方面也较为接近，都需要占用较多的计算机内存和 CPU 资源。

4. UNetLab 与 EVE-NG

在 Web-IOU 问世后，开发者借鉴 Web-IOU，使用 PHP 开发了 IOU-Web。于 2012 年问世的 IOU-Web 中的 IOL 比 Dynamips 快得多，于是 IOU-Web 逐渐替代了 GNS3。为了适应跨平台的不同厂商设备的互联实验，使用统一的方式来模拟各种网络设施，不仅是模拟网络设备，还包括防火墙、负载平衡器等，综合模拟软件 UNetLab 在 IOU-Web 的基础上被发展出来。UNetLab 不仅集成了 Dynamips 与 IOU，还将 QEMU 纳入其中，使得扩展性大大增强。UNetLab 支持导入各大供应商的所有虚拟设备，除了 Cisco 的 IOS 镜像及 Dynamips 镜像外，还包含华为的 AR 系列、华三的 vFW 系列、VSR 系列、vBRAS 系列等虚拟设备。

在 UNetLab 基础上二次开发形成的 UNetLab2 更名为 EVE-NG（Emulated Virtual Environment-Next Generation）。如今的 EVE-NG 仍然在不断更新迭代，功能也越来越强大。其主体架构仍是在 UNetLab 基础上搭建的，主要的变化是在依赖中增添了 PHP、Apache、Guacamole、MySQL、SQLite3 和 Open vSwitch 等技术，主要是在 Web 页面服务和数据库方面的改进，以及自动化方面的技术提升。

EVE-NG 的实现技术包括：

1）Docker：所有的控制器、路由器和实验室节点都在 Docker 容器中运行。
2）Python：用于 Web 后台与脚本的实现。
3）API 调用：由 Python-Flask 和 NGINX 实现。
4）Celery+Redis：实现后台异步长任务管理。
5）MariaDB：存储所有数据，包括用户与实验的数据。
6）jQuery + Bootstrap：实现 Web 的页面响应。
7）Iptables + Linux Bridge：实现 SSH 连接实验中的节点。
8）IOU、QEMU 和 Dynamips：运行实验中的节点。

在上述技术的支撑下，EVE-NG 变得非常强大，不再是简单模拟通信设备的软件，而是能够完成自动化网络实验，理论上能够模拟一切设备的模拟虚拟环境，其设备拓展性与功能拓展性都十分强大。

EVE-NG 相较于 UNetLab，增加了无客户端及支持多用户的功能。无客户端是指 EVE-NG 加入的 HTML5 控制台组件，可以在没有本地 Telnet 客户端与本地 VNC 客户端的情况下，使网页端仍具备客户端的功能，这样在安装好后台的 EVE-NG 系统之后，完全不需要安装任何其他组件，就可以在网页上进行正常的实验。支持多用户是指 EVE-NG 支持不同级别的用户使用，并对不同级别用户赋予不同的权限。

总体来看，网络虚拟化模拟软件的大致发展历程如图 6.6 所示。

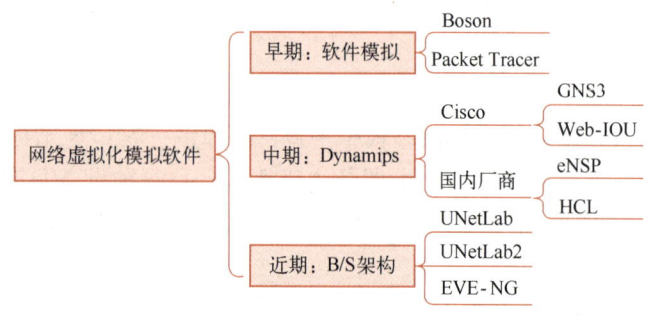

图 6.6 网络虚拟化模拟软件大致发展历程

网络虚拟化模拟软件的发展历程中，从以 Boson 为代表的早期软件模拟设备的模拟器，到支持导入 IOS 进行模拟的 GNS3 为代表的中期软件，最后到近期的融合各种技术的统一虚拟模拟环境 EVE-NG。可以看到，从 Dynamips 到 IOU 再到 QEMU，它们都对软件的发展发挥了关键性作用，而软件的架构变化也印证了网络虚拟化模拟软件从单纯的模拟仿真到如今的自动化、分布式网络的变化，EVE-NG 已经可以看作一个包容一切的模拟虚拟环境。未来各种技术的发展，不论是虚拟化技术、虚拟机的通信技术，还是 Linux 的优化技术等，都可以在 EVE-NG 中得到应用。

6.4 网络靶场技术

为了更好地实现网络安全防护工作，需要建设系统仿真和安全测试的软件平台，以支撑网络仿真、漏洞挖掘、攻防演练、安全培训、防护技术验证、新技术研究等任务。在此背景下，网络靶场应运而生。网络靶场作为网络空间安全研究、学习、测试、验证、演练等必不可少的重要基础设施，日益受到各国政府和企业的重视。

6.4.1 网络靶场概念与分类

网络靶场是一种基于虚拟化技术的技术或产品，用于模拟和复现真实网络空间中的网络架构、系统设备和业务流程的运行状态和环境。它为学习、研究、测试、竞赛和演习等与网络安全相关的活动提供支持，以提高个人和机构在网络安全对抗方面的能力和水平。网络靶场可以实时评估网络安全攻防过程和态势，为网络安全训练提供实时反馈，增强训练的针对性和增加价值。

网络靶场的概念非常广泛，包括在线网络攻防学习环境、网络安全竞赛平台、网络安全技术评估研究平台，甚至城市级或国家级的网络攻防演练平台等。这些环境和平台在规模、复杂度、应用场景和环境模拟逼真度等方面存在差异。

作为支持网络空间安全的基础设施，网络靶场已成为技术验证、装备试验、技能训练、攻防演练和风险评估的重要手段，在网络空间安全领域的技术发展和人才培养方面起着重要的支持作用。网络靶场可以按照实现技术或目的用途分类。

1. 按照实现技术分类

按照实现技术，网络靶场可以分为 4 类：模拟类、仿真类、叠加类、混合类。

（1）模拟类

模拟类网络靶场是基于真实网络组件重建的虚拟网络环境，运行在虚拟实例中，不需要物理网络设备。模拟类网络靶场首先对真实网络环境和用户行为建模，然后通过驱动模型进行信息互动，分析各模型单元的状态变化。模拟类网络靶场易于部署，安装和维护成本较低，但模拟实验结果的准确性难以保证。一个典型的模拟类网络靶场是美国空军的网络安全模拟器（SIMTEX）。

（2）仿真类

仿真类网络靶场将已构建的网络、服务器、存储基础设施等映射到物理基础设施上，作为网络靶场的物理基础设施。仿真类网络靶场使用独立的物理测试台，配置出需要测试的环境，运行真实的软件。仿真类网络靶场要求能对硬件进行重新配置，根据测试需要采用不同的拓扑结构。仿真类网络靶场使用真实的计算机、操作系统、应用软件和资源，能较全面地复现真实环境。一个典型的仿真类网络靶场是 DARPA 的国家网络靶场（NCR）。

（3）叠加类

叠加类网络靶场是运行在真实网络、服务器和存储设备之上的网络靶场，即利用现有的生产环境资源建立的网络靶场。这类网络靶场在实际的生产现场软件上进行测试，使用实际的生产资源，在规模、成本和逼真度等方面具有一定优势，但靶场试验的控制性较差，可能对实际网络造成不利影响。一个典型的叠加类网络靶场是美国国家科学基金会（NSF）资助的网络创新全球环境（GENI）。

（4）混合类

混合类网络靶场由模拟、仿真和叠加3种特性组成。一个典型的混合类网络靶场是美国弗吉尼亚网络靶场。

2. 按照目的用途分类

按照目的用途，网络靶场可以分为3类：服务于国家与国防安全类、服务于网络空间安全人才培养类、服务于企业等商业组织安全类。

（1）服务于国家与国防安全类

政府机构和军事部门需要专业网络安全力量，具备应对复杂网络威胁及网络恐怖主义的能力。因此，一些国家的军事和国防部门建设和部署了大量网络靶场，如美国的国家网络靶场（NCR）、国防信息系统局网络安全靶场（CSR）、国防部信息安全靶场（IAR）、联合网络空间作战靶场（JCOR）、海军网络空间作战靶场（NCOR）、联合信息作战靶场（JIOR）、战略司令部网络空间作战靶场（SCOR）、持续网络训练环境（PCTE）等。目前世界上大部分国家和国际组织的军事和国防部门都开展了服务于国家与国防安全的网络靶场建设，如英国联邦网络靶场（FCR）、北约网络空间靶场（NCR）、欧洲联合网络空间靶场等。服务于国家与国防安全类的网络靶场一般具有规模庞大、技术复杂、功能全面、任务多样、综合管控等特点，全方位支撑网络空间安全技术验证、网络武器装备试验、攻防对抗演练、网络风险评估、网络安全人才培养等任务，主要服务于国家级网络空间力量的发展。

（2）服务于网络空间安全人才培养类

网络空间安全人才除了要掌握大量理论知识，更需要具备扎实的实践动手能力。由于许多网络安全方面的实践活动可能造成严重的破坏性后果，难以在真实网络环境中实施，因此网络靶场可为网络安全实践能力培养提供安全隔离的模拟仿真环境。服务于网络空间安全人才培养的网络靶场既有面向培训和竞赛的商业化靶场，也有面向个体和组织的开放训练环境。面向培训和竞赛的商业化靶场一般能够提供较为完善的训练、竞赛环境，支撑较大规模的网络安全培训与竞赛活动。面向个体和组织的开放训练环境主要提供针对各种网络安全漏洞场景的目标环境，供个体和组织训练网络安全实践技能，靶场结构通常较为简单。典型的开放训练环境有Vulnhub、Vulhub和Hackthebox。Vulnhub是一个提供漏洞环境的靶场平台，大部分环境是做好的虚拟机镜像文件，镜像预先设计了多种漏洞，需要使用VMware或者VirtualBox运行。Vulhub是一个基于Docker技术的漏洞环境集合，可以非常方便地启动一个全新的漏洞环境，使漏洞复现变得更加简单。Hackthebox是一个在线式通关型网络渗透技术训练平台，集成了大量网络安全训练环境，可供全球范围的个人、企业、机构等开展网络渗透技术的训练，不断提高网络渗透技能。

（3）服务于企业等商业组织安全类

目前在企业等商业组织中，网络靶场主要用于构建网络安全培训和模拟中心，提供网络安全的模拟和演练解决方案，以提升企业人员技能及安全防护措施的有效性。典型的服务于企业等商业组织安全的网络靶场有 Cyberbit Range、IBM X-Force Command Center、Cisco CyberRange 等。Cyberbit Range 主要为客户提供网络靶场的网络安全模拟与培训解决方案；IBM X-Force Command Center 主要为业务事件处理程序和操作连续性提供事件响应解决方案；Cisco CyberRange 主要通过虚拟对战环境，使网络安全管理人员积累应对复杂网络威胁的经验和方法。

6.4.2 网络靶场构建的关键技术

网络靶场涉及大规模网络仿真、网络流量/服务与用户行为模拟、试验数据采集与效果评估、试验平台安全与管理等多项复杂的理论和技术，是一个复杂的综合系统。

1. 大规模网络仿真

在大规模网络仿真方面，主要有两种方法：模型模拟和虚拟化。在模型模拟方面，一个代表性工具是加州大学伯克利分校开发的基于并行离散事件的网络模拟器 NS2。NS2 能够构建超大规模的网络模型，但它难以保证网络节点和用户行为的逼真度。这意味着在模型模拟中，可能无法完全准确地模拟真实网络中的节点和用户行为。因此，以虚拟化为基础的网络仿真逐渐成为主流。虚拟化技术可以分为节点虚拟化和链路虚拟化两个方面。

在节点虚拟化方面，云计算平台中非常有代表性的 OpenStack，基于虚拟网桥实现宿主机内部的链路仿真，实现虚拟机间的互联互通。在轻量级节点虚拟化方面，非常有代表性的是 Docker，这是一种基于 Linux Container（LXC）的技术，一个容器就相当于一个拥有一个应用的虚拟机，开发者可以在上面操作而不会影响整个下层系统。美国空军技术学院基于操作系统级虚拟化以及全虚拟化技术实现了大规模、高逼真度网络节点仿真平台并将其用于网络安全训练。

在链路虚拟化方面，网络仿真平台中非常有代表性的 Emulab，基于 Dummynet，通过协议栈的方式拦截数据包，并通过一个或多个管道，模拟带宽、传播时延、丢包率等链路特性，具有较高宿主机内部的链路仿真逼真度。网络功能虚拟化技术（NFV）通过通用性硬件以及虚拟化技术实现网元（路由器、交换机等）的虚拟化以及网元间连接的虚拟化，但缺乏对网络链路参数的仿真。软件定义网络技术（SDN）主要是基于数据层与控制层的分离，在整个网络架构上提供网络虚拟化和自动化的配置，为新的网络服务提供快速部署，其网络的灵活构建与快速部署可为网络仿真提供基础，但软件定义网络技术的研究目标并不是网络仿真，对传统网络的链路参数、路由路径的仿真有待研究。

基于网络模拟和虚拟化技术各自的优缺点，美国伊利诺伊大学厄巴纳-香槟分校和佛罗里达国际大学整合了两种技术，形成了基于虚拟机以及模拟器的融合仿真。

在大规模虚拟网络快速部署方面，主要包括 3 类方法：基于镜像启动的方法，基于内存复制的方法和轻量级的虚拟化技术部署。

基于镜像启动的方法是虚拟机部署方法中最普遍的一种方法，主要工作集中在镜像管理、镜像格式的升级、镜像传输优化和镜像存储等方面。普渡大学的 K. R. Jayaram 等人在 2011 年提出，在 IaaS（基础设施即服务）环境下，底层虚拟机镜像的相似度很高，它们的很多数据块的内容都是相似的。加利福尼亚大学的 Peng 基于镜像相似问题，对镜像进行了块划分，提出了一个基于块级的镜像分布系统 VDN。Zhang 等人提出了一个镜像管理部署系统 VMThunder，对镜像之间的相似性，提出了一种按需获取镜像内容的方案，而不是整块镜像的传输。镜像启动的一个关键技术就是镜像格式的优化。威廉与玛丽学院的 DuyLe 对虚拟环境下的镜像文件系统进行细致分析，对于原始镜像 RAW 格式，它保留了物理磁盘或文件上的比特图，从而不需要进行地址翻译等工作。典型的基于增量的镜像是 qcow 和 qcow2，它们通过不断占用磁盘剩余空间来提供所需求的容量。它们利用"copy on write"策略，为多重访问提供不同的版本，且提供回滚操作，初始磁盘大小也比较小。我国国防科技大学的陈斌等人提出了一种虚拟机镜像按需获取技术，对镜像进行了细粒度的分割。点对点方法在镜像传输方面就比较高效，而且镜像在传输之前也可以被压缩或者分割。东田纳西州立大学的 Thomas Morgan Jr 等人利用一些网络协议来满足无磁盘的远程启动与部署需求，通过共享的一个存储池，实现只需要一个网络连接就可以利用里面的存储资源而不需要传输镜像。

基于内存复制的方法多用于正在运行的虚拟机。多伦多大学的 H. Andrés Lagar-Cavilla 等人提出了基于内存复制方法的虚拟机快速部署方案 SnowFlock，完成了在秒级部署的任务。北京大学信息科学技术学院的 Zhu 等人提出了一种基于之前存储的虚拟机快照来实现快速启动的 Twinkle，实现了秒级启动。

2. 网络流量/服务和用户行为模拟

在网络流量行为模拟方面，研究主要集中在流量模型的建立、预测与回放等领域。1997年，贝尔实验室的 Willinger 提出了具有重尾分布周期的 ON/OFF 模型。1998年，美国马里兰大学的 Krunz 提出了服务时间分布无穷方差的 M/G/排队模型。2011年，瑞典乌普萨拉大学的 Dombry 等人研究了高速通信链路中数据流量的传输模式，结合重尾分布与 ON/OFF 模型，证明了 ON/OFF 源的数量与时间尺度均趋于无穷时，流量数据的行为模式近似于分数泊松运动。2001年，美国莱斯大学的 Sarvotham 等人给出了一种 α-β-ON/OFF 模型，解释了网络流量具有突发性和长相关性的原因，将网络流量的特性与用户的行为联系起来。2004年，加利福尼亚大学的 Cheng 和 Google 共同开发了用于测试服务器端性能的流量回放系统 Monkey。其中，Monkey see 用于在服务器端捕获服务器与客户端交互的流量，而 Monkey do 用于模拟客户端和传输网络行为。2009年，日本早稻田大学 Pham 研究了大规模网络流量并行回放中的流分割和回放质量评估问题，但局限于对捕获流量进行单向回放研究。2013年，南加利福尼亚大学信息科学研究所的 Hussain 使用流量分析工具 LANDER 对真实网络中的流量进行了捕获分析，并通过在 Deterlab 实验床中开发了一个代理，实现了真实网络攻击流量的回放。实验中，作者使用随机 Web 访问流量作为非恶意流量，并与真实网络攻击流量合成，完成了小规模的网络模拟实验。2008年，马来西亚多媒体大学的 M. Li 和 S. C. Lim 等人从柯西过程角度讨论了网络流量建模方法，给出了一种十分灵活的描述多重分形性质的模型，该模型可以同时精确地刻画流量的短相关和长相关性质。2008年，加拿大魁北克大学蒙特利尔分校的 Zhani 等人通过对实际网络流量数据的分析，给出了一种 Training-Based 模型，并研究了模型性能与模型参数间的关系。

在网络用户行为模拟方面，2011年，智利大学工业工程系学者 Loyola 利用蚁群优化算法对 Web 用户的浏览行为进行建模，解决了传统 Web 挖掘方法与模型适应性不强的问题。该方法的缺点是偏好模型比较单一，训练过程较慢，不适合大规模网络用户行为分析。2013年，哥伦比亚大学学者 Song 采用生物特征提出了一种基于机器学习的用户行为生物识别方法。该方法是在系统级别用户行为生物特征识别方面最早的方法之一，通过提炼典型特征并采用高斯混合模型对每个用户的特征进行训练，实验结果表明该方法的 AUC（Area Under Curve，曲线下的面积）指标与支持向量机（SVM）方法相比提高了 17.6%。其缺点是仅在 Windows 测试环境下进行了测试，且未给出误识率和拒识率。2015年，德国哈索·普拉特纳研究所学者

Amirkhanyan 研究了一种以用户行为状态图对用户行为进行描述和表示的方法，实现了通过设计目标场景和人工合成活动产生真实用户行为数据的方法。但该方法未给出用户行为来源，且作者提出的构建方法仅限于模拟简单的用户行为。

3. 试验数据采集与效果评估

试验数据采集分成物理数据采集和虚拟化数据采集。物理数据采集的方法、技术、工具都相对成熟，下面主要分析虚拟化数据采集技术。虚拟化技术在体系结构栈的硬件层和操作系统层之间加入一个新层次——虚拟层（Hypervisor），在单一物理机上支持同时运行多个相互独立的操作系统，并已成为当今云计算和数据中心的支撑。总结起来，虚拟化数据采集可进一步分成带内数据采集和带外数据采集两种技术路线。在带内数据采集路线中，典型的做法是以基于主机的入侵检测系统为主，由中心采集程序和植入虚拟机的代理程序组成。该路线具有被攻击的风险，抗破坏能力差。一个理想的数据采集系统应当既具备对监控对象全面彻底的观察能力，也具备健壮的自身保护机制，因此带外数据采集路线被广泛认可，是网络空间安全试验靶场数据采集的有效路线。

在带外数据采集路线方面，2003 年，美国斯坦福大学的 Garfinkel 等首次提出了虚拟机内省（Virtual Machine Introspection，VMI）技术，将数据采集方式移到了带外。该方式减轻了直接攻击入侵检测系统的风险，但是数据采集引入的性能代价较大。2007 年，美国佐治亚理工学院的 Payne 等人设计的 libvmi，不需要修改虚拟机监视器，而是直接利用虚拟机监视器提供的接口，这种方式需要虚拟机监视器的支持，引入的性能代价小于 5%。但是如果虚拟机操作系统内核数据结构发生变化，这种方式采集的数据就会出错。2008 年，美国佐治亚理工学院的 Dinaburg 等人设计的 Ether，可用于恶意软件分析，这种方式能够较好地拦截内核数据。2013 年，美国犹他大学的 Burtsev 设计了记录和重放系统 XenTT，该系统支持透明的虚拟机记录方式，而且可以对系统执行历史和系统状态进行分析。记录程序位于虚拟机监视器中，记录虚拟机内发生的中断和异常事件、CPU 状态、指令等底层二进制数据。但是该系统的数据采集需要将底层二进制数据重构成高层语义，实现较为困难。2014 年 DARPA 将 VMI 技术作为网络快速通道（Cyber Fast Track）项目的一部分，并以美国 MIT Lincoln 实验室为载体，集结相关技术专家和工程师，形成 Panda 等为代表的系统。这标志着带外数据采集技术在网络靶场开始得到实际使用。

在试验数据效果评估方面，主要是基于试验运行采集到的数据，根据一定的评估标准和模型，对被测的攻防工具或技术进行定量与定性相结合的效果评估，以及网络攻防对抗态势评估分析与可视化，并尽可能地保证评估的可操作性和客观性。评估方法主要有 3 类，即基于数学模型的方法、基于指标体系的方法和基于知识推理的方法。在基于数学模型的方法中，Tim Bass 于 2000 年提出的基于多传感器的入侵检测框架是基于网络安全态势感知的分析评估模型；2002 年美国国防部联合指挥实验室提出了 JDL 数据融合处理模型，将试验数据进行预处理、融合、精炼和评估；2012 年 SA Technologies 公司的 M. R. Endsley 提出了态势感知理论 SA 模型，对影响网络安全态势的要素进行理解、评估和预测。在基于指标体系的方法中，以 20 世纪 70 年代美国运筹学家 T. L. Saaty 教授提出的层次式指标体系分析法应用最为广泛，是安全态势评估领域最常用的评估方法，其评估函数通常由网络安全指标及其重要性权重共同确定。在基于知识推理的方法中，2006 年挪威约维克大学的 Arnes 等人提出了基于隐马尔可夫推理的网络安全态势评估模型；2007 年挪威科学技术大学的 Mehta 等人提出了一种基于攻击图状态的排序方案，通过对状态的排序及反映出的安全状态的重要性进行推理，实现对网络安全态势的评估；2010 年美国乔治梅森大学的 Noel 等人利用攻击图来理解攻击者如何借助网络漏洞一步步实施攻击推理，通过模拟增量式网络渗透攻击和攻击在网络中传播的可能性来衡量网络系统的安全性。

4. 试验平台安全及管理

在试验平台安全技术方面，主要包括虚拟机安全隔离、虚拟网络隔离和试验平台隔离。从虚拟机内核、内存、存储、监控器、网络流量、系统平台等各个层次研究试验平台的安全技术。

在虚拟机安全方面，Xen 和 KVM（基于内核的虚拟机）有不同的方法：Xen 通过修改操作系统特权级、内存分段保护机制、分离设备驱动模型等实现安全隔离；KVM 通过 CPU 的绑定设置、修改、优化 QEMU 源代码、影子页表法、硬件辅助的虚拟化内存等实现安全隔离。根据现有的带宽隔离策略是否基于本地交换机或链路，隔离策略可以分为本地策略和端对端策略。VLAN 和 802.1p 服务类型标签（CoSTag）是以太网提供的用于分割不同用户和类型流量的本地策略机制。与之相比，端对端策略在端节点维护速率控制状态，因此更加灵活且具有更强的扩展性。端对端策略还能够针对单个流进行调整，不会对其他流产生影响，因此更加准确。试验平台隔离的相关研究主要涉及虚拟机用户恶意行为监控与记录、基于平台配置的安全管理、恶意行为安全取证、安全审计和追责 4 项关键技术。2010 年，美国北卡罗来纳州立大学的 Jiang 等设计的 VMwatcher，可以实现对文件系统和进程等虚拟机状态进行行为监测。在工业界，VMware 依据其虚拟化平台 vSphere 的配置选项，设计 vSphere 云平台安全配置的安全加固文档，以确保 VMware vCenter Server 和 VMware ESXi 的 vSphere 环境安全。2008 年美国阿拉斯加大学的 Nance 开发出 VIX 工具包，将监控系统部署在 Xen 的特权域 domain0 上，domain0 拥有对所有资源的访问权限。2002 年美国密歇根大学研发的 Revirt 系统在半虚拟化环境下，通过在虚拟机前端和 domain0 后端做中介获得共享请求数据，记录下重放时间和外部中断等不确定性事件。2012 年美国雪城大学 Yan 等人设计的 V2E 把虚拟机系统分为两个范围（mainrealm 和 recordingrealm）。恶意软件运行在 recordingrealm 中，虚拟机系统的剩下部分仍然在 mainrealm 中。先从记录器获得记录日志，然后放入重放器进行重放。然而，V2E 需要进行指令级记录和翻译，所以性能开销很大。

在试验任务运行控制与管理方面，主要研究集中于试验任务的自动化配置、试验运行控制以及网络仿真系统协同融合控制。在试验任务运行控制方面，传统的并行离散事件模拟技术（PDES）基于同步技术，可实现试验任务运行时钟的可控性与因果性，但仅限于离散事件模拟。美国伊利诺伊大学香槟分校提出了一种离散事件模拟与虚拟机的时钟同步与控制技术，可为试验任务运行的灵活时钟控制提供支撑。在试验任务自动化配置方面，以 NS3、Emulab 为代表的开源网络模拟与仿真软件根据用户提交的网络配置文件，可自动构建仿真环境；以 OP-NET、QualNet 为代表的商用网络模拟与仿真软件可为用户提供可视化配置界面。

6.4.3 网络靶场的典型体系架构

现有网络靶场典型体系架构主要有美国的 Emulab、DeterLab、NCR 靶场，英国的 BreakingPoint 靶场，日本的 StarBED 靶场等。

1. Emulab

Emulab 是由犹他大学计算机学院 Flux 研究团队开发的一个网络测试床，其核心架构为一套分布式软件系统及一个基础平台架构，并提供共享平台用于研究及开发分布式系统及网络。

Emulab 可以用于系统仿真、互联网网络模拟、无线网络仿真、对比验证，其体系架构如图 6.7 所示。

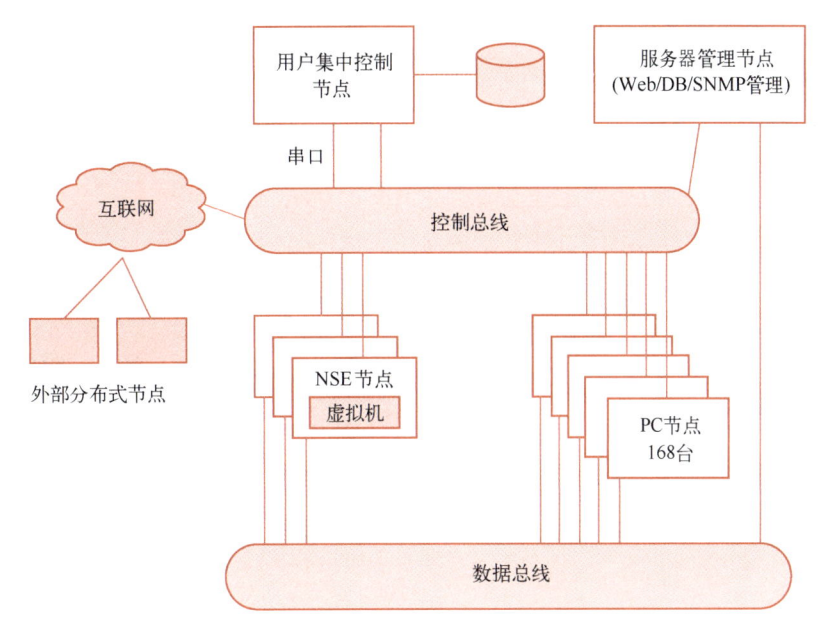

图 6.7　Emulab 的体系架构

系统包括总线、外部分布式节点（互联网接入）、用户集中控制节点（Users Host）、服务器管理节点（Master Host）、PC 节点、NSE 节点。总线分为两种：数据总线（Programmable Patch Panel）和控制总线（Control Switch/Router）。PC 节点共有 168 台 PC，每台有 5 个 100 Mbit/s 的以太网接口：一个节点连接控制总线，一个节点连接数据总线，其他节点在实验中可任意使用。NSE（网络服务模拟）节点也同时和两种总线连接，用于创建虚拟机和实际业务仿真，可以模拟节点的链接和流量。服务器管理节点是许多关键服务的安全服务器，包括 Web 服务、数据库和 SNMP（简单网络管理协议）交换机管理服务。

Web 界面作为可访问的门户，实验者通过它可以创建或终止一个实验，查看相应的虚拟拓扑，或者配置节点属性。在创建实验之后，实验者可以直接登录到他们分配的节点，或者用户集中控制节点，开始试验过程。

2. DeterLab

DeterLab 是在 Emulab 基础上，由南加利福尼亚大学和加利福尼亚大学伯克利分校联合开发的计算机安全及工控系统安全测试床，用于网络安全技术研究。DeterLab 支持的实验项目包括行为分析和防御技术，涉及 DDoS（分布式拒绝服务）攻击、蠕虫和僵尸网络攻击、加密、模式检测和入侵容忍存储协议。DeterLab 的体系架构如图 6.8 所示。目前，DeterLab 正在向新一代平台 SPHERE（Security and Privacy Heterogeneous Environment for Reproducible Experimentation，用于可重复实验的安全和隐私异构环境）演进。

DeterLab 由 300 个实验 PC 集群节点组成，它们拥有共同的控制平面。仿真控制软件被配置为将两个站点的节点放置在单独的逻辑池中，一个实验可以从一个或两个集群中分配节点。

这些节点是由高速以太网交换机的"可编程背板"连接的，这些交换机通过"可编程背板"形成一个逻辑开关。每个实验 PC 有四个实验接口和一个控制接口连到这个开关。为了创建由实验人员指定的拓扑，领导（Boss）服务器上的仿真控制软件将 PC 节点分配给实验，并通过在交换机中设置 VLAN 来将它们连接起来，高容量开关硬件用于避免 VLAN 之间的干扰。

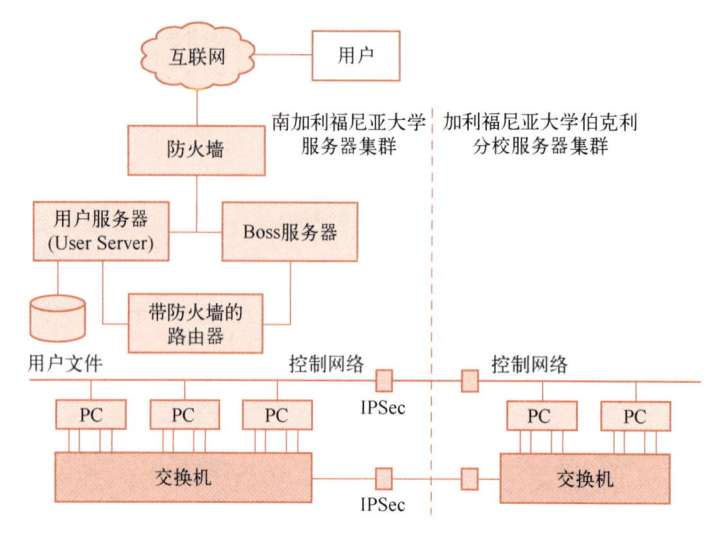

图 6.8 DeterLab 的体系架构

3. BreakingPoint

BreakingPoint 是英国 Ixia 公司的网络靶场系统。它支持流量生成和仿真，以创建一个互联网规模的网络靶场环境。BreakingPoint 中对互联网环境的仿真包括目标仿真、漏洞仿真、逃避仿真和流量仿真。BreakingPoint 支持网络安全测试，它能测量硬件设备的吞吐量，发送恶意流量进行测试，并将流量发送到设备，以模拟攻击行为。BreakingPoint 的体系架构如图 6.9 所示。

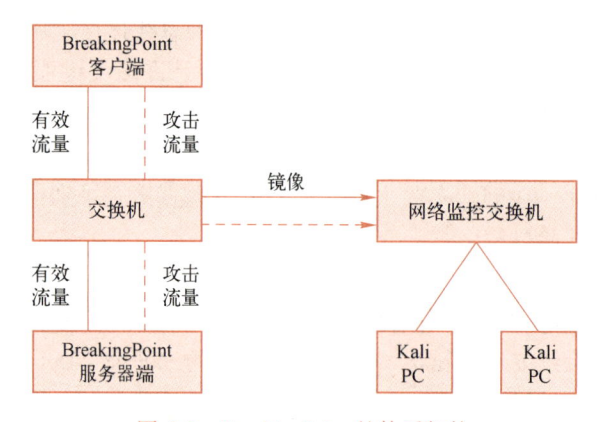

图 6.9 BreakingPoint 的体系架构

4. StarBED

StarBED 由日本情报通信研究机构（NICT）于 2002 年主导研制，主要提供大规模网络试验环境用于评估真实场景下的新技术，体系架构如图 6.10 所示。StarBED 测试网络分为实验网及管理网。实验网主要提供 L2 拓扑。管理网主要对试验进行全生命周期管理并连接到全局网络。系统通过互联网和 JGN2plus（日本超高速宽带网络）提供两个外部线路，将其他站点的连接或将实际的流量引入实验网络环境中。

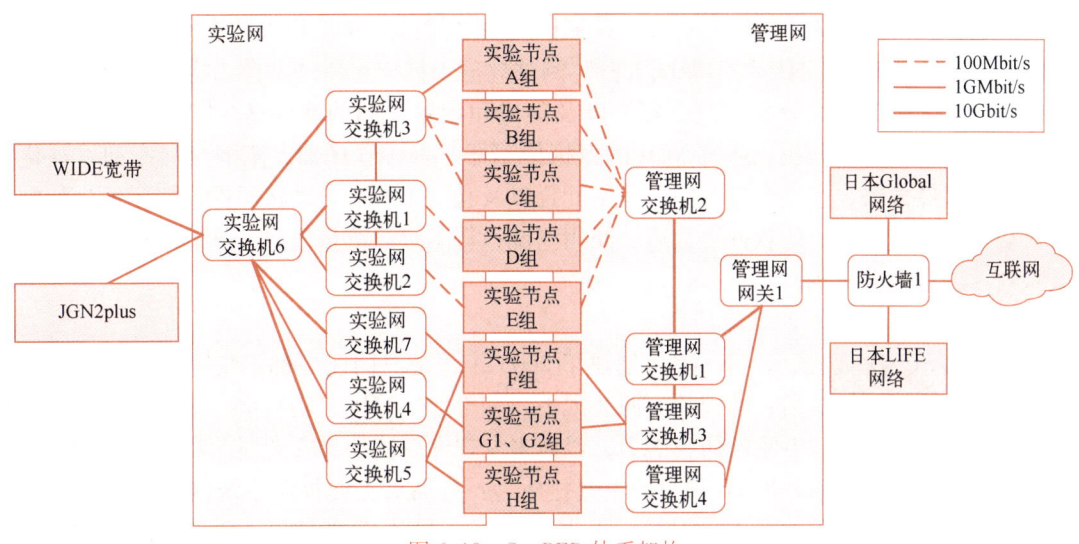

图 6.10　StarBED 体系架构

2013 年，StarBED 更新到 StarBED3，StarBED3 是日本的第三代 IP 网络测试床，旨在模拟庞大且复杂的网络环境。作为世界最大规模测试床之一，其拥有超过 1100 个物理服务器，与网络交换机集群共同控制试验节点并为一个运行速度高达 200 Gbit/s 的主干网提供交互通信支持。2021 年，StarBED 进入 StarBED5 时代。

5. 美国国家网络靶场

美国国家网络靶场（National Cyber Range，NCR）项目是由 DARPA 负责组建，国防部测试资源管理中心（TRMC）负责运营，包括测试、培训和实验社区使用等功能。NCR 通过构建可伸缩的互联网模型，进行网络战争推演，测试涉密与非涉密网络项目的安全设备，维护美国的网络安全。NCR 的体系架构如图 6.11 所示。

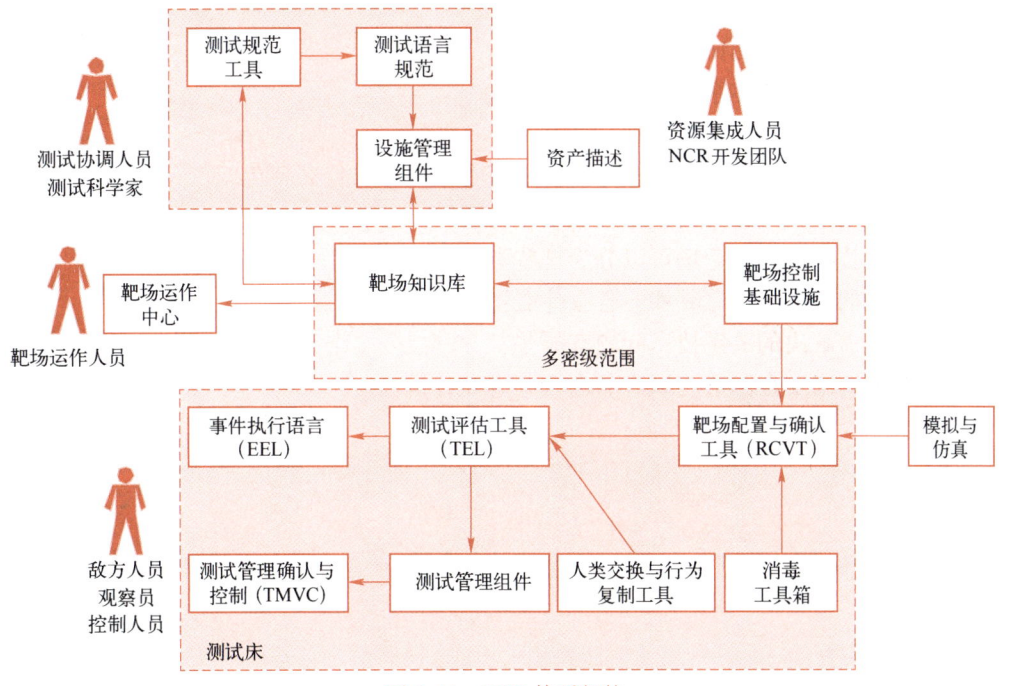

图 6.11　NCR 体系架构

测试过程主要分为 3 个阶段。首先，在测试开始之前，NCR 工作人员将使用 CSTL（Cyber Scientific Test Language，网络科学测试语言）测试规范工具构建测试平台，构建过程包括对测试平台进行分区，为测试分配系统资源，以及集成和配置共同的硬件/软件资源和网络工具，作为测试的资产描述。其次，通过 NCR 的数据传感器、资源管理器、范围存储库和可视化工具收集客户事件数据。在这个过程中，范围配置以及验证工具会自动将硬件连接到适当的配置并且自动配置所需要运行的软件。最后，使用测试执行工具、流量生成工具以及特定系统执行测试队列，进行数据收集以及分析。

6. 美国国家 SCADA 测试床项目

美国国家 SCADA 测试床（NSTB）创建于 2003 年，是美国能源部汇集阿贡、爱达荷、劳伦斯伯克利、洛斯阿拉莫斯、橡树岭、西北太平洋和桑迪亚等国家实验室，结合国家实验室先进的操作系统测试设施和专家的研究能力，以此来发现和解决关键安全漏洞和应对能源行业所面临的安全威胁的测试床。NSTB 项目的主要任务为：提高对工业控制系统网络安全漏洞问题的认知能力，与企事业单位合作来识别、评估和解决 SCADA 系统漏洞；利用测试床资源，针对现有控制系统的安全问题，研究与开发短期应对方案和风险缓解策略；设计下一代工业控制系统安全架构，建设智能、安全、可靠的控制系统和基础设施系统；研究制定国家标准和指导方针。

本章小结

本章介绍了网络安全渗透测试与风险评估的原理与主要过程，网络安全仿真与虚拟化的基本原理、方法和典型工具，以及面向网络安全实验的网络靶场的概念、分类、关键技术与面临的挑战。

习题

1. 简述网络安全渗透测试的概念与分类。
2. 典型渗透测试方法体系标准有哪些？
3. PTES 渗透测试包含哪些阶段？
4. 典型网络安全风险评估的定性分析模型有哪些？各有什么特色？
5. 典型网络安全风险评估的定量分析模型有哪些？各有什么特色？
6. 按照实现技术，网络靶场可以分为哪些类型？
7. 网络靶场的服务方式有哪些？各有什么特色和优势？
8. 网络靶场需解决的关键技术问题有哪些？
9. 请对典型网络安全渗透测试产品进行调研和分析。

第 7 章 网络安全动态防御

大部分传统网络安全技术在本质上可以归类为静态防御，其作用机制的特征突出表现为静态性、确定性，按照既定的策略进行安全威胁检测、防护、消除等操作，在网络攻防对抗中处于被动应对的不对称局面。网络安全动态防御通过创建和部署多样的、变化的机制和策略，在网络系统中引入多态性和随机性因素，可以显著提升攻击者实施攻击的复杂度和增加攻击开销，扭转攻防不对称的局面。本章主要介绍移动目标防御、拟态防御和网络欺骗防御等 3 类动态防御技术。

7.1 移动目标防御

7.1.1 移动目标防御的概念

随着互联网技术的快速发展，网络已渗透到政治、军事、经济等各个领域。网络攻击、渗透等各种威胁日趋常态，国家层面的网络对抗使得网络安全问题越发严重，被动的防御策略已显得力不从心。2008 年 1 月，美国总统布什签署第 54 号国家安全总统令，提出了《国家综合网络空间安全倡议》（CNCI），该倡议要求确定并发展"超前"的技术、战略和计划，寻求革命性网络空间安全解决方案。2009 年 5 月，美国奥巴马政府在 CNCI 基础上发布了《网络空间政策评审》，确定了美国政府应实施网络空间"改变游戏规则"的安全研发思路。

2010 年 5 月，美国国家科学技术委员会（National Science and Technology Council，NSTC）发布《改变网络安全游戏规则的研究与发展建议》，首次提出移动目标防御（Moving Target Defense，MTD）概念。2011 年 12 月，NITRD 发布《可信网络空间：联邦网络空间安全研发战略规划》，明确指出"针对网络空间所面临的现实和潜在威胁"，要突破传统思路，发展"改变游戏规则"的革命性技术，确定了 4 个能"改变游戏规则"的研发主题，移动目标防御就是其中之一。

对于移动目标，当前并没有权威的定义，在美国国家安全委员会的进展报告中移动目标被定义为可在多个维度上移动以降低攻击者优势并提高弹性的系统。对于移动目标防御，当前也不存在明确的定义，其目标是通过持续变换系统呈现在攻击者面前的攻击面（Attack Surface），有效增加攻击者想要探测目标脆弱性的代价。在《网络安全游戏规则的研究与发展建议》中移动目标防御的内涵被描述为：期望能够创建、分析、评估和部署多样化的、随时间持续变化的机制和策略，以增加攻击者实施攻击的复杂度和成本，降低系统脆弱性曝光和被攻击的概率，提高系统的弹性。

移动目标防御的思路不同于传统网络安全防御的思路，更加关注如何使系统能够在可能遭受损害的环境下连续安全运行，而并不追求建立一种完美的系统来对抗网络攻击。

移动目标防御的思路是"构建、评价和部署机制及策略是多样的、不断变化的。这种不断变化的思路可以增加攻击者的攻击难度及代价,有效地限制脆弱性暴露及被攻击的机会,提高系统的适应性"。移动目标防御技术通过快速地变化特征来抵御攻击,坚持的是唯快唯变不破的理念,以求尽可能压缩攻击者可利用的攻击时间窗口。

移动目标防御的核心思想是通过创建和部署多样的、变化的机制和策略,以此增加攻击者实施攻击的复杂度和攻击开销,限制漏洞被暴露和被利用的机会。通过对目标系统的攻击面实施多层次、动态持续的转移,降低系统的静态性、同构性和确定性,迷惑或误导攻击者,增加攻击者实施攻击的成本和难度,降低入侵系统的成功率直至迫使攻击者放弃攻击,从而提高目标系统的安全性。

攻击者发起一次攻击行动,通常需要接入系统、探测系统特征、分析系统脆弱性,并研究利用漏洞相关工具实施攻击。移动目标防御的思想是增加攻击者利用漏洞的难度,并不尝试构建一个没有漏洞的系统,而是通过创建、部署持续动态变换的多样化安全机制和策略,不断改变系统的形态特征,使系统展现给攻击者的是一个不断变化的攻击面。移动目标防御对攻击者的接入、探测、脆弱性分析以及攻击实施形成阻力,使得攻击者无法在有限时间窗口内确定针对目标系统的有效攻击方法和手段。已有的方法在系统变化后很快失效,这使得攻击代价和攻击复杂度随着时间而增长,从而使得防御者占据主动。

实际上,移动目标防御技术是通过降低系统确定性、静态性和同构性来增加攻击复杂度从而防护一个系统的机制/方法的统称。通常的实现方式是通过变换系统配置,缩短系统某一配置属性信息的有效期,使得攻击者没有足够的时间对目标系统进行探测和对代码进行开发,同时也可降低其已收集信息的有效性,使其探测到的信息在攻击期间变得无效。移动目标防御技术不仅可增加攻击者收集信息所需付出的代价和复杂性,降低系统被成功攻击的概率,也可保证目标系统即便带有明显脆弱性和后门仍可"带菌"正常运行,且同时具有较高的抗攻击能力。

7.1.2 移动目标防御的本质特征

移动目标防御技术一改传统网络安全防御技术的被动局面,通过快速地变化来保障安全,使防御方重新将网络对抗的主动权掌握在手中。

移动目标防御的思想可以通过攻击面模型来描述。定义信息系统中攻击面 y 是一个与时间 t 和系统可能暴露的被利用的资源 R 的函数。

$$y=f(t,R) \tag{7.1}$$

式中,R 与系统的体系结构、数据/指令集、网络设施、部署的服务、运行的应用程序等有关。7.1.3 节会对攻击面进行更严格的定义。

移动目标防御技术的核心就是在时间轴上不断变换 R 中可被攻击者利用的资源,从而造成攻击面 y 的动态变化。从攻击者的角度看,在构建攻击所用代码时,其所面临的计算环境是不断变化的,所用代码的运行环境也是变化的,攻击难度大增。

移动目标防御的基本原理如图 7.1 所示。

不同于以往追求构建完美系统来阻止攻击的网络安全思路,移动目标防御中的防御者能以可控的方式进行动态变化,使系统攻击面对攻击者而言是不可预测的,从而极大地提升防御者的防御能力。如图 7.2 所示,攻击面转换前,攻击者可以通过途径 1 实施攻击;转换后,就无法再利用途径 1 实施攻击了,攻击者必须找到新的途径,攻击难度大大增加。当前的网络对抗是一种"易攻难守"的不均衡对抗，攻击者在时间和空间上具有较大优势。然而，随着移动目标防御的发展及应用，网络对抗中攻击者的优势将被逐渐减少，甚至逆转为防御者的优势，未来的网络攻防难易程度将趋于平衡。

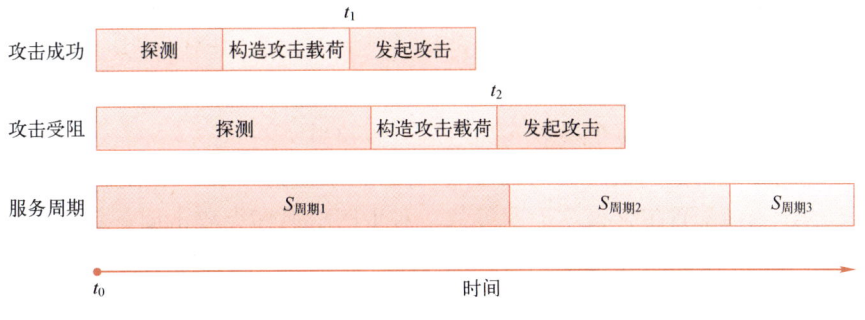

图 7.1　移动目标防御的基本原理

传统的网络防御方法通过修补系统漏洞、部署网络安全防御设备等措施减小网络的攻击面，提高网络的安全性。移动目标防御并没有将关注的重点放在减小攻击面上，而是试图在设计阶段扩大攻击者探测空间、在运行阶段移动攻击面，以躲避和消除网络攻击，提升网络的防御能力。直观地说，通过扩大探测空间和移动攻击面，攻击者需要花费更多的时间和代价来重新定位攻击目标的配置和漏洞，这限制了网络脆弱性的暴露和被攻击的机会。传统网络防御和移动目标防御攻击面的对比如图 7.3 所示。

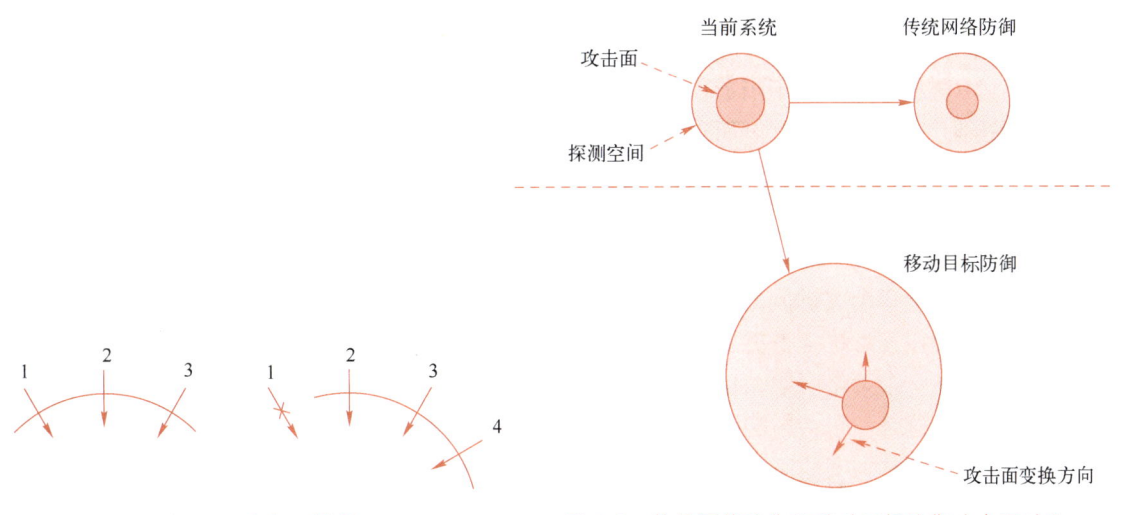

图 7.2　攻击面转换　　　　图 7.3　传统网络防御和移动目标防御攻击面对比

7.1.3　攻击面及攻击面变换

虽然已有的移动目标防御研究中已大量使用攻击面的概念，但是当前并不存在对攻击面的标准定义，已有的攻击面定义在涵盖全面性、表述精确性及通俗性上仍有所欠缺，因此攻击面的特征需要进一步刻画，以更好地描述移动目标防御过程。

一般认为攻击面由多个参数组成，每一个参数都带有一个值域。攻击面变换则意味着至少有一个参数（或其值）被替换。为了简便起见，且不失一般性，将一个系统的攻击面看作其可被用于攻击的系统属性的集合，主要由脆弱性、IP 地址和端口号共同组成。相应地，就可以将攻击面变换视作替换一个带有特定脆弱性的软件/硬件实体，或者替换 IP 地址或端口号等。

定义 7.1：攻击面参数

攻击面参数表示可被攻击者利用以发起攻击的系统配置或属性漏洞，既包括系统的软硬件配置属性漏洞，如缓冲区溢出漏洞，也包括可被攻击者利用的网络属性，如 IP 地址、服务端口号等。一个系统在任一种系统配置下都具有多个攻击面参数，可记为 $P = \{p_i\}$，$1 \leq i \leq n$，$n \in \mathbf{N}$（$\mathbf{N}$ 为自然数集合），且每个参数 p_i 都对应一个值域 $U_i = \{u_{i1}, u_{i2}, \cdots, u_{is}\}$，$s \in \mathbf{N}$，$s \geq 1$。对于配置属性漏洞类攻击面参数，其值域为 $\{0,1\}$，其中值为 0 表示当前配置不包含该攻击面参数，值为 1 表示当前配置包含该攻击面参数；对于网络属性类攻击面参数，如 IP 地址，其值域为防御者所提供的多个可用地址。

定义 7.2：攻击面

在任一时刻，系统的攻击面由攻击面参数集合及该集合中各参数的具体取值共同确定。系统在时刻 t 的攻击面记为 $AS(t) = \{P_t, V_t\}$。其中 $P_t = \{p_{1t}, p_{2t}, \cdots, p_{kt}\}$，$k \in \mathbf{N}$，表示时刻 t 的攻击面参数集合。$p_{it}(1 \leq i \leq k)$ 则是指时刻 t 的某一特定攻击面参数，其值域为 U_i。$V_t = \{v_{1t}, v_{2t}, \cdots, v_{kt}\}$，其中 $v_{it} \in U_i$，表示参数 p_{it}（$1 \leq i \leq k$）在时刻 t 的具体取值。

攻击面变换可通过两种方式来实现：

1）改变 P_t，即通过更改系统配置来更换攻击面参数，使得 $P_{t'} \neq P_t$（P_t 表示当前攻击面参数集合，$P_{t'}$ 表示配置更改后的攻击面参数集合）。

2）改变 V_t，即选定某一攻击面参数 p_{it}（假设其当前值为 v_{ia}，$v_{ia} \in U_i$），为其赋予一个新值 v_{ib}，$v_{ib} \in U_i$，$v_{ib} \neq v_{ia}$，或同时选定多个不同攻击面参数 $p_{it}, p_{jt}, \cdots (i \neq j \neq \cdots)$，在其各自的值域 $U_i, U_j, \cdots$ 中选择一个不同于当前值的新值赋予该参数，使得 $V_{t'} \neq V_t$（V_t 表示当前各攻击面参数的取值集合，$V_{t'}$ 表示某一攻击面参数取值变化后的各攻击面参数的取值集合）。

7.1.4 移动目标防御的核心要素

美国堪萨斯州立大学的研究者提出了实现一个移动目标防御（MTD）系统的通用处理流程，必须解决以下 3 个关键问题：①配置选择问题，即如何为 MTD 系统选择一个新的配置，使得攻击者想要侵害系统变得更加困难；②行为选择问题，即如何选择适应性行为以实现新配置，这可被看作一个策略问题，也是一个 MTD 机制的核心要素；③时机选择问题，即何时实施适应性行为，这是一个会影响防御效果和系统性能的关键因素。

麻省理工学院林肯实验室研究者认为要实现有效的移动需解决 3 类挑战：①移动范围，即攻击面中可移动的部分，可将其简单定义为整个攻击面中动态部分的比例；②不可预测性，涉及设计移动的范围以及攻击者猜测或预测移动实施的可能性，表示攻击者对系统攻击面变换信息的掌握程度；③时效性，即一次移动应在攻击开始之后、结束之前实施。

这两个观点实际上是相通的，配置选择的目的是提高系统的不可预测性，选择的结果会涉及移动范围。配置选择及适应性行为一般与攻击面变换相对应，通过选择新的配置来实现攻击面参数的切换或者参数值的变化，而变换时机一般有 3 种：随机变换、定时变换、依据网络状态信息变换。

概括来讲，一个成功的 MTD 方案应具备 3 个要素，分别是"移动什么"（What）、"如何移动"（How），以及"何时移动"（When）。

1）"移动什么"指的是要移动的参数，即移动参数。如前所述，系统攻击面是由一个或多个参数组成的，这些参数一般是指发起攻击必须用到的一个或多个被保护目标所带有的属性（如 IP 地址，端口号），或者是带有脆弱性的运行实体（如操作系统、硬件和软件）。每一个移动参数都带有一个值域，所有参数的所有值域共同组成配置空间。

2）"如何移动"指的是移动的方式。它包括两个操作，即选择和替换。选择是指通过不同的方式选择一个新的参数或从当前移动参数的值域中为其选择一个新的值，包括随机选择、依据博弈论选择或基于所感知的攻击行为或网络安全状态选择等。替换就是用所选择的参数及其值来替换当前移动参数，或保持移动参数不变，仅用新值来替换当前值。

3）"何时移动"指的是由防御者定义的、用于实施替换操作的时间序列。这是会对被保护系统的性能（特别是可用性）产生影响的一个关键特性。变换频率太低时，如果攻击者速度够快，那么他极有可能攻击成功；变换频率太高时，虽然攻击者所收集的信息或发起的攻击会快速失效，安全度较高，但系统性能及所提供服务的可用性会降低。一个完美的 MTD 方案应该是在存在攻击时具有较高的变换频率，在没有攻击时不变化。当前的主要方法是预先设置固定或可变的时间间隔，或被安全事件触发。

7.1.5 移动目标防御的静态特征

静态特征是保证一个移动目标防御（MTD）机制有效性的基础和前提条件，当前已有的典型 MTD 机制主要具备 4 个主要特征和 1 个次要特征。4 个主要特征分别是多备选、多样性、随机性以及有限的时效性，它们是保证 MTD 机制有效性的基础；1 个次要特征则是指攻击面缩减，它是提升 MTD 防御效果、改善目标系统安全性的辅助手段。

（1）多备选

基于已有研究，我们知道每个特定的 MTD 机制会配备一个大的配置空间，也就是配备了多个备选的配置选项，以供防御者切换。这个配置空间是由移动参数的所有值域共同组成的，换句话说，它与"移动什么"这个问题密切相关。

多备选的定义并不是严格的，对属于不同技术类别的机制而言，它具有不同的含义。多实例是实现 MTD 的基础，不论属于哪一个技术类别，只要是严格符合 MTD 内涵的机制，都应具有多备选这一特征。每个 MTD 机制都可以通过自己的方式来产生多个备选，既可以是一开始就引入，也可以是在防御过程中逐步产生。

对属于软件变换技术类别的 MTD 策略和方法而言，多备选通常是指软件的多个变体，它们可以通过多种方式产生，包括基于特定体系结构产生、编译器产生、语义保留方式重写以及使用随机化技术产生。

对属于动态平台技术类别的 MTD 策略和方法而言，多备选通常是指供切换的多个执行环境或配置，且主要的产生方式有 4 种：固有（初始时即配备）、使用随机化技术、使用虚拟化技术以及使用进化技术。

对属于网络地址变换技术类别的 MTD 策略和方法而言，多备选指的是可供切换的多个备选 IP 地址和/或端口号。备选主要通过两种方式产生：一种是直接分配一组候选的 IP 地址和/或端口号以供选择；另一种是通过计算的方式逐步产生一组候选的 IP 地址和/或端口号以供选择。

（2）多样性

多样性以多备选为基础，指的是不同的备选配置之间必须存在特征差异。直观上看，在带有多样性的多个实例之间切换比在带有相同特征的多个实例之间切换，能提供更好的安全性，因为这种方式会扩大攻击者的探测空间，使得攻击者难以在有限的时间内识别正确的攻击属性。

对所有属于软件变换技术类别的 MTD 策略和方法而言，产生多个软件变体的同时就引入了多样性。

对属于动态平台技术类别的 MTD 策略和方法而言，大部分实现方法都具备多样性特征，且多样性是在产生多个备选配置的同时产生的。

对所有属于网络地址变换技术类别的 MTD 策略和方法而言，不论它们采用哪种方式产生多个 IP 地址和/或端口号，多个 IP 地址和/或端口号都必须彼此不同（即具备多样性）以保证方法的有效性。

总体来说，对每个 MTD 策略和方法来说，通常在生成多个备选配置的同时，多样性也相应产生了，且每个 MTD 策略和方法都有自己产生多样性的方式。

（3）随机性

不可预测性是 MTD 技术的一个重要目标，它可以使攻击者难以预测目标在下一时段的准确信息，从而增加攻击的难度，降低攻击成功率，增强目标弹性。在已实现的 MTD 机制/方法中，不可预测性通常是随机出现的，是移动方式（即"如何移动"，更确切地说，是选择下一个备选配置的方式）的外在表现属性。

随机性意味着从攻击者的角度来看，防御者是随机选择下一个配置的，这导致了 MTD 技术的不可预测性。

随机性是保证 MTD 机制有效性的一个重要因素，几乎所有有效的 MTD 技术都表现出随机性，区别只在于它们产生随机性的方式不同，即使用带有多样性或不带多样性的备选配置的方式有所不同。值得注意的是，在某一个特定 MTD 方法中，可以采用多种方式来产生随机性，主要包括随机选择、轮换选择、依据函数选择、依据博弈论选择、依据感知到的攻击行为选择等。

（4）有限的时效性

如果一个机制会周期性或不定时地改变移动参数的值（即使用一个新的配置项代替旧的配置项），那么它就具有有限的时效性这一特征。有限的时效性是"何时移动"的外在属性。该特征使得攻击者所获取的信息仅具有很短的有效期，因此能有效降低攻击者依据这些信息来识别特定目标、获取更多必要信息后发起攻击的能力，并能增加攻击者探测目标脆弱性的难度。

有限的时效性是 MTD 技术的一个重要特征，且几乎所有 MTD 技术都具备这一特征。每一个配置项的有效性间隔时间是由变换的频率决定的。当前，有限的时效性通常是通过预设一个固定的时间间隔、使用可调时间间隔、由异常事件触发以及一些其他方式来实现的。

（5）攻击面缩减

系统的攻击面越小，攻击者对其进行脆弱性探测的难度就越大，其面临的安全风险就越低。攻击面缩减之所以被认为是次要特征，是因为不具备这一特征并不会影响 MTD 机制的有效性。系统攻击面可被看作所有可被攻击的属性的集合，包括脆弱性、IP 地址以及端口号等。由于 IP 地址和端口号是网络通信的基础，不可去除，因此当前的攻击面缩减主要就是修复目标的一些脆弱性。攻击面缩减可被看作一种等价变换，因为它可以为被保护目标创建一个或多个功能等价但攻击面更小的变体。

7.1.6 移动目标防御的安全模型

传统防御机制/方法主要依靠系统和网络管理员，通过打补丁和升级系统来保证目标系统的安全性，这是一种反应式防御，其通用防御过程符合 PPDRR（Policy，Protection，Detection，Response，Recovery）模型。

PPDRR 模型包括策略（Policy）、防护（Protection）、检测（Detection）、响应（Response）和恢复（Recovery）5 个主要部分，如图 7.4 所示。防护、检测、响应和恢复构成一个完整的、动态的安全循环，在策略的指导下共同实现安全保障。策略是防御的核心，要想实施动态网络安全循环过程，必须首先制定网络的安全策略，所有防护、检测、响应、恢复都是依据安全策略实施的。防护通常是通过采用一些传统静态安全技术及方法来实现的，主要有防火墙、加密、认证等。检测是网络安全循环过程中的一个重要环节，它既是动态响应的依据，也是强制落实安全策略的有力工具，通过不断地检测和监控网络和系统，来发现新的威胁和弱点，通过循环反馈来及时做出有效的响应。响应在安全系统中占有最重要的地位，是解决安全潜在威胁最有效的办法。恢复是 PPDRR 模型中的最后一个环节。恢复是事件发生后，把系统恢复到原来的状态，或者比原来更安全的状态。

MTD 通过改变系统的一个或多个属性来产生攻击面"移动"，从而提供防御能力。移动既可以是时间触发的（Time-Triggered），也可以是事件触发的（Event-Triggered）。一个 MTD 系统可以同时包括时间触发机制和事件触发机制。时间触发意味着防御方法是根据预定义的时间序列来调度的，而在特定时间点上所做出的是否移动的决策可能是与状态相关的，也可能是与状态无关的。事件触发则通常是与状态相关的，触发条件可能是系统或性能相关的状态变化、攻击或故障的发生。这里的状态可以是依赖于系统本身的，也可以是依赖于系统所处环境的（系统所处环境可以捕获攻击行为、影响系统性能的外部因素以及可能发生的意外故障）。

图 7.4 PPDRR 模型

当前大部分 MTD 机制被设计为依据时间触发，且时间触发与状态无关，即提供一种完全主动的防御。为了更加有效且实用，一个 MTD 系统应该具备反应式能力，即能够响应一个观察到或预知到的异常事件。当前，部分 MTD 机制被设计成既具备主动防御能力也具备反应式防御能力。因此，MTD 的通用防御过程不再符合传统的 PPDRR 模型。也可以说，MTD 改变了传统防御机制/方法的通用防御过程，产生了一个新的安全模型——MP2R（MTD-Policy-Protection-(Detection) Response (Recovery)）模型，如图 7.5 所示。

MP2R 模型中包括主动防御过程和反应式防御过程。防御者会将 MTD 准则融入策略中，用以指导具体的防御过程。

（1）主动防御过程

在主动防御模式下，防御过程独立于网络状态，MTD 机制通过周期性或不定期地变换系统攻击面来提供防御，此时防御过程中不需要检测环节。

1）在通常情况下，MTD 机制依据计时器期满事件来触发周期性或不定期的攻击面变换，以有效抵御攻击，使得系统处于被保护的安全状态。此时，系统在被防护的状态下对计时器期满事件进行响应，进行系统攻击面的变换，从而继续防护系统。此时的防御过程对应着一个

"防护-响应"的闭环。

2) 虽然周期性或不定期的攻击面变换可以有效抵御攻击,但没有哪一种防御能够做到绝对有效,因此系统仍有可能被攻破。一旦出现这种情况,则需要引入恢复环节。那么,与之相应的防御过程对应着一个"防护-响应-恢复"闭环。

(2) 反应式防御过程

在反应式防御模式下,防御过程是与网络状态相关的,即防御过程由网络或系统的安全状态来触发,那么此时需要在防御过程中引入检测环节。

1) 在检测到攻击之后、系统进入响应阶段之时,若是攻击尚未对系统造成实质性破坏,那么就可以直接实施攻击面变换以对抗攻击者,而无须进入恢复环节。此时的防御过程对应着一个"防护-检测-响应"闭环。

2) 在检测到攻击之后、系统进入响应阶段之时,若是攻击已对系统造成实质性破坏,那么必须对系统进行恢复,使其恢复到原来的状态或者比原来更安全的状态,以保证其正常运转。此时的防御过程则符合传统的 PPDRR 模型,对应着一个"防护-检测-响应-恢复"闭环。

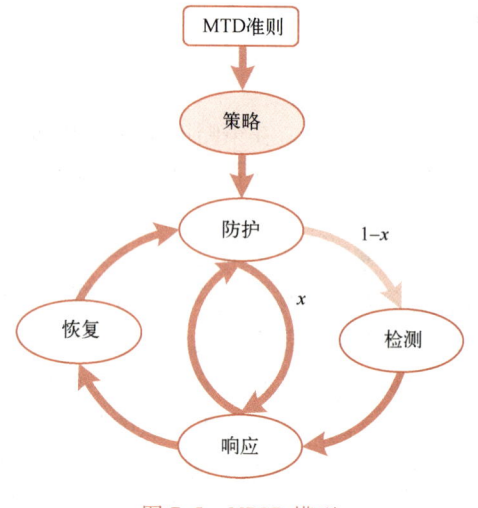

图 7.5 MP2R 模型

对任一种安全威胁而言,若它可被对应 PPDRR 模型的防御机制所防御,那么它必定能被对应 MP2R 模型的防御机制所防御,这是因为 MP2R 模型所对应的防御过程中包含 PPDRR 模型所对应的防御过程。此外,由于 MP2R 模型中还包含独立于网络/系统状态的主动防御过程,其所对应的防御机制具有比 PPDRR 模型所对应防御机制更强的防御能力。对于任一种可成功突破 PPDRR 模型所对应的防御机制防线的攻击而言,MP2R 中所具有的主动防御过程可能会在攻击的任一阶段使其失效,从而降低攻击成功率。

7.1.7 移动目标防御技术

移动目标防御技术可以在系统的不同层面以不同的方式实现,目前已存在多种体现移动目标防御思想的安全防御技术,这些技术可以归结为基于不同类型攻击面的动态转移技术。目前,攻击面的动态转移技术主要包括 4 类:基于数据攻击面的动态转移技术、基于软件攻击面的动态转移技术、基于网络攻击面的动态转移技术以及基于平台攻击面的动态转移技术。具体的分类框架如图 7.6 所示。

1. 基于数据攻击面的动态转移技术

数据作为系统中最基本的组成成分,既是攻击者的优先攻击目标,也是攻击者对系统发动攻击所依赖或者所使用的主要系统资源之一。通过篡改、窃取系统中的重要数据,攻击者可以干扰甚至破坏系统的正常运行,从而达到其攻击的目的。基于数据攻击面的动态转移技术需要在保持数据语义不发生变更的前提下,通过对选定数据的形式、编码、格式、排列等进行动态变换,规避脆弱性或者发现攻击行为,从而提升系统的安全性。根据实施方式的不同,基于数据攻击面的动态转移方法可以分为数据随机化、数据多样化两大类。

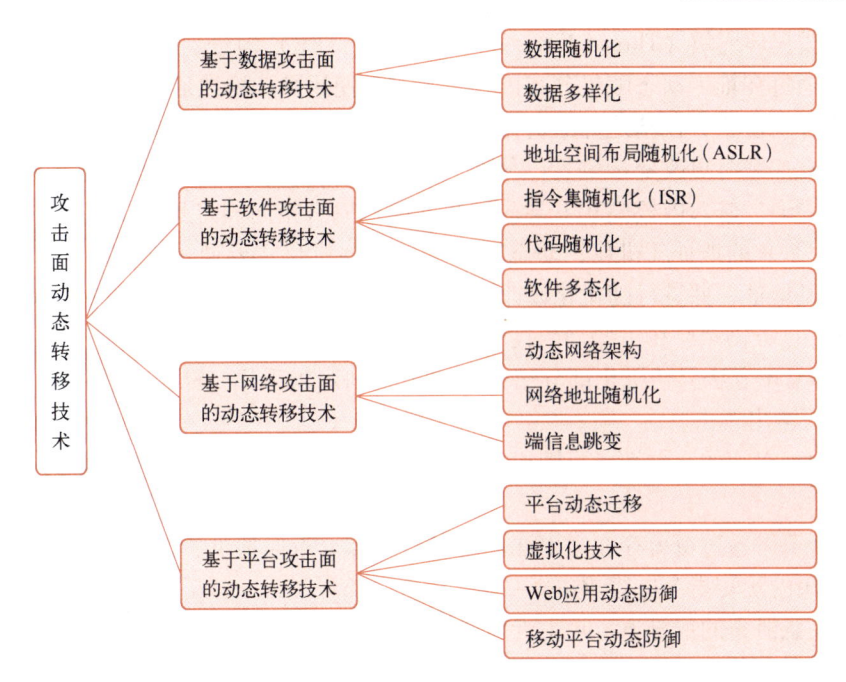

图 7.6　攻击面动态转移技术分类框架

（1）数据随机化

数据随机化的基本思路主要是改变数据在存储器中的存储方式，利用随机生成的密钥，通过异或操作对不同的数据对象（例如指令操作数、数组、指针等）进行随机化操作，使得存储器中的数据形式呈现随机动态变化的特性，从而使得攻击者攻击时访问内存错误或无法跳转至恶意代码指向地址，以挫败缓冲区溢出攻击。

（2）数据多样化

数据多样化的基本思路主要是通过对数据集进行多样化处理，构造等价或等语义的多个数据集，再监测测试过程中的行为与输出，以鉴别系统或程序运行过程中是否存在攻击行为，解决其自身的设计缺陷问题。目前，数据多样化的主要方法包括多副本运行和多变体数据两大类。

2. 基于软件攻击面的动态转移技术

在各类攻击中，针对软件的攻击占有很大的比重，攻击的手段也十分多样，例如代码注入攻击、缓冲区溢出攻击、ROP（Return-Oriented Programming，返回导向编程）攻击、数据泄露攻击、软件恶意篡改等。面对当前攻击方法的动态性、随机性、多样性的特点，基于软件攻击面的动态转移方法通过密码技术和编译技术，对软件代码在地址空间布局、指令集、内存空间布局、程序的结构布局等方面采取动态化、随机化、多样化处理，改变了软件的同质化现象。目前，基于软件攻击面的动态转移方法主要有地址空间布局随机化、指令集随机化、代码随机化、软件多态化等。

（1）地址空间布局随机化

地址空间布局随机化（ASLR）是目前使用最广泛的一种软件攻击面的动态转移方法。ASLR 可以在编译时随机化，以生成同一软件的不同版本，也可以在运行时随机化，对程序组件的地址进行动态布局。

ASLR 的随机化对象主要包括堆地址、栈基地址、进程环境块（Process Environment Block，

PEB）地址和线程环境块（Thread Environment Block，TEB）地址、动态链接库地址等。堆地址随机化主要通过在堆上动态随机分布内存块，避免使用默认堆地址，使得攻击者难以预测下一次分配的内存块位置；栈基地址随机化主要通过在编译时在栈顶填充数据，随机调整函数栈帧的大小，或在加载时更改变量位置，使得攻击载荷对某些变体的溢出攻击失效；PEB/TEB 地址随机化主要通过修改内核模式下某些函数，使得原有指向固定地址的指针指向随机地址，从而使得 PEB/TEB 的地址随机化；动态链接库地址随机化主要通过 Hook 技术获取动态链接库的默认装载基地址，并进行随机化修改，使得攻击者无法正常调用该动态链接库。

ASLR 方法自身仍然存在一些局限性，主要包括：

1）由于 ASLR 方法只随机化部分组件，攻击者利用未采用 ASLR 方法的程序组件，可以绕过 ASLR 进行溢出攻击。

2）由于地址空间的有限性，可随机化的空间过小导致攻击者可以采取暴力破解的方法获得跳转地址。

3）攻击者可以通过覆盖存在溢出漏洞的函数的部分返回地址，使其与基地址的相对距离固定，寻找可用的跳转指令进行攻击。

4）内存信息泄露的情况下，攻击者可能通过部分内存信息推导出地址，从而发动攻击。

5）通过处理器的内存管理单元（Memory Management Unit，MMU）中的缓存，攻击者可能实施侧信道攻击以获取虚拟地址，并进行真实地址的转换。

（2）指令集随机化

指令集随机化（ISR）是主要用于防御注入攻击的技术，通过对指令集进行特殊的随机化操作，例如内核修改、脚本语言随机化、运行时（Runtime）随机化、指令地址随机化等，实现软件攻击面的动态转移。指令集随机化技术包括抵御 Web 攻击的 ISR 方法和抵御二进制代码注入攻击的 ISR 方法两大类。

（3）代码随机化

尽管 ASLR 和 ISR 方法能够在一定程度上抵御注入攻击，但是 ROP（返回导向编程）攻击、JIT-ROP（即时返回导向编程）攻击只需要很少量的泄露地址便可绕过细粒度的 ASLR 防御手段。于是，代码随机化方法应运而生，针对 ROP 攻击等一类代码复用攻击，通过随机化方式修改二进制代码，可以使得攻击者无法利用程序中原有的代码。

（4）软件多态化

由于现有软件开发部署主要从成本和可用性角度考虑，源代码常常采用同样的编译器、同样的方法进行编译链接，再进行分发销售。于是，攻击者只要发现一个漏洞，就可以很轻松地将其运用到同一版本的所有该软件上。软件多态化技术通过在软件开发过程中为同一源代码生成同一功能、不同结构的大量软件实体，使得每位用户的同一软件都存在内部结构的差异性，从而使得攻击者攻破不同用户的难度加大。目前，主要的软件多态化方法主要包括反向堆栈技术、寄存器随机化技术、指令修改技术、多变体运行技术等。

反向堆栈技术主要通过扩展原有的堆栈操作指令，构建出一个具有向上增长堆栈的变体。通过改变堆栈的增长方向，使得修改后的堆栈中包含完全不同的变量，以抵御缓冲区溢出攻击。

寄存器随机化技术主要通过交换寄存器中的内容，使得攻击者所依赖的原先寄存器中的固定内容发生变化，而导致攻击失效。但是，目前还没有支持随机化处理过的寄存器的硬件架构，所以需要在指令运行前预先交换寄存器中的内容。

指令修改技术主要利用指令调度，调用内联、循环迭代分布、部分冗余删除等方法来改变生成的机器代码，可以用来抵御 ROP 攻击和一些依赖特定指令及其存放位置的攻击。

多变体运行技术主要通过同时运行多个保持相同语义的变体，并观察和监测各个变体在同步点的行为，在保证输入一致的前提下，在监控程序监测到与其他变体发生不一致的行为时，对该变体是否存在攻击行为进行分析，并终止该变体继续运行，同时选用其他变体的输出作为程序执行的结果。

3. 基于网络攻击面的动态转移技术

基于网络攻击面的动态转移方法的主要目的是切断攻击者网络侦查和探测目标漏洞，阻碍攻击者访问目标节点，迫使攻击者不断追逐攻击目标，在不中断正常网络通信的前提下，阻止攻击者连接到目标系统或者引导攻击者连接到虚假、错误的目标，消除攻击者攻击时间、空间上的优势，阻止其进行后续攻击。目前，基于网络攻击面的动态转移方法主要有动态网络架构、网络地址随机化、端信息跳变等方法。

（1）动态网络架构

动态网络架构方法通过实施网络攻击面资源的转移，动态变换网络资源及配置，同时保持架构内各部分组件的信息交换和协同转移，提高应对网络攻击的能力。目前的动态网络架构大多应用在不同的场景下，应对不同的攻击手段，尚未出现通用的、容易部署、优化开销的架构方案。

（2）网络地址随机化

网络地址随机化的思想主要是为网络地址引入动态变换更新机制，通过对网络数据包进行特殊的处理或通过一定机制协同变换网络地址，使得攻击者始终无法确定通信双方的真实地址，从而破坏攻击者的嗅探攻击，实现对主机的隐私保护。

（3）端信息跳变

端信息跳变主要是指在端到端的数据传输中，通信双方或一方按照协定伪随机地改变端口、地址、时隙、加密算法甚至协议等信息，从而实现网络的主动防御。端信息跳变方法通过双方协同或一方的端信息跳变，能够使得攻击者在实施攻击前丢失其攻击目标，且难以截获双方的通信数据。但是，该方法对同步和全局协调要求较高，若能充分利用软件定义网络（SDN）架构的灵活性、透明性的优势，则能更好地提升动态防御的有效性和可靠性。

4. 基于平台攻击面的动态转移技术

平台主要是指能够承载应用运行的软/硬件环境，其中包括处理器、操作系统、虚拟化平台及具体应用的开发环境等。基于平台攻击面的动态转移方法主要针对传统平台单一架构的缺陷，采用构建多样化运行平台的方式，动态改变应用的运行环境和系统配置，使系统呈现出随机性、不确定性和动态性。基于平台攻击面的动态转移方法主要有平台动态迁移、虚拟化技术、Web 应用动态防御、移动平台动态防御等。

（1）平台动态迁移

平台动态迁移主要是指通过构建多个平台，并使运行在其上的应用能够以可控的方式随机地在不同的平台上迁移，降低攻击者探测和攻击的成功概率。其实现技术又可分为同平台的多配置迁移和多平台迁移。

（2）虚拟化技术

操作系统级虚拟化是在现有操作系统的基础上，以分区的方式提供多个独立的应用程序运行环境。各个分区都拥有完整的关键系统资源，与操作系统共用一个内核，其中的应用程序相互独立。硬件级虚拟化是通过在硬件平台上生成多个可以独立运行操作系统的虚拟机实例，将硬盘分区、存储扇区、硬件和 CPU 等虚拟化，从硬件角度对资源进行配置。虚拟化技术的应用在很大程度上实现了原先很多在实际网络环境中难以实现或难以部署的动态迁移方法，使得网络攻击面的动态转移方法有了更深入、更广泛的应用。

（3）Web 应用动态防御

针对 Web 攻击面的攻击手段主要包括跨站脚本攻击、HTML 代码注入攻击以及服务器端代码注入攻击等。指令集随机化的 Web 动态防御方法以及 Web 服务的虚拟化迁移方法等均可用于实现 Web 应用动态防御。

（4）移动平台动态防御

近年来，随着智能手机的大规模普及，针对移动平台的攻击数量也呈现出上升之势。其中，攻击手段主要包括手机木马、代码注入、远程连接等。攻击者通过窃取手机用户的隐私、重要财产信息，或者对移动终端进行恶意控制和破坏，造成用户信息泄露、财产损失。为了应对日益增多的移动平台攻击，移动平台的动态防御手段近年来得到了很大的发展。移动平台的动态防御方法主要采取动态修改应用软件的方式，使其产生动态特性。

7.2 拟态防御

7.2.1 拟态现象与拟态防御

一种生物在色彩、纹理和形状等特征上模拟另一种生物或环境，从而使一方或双方受益的生态适应现象，在生物学中称为拟态。按防御行为分类，可将其列入基于内生机理的主动防御范畴，我们将其称为"拟态伪装"（Mimic Guise，MG）。

拟态现象在生物界很普遍，诸如竹节虫、枯叶蝶、模拟兰花、树叶虫等。尤其是 1998 年在印度尼西亚苏拉威西岛水域发现的条纹章鱼（又名拟态章鱼），它算得上是生物界的拟态伪装大师。研究表明，它能模拟 15 种以上海洋生物，可以在珊瑚礁环境和沙质海底完全隐身。在本征功能不变的条件下，也能以不确定的色彩、纹理、形状和行为变化给掠食者或捕食目标造成认知困境。

生物界的拟态伪装不能直接作为网络空间主动防御的概念基础。根本原因在于网络空间中大多数信息系统的服务功能和性能是不能隐匿的，如 Web 服务、路由交换、文件存储、云计算和数据中心等。相反，还要尽可能使外界清晰了解其使用方式和功能细节，以及要考虑使用习惯的延续问题。所以，网络空间的任何主动防御举措都不能影响到目标对象给定服务功能和性能的正常提供。针对除此之外的其他行为，比如目标对象的系统架构、运行机制、核心算法、异常表现以及可能存在的未知漏洞或后门等，则可以通过类似拟态伪装的方式进行主动隐匿。那么，除隐匿目标对象服务功能外的拟态伪装就被定义为"拟态防御"（Mimic Defense，MD）。

7.2.2 拟态防御与非相似余度构造

根据"给定功能往往存在多种实现结构"的共识，可靠性领域的异构冗余体制可能满足拟态防御的最低要求。原因是其异构冗余集合中的任意元素，无论是单独使用还是多个元素的并联或组合使用，最终呈现的功能场景都是等价的。

异构冗余体制的经典范例就是"非相似余度构造"（Dissimilar Redundancy Structure，

DRS），如图 7.7 所示。其理论基础是"独立开发的装置或模块发生共性设计缺陷导致共模故障的情况属于小概率事件"，工程实现上要保证各功能等价的独立装置中的设计缺陷具有不相互重合的性质。

目前，DRS 系统的相异性设计主要通过严格的管理手段实现。由不同教育背景和工作经历的人员组成的多个工作组，依托不同的开发环境，根据不同的技术路线，遵循一个共同的功能规范，独立开发多个功能等价的装置。然后，将这些异构等价装置加入一个具有多模表决机制的容错架构，通过对输出矢量的比较或检测，便可处理可能存在的两种不确定性错误，即软硬件设计潜在缺陷引发的不确定故障和物理机制导致的不确定失效。这说明，原本属于不确定性故障的处理难题可以被 DRS 转换为择多判决的概率问题。

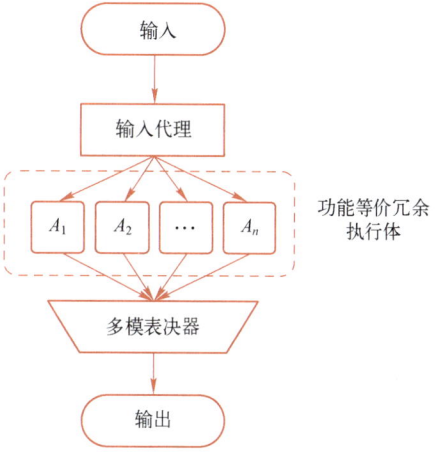

图 7.7 DRS 示意

尽管理论上不能保证择多结果总是正确的，但可以证明择多错误的发生概率随 DRS 的等价冗余执行体数量增加而非线性减小。

工程实践表明，基于 DRS 的系统能够非线性地提高可靠性等级。如果再借助一定的预清洗或恢复机制，应用系统可以具有非常高的可靠性。值得注意的是，上述设计原则与方法不仅对抑制目标系统的共性缺陷和错误有效，而且对管控开发工具和开发环境引入的共性缺陷同样有效。

DRS 的应用成果证明，异构冗余机制能够有效地检测、定位和隔离"已知的未知"或"未知的未知"故障，还可以显著减少系统验证和确认的时间与费用。

尽管 DRS 对于不确定性故障具有很好的容错属性，但直接用于应对诸如 APT 等增量性、持续性、协同性和不确定性高级入侵威胁仍存在以下几方面挑战：

1）DRS 的基本要求是所有构件、组件有严格的空间独立性，且给定功能交集被严格限定。除了等价功能交集，不能存在其他相同的功能交集，这需要极为复杂、代价高昂的相异性设计来保证。

2）DRS 系统仍然是静态的、确定的，其运作机制也是相似的，理论上具有防御行为的可预测性。攻击者一旦掌握目标对象过程信息或所需的必要资源，就可以从容地造成多数异构体的一致性错误，以实现多模表决下的逃逸。更严重的是，一旦攻击成功，其经验具有可继承性，能够准确地复现。

3）DRS 的容错特性是以软硬件故障发生的随机性为前提的，通常可以用概率工具来描述。基于未知漏洞或后门等发起的攻击对防御方来说属于不确定性威胁，不具备可计算性，也就无法用概率工具表达和分析。

4）虽然 DRS 同样将相对不可靠的组件作为冗余体构件，但一般认为可靠性隐患不具有"恶意传播"的性质。因此，并没有强制性地"去协同化"以阻止人为攻击的传播，冗余体间通常存在协同化攻击可利用的互联端口、链路和处理空间等通道或同步机制。

总之，一旦攻击者拥有的资源和能力可以覆盖 DRS 的静态环境，理论上就能够实现基于多数冗余体的协同化攻击。

7.2.3 动态异构冗余思想

在诸如 DRS 等异构冗余机制中导入动态性和随机性，可以有效提升其抗攻击性能。首先，该机制在防御方可控或代价可接受条件下，能使系统对攻击者呈现出相当程度上的不确定性，也能将人为攻击行动的必然性强制转化为随机性可表述的事件。其次，研究经验表明，使同构冗余部件间做到精确协同极具挑战性，而动态性和随机性能够进一步提升多方参与具有一致性或协同性要求的行动的不确定度，多模判决环节又在机理上显著提升了非配合条件下的协同攻击难度。因此，如果异构执行体集合中的元素采取诸如动态化的策略调度，或者元素自身实施可重构、可重组、可重建、可重定义、虚拟化等广义动态化技术，那么在保证系统功能、性能及抗攻击与可靠性指标的前提下，可以简化或弱化 DRS 中苛刻的相异性设计要求。这样的异构冗余机制称为"动态异构冗余"（Dynamic Heterogeneous Redundancy，DHR）构造。

1. DHR 构造

动态异构冗余构造理论上要求系统具有视在结构表征的不确定性。包括非周期地从功能等价的异构冗余体池中随机地抽取若干个元素组成当前服务集，或者重构、重组、重建异构冗余体自身，或者借助虚拟化技术改变冗余执行体内在的资源配置方式或视在运行环境，或者对异构冗余体做预防性或修复性清洗、初始化等操作，攻击者在时空维度上很难有效地再现成功攻击的场景。DHR 结构示意如图 7.8 所示。

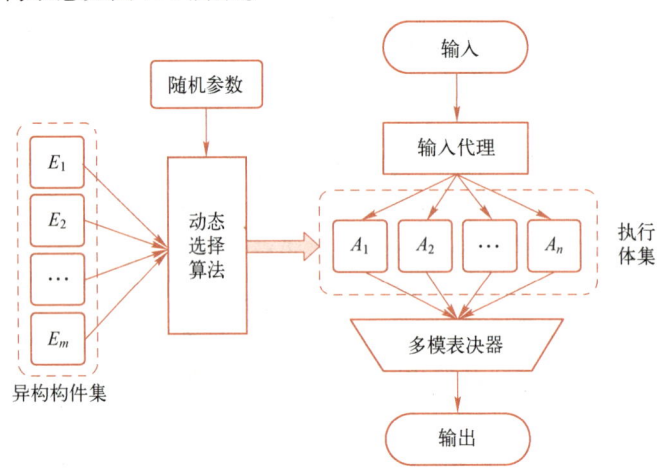

图 7.8　DHR 结构示意

DHR 构造由输入代理、异构构件集、动态选择算法、执行体集和多模表决器组成。其中，异构构件集和动态选择算法组成执行体集的多维动态重构支撑环节。根据标准化的软硬件模块，可以组合出 m 种功能等价的异构构件集合 E，按策略调度算法动态地从集合 E 中选出 n 个构件体作为一个执行体集 $(A_1, A_2, \cdots, A_n)$，系统输入代理将输入转发给当前服务集中的各执行体，这些执行体的输出矢量提交给表决器进行表决，得到系统输出。我们将输入代理和多模表决器也称为"拟态括号"（Mimic Bracket，MB）。

拟态括号内通常是一个符合 IPO 模型的防护目标集，IPO 模型如图 7.9 所示。

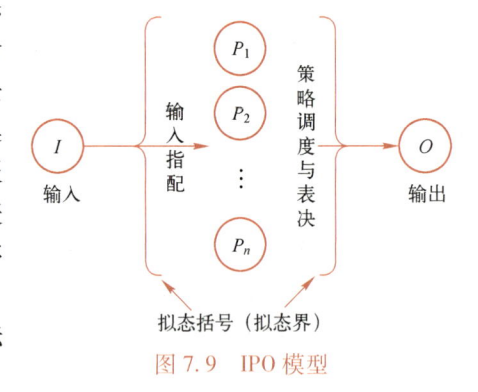

图 7.9　IPO 模型

P 既可以是复杂的软硬件处理系统，也可以是部件或子系统，且存在应用拟态防御架构的技术与经济条件，可表达为 $I\{P_1, P_2, \cdots, P_n\}O$。连接输入 I 的左括号被赋予输入指配功能，连接输出 O 的右括号被赋予多模表决和代理输出功能，括号内的 P_n 是与 P 功能等价的异构执行体。左右括号在逻辑上或空间上一般是独立的，且功能上联动。拟态括号限定的保护范围称为拟态防御界（Mimic Defense Boundary，MDB），简称拟态界，通常情况是一个存在未知漏洞、后门，或者病毒、木马等软硬件代码的"有毒带菌"异构执行环境。

不难发现，DHR 构造的抗攻击能力在体系上源自 DRS，在不确定性机制上则得益于动态性、随机性和多样性的引入，在攻击难度上得益于"去协同化环境"造就的非配合条件下的协同化攻击困境，在实现方法上源自功能等价条件下的多维动态重构机制的应用。

2. DHR 构造效应

（1）不确定性威胁感知

DHR 构造感知不确定性威胁需要满足 3 个前提条件：①执行体的输入是标准化或可归一化的，且能被用于并行激励多个执行体；②执行体的输出矢量是标准化的或经归一化处理能够满足标准化的，并可支持多模判决；③执行体受到的不确定性攻击将在其输出矢量中有所表现。感知精度取决于执行体的颗粒度。

（2）增强攻击链不确定性

DHR 构造内在的多维动态重构机制使得目标对象的视在环境表现出很强的不确定性。理论上除给定功能外，同样的输入激励很难得到相同的输出响应。例如，静态情况下攻击者看到的漏洞数量、种类特征与可利用性是确定的，而在动态情况下视在漏洞的数量、种类特征、出现的频度和可利用性都将是不确定的。这将会严重干扰攻击者在漏洞探测和回连阶段获得信息的真实性，也会使攻击植入或上传环节失去可靠性，还将会破坏攻击的成功经验在时空维度上的可复现性。

（3）增加多模表决逃逸难度

理论上，多模表决机制存在"错误逃逸"的可能性，但逃逸概率通常很低。由于 DHR 构造中导入了策略调度、重构重组和虚拟化等多维动态的不确定性机制，多模表决环节中单次逃逸或持续逃逸的概率进一步降低。原因是：①多模表决环节对经过拟态界的攻击链频度和执行集的环境差异都十分敏感，任何导致冗余执行体输出矢量产生差异的功能性操作或内容性设计都会被非线性放大；②如果从异构冗余池中抽取执行集是按照某种随机策略进行的，则试图满足当下服务集内同源组合漏洞的逃逸条件也是相当困难的；③假设 t 时刻的攻击实现了成功逃逸，由于服务集具有动态性和异构性，在 $t+i$ 的后续攻击中也难以借助逃逸经验复现与 t 时刻完全相同的输出矢量；④如果系统再辅以"发现即清洗"的处理策略，那么越是复杂精细的攻击方案，越是操作步骤绵长的协同行动，攻击成功率就会越低。

（4）动态异构环境影响漏洞利用

原理上，DHR 保护范围内的漏洞只要保证严格的相异性就具有不可利用性，这是由多模表决机制决定的。事实上，即使在拟态界内存在同源或同类漏洞等情况，由于执行环境的动态和异构变化，攻击者也难以实现针对环境差异的多目标协同攻击。例如：借助 CPU、OS 或支撑环境漏洞实现的一类攻击将会被多模表决环节阻断；利用应用软件漏洞进入系统并设法通过 OS 提权操作的蓄意攻击也将因为环境因素变化而难有作为；借助冗余体内存、缓存或输入/输出等"侧信道"实施的应用层攻击也会被多模表决机制终止；根据特定化环境定制的后门、病毒或木马等，也会随着攻击可达性的改变而失去期望功能。

(5) 具有独立的安全增益

DHR 构造的防御机理主要体现在目标对象视在环境与构造的不确定度方面，目的是非线性地增加攻击者的难度和成本。防御的有效性仅由 DHR 构造的多维动态重构、重组等机制和非配合条件下多模裁决机制的强弱决定，不依赖任何攻击行为的先验知识，也与入侵检测、预防、容忍或隔离、杀毒灭马、封门堵漏等传统安全防御手段无强关联性，其防御能力可以覆盖目前绝大多数拟态界内的未知漏洞、后门、病毒和木马等安全威胁。尽管如此，DHR 构造在机制上可以自然地利用常规防御措施以增强系统的相异性，有助于非线性提高防御的有效性与可靠性。

(6) 逆转攻防不对称格局

无论是从定性定量分析还是从实际测评的角度，都不难得出以下结论。DHR 的内在机理使其很容易获得非线性的防御增益，DHR 系统的失效率也是呈指数级衰减的。按照可靠性模型分析不难发现，在相同余度数 $n(n \geqslant 3)$ 的条件下，DHR 的可靠性要远远高于 DRS 的可靠性。从 DHR 的典型构造来看，其防御成本上限正比于异构执行体的数量 n，为线性函数，但其防御效果是非线性增加的。更为重要的是，从应用系统的全寿命周期来看，DHR 构造能显著降低实时防护性要求（如防御零日攻击等）、版本升级（打补丁）频度以及附加专门安全装置等所带来的维护成本。从实现方面来看，DHR 允许使用全球化市场的商用级软硬构件来组成异构执行体，甚至可以直接使用开放或开源的产品。相比于专门设计、特殊制造的安全构件、部件或系统，DHR 构件的开发和售后服务成本可被规模化市场所消化，基本上可以忽略。

(7) 适应全球化生态环境

DHR 构造模式需要标准化、多样化、多元化的软硬构件市场和业态的支持，而开源社区、全球化产业链等现代技术开发和生产组织方式恰好能起到自然的支撑作用。DHR 构造的泛化使用能够提供更加强劲的多样化市场需求，这也使得同质异构技术产品之间将不只是排他性的竞争关系。

一般来说，功能等价的软硬构件之间的技术成熟度必定存在差异，特别是在产品初期阶段或对市场后来者来说。借助 DHR 构造的高可靠容错属性和多模裁决的定位功能，能快速发现拟态界内新构件产品的设计缺陷和性能弱点。预期可以实现以下 3 方面的效果：①用户能够不再为市场上缺乏成熟的多元化构件感到担忧和烦恼；②"同质异构"需求的出现，可以大大降低新产品供应商进入市场的门槛；③包容设计缺陷的特性可以大大减少设计阶段系统验证和确认的时间及费用，加快新品入市的进程。

DHR 虽然要求用功能等价的多元化或多样化软硬构件搭建运行环境，但并不苛求拟态界内构件本身的"无毒无菌"或"绝对可信"。这使得我们可以用一些在安全性方面不完全可控但功能、性能和成熟度较高的国内外产品，与自主可控程度较高但在先进性或成熟性等方面尚存在差距的可信产品，采取混合配置或伴随监视的工作模式，用功能、性能、安全性、可靠性等方面的高低搭配来优化应用系统全寿命周期内的成本结构或经济性指标。

(8) 一体化的系统架构

显然，DHR 构造不仅具有很高的容错能力，而且还能独立地提供确定或不确定的威胁防御能力。这种创新架构可以一体化地解决可靠、可信服务环境的鲁棒性、柔韧性和安全性方面问题。相对于附加或堆砌在专门的安全防御设施上来保护网络服务系统的方法，一体化的系统架构将三大能力融为一体，在部署上具有更佳的性价比或费效比。

7.2.4 网络空间拟态防御

网络空间拟态防御（Cyber Mimic Defense，CMD），旨在为解决网络空间不同领域相关应用层次上基于未知漏洞、后门或木马病毒等的不确定性威胁，提供具有普适性的创新防御理论和方法。CMD 既能为关键网络设施或核心信息装备提供弹性的或可重建的服务能力，也能以一体化的架构技术提供独立于传统安全手段的内生安全增益，或融合成熟的防御技术获得非线性增强的防御效果。

CMD 在技术上以融合多种主动防御要素为宗旨：以异构性、多样性或多元性改变目标系统的相似性、单一性；以动态性、随机性改变目标系统的静态性、确定性；以异构冗余多模表决机制识别和屏蔽未知缺陷与不明威胁；以高可靠性架构增强目标系统服务功能的柔韧性或弹性；以系统的不确定属性防御或拒绝针对目标系统的不确定性威胁。

1. 基本概念

CMD 的基本概念可以简单归纳为"五个一"：一个共识，即"人人都存在这样或那样的缺点，但极少出现在独立完成同样任务时，多数人在同一个地方、同一时间、犯完全一样错误的情形"；一种架构，即 DHR 架构；一种运行机制，即"去协同化"条件下的多模表决和多维动态重构机制；一个思想，即"移动攻击表面"（Moving Attack Surface，MAS）思想；一种非线性安全增益，即纯粹通过架构内生机理获得的拟态防御增益（Mimic Defense Gain，MDG）。其目的是在功能等价、开放的多元化生态环境中，将复杂目标系统自主可控问题转化为功能相对单一的拟态括号可控可信问题。

1) 根据"给定功能和性能条件下，往往存在多种实现算法"这一共识，可证明这些实现方法的并集或交集运算结果仍然满足功能等价性要求。这意味着网络空间基于未知漏洞、后门等不确定威胁的防御难题，能被异构冗余机制转化为可用概率描述的风险防护问题。

2) 借助 MAS 思想，CMD 系统可以被视为一种以攻击者不可预测的方式部署多维度攻击面的主动防御系统。各执行体的构造及环境存在时空维度上的多元异构性，使得攻击者可以利用的资源在时空维度上存在不确定性，宏观上表现为攻击面总是在做不规则移动，尤其是对那些需要多步骤传送数据包或回送数据包才能达成目的的攻击任务，其可达性前提几乎无法保证。

3) "去协同化"条件下的多模策略表决和多维动态重构机制，能将复杂系统攻击表面的高难度、高代价工程问题，转变为空间独立的、功能简单的"拟态括号"中的软硬部件攻击表面的缩小问题，并且能使异构冗余体之间可能存在的显性或隐性关联性降至最低，给攻击者造成非配合条件下的异构多目标动态协同攻击困扰。这使得自主可控的工程实现难度从全产业链"不得有安全短板"，降低到只需在个别环节或关键部件"严防死守"即可。

4) CMD 架构的安全增益 MDG 是"内生"的，与现有的安全防护技术，如加密认证、防火墙过滤、查毒杀毒、木马清除、入侵检测等措施，在机理上无依赖关系，漏洞修补、后门封堵或恶意代码清除等传统的增量修补手段只是作为稳定防御效果的补充性措施且无实时性要求。但是，融合使用这些安全技术可使目标对象的防御能力进一步提高。

2. 拟态防御界

拟态防御界内包含若干组定义规范、协议严谨的服务（操作）功能。通过这些标准化协议或规范的一致性或符合性测试，可判定多个异构执行体在给定服务（操作）功能上甚至性能上的等价性，即通过拟态界面的输入/输出关系的一致性测试可以研判各功能执行体间的等价性，包括给定的异常处理功能或性能的一致性。拟态界面所定义功能的完整性、有效性和安全性是 CMD 有效性的前提条件，界面未明确定义的功能（操作）不属于 CMD 的范围。换句话说，如果攻击行动未能使输出矢量不一致，拟态机制不会做出反应。因此，合理设置、划分或选择拟态防御界在工程实现上非常关键。

需要特别强调的是，拟态防御界外的安全问题不属于 CMD 的范围。例如，对于由网络钓鱼、在服务软件中捆绑恶意功能、在跨平台解释执行文件中推送木马病毒代码、通过用户下载行为携带有毒软件等不依赖拟态防御界内未知漏洞或后门等因素而引发的安全威胁，防御效果不确定。

3. 拟态防御等级

（1）完全屏蔽级

如果给定的拟态防御界内受到来自外部的入侵或"内鬼"的攻击，所保护的功能、服务或信息未受到任何影响，并且攻击者无法对攻击的有效性做出任何评估，犹如落入"信息黑洞"，则称为完全屏蔽级，属于 CMD 的最高级别。

（2）不可维持级

给定的拟态防御界内如果受到来自内外部的攻击，所保护的功能或信息可能会出现概率不确定、持续时间不确定的"先错后更正"或自愈情形。对攻击者来说，即使达成突破也难以维持或保持攻击效果，或者不能为后续攻击操作给出任何有意义的铺垫，则称为不可维持级。

（3）难以重现级

给定的拟态防御界内如果受到来自内外部的攻击，所保护的功能或信息可能会出现不超过 t 时段的"失控情形"，但是重复这样的攻击却很难再现完全相同的情形。换句话说，相对攻击者而言，达成突破的攻击场景或经验不具备可继承性，缺乏时间维度上可规划利用的价值，则称为难以重现级。

原则上可以定义更多的防御等级以适应不同应用场景对安全性与实现代价的综合需求。其中，给攻击行动造成的不同程度的不确定性是 CMD 的核心。不可感知性使得攻击者在攻击链的各个阶段都无法获得防御方的有效信息；不可保持性使得攻击链失去可利用的稳定性；不可再现性使得基于探测或攻击积淀的经验，难以作为先验知识在后续攻击任务中加以利用等。

总体来看，CMD 为解决拟态防御界内基于未知漏洞、后门或木马病毒等的不确定威胁提供了"改变游戏规则"的新途径。CMD 的内生安全增益既能独立于传统的安全防御手段，也能很好地综合传统安全防御手段的优势；其开放性与安全性的完美结合将促进产业化进程向更深、更广发展；其系统构造具有普适性，能够集约化地实现网络服务、可靠性保障与安全防御等功能。

7.3 网络欺骗防御

7.3.1 网络欺骗防御概述

1. 网络欺骗简介

网络欺骗是由"蜜罐"（Honey Pot）演进而来的一种防御机制。在网络攻击中，攻击一般需要依据网络侦察获取的信息来决定下一步动作，网络欺骗正是利用这一特点，通过干扰攻击者的认知以促使其采取有利于防御方的行动。与传统安全技术相比，网络欺骗并非着眼于攻击特征而是着眼于攻击者本身，可以扭转攻击者与防御者之间的攻防不对称。

1）当前网络系统的确定性、静态性和同构性，使攻击者可以通过探测等手段获知目标的信息，对目标系统的脆弱性进行反复的分析和渗透测试，从而找到对应的策略。通过网络欺骗技术，可以打破网络系统的确定性、静态性与同构性，使攻击者无法获取准确的环境信息。

2）一次攻击的失败为攻击者提供了改进的经验，而一次防御的成功对于防御者来说，不能预知攻击者下一步的动作。防御者通过网络欺骗技术将攻击者引入一个"伪造"的环境中，使攻击者无法判断攻击是否成功，同时通过对攻击者攻击活动的记录和分析，可以获取更多攻击者相关信息。

3）对于业务网络中部署的商业化边界防御设备，攻击者可以通过扫描、踩点等手段侦察相关信息，并使用同样的安防产品进行网络工具的验证与测试。网络欺骗技术与业务环境相融合，攻击者探测到的并不是准确的业务环境，因此无法构建同样的环境进行工具实验。

4）由于在业务系统中布置的是伪造的数据，即使攻击者成功窃取了数据，也会因为虚假的数据而面临数据总体价值降低的状况。

2. 网络欺骗的定义

网络欺骗是欺骗策略在网络安全防御中的应用。军事上欺骗被定义为有意误导敌方军事决策者，使之对己方能力、意图和行动误判，从而导致敌方采取有助于己方完成任务的具体行动（或不行动）。这一定义突出了有意误导以使目标产生误判。参考这一定义，计算机安全欺骗（Computer-Security Deception）的一种定义是为了误导和/或扰乱攻击者的有计划的行动，以让攻击者采取（或不采取）特定的动作来增强计算机安全防御。

Gartner 将欺骗技术定义为：使用骗局或假动作来阻挠或推翻攻击者的认知过程，扰乱攻击者的自动化工具，延迟或阻断攻击者的活动，通过使用虚假的响应、故意的混淆以及假动作、误导等伪造信息达到"欺骗"的目的。

从上述描述可以看出，欺骗是有意地误导攻击者的决策从而使攻击者以有利于防御者的形式行动或者不行动。为了统一概念，在本书中采用"网络欺骗"来描述此类技术并综合上述定义给出如下描述。

定义 7.3：网络欺骗（Cyber Deception）

安全防御人员在己方网络系统中布设骗局，干扰、误导攻击者对己方网络系统的认知，使攻击者采取对防御方有利的动作（或不行动），从而有助于发现、延迟或阻断攻击者的活动，达到增强网络系统安全的目的。

在上述定义的基础上，下面进一步给出网络欺骗的形式化定义：

$$\text{Cyber-Deception} = (\text{Defender}, \text{Asset}, \text{Trick}, \text{Attacker}, \text{Profit})$$

1）Defender：安全防御人员，欺骗行动的发起者和实施者，通过策划和实施欺骗使攻击者采取防御者预期的行动。

2）Asset：己方网络系统中的资产，网络欺骗要保护的目标。记为 $\text{Asset} = (\text{asset}_1, \text{asset}_2, \cdots, \text{asset}_n)$，$\text{asset}_i$ 为网络系统中的设备、系统、软件、应用、数据等。

3）Trick：构建的骗局，部署在网络系统中。骗局有两种：一种是构建虚假资产，记为 Simulation；另外一种是对系统中已有资产的特征进行修改，记为 Modification，则有 $\text{Trick} = (\text{Simulation}, \text{Modification})$。其中，$\text{Simulation} = \{\text{sasset}_1, \text{sasset}_2, \cdots, \text{sasset}_p\}$，$\text{Modification} = \{\text{masset}_1, \text{masset}_2, \cdots, \text{masset}_q\}$，$(p+q>0, q \leq n)$。每个 masset_i 对应的 $\text{asset}_j(i \neq j)$，对攻击者却表现出 asset_i 特性，使攻击者认为看到的是资源 asset_i。

4）Attacker：攻击者，网络欺骗针对的对象。记为 Attacker = (Tactics, Techniques, Procedures)。Tactics、Techniques、Procedures 分别表示攻击者使用的手段、技术与过程。网络欺骗设计的过程中要根据攻击者特征采取不同的方案。

5) Profit：网络欺骗的收益，也是防御方实施欺骗的目的。记为 Profit = {TTP,Trace,Protection,Delay}。其中，TTP 代表通过网络欺骗获取的攻击者的 Tactics、Techniques、Procedures 信息。Trace 代表对攻击者追踪溯源。Protection 代表对真实资产的保护。Delay 代表对攻击者攻击活动的延迟。

3. 网络欺骗的安全属性

在网络欺骗中主要考虑 4 个属性，即机密性（Confidentiality）、可鉴别性（Authentication）、可用性（Availability）、可控性（Controllability）。对攻击者而言，网络欺骗要有机密性，设计的骗局不可被攻击者识破，一旦被识破就失去了价值；对防御者而言，网络欺骗要有可鉴别性，设计的骗局对于防御者来说是可鉴别的，防御者能够区分骗局和真实的业务系统；对于用户来说，网络欺骗要具有可用性，骗局的部署不能影响正常用户的使用与业务系统的正常功能；欺骗系统自身具有可控性，骗局是可控的，既不能被攻击者用作攻击跳板，同时也可以观测到攻击者的活动。

7.3.2 网络欺骗发展历程

网络欺骗技术的发展历程可以概括为 3 个阶段：应对人工攻击的开创阶段，应对自动化攻击的蜜罐阶段，应对高级持续性威胁的欺骗防御阶段。

1. 开创阶段

网络欺骗技术的起源可以追溯到 20 世纪 80 年代末期 Cliff Stoll 的书 *The Cuckoo's Egg: Tracking a Spy Through the Maze of Computer Espionage* 中描述的工作。书中介绍了一起跨国网络间谍案的追踪过程，作者在被入侵的系统上伪造了账户和"战略防御计划网络"文件，以此吸引入侵者的注意，为追踪入侵者赢得了时间。1992 年，AT&T 贝尔实验室的 Cheswick 在一篇文章中讨论了如何用虚假的信息诱惑攻击者，以追踪该攻击者和了解其技术。由此可见，网络欺骗技术早期主要是为了对抗人工攻击。

1994 年，Kim 和 Spafford 在介绍 Tripwire 时建议使用植入的文档来检测入侵者，正常的用户不会访问这些植入的文档，因此，这些文档被访问就意味着很可能发生了入侵。

1998 年，第一款采用欺骗技术进行计算机防御的开源工具 DTK 发布。DTK 使用 Perl 脚本实现，绑定系统上未使用的端口，接收攻击者的输入并给出存在漏洞的响应。DTK 不会被攻陷，因而可以部署在实际的业务系统中，使攻击者在入侵系统时需要做更多的选择，以此提前发现攻击和浪费攻击者的时间。

这一时期互联网与计算机主要在政府、军队和高校等科研机构应用，以数据共享为主。网络入侵的攻击多由专业技术人员手工发起，以窃取数据为目标，网络攻击范围有限。网络欺骗技术仅仅被部分安全管理人员部署在业务系统中用于检测入侵，主要形式是在业务系统中插入虚假数据或开启虚假服务。为了防止这一思路暴露后引起攻击者的警觉，部分安全管理人员尽管采用了网络欺骗技术，却没有公开描述。

2. 蜜罐阶段

到 20 世纪 90 年代末期，蜜罐的思路开始形成。其原理是通过布设没有真实业务的系统形成欺骗环境从而诱使攻击者进行攻击。1999 年，Spitzner 创建了蜜网项目（Honeynet Project），并提出了蜜网的思路。蜜网通过构建一个高度可控的网络，在其中部署真实的系统形成诱骗环境。蜜网因为采用了真实系统，所以可以捕获丰富的入侵信息。但是蜜网维护代价高，对使用人员的专业技能有要求，且相比于 DTK，蜜网需要和真实业务系统相隔离，监控范围小，因此多用于研究目的。

21 世纪初期，蠕虫成为互联网上的主要威胁之一。例如，2000 年爆发的"爱虫"（I Love You）蠕虫、2001 年爆发的"红色代码"（Code Red）蠕虫和"尼姆达"（Nimda）蠕虫、2003 年爆发的 SQL Slammer 蠕虫等。蠕虫可以通过共享文件夹、电子邮件、系统漏洞等方式进行传播，互联网的发展使蠕虫可以在极短时间内蔓延全球，对蠕虫的早期检测对防范蠕虫至关重要。

蜜罐因为捕获数据价值高、几乎没有误报、能够检测零日攻击，且只要蜜罐系统能够覆盖网络的一小部分 IP 地址，就可以在早期检测到蠕虫的爆发，因此受到重视。例如，HoneyStat 系统针对局域网蠕虫传播的场景，通过对网络活动、磁盘写、内存操作 3 个方面进行监测，能够在爆发初期检测蠕虫；Honeycomb 实现了利用蜜罐进行攻击特征提取，自动产生入侵检测系统签名。

随着恶意网页威胁的增大，2006 年第一款客户端蜜罐 HoneyMonkey 出现，使用存在漏洞的系统模拟人的操作与网站交互，从而发现恶意网站。

新恶意代码产生率的增高，使得以自动化的方式采集恶意代码的需要日益迫切。Baecher 等提出了 Nepenthes 解决方案，通过模拟网络服务漏洞，收集利用这些漏洞进行传播的恶意代码。该方案的优点是便于大规模部署，缺点是对利用新漏洞进行传播的恶意代码应对能力不足。诸葛建伟等人提出了 HoneyBow 方案，采用真实系统构建恶意代码捕获器，从而可以捕获未知恶意代码，但是因为部署了真实系统，所以部署成本较高。

随着各种网络应用及非 PC 设备传播的恶意代码增多，也出现了相应的蜜罐，如 Web 应用蜜罐、SSH 应用蜜罐、SCADA 蜜罐、VoIP 蜜罐、蓝牙蜜罐、USB 蜜罐、电话蜜罐、数据库蜜罐等。

在这一时期，自动化传播的恶意代码成为主流攻击方式，发现恶意代码与收集样本的实际需求促进了蜜罐技术的发展。

3. 欺骗防御阶段

2011 年以后，随着高危软件漏洞的减少和网络运营商大规模封锁高危端口（如 TCP 135/445），蠕虫生存环境急剧恶化，致使蠕虫趋冷，蜜罐技术研究也随之趋缓。其后，高级持续性威胁出现，传统安全机制无法很好地应对此类威胁，安全研究人员再次将目光转向网络欺骗技术，网络欺骗思想开始成熟。

蜜罐是网络欺骗的一种，主要通过布设虚假资源来引诱攻击者采取行动，从而发现攻击与收集攻击信息。从发展历程来看，现有蜜罐技术主要针对具有大规模影响范围的非定向攻击。定向攻击强调对少数特定目标进行感染和控制，隐蔽性强。因此，仅在未用网段上部署蜜罐系统的部署方式限制了其监控的效率，需要其他欺骗手段配合；蜜罐环境尚无法有效解决仿真度与可控性之间的矛盾，且在部署中往往没有真实的业务，欺骗的层次较低，使蜜罐很容易被攻击者识别。现有蜜罐技术的不足使其在应对定向攻击中存在不足。

网络欺骗技术利用攻击者需要依赖探测到的信息以决定下一步动作这一特点，通过构造一系列虚假信息误导攻击者的判断，使攻击者做出错误的动作。除了蜜罐技术外，网络欺骗还包括对真实资源进行伪装，这是一种积极主动的防御策略。网络欺骗技术既可以单独使用，也可以部署于业务系统之上，还可与已有的网络防御机制（如防火墙、入侵检测系统、入侵防御系统等）联动，提高系统识别威胁和应急响应的能力。定向攻击持续时间长，为了达到让攻击者在"骗局"中持续攻击的目的，需要模拟出业务网络，这需要网络拓扑仿真等虚拟化技术。网络欺骗包含蜜罐技术、蜜标、网络流量仿真、网络地址转换、拓扑仿真、系统混淆等。

7.3.3 网络欺骗技术分类

网络欺骗的本质是通过布设骗局干扰攻击者的认知过程，欺骗环境的构建机制是其实施的关键。因此，可以从欺骗环境构建的角度对网络欺骗技术进行分类，这也是大多数网络欺骗研究采用的分类方式。一般根据欺骗环境提供的交互程度，将蜜罐分为低交互蜜罐与高交互蜜罐。低交互蜜罐往往采用软件模拟的方式实现，而高交互蜜罐则采用真实系统构建。然而，蜜罐技术仅仅是网络欺骗技术的一种，这一分类方法并不适合所有网络欺骗技术，如操作系统混淆、蜜标、伪蜜罐等。按照欺骗环境的构建方式，网络欺骗可分为 4 种：掩盖、混淆、伪造、模仿。

1）掩盖欺骗通过消除特征来隐藏真实的资源，从而避免被攻击者发现。典型工作如网络地址变换，通过周期性重新映射网络地址和系统之间的绑定改变网络的外形。例如，MUTE（Mutable Network）使用随机地址跳变技术为主机重分配独立于真实 IP 地址的随机虚拟 IP 地址，以限制攻击者扫描、发现、识别和定位网络目标的能力。

2）混淆欺骗通过更改系统资源的特征使系统资源看上去像另外的资源，从而挫败攻击者的攻击企图。典型案例有伪蜜罐，通过使真实系统具有蜜罐的特征来吓退攻击者。此外，通过采用计算机操作系统混淆，使受保护的操作系统对远程探测工具表现出其他操作系统的特性，可以挫败攻击者的探测企图。

3）伪造欺骗通过采用真实系统或者资源构建欺骗环境，通过伪造的资源吸引攻击者的注意力，从而发现攻击或浪费攻击者的时间。典型案例是高交互蜜罐以及蜜标技术。此类技术的优点是机密性好，但是维护与部署代价较高。

4）模仿欺骗则是采用软件实现的方式构造出资源的特征。典型案例有 Deception ToolKit（DTK），通过绑定系统未使用的端口来发现攻击。此类欺骗机密性较低，适用于攻击检测与恶意代码收集，不适用于对攻击者行为的长期观察。但是，因为所占资源小而且几乎不会带来风险，所以可以部署于业务主机之上，检测范围大、使用灵活。

7.3.4 网络欺骗流程

网络欺骗的设计与实施是一个复杂的过程，因欺骗目的、部署环境、欺骗目标的不同而不同。但是总体来说，可以分为欺骗行动设计、欺骗实施、效果评估 3 个过程，一次成功的欺骗往往是 3 个过程不断重复。图 7.10 展示了网络欺骗的基本流程。

1. 欺骗行动设计

首先，进行需求分析，明确欺骗的目标和目的，以及欺骗活动可能带来的风险及控制风险的方法。针对勒索软件、蠕虫、网络间谍等攻击需要采取的应对措施与要达到的欺骗目的，在对目标和目的进行分析的基础上明确欺骗内容和实施时机。

其次，构建欺骗方案，采用的欺骗方案要与部署的业务环境具有一致性，以防止攻击者发现。然后选择欺骗组件，确定欺骗策略，如部署虚假操作系统或服务、改变业务系统外在状态等。明确信息通道，即如何使攻击者获得骗局信息从而进入骗局；明确能够观测和评估目标反应的反馈渠道。最后明确欺骗终止条件。

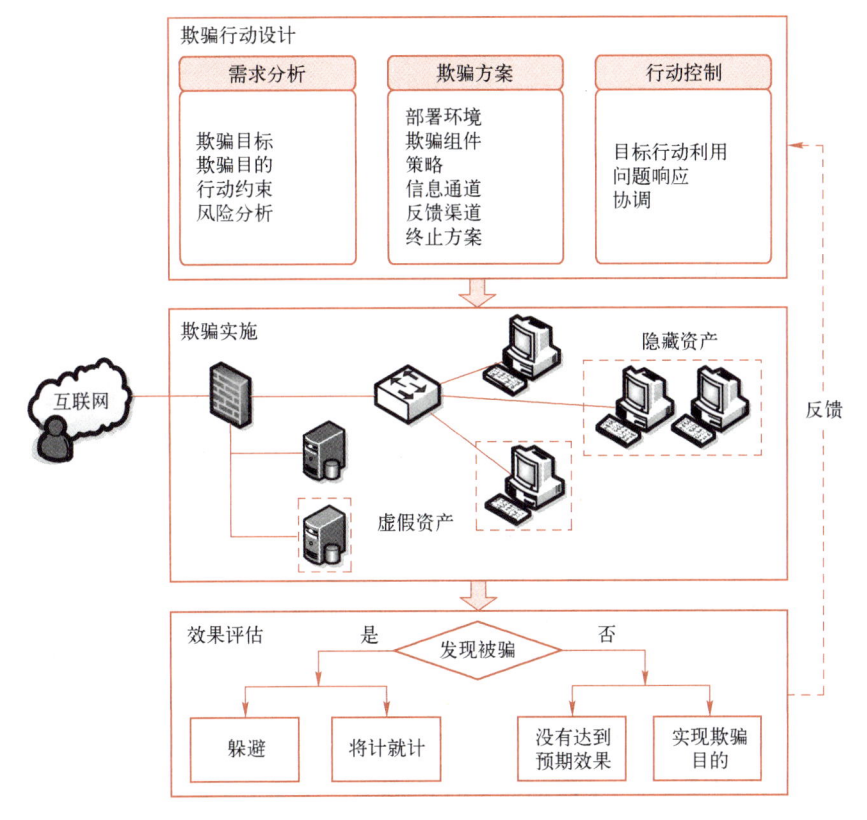

图 7.10 网络欺骗的基本流程

最后，进行行动控制，分析攻击者采取的行动、可能出现的问题与响应以及如何与其他防御系统（如 IDS 设备）进行协调等。

2. 欺骗实施

根据欺骗的目标和目的，网络欺骗系统可以部署在业务系统的不同位置。在网关处将业务系统不使用的 IP 与端口指向构建的虚拟环境，可以发现攻击与保护业务系统；在业务系统内部放置诱饵，可以发现窃密攻击与勒索软件攻击；通过在真实业务主机中设置虚假的访问记录或访问凭证，可以引诱攻击者攻击诱饵服务从而暴露攻击者；将业务系统伪装成虚拟机或蜜罐，可以吓退攻击者。

此外还可以通过操作系统混淆技术（如使 Windows 系统表现出 Linux 系统的特性）干扰攻击者对信息的搜集，或通过网络地址转换技术隐藏业务系统。

网络欺骗系统及其欺骗策略需要根据攻击者的不同而改变：对于低级攻击者，可以采用软件模拟的方式实现诱饵系统；对于技术高超的攻击者，需要提供业务网络模拟，从而使攻击者在模拟环境中消耗攻击时间。

3. 效果评估

欺骗对象（攻击者）如果相信了骗局会面临两种结果：一种是被骗；另一种则是因欺骗强度较小导致网络欺骗没有达到预期的效果。此时，防御者需要根据观测到的结果评估欺骗的效果以改善欺骗计划。如果欺骗对象（攻击者）识别出了骗局，可能采取两种动作：第一种是采取躲避行为以避开欺骗系统，第二种是假装被欺骗从而反过来欺骗防御者。防御者需要根据评估的结果调整与完善网络欺骗方案。

7.3.5 网络欺骗层次模型

网络欺骗层次模型如图 7.11 所示，根据网络欺骗作用点的不同，分为设备层欺骗、网络层欺骗、数据层欺骗和应用层欺骗。

1. 设备层欺骗

设备层欺骗通过伪装成有漏洞的终端设备来欺骗攻击者。比较早的实现方式是软件模拟的方式，如 DTK 欺骗工具，通过绑定系统上空闲的端口，监听攻击者对这些端口的探测并做出存在漏洞的响应，使攻击者认为发现了存在漏洞的系统。为了使欺骗环境能够提供更多的交互，可以采用真实系统来构建欺骗环境，此类系统的难点在于系统活动的记录

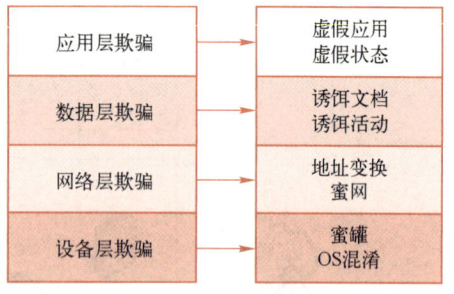

图 7.11 网络欺骗层次模型

和风险的控制，关注点一般在监控工具的开发上。除此以外，还可以通过更改设备的特征使攻击者攻击失败或不采取进一步的行动以保护资源。

随着网络融合时代的来临，安全威胁已经不局限于传统互联网，也向其他领域扩散，为了应对此类威胁，研究人员也采用其他领域的设备来进行欺骗。网络犯罪分子越来越多地使用预录电话（Robocalling）、语音钓鱼来欺骗用户。为更好地了解电话威胁以应对此类攻击，可以使用电话蜜罐来收集电话滥用情报。针对工控系统的安全问题，趋势科技公司部署了工控蜜罐，通过模拟 ICS/SCADA 设备，伪装成一座水压力站。

2. 网络层欺骗

网络层欺骗考虑的是欺骗节点在己方网络中部署的问题以及己方设备的隐藏问题。通过在网络中部署网络层欺骗系统以发现攻击，或者改变现有设备的网络状态以隐藏资产。网络层欺骗的优点是作用范围广，但是为了达到机密性，需要设备层欺骗、数据层欺骗和应用层欺骗配合。

Honeyd 支持构建虚拟网络拓扑结构，并以插件方式提供对各种应用层网络服务的模拟响应，方便进行大范围网络地址的监测。此种方式可以利用很少的资源实现大规模部署，然而容易被识别且无法提供完整的交互过程。

蜜网（Honeynet）由防火墙、入侵检测、数据记录、自动报警与数据分析等模块组成控制网络，在其中部署由真实系统构建的蜜罐系统组成蜜罐网络。整个网络通过一个蜜网网关与业务网络相连，蜜网网关不对通过的报文进行 TTL（Time to Live，生存时间）递减，以防止被攻击者发现。蜜网结构提供了安全可控的环境来部署作为诱饵的真实系统，使安全研究人员能够捕获更全面的攻击活动，但是部署真实系统资源消耗与维护代价较高。

OpenFire 针对网络侦查活动进行欺骗。与传统的防火墙相比，OpenFire 不用阻断不需要的流量，反而会接受所有流量，将不想要的信息转发给诱饵主机集群。对外来说，所有 OpenFire 网络上的 IP 和端口都是打开的。从攻击者来看，所有端口和没有使用的 IP 都是开放的。这一方案使得在攻击侦察阶段攻击者的注意力被从真实的服务器吸引到欺骗服务器。

通过周期性重新映射网络地址和系统设备之间的绑定可以改变网络的拓扑，从而隐藏真实的系统设备。网络地址随机化（Network Address Space Randomization，NASR）技术使用动态主机配置协议给每个主机重新分配网络地址，以使带有目标列表的蠕虫失效。MUTE 通过采用随机地址跳变（Random Address Hopping）技术和随机指纹（Random Fingerprinting）技术使网络

可以随机动态地更改它的配置，以限制攻击者扫描、发现、识别和定位网络目标。用于欺骗和攻击缓解的定制信息网络（Customized Information Networks for Deception and Attack Mitigation，CINDAM）为网络上的每个主机创建一个独特、虚幻的网络视图，这一视图隐藏存在的资源、模拟不存在的资源。每台主机看到的网络视图都是变化的，从而降低攻击者先前收集到的目标网络信息的价值。

3. 数据层欺骗

针对攻击者突破了防御设备，入侵到业务网络内部，网络欺骗需要考虑数据层欺骗。数据层欺骗通过部署虚假文件、数据库表项等欺骗攻击者。数据层欺骗是最早采用的网络欺骗方式之一，部署灵活，可以部署在真实的业务系统中，用来检测攻击、暴露其他欺骗资源以及跟踪攻击者。

Siren 系统能够产生蜜标数据序列并将这些数据序列混杂在正常用户行为之中，对于通过模仿正常用户行为来逃避异常检测系统的攻击者，如果他们模仿了混杂注入的蜜标序列，则会触发警报。

基于蜜标的欺骗系统 HoneyCirculator 在沙箱环境中设置服务器地址、用户名、口令等信息作为蜜标，当收集到的恶意软件在沙箱中运行时，这些蜜标就会被传送给攻击者，攻击者利用获取的蜜标登录预先设置的蜜罐服务器，并将恶意 URL 插入蜜罐服务器的文件中。安全研究人员从被修改的文件中提取攻击者插入的 URL，就能获取恶意服务器地址。

4. 应用层欺骗

大多数用户认证技术会对授权尝试返回成功或者失败的回复，这使在线口令猜解攻击能够判断是否猜解成功。针对这一安全问题，用户可认证计划能够欺骗进行在线猜解攻击的攻击者，使之认为发现了正确的用户名和密码。用户可认证计划的目标是将攻击者引导到一个"假"账号，从而浪费攻击者的资源和监控攻击活动，以了解攻击者的目标。

GHH（Google Hack Honeypot）是针对 Web 应用威胁所开发的 Web 应用蜜罐，诱骗使用 Google Hacking 技术的攻击者。Glastopf 使用软件模拟的方式实现 Web 应用蜜罐，针对攻击者利用 Web 应用程序漏洞进行攻击的尝试，Glastopf 通过返回攻击者期望的响应来欺骗攻击者。Glastopf 可以发现远程文件包含、本地文件包含、SQL 注入等 Web 应用攻击类型。

Kippo 蜜罐伪装成 SSH 网络服务，对攻击者暴力破解攻击使用的用户名与口令、攻击源 IP 地址、SSH 客户端类型、输入的命令以及攻击工具文件进行捕获与记录。

honey-patches 方案可以挫败攻击者利用系统响应判断漏洞修复情况的尝试。当检测到攻击者对漏洞的探测，honey-patches 将攻击者的探测转移到作为诱饵的未打补丁的应用程序，诱饵应用程序将会返回存在漏洞的响应。通过对诱饵应用程序进行监控，就可以收集重要的攻击信息。

PhoneyC 采用软件模拟方式，模拟已知浏览器与插件漏洞来检测恶意网页，并采用 JavaScript 动态分析技术对抗恶意网页脚本混淆机制。恶意网页可以检测客户端的信息来动态重定向 URL，如果客户端蜜罐不符合恶意网页检查的条件，恶意行为就不会被触发。

总体来看，网络欺骗是一种与攻击者进行博弈的对抗性思维方式，将随着安全威胁演化而不断地发展与更新。与其他安全防御措施相比，基于欺骗的防御技术需要防止被入侵者发现，这就要求它与业务系统具有高度的一致性。现有的欺骗技术在根据业务系统进行动态调整的能力上还有所欠缺，由安全人员开发的欺骗工具与业务环境契合度尚需完善。欺骗技术的进一步发展方向有：①与威胁情报相结合，一方面利用威胁情报提供的信息完善欺骗策略，另一方面用欺骗技术捕获到的信息助力威胁情报的生成。②可定制、智能化的网络欺骗技术框架研究与开发，通过机器学习、人工智能等技术，根据所部署的业务环境自动生成与业务系统高度一致且具有高保密性的欺骗环境。③研究以 SDN、云平台等技术部署的具有伸缩性的网络欺骗工具。

本章小结

本章从移动目标防御、拟态防御和网络欺骗 3 个方面介绍网络安全动态防御的概念、原理、关键技术和特点。移动目标防御通过降低系统确定性、静态性和同构性来抵御攻击，保护系统安全。拟态防御通过 DHR 构造内生的安全机制来保证系统的异构性、动态性和随机性。网络欺骗通过布设骗局来干扰攻击者认知过程。

习题

1. 简述移动目标防御的基本思想。
2. 请对比分析传统网络防御和移动目标防御攻击面的变化。
3. 简述移动目标防御解决方案的 3 个核心要素。
4. 简述移动目标防御的静态特征。
5. 简述攻击面动态转移技术的分类。
6. 简述移动目标防御的技术分类。
7. 简述 DHR 构造的原理及其效应。
8. 简述拟态防御的概念。
9. 拟态防御可以分为哪几个等级？
10. 简述网络欺骗的概念及其形式化定义。
11. 简述网络欺骗中需要考虑的安全属性。
12. 简述网络欺骗技术的分类。
13. 简述网络欺骗的层次模型。

第 8 章 云计算安全

云计算是计算机网络技术应用的热点方向，通过将数据和信息集中于云端，可以避免大量分散终端造成的信息泄露与管控困难等问题，可以有效缓解传统网络系统面临的部分安全问题。但是，数据和信息的高度集中也会带来新的安全问题，如服务可用性风险、用户信息滥用与泄露风险等。本章主要介绍云计算和云计算安全的概念、云计算面临的安全隐患、典型的云计算安全技术，安全云技术与应用、云原生安全。

8.1 云计算简介

8.1.1 云计算的概念

从并行计算、分布式计算、网格计算、普适计算到云计算，计算技术的不断发展推动了互联网技术和应用模式的演变，互联网已进入一个全新的云计算时代。但在"云计算热"的今天，对于"云计算究竟是什么"业界并没有达成共识，不同机构赋予云计算不同的定义和内涵，造成了众说纷"云"的局面。

NIST 将云计算定义为：通过网络便利地分享一池（Pool）可按需组配的计算资源的计算模式。计算资源包括网络、服务器、存储、应用软件、服务等。云模式强调资源的可获得性，其具有 5 个基本特征，即按需自助服务、宽带网络访问、资源池、快速伸缩性和可计量的服务。

云计算的本质是一种计算模式，可以在降低成本、简化设计、加速应用开发、减轻管理负担的情况下适应多种不同的应用需求，因此特别适合网络空间数据异质化、应用多样化的发展趋势。计算资源的组配是云计算的核心，按需自助服务和快速伸缩性两大基本特征均依赖于组配技术。组配的粒度和方法随服务模式不同而存在显著差异。

8.1.2 云计算的特点

作为一种以数据为中心、以任务为目标的新型计算模式，云计算依赖虚拟化、分布式数据存储、海量数据管理、分布式高级编程等技术实现其性能和成本优势。

（1）虚拟化技术

目前虚拟机已经成为一种广泛应用的部署方式。把虚拟机作为标准部署对象组合在一起是云计算的关键特性之一。通过虚拟化可以实现动态资源发布，按需部署资源池，而且应用与虚拟化资源之间的关系可动态变化，从而能够更好地适应负荷抖动和业务变更。

（2）分布式数据存储技术

云计算系统需要同时满足大量用户并行/并发的服务访问需求，因此云计算的分布式数据存储技术必须满足高吞吐率和高传输率要求。目前常用的云计算数据存储技术是 Hadoop 的 HDFS（Hadoop Distributed File System，Hadoop 分布式文件系统）。

（3）海量数据管理技术

首先，云计算数据管理技术需要对大数据集进行处理、分析，从而向用户提供高效的数据服务。因此，数据管理技术必须能够高效地管理大数据集。其次，如何在规模浩大的数据中定位特定数据，也是云计算数据管理技术必须解决的问题。

（4）分布式高级编程技术

要充分利用云计算的优势，必须在应用设计层面充分考虑功能模块之间的松耦合和分布式，因此必然需要一种有效的分布式编程技术。在云计算中，开发人员使用云提供商的 API，不仅需要考虑适合虚拟机上部署的应用程序架构，而且要确定该应用程序如何扩展和演进以适应工作负荷的变化等，可见云计算应用的开发需要采用与传统开发截然不同的分布式高级编程技术。

8.1.3　云计算的体系架构

云计算是一种技术，更是一种服务模式。目前，普遍认为云计算的服务模式可以分为基础设施即服务（Infrastructure as a Service，IaaS）、平台即服务（Platform as a Service，PaaS）和软件即服务（Software as a Service，SaaS）3 类。其中，IaaS 通常面向企业用户，提供包括服务器、存储、网络和管理工具在内的 IT 基础设施，可以帮助企业削减 IT 资源的建设成本和运维成本；PaaS 通常面向互联网应用开发者，提供简化的分布式软件开发、测试和部署环境，它屏蔽了分布式软件开发底层复杂的操作，使得开发人员可以快速开发出基于云计算平台的高性能、高可扩展的互联网应用；SaaS 通常面向个人用户，提供各种在线软件服务。这 3 类服务模式被认为是云计算体系架构的 3 个层次，但它们在技术实现上并没有必然的联系：SaaS 可以在 IaaS 的基础上实现，也可以在 PaaS 的基础上实现，还可以独立实现；类似地，PaaS 可以在 IaaS 的基础上实现，也可以独立实现。

1. IaaS

IaaS 是把计算、存储、网络及搭建应用环境所需的一些工具当成服务提供给用户，使得用户能够按需获取 IT 基础设施。它由计算机硬件、网络、平台虚拟化环境、效用计算计费方法、服务级别协议等组成。IaaS 具有以下特点：

1）把 IT 资源当作服务传送给客户。

2）基础设施可动态扩展，即可以根据应用的需求动态增加/减少资源。

3）计费服务灵活多变，按实际使用的资源计费。

4）多租户，相同的基础设施资源可以同时提供给多个用户。

5）企业级的基础设施，使得中小企业可以从聚集的计算资源池中获利。

从业务上看，IaaS 要把计算、存储、网络等 IT 基础设施通过虚拟化整合和复用后，再通过互联网提供给用户。提供的 IT 基础设施要能够根据应用进行动态扩展，并按照实际的使用量计费。

2. PaaS

PaaS 是把分布式软件的开发、测试和部署环境当作服务，通过互联网提供给用户。PaaS 既可以构建在 IaaS 的虚拟化资源池上，也可以直接构建在数据中心的物理基础设施上。与 IaaS 只提供 IT 资源相比，PaaS 可为用户提供包括中间件、数据库、操作系统、开发环境等在内的软件栈，允许用户通过网络来远程开发、配置、部署应用，并最终在服务商提供的数据中心内运行。

从服务层级上看，PaaS 在 IaaS 之上、SaaS 之下，实际上 PaaS 的出现要比 IaaS 和 SaaS 晚。某种程度上说，PaaS 是 SaaS 发展的必然结果，它是 SaaS 企业为提高自己的影响力、增加用户黏度而做出的一种努力和尝试。

Salesforce 公司的 force.com 是业内第一个 PaaS 平台，Google 的 App Engine 和微软的 Azure 也都是典型的 PaaS 平台。此外，随着 Hadoop 开源 PaaS 平台的成熟，越来越多的 IaaS 企业开始尝试在自己的 IaaS 平台上部署 Hadoop 以提供 PaaS 服务，如 Amazon、IBM 等。

3. SaaS

SaaS 是一种基于互联网来提供软件服务的应用模式，它通过浏览器把服务器端的程序软件传给用户，供用户在线使用。SaaS 提供商为用户搭建信息化所需要的所有网络基础设施及软硬件运作平台，并负责前期的实施、后期的维护等一系列服务；用户则根据自己的实际需要，向 SaaS 提供商租赁软件服务，无须购买软硬件、建设机房、招聘 IT 人员，即可通过互联网使用信息系统。SaaS 具有以下特点：

1）多重租赁性和自定制性。SaaS 提供商只需提供一套软件系统就能够同时支持多个租户。客户可结合实际需求，定制个性化的 SaaS 软件。

2）可扩展性和灵活应变性。SaaS 可以通过参数应用、自定制空间、集成器，把多个不同的在线应用软件服务重新整合，形成新的软件服务，具有良好的可扩展性。此外，对 SaaS 应用程序的使用是动态的，用户能够根据市场需求变化，随时对应用软件做出调整，以应对新需求。

3）经济性。SaaS 提供商只需要维护和升级一套软件系统，无须提供售后技术服务，从而降低了软件的维护和售后服务费用。用户以租赁的方式在线使用 SaaS 软件，不用购买软硬件、建设机房、招聘 IT 人员等，减少了前期投资、设备维护费、软件授权费等。

4）在线工作性。SaaS 通过互联网提供软件托管服务，简单易用。在线软件一般容易操作，在服务器端自动升级，无须安装任何插件或软件；不需要专职人员维护，随时随处可以操作，从而为用户带来了极大的便利。

5）可配置性。在 SaaS 模式下，所有实例都使用相同的代码实施，供应商提供详细的配置选择，用户可以根据自己的实际需要选择配置。

SaaS 的出现实际上先于云计算概念的提出，目前已经有相当多的企业在提供 SaaS 服务，其中最成功的当属 Salesforce 公司。Google Docs 是 Google 在 SaaS 领域的重要尝试，它操作简易、成本低廉且协同工作方便。随着云计算技术的逐渐成熟，SaaS 将以更快的速度向前发展，未来软件业必将朝着在线运营的方向发展。

8.1.4 云计算带来的机遇与挑战

云计算服务体现了社会化、集约化和专业化等特点，能够提供高效、节能、协同、安全、智能的各类互联网应用，但其作为一种互联网技术的发展及服务模式的演进，本身就以传统互联网技术为基础，因而也不可避免地存在信息系统普遍面临的共性安全问题，而且随着技术的发展和演进也将带来新的安全问题。从系统安全的角度看，云计算所带来的机遇与挑战并存。

一方面，云计算通常采用瘦终端的方式将数据和信息高度集中并存放于云端，易于实施对核心数据的集中管理，避免由终端造成信息的泄露及大量分散终端难以管控的问题。同时，借助于远程卸载等云计算中心对客户端的管控能力，云计算能够有效保护客户端不受恶意程序侵害。因此，云计算的出现可以解决目前存在的部分安全问题。

另一方面，云计算应用使得 IT 资源、信息资源、用户数据、用户应用高度集中，尽管这一特性能解决终端安全管控的问题，但这种高度集中也将产生单点故障问题，而且一旦云计算应用系统发生故障，对用户的影响将非常大。同时，云计算应用数据的无边界性、流动性等特性，也使其面临较多新的安全威胁，无法应用传统的安全防护措施，如传统的安全域划分、网络边界防护等安全机制难以满足云计算数据访问控制的安全需求。云计算应用数据、API 的开放性，也使其更容易遭受外界的攻击，安全风险增加。此外，云计算应用的数据分布式存储，给数据的安全管理，例如数据隔离、灾难恢复等增加了难度。因此，云计算的出现也为系统安全引入了新的潜在问题，主要包括病毒、非法入侵、权限控制与防护机制不力、意外灾难等导致的数据丢失、被破坏、被窃取，以及数据传输不安全等。

8.2 云计算安全概述

云计算安全是指确保云计算应用健康可持续发展的云计算自身环境的安全保护。云计算安全问题是云计算本身引入的新的安全问题，涉及的领域非常广泛，几乎涉及所有计算机安全问题，如云计算平台系统安全、用户数据安全存储与隔离、用户认证、信息传输安全、网络攻击防护等。

8.2.1 云计算面临的安全风险

云计算的主要特点是数据和服务外包、多租户、虚拟化等。用户端本身不存放数据和进行数据计算，因此，云计算会面临特有的一些安全问题或安全威胁：①云计算服务模式导致的安全问题，如用户失去对物理资源的直接控制，云服务提供商是否可信任问题；②虚拟化环境下的技术及管理问题，如资源共享、虚拟化安全漏洞；③云计算服务模式引发的安全问题，如多租户的安全隔离、服务专业化引发的多层转包而引起的安全问题等。其中虚拟化安全、数据和服务外包、多租户资源安全共享和隔离是云计算安全有别于传统信息安全的核心所在。

云计算本身特点所带来的潜在安全风险主要包括以下 3 个方面。

（1）服务可用性风险

用户的数据和业务应用处于云计算系统中，其业务流程将依赖云计算服务提供商所提供的服务，这对服务商的云平台服务连续性、IT 服务级别协定（SLA）流程、安全策略、事件处理和分析能力等提出了挑战。同时，当发生系统故障时，如何保证用户数据的快速恢复也成为一个重要问题。此外，云计算应用由于其用户、信息资源的高度集中，更容易成为各类拒绝服务攻击的目标，并且拒绝服务攻击所带来的破坏性将会明显超过传统的企业网应用环境。

（2）用户信息滥用与泄露风险

用户的资料存储、处理、网络传输等都与云计算系统有关。关键或隐私信息丢失、被窃取，对用户来说无疑是致命的。如何保证云服务提供商内部的安全管理和访问控制机制符合客户的安全需求，如何实施有效的安全审计，如何对数据操作进行安全监控，如何避免云计算环境中多用户共存带来的潜在风险，都将成为云计算环境下的安全挑战。

（3）法律风险

云计算应用地域性弱、信息流动性大，信息服务或用户数据可能分布在不同地区甚至国家，在政府信息安全监管等方面可能存在法律差异与纠纷。同时由于虚拟化等技术引起的用户间物理界限模糊，司法取证问题也不容忽视。

上述三大安全风险正是云计算建设发展中需要着重研究解决的 3 个重要方面。从技术角度来看，传统的互联网安全技术仍然适用于云计算应用的安全部署，只不过由于云计算的特点及所面临的特定安全风险，云计算对某些安全技术有特别的需求；同时由于云计算引入虚拟化、分布式处理、在线软件等技术并进行充分的发展演进，在这些新技术和新应用的安全保障上也需要针对云计算的特定需求采取一些新的安全技术手段。从非技术的角度来看，云计算应用自身的安全保护需要集中政府、企业乃至广大个人用户等多方力量共同实现：一方面，在国家层面制定和完善相应法律法规，制定云计算服务标准和准入机制，扶持具备信息安全运营资质的信息服务提供商，提供具有自主知识产权或主导运营的云计算服务，建立健全相应的审查及保障机制；另一方面，在企业和广大个人用户层面加强云计算安全意识，普及云计算安全知识，在云的各个接入端最大限度地降低潜在的安全风险。

8.2.2 云计算安全需求

云计算安全通常涉及可用性、机密性、数据完整性、控制和审查五大安全原则，要达到足够的安全，就必须将这五大安全原则整合在一起，缺一不可。

（1）可用性

可用性是保证得到授权的实体或进程的正常请求，能及时、正确、安全地得到服务或回应，即信息与信息系统能够被授权用户正常使用。可用性是可靠性的一个重要因素。可用性与安全息息相关，因为攻击者会故意使用户数据或者服务无法正常使用，甚至会拒绝授权用户对数据或者服务进行正常的访问，如拒绝服务攻击。

对于云计算而言，可用性指云平台对授权实体保持可使用状态，即使受到安全攻击、物理灾难或硬件故障，依然保证提供可持续服务的特性。云计算的核心功能是提供不同层次的按需服务。如果某些服务不再可用或服务质量不能满足服务级别协议，客户可能会失去对云系统的信心。因此，可用性是云计算的关键。

在云计算系统中，可用性要求系统对未知的紧急事件做好完整的商业持续营运（Business Continuity）与灾害恢复（Disaster Recovery）计划，以便能够确保数据的安全性与缩短停机时间。要保证可用性，通常采用加固和冗余策略。云服务提供商会针对虚拟机加强防护，如采用防火墙以隔离恶意的 IP 地址与端口，减少遭到恶意攻击的机会，提高系统的可用性。冗余是指云服务提供商会在许多不同的地理位置上部署相同的云计算系统，它既可以隔离错误的发生，也可以提供低延迟的网络连接。

（2）机密性

机密性又称为保密性，是指保证信息仅供那些已获授权的用户、实体或进程访问，不被未授权的用户、实体或进程所获知，或者即便数据被截获，其所表达的信息也不被非授权者所理解。

在云计算系统中，机密性代表了要保护的用户数据秘密。确保只有具有相应权限和合法授权的用户才可以访问存储的信息。目前云计算提供的服务或数据多是通过互联网传输的，容易暴露在较多的攻击中。因此在云端保护用户数据秘密是一个基本要求。

保证数据机密性的两种常用方法是实体隔离和数据加密。要实现实体隔离，可以采用虚拟局域网与网络中间盒（Middle Box）等技术。目前可以采用的加密方法有很多，且加密后数据还可以根据不同的产业、法规进行存储方面的配置。许多现有的存储服务都能提供数据的保密性，支持用户在将数据发送到云端之前，在客户端进行加密。云用户对数据进行保密处理时，主要关注数据传输保密性、数据存储保密性以及数据处理过程中的保密性。

（3）数据完整性

在信息领域，完整性是指保证没有经过授权的用户不能做出任何伪造、修改以及删除信息的行为，以保持信息的完整性。

数据完整性是指在传输和存储数据的过程中，确保数据不被偶然或蓄意地修改、删除、伪造、乱序、重置等破坏，并且保持不丢失的特性，具有原子性、一致性、隔离性和持久性特征。数据完整性的目的就是保证计算机系统上的数据处于一种完整和未受损害的状态，即数据不会因有意或无意的事件而被改变或丢失。数据完整性受损直接影响数据的可用性。

对云计算系统而言，数据完整性是指数据无论是在数据中心存储还是在网络中传输，都不会被改变和丢失。完整性的目的是保证云平台的数据在整个生命周期中都处于一种完整和未受损害的状态，以及保证多备份数据的一致性。保证多备份数据的完整性和一致性是用户和云服务提供商共同的责任；用户在将数据输送到云端之前必须保证数据的完整性；当数据在云端进行处理的时候，云服务提供商必须确保数据的完整性和一致性。

在云计算系统中，数据完整性还涉及数据管理。云计算提供处理大数据的能力，然而存储硬件的增加速度和数据的增长速度并非成正比的，云服务提供商只能一直增加硬件设备以应付快速增长的数据量，容易造成节点故障、硬盘故障或数据损坏。此外，硬盘存储空间越来越大，而数据在硬盘上存取的速度并未提升，这也容易造成数据的不完整。

（4）控制

控制代表着在云计算系统中规范系统的使用，包含使用应用程序、基础设施与数据。云计算中很多用户都会上传数据到云计算系统中，比如，用户在网页上的一连串单击动作可以用来作为目标营销的依据。要避免这些数据遭到滥用，服务供应商要签订并执行合约，还要遵循数据保护相关规定。因此有效地控制云计算系统上的数据存取以及规范在云计算系统中应用程序的行为，可以提升云计算系统的安全。

（5）审查

审查也称稽核，主要有以下 3 个主要属性：

1）事件（Event）：状态的改变及其他影响系统可用性的因素。

2）日志（Log）：有关用户的应用程序与其运行环境的全局信息。

3）监控（Monitoring）：不能被中断以及必须限制云服务提供商在合理的需求下使用设备。

（6）云安全的 CIA

目前的云计算系统很少能够满足前面所讲的五大安全原则。但针对云计算系统的安全需求来讲，机密性、数据完整性和可用性三个方面是保证其安全的三个核心，也称为 CIA。机密性、数据完整性和可用性三个方面中只要有一个方面没有得到保证，那么这个云计算系统的数据安全性就不能得到保证。

简而言之，机密性确保只有经过授权的用户才可以获取数据，避免数据泄露；完整性确保数据不会遭受未经授权的篡改；可用性确保只要是经过授权的用户，在需要时就可以随时访问数据。

8.2.3 云计算对网络安全领域的影响

云计算是一种技术，更是一种服务模式，它改变了传统互联网服务和应用的模式。在网络安全领域，引入云计算的最大影响恰恰是对传统网络安全服务模式的改变，它为网络安全应用提供了新的服务模式，将网络安全本身作为一种服务，以 SaaS、PaaS、IaaS 的模式提供给用户。目前，越来越多的安全厂商已经认识到云计算服务模式对网络安全应用的价值，提出了安全即服务的理念，并积极推出各类安全即服务的产品。

从技术的角度来看，云计算技术应用于网络安全领域也能对网络安全技术和服务的发展起到极大的促进作用。目前网络攻击技术发展迅速，传统的网络安全系统与防护机制在防护能力、响应速度、防护策略更新等方面越来越难以满足日益复杂的安全防护需求。如基于传统的病毒代码防护技术、基于特征的入侵防御技术日益陷入困境，病毒代码库越来越大，更新和扫描操作严重影响网络和系统性能，原有的网络安全产品存在平滑扩容难、不能按需服务、利用率较低等问题。云计算技术可实现超大规模的分布式计算能力、海量存储能力，以及网络化提供能力，可全面满足网络发展对安全系统和防御机制的性能要求，例如可提升对新威胁的响应速度、提升对病毒样本的收集能力、提升对恶意代码收集及应急响应能力等，同时也为实现全网安全防御提供了可能，例如通过集中控制、分布式部署的协同机制实现全程全网的 DDoS 攻击防护等。

网络安全产品的"云化"是目前云计算在网络安全领域的主要应用之一。一方面，在网络安全设备层面可以结合虚拟化技术，实现灵活、按需扩展的系统架构；另一方面，利用云计算中心的强大数据运算与同步调度能力，在对海量安全事件进行关联分析的基础上，可在第一时间将补丁或安全策略分发到各安全节点，极大地提升网络安全设备对新威胁的响应速度和防护处理能力。此外，安全互联网化也将改变过去网络安全设备单机防御的思路，通过全网分布的安全节点、安全云中心超大规模的计算处理能力，为实现统一策略动态即时更新、全网协同防御提供了可能。

越来越多的安全厂商加入云计算的阵营，通过安全系统、设备等的云化或构建集中的云安全中心，为企业和个人用户提供基于云计算的安全服务，如瑞星的"云安全"计划、McAfee 的云技术杀毒软件、思科的云火墙等。

8.2.4 云计算安全的内涵

当提到"云计算安全"这个词，人们自然会想到云计算应用面临的安全风险，以及相应的安全保护措施。事实上，国外研究机构对"Cloud Security"的解释，也主要指云计算应用自身的安全。

在国内，近年传统防病毒厂商提出了"云安全"这个名词，其主要思路是将用户和厂商安全中心平台通过互联网紧密相连，组成一个庞大的对病毒、木马、恶意软件进行监测、查杀的"安全云"，每个用户都是"安全云"的一个信息节点，用户在为整个"安全云"网络提供服务的同时，也分享所有其他用户的安全成果。这实际上是云计算理念在安全领域的一个具体应用。

业界对云计算安全的认识及研究应用也逐步呈现了上述情形。云计算应用的无边界性、流动性等特点引发了很多新的安全问题。安全已成为影响云计算应用发展的一个关键要素，各云计算服务提供商都在积极探索研发相关安全技术来保证云计算应用的安全；同时，云计算技术也对传统安全技术及应用产生了深远的影响，基于云计算的安全应用已成为当前网络安全领域研究和讨论的热点，各传统安全厂商纷纷采用云计算技术来提升安全服务的效能。

综合以上分析，从完整意义上来说，云计算安全的内涵包含两个方面：一方面是"云上的安全"，即云计算应用自身的安全，如云计算应用系统及服务安全、云计算用户信息安全等；另一方面是云计算技术在安全领域的具体应用，即通过采用云计算技术来提升安全系统的服务效能，如基于云计算的防病毒技术、挂马检测技术等。前者是各类云计算应用健康、可持续发展的基础，后者则是当前安全领域最为关注的技术热点。当然，这两方面也并非完全独立的，在具体应用中两者之间存在一定的交集，例如当某一安全技术采用云计算理念进行优化改进之后，用于保障云计算应用的安全性。

8.3 云计算安全隐患

8.3.1 云基础设施安全隐患

云基础设施的核心是被称作数据中心的计算/存储密集、网络带宽充裕的专用网络自治区（AZ）。传统网络基础设施面临的安全威胁在云基础设施中仍然存在。云基础设施面临的安全威胁包括以下方面。

1. 资源消耗型攻击

资源消耗型攻击是指对 AZ 的带宽、计算、内存、磁盘以及软件资源等进行攻击，以达到消耗资源、降低性能甚至拒绝服务的目的。用户通过与云服务商之间的服务等级协定（Service Level Agreement，SLA）访问应用和数据，而 SLA 一般不能区分正常业务的资源需求和恶意的资源消耗，因此攻击者可以设计针对 SLA 的资源消耗攻击，使业务瘫痪，或者导致总体服务性能下降。

2. 缺陷利用型攻击

利用 AZ 的系统缺陷（如云操作系统的漏洞）、软件缺陷（如云应用软件漏洞）以及网络协议，如地址解析协议（ARP）、域名服务（DNS）、简单对象访问协议（SOAP）、安全电子交易协议（SET）中的认证缺失问题实施攻击，以达到中断、截获、窃听、欺骗和伪造等攻击目的。

3. 应用欺骗型攻击

利用云用户安全防范能力低、威胁辨别能力差等特点，对云用户进行攻击，进而实现对云平台的攻击。

8.3.2 云平台安全隐患

虚拟化技术是云平台的核心，是 IaaS 层的重要组成部分，也是云计算的最重要特点。虚拟化技术面临的安全威胁主要包括 4 种基本攻击类型，即基于客户机系统的攻击、基于运营环境的攻击、基于虚拟化机制的攻击和基于虚拟化软件的攻击。

1. 基于客户机系统的攻击

虚拟机不允许未授权访问是虚拟化平台设计实现时必须满足的基本安全约束。但是，大部分虚拟化平台在实现时为提高性能，设置了一些"通道"，这些通道在没有良好安全防护机制的情况下最终可能成为"后门"，带来严重的安全隐患，其可能面临的攻击包括以下方面。

（1）局部攻击

在虚拟化环境中，虚拟机通常成群地部署在一台称为宿主机的物理服务器上，而位于同一台宿主机上的不同虚拟机之间的通信不再经过网络交换机，使传统的入侵检测设备失效。如果攻击者控制了某一台虚拟机，就可以通过这台虚拟机对部署在同一台宿主机上的其他虚拟机发起局部攻击。

(2) 虚拟机逃逸攻击

理想情况下，运行在虚拟机中的程序不能影响宿主机。但是，在某些特定情况下，运行在虚拟机中的程序可能绕过底层约束访问宿主机，这种情况就称为虚拟机逃逸。由于宿主机处于特权地位，其结果是整个虚拟化安全模型濒临崩溃。

(3) 调度算法攻击

对于虚拟化平台，虚拟机群直接配置在宿主机上。为了更好地实现计算服务的弹性，底层的虚拟机管理软件通常会实现特定的资源调度算法，以保证各虚拟机公平地使用计算资源。然而，这些调度算法的设计或实现可能并不完善，导致恶意的虚拟机可恶意占用计算资源，使其他虚拟机停止响应或者响应超时。

(4) 位置预测攻击

在虚拟化环境中，不同用户的虚拟机可能位于同一台宿主机上。事先确定和安排虚拟机的物理位置，可以为其他攻击手段提供前置条件。

安全研究人员发现可以通过特定的数据分析手段映射虚拟机的位置分布，从而实现虚拟环境对攻击者"透明"。攻击者可能据此实施攻击。

(5) 虚拟机管理软件的侧信道攻击

虚拟化环境的一个基本安全约束是虚拟机之间不能互相影响，特别是一个虚拟机不能获取另一个虚拟机实例中的敏感信息。但是，虚拟机管理软件中的安全缺陷可能导致恶意虚拟机通过侧信道对同一宿主机上的其他虚拟机实施攻击。

2. 基于运营环境的攻击

从云架构设计角度看，云提供商可以监控所有资源。利用虚拟化平台的开发接口，运营者可以完全监控虚拟机中应用的行为，而且数据对运营者来说通常也是"透明"的。因此，攻击者有可能串通云提供商对云用户及其应用实施攻击。

3. 基于虚拟化机制的攻击

虚拟化平台的一项重要优化机制是在线迁移。目前的在线迁移技术基本上都是使用明文进行数据传输的，攻击者一方面可以通过嗅探和解码将虚拟机运行内存的数据还原，另一方面还可以通过中间人攻击篡改传输的数据。

4. 基于虚拟化软件的攻击

一些新型病毒通过解析虚拟机系统文件，将恶意代码注入虚拟机系统中，实现通过宿主机或者监控平台让虚拟系统执行任意代码。例如，Crisis 病毒可以自动搜寻存在的虚拟机系统文件，并试图加以感染，通过修改虚拟机文件的方式渗透进入虚拟机系统。

通过对虚拟化平台攻击方式的分析，可以看出由于运行部署模式的变化，某些传统攻击手段可能失效了，但另一些传统攻击手段却更有效了，而且新兴的攻击手段让云计算安全面临重大挑战。

8.3.3 云服务安全隐患

云计算通常需要服务负载均衡机制实现资源的有序分配和调度，因此服务负载均衡是实现弹性计算的关键。服务负载均衡的安全隐患不仅可能降低云平台的性能，而且可能实现恶意代码的注入和执行。

1. 针对负载均衡设备的攻击

由于功能复杂、地位特殊，负载均衡设备是一个漏洞高发区。目前，针对云服务负载均衡的攻击主要是利用负载均衡设备存在的漏洞。因此，防止利用负载均衡设备漏洞，是未来云计算安全的关键之一。

2. 针对 MapReduce 运算模式的攻击

针对云服务 MapReduce 实现存在的漏洞，攻击者可以欺骗云平台，进而滥用其强大的计算资源。

（1）基于 MapReduce 实现云资源滥用

云可以用来完成繁重的任务，也可能被欺骗做许多其他的事情。一种基于 MapReduce 的新型技术可以用来劫持基于云计算的移动浏览器所使用的计算资源，从而欺骗网站和云浏览器提供商为攻击者执行计算任务。这项技术可以提供巨大的、暂时的、完全匿名的计算能力，用于破解密码或执行其他恶意任务。

（2）基于 MapReduce 的漏洞攻击

Hadoop 是运行在 HDFS 上的 MapReduce，已被用在包括 AmazonWebService、Microsoft Azure 等众多云计算服务商的方案之中。但是，研究表明 Hadoop 在设计和实现上都存在信息泄露漏洞，这些漏洞被成功利用后可允许攻击者获取敏感信息。

8.3.4 云计算大数据应用的安全隐患

适用于大数据处理的技术包括大规模并行处理（MPP）数据库、数据挖掘、分布式文件系统、分布式数据库、云计算平台、互联网和可扩展的存储系统等。

大数据与云计算既相互区别又紧密联系。从理论角度看，二者属于不同层次。云计算研究的是计算问题，大数据研究的是巨量数据处理问题。从技术角度看，大数据与云计算相辅相成。大数据着眼于数据，关注实际业务，提供数据采集分析挖掘。云计算着眼于计算，关注 IT 解决方案，提供 IT 基础架构。从应用角度看，大数据是云计算的应用案例，云计算是大数据得以实现的有效解决方案之一。大数据的需求可以推进云计算的实际应用，利用云计算的强大计算能力则可以充分挖掘数据价值。

通过干扰大数据来干扰云计算，既是一个逆向的云计算问题，同时其本身也是一个大数据问题。从宏观上看，大数据的流程可以分为获取（Acquisition）、提纯（Extraction and Cleaning）、融合（Integration）、分析（Analysis）和再现（Interpretation）5 个阶段。其安全隐患包括以下几方面。

（1）获取阶段安全隐患

在数据获取阶段，针对大数据要分析的对象，破坏这些对象的原始真实性，通过控制大数据终端数据源提交虚假数据，导致大数据处理结果失真，并最终导致大数据应用决策或结论错误。

（2）数据处理阶段安全隐患

在提纯、融合和分析 3 个数据处理阶段，主要是结合大数据分布式计算的部署方案和策略的实际，破坏大数据计算的可用性，导致大数据处理的混乱和失效。具体可以通过寻找计算节点中大数据处理程序的漏洞，使计算节点无法提交数据分析结果或提交错误的分析结果，继而影响最终的大数据分析处理结果。也可以通过攻击大数据处理调度机制，使计算节点之间的协作混乱、崩溃，从而破坏大数据的可用性，导致大数据的分析处理不可行。

（3）数据传输存储攻击

大数据的实现离不开高效数据传输存储的支撑，通过攻击大数据的数据存储或传输，篡改或删除大数据分析处理的中间数据及最终分析结果，可以造成整个大数据应用失败。

8.4 云计算安全技术

8.4.1 云计算安全解决思路

如前所述，云计算安全隐患的成因可以概括为：①用户云应用实例本身的安全隐患，即用户构造的云应用实例没有充分考虑安全性；②云特性导致基础设施层传统的安全管理手段失效，同时没有相应的与云计算适应的安全管理机制；③云计算特有的虚拟化、负载均衡、迁移等机制的设计和实现中存在安全隐患。

目前还难以从根本上解决这些问题，即使可以从技术上解决，也可能极大降低云计算的可用性和易用性。总体来说，现有云计算安全方案大多针对云计算某一方面的安全隐患，所采取的方案与现有云计算架构难以很好匹配，甚至需要改变用户的使用习惯、增大部署成本。

云计算安全绝不是一种产品或一个技术机制能够做到的，必须通过顶层规划，结合云计算模式和服务模式，量身设计符合云计算特点的云计算安全模型和架构，使云安全有效、合规。

1. 租用虚拟硬件资源（IaaS）安全技术

租用云服务器等虚拟硬件资源是云计算服务的最基本模式，也是企业需要承担最多安全责任的模式。除了确认云上业务应用本身的安全性，在规划租用虚拟硬件资源时，应该从虚拟硬件基础设施、应用底层架构和对外业务保障等3个方面分别考察相关安全技术和产品，如图8.1所示。

图 8.1 IaaS 安全技术

（1）虚拟硬件基础设施

1）安全组（Security Group）。安全组定义了一组网络访问规则，可视为虚拟防火墙，是实现云服务器间网络隔离的基本手段。云服务器加入一个安全组后，该安全组的所有网络访问规则都将应用于该云服务器；如果一个云服务器加入了多个安全组，应用于该服务器的网络访问规则将是各安全组的合集；同一安全组内的云服务器之间能够互相通信。

2）虚拟私有云（Virtual Private Cloud，VPC）。VPC 是指云服务提供商在公有资源池中为客户划分出的私有网络区域。与企业内部的物理网络类似，VPC 在提供公网地址（IP）作为访问接口的同时，支持在内部自定义私有 IP 地址段，并可继续为其内部的云服务器建立安全组。

VPC能为企业的云上资源提供网络隔离，防止其他租户嗅探或攻击；同时，设定的固定网段等限制将影响网络架构的弹性扩展。

3）微隔离（Microsegmentation）。微隔离技术将网络划分成多个小的功能分区，对各功能区设置细致的访问控制策略，并可以根据需要通过软件随时进行调整。微隔离的实现主要基于网络（VLAN、VPN、SDN/NFV）或平台（如Hypervisor、操作系统、容器等）的固有特性，或者通过防火墙等第三方设备以及主机客户端实现。

微隔离技术在网络分段和隔离的基础上增加虚拟化和自动化，实现了按应用和功能的业务逻辑对网络访问进行控制。由于网络访问规则与业务逻辑一致，攻击者能获得的攻击面较小，也难以利用系统漏洞进行渗透；同时，即使攻击者突破防御边界，由于不同应用的业务逻辑不同，对一个区域的成功渗透也很难作为攻击其他区域或应用的跳板，攻击者在内网渗透的难度将明显提高。

4）软件定义边界（Software-Defined Perimeter，SDP）。SDP架构也称"黑云"，使企业对外隐藏内部的网络和应用，并使用策略控制对内部网络的接入和对内部应用的访问，主要由SDP控制器和SDP主机组成。SDP控制器分析连接请求以及发起方和接收方的各种信息，基于设定的策略判断是否接受或发起连接；SDP主机控制数据通路，收集连接的相关信息，并根据SDP控制器的判断接受或发起连接。

5）云资源管理和监控。云资源管理和监控平台（应用或服务）为企业呈现云服务器的CPU、内存、磁盘和网络等云资源的利用率，以及存储等各项云服务的负载和性能，对异常的消耗和中断等做出告警，并提供相关报表以供进一步分析。有些厂商还能提供优化建议，降低在云资源上的支出。

（2）应用底层架构

1）不可变基础设施（Immutable Infrastructure）。不可变基础设施是指采用云计算（或虚拟化）构建系统的基础设施时，部件实例如服务器和容器等在正式上线时被设置为"只读"（Read-Only）。如果需要对这些实例进行改动，只能使用新的实例替换旧的示例。由此，不可变基础设施通常与一次性部件（Disposable Component）同时存在。

不可变基础设施充分利用了云计算的优势，也只能在纯的云计算环境下使用，且要求系统的部署和运行高度自动化。采用不可变基础设施，除了能简化系统运营并提高效率，也能显著提高系统的可靠性，并在遇到故障时及时回滚；同时，由于不能对线上的系统部件进行任何改动，不可变基础设施也能够更好地抵御攻击和渗透。

2）容器安全。容器技术能够实现对单个应用的标准封装，从而简化应用的分发和部署。容器安全主要包括两部分：部署系统的安全性，包括对镜像文件（Image）的扫描及验证，对仓库（Repository）的识别和确认等；运行系统的安全性，包括应用容器之间的隔离和容器中应用的权限控制。

容器安全技术的使用既能够提高容器系统的可靠性，也能够强化应用系统的安全，促进企业基于云计算平台构建完整的基础设施。

3）虚拟机备份。虚拟机备份技术直接利用虚拟化平台提供的API对虚拟机（云服务器）镜像进行备份和恢复，而不依赖在主机上安装客户端软件。与传统的客户端备份软件相比，虚拟机备份技术不占用虚拟机本身的CPU和内存等资源，对虚拟机上运行的业务影响较小。

虚拟机备份技术用于保护和恢复重要业务的虚拟机及其中存储的企业数据，使业务系统在异常中断后能迅速恢复运行。与传统的应用、磁盘和数据备份技术相比，虚机备份技术更易于操作和管理，恢复业务应用的效率更高。

(3) 对外业务保障

1) 主机防护。主机防护技术用于帮助企业加固云服务器主机系统软件，通常包括漏洞扫描、补丁管理、入侵检测和配置管理等。通过及时发现并修补系统漏洞、实时检测和阻断可能的入侵、自动检查系统配置、提示存在的问题并给出建议等措施，主机防护技术能显著提高主机的安全性。主机防护技术可以有效提高运维效率，建立安全基线，并及时对攻击行为进行反应。

2) Web 应用防火墙（Web Application Firewall，WAF）。云 WAF 是指以云计算服务方式提供的 WAF 功能。WAF 通常采用反向代理技术，通过检查和过滤 HTTP/S 流量的内容，保护指定 Web 应用，帮助网站抵御各种攻击，保证企业的业务和数据安全。除了防御 SQL 注入和 XSS（Cross-Site Scripting，跨站脚本）等常见的 Web 攻击（OWASP Top 10 即 OWASP 项目"十大安全漏洞列表"），有些云 WAF 还提供网页防篡改等功能。

与传统的 WAF 设备（包括虚拟设备）或软件相比，云 WAF 的部署更简单：企业管理员只需要在线填写网站域名等基本配置，而不用关注网络结构和部署位置等信息，即可迅速为网站提供保护。随着越来越多的企业网站部署到云服务器上，云 WAF 也获得了广泛的应用。

3) 云抗 DDoS（Distributed Denial-of-Service，分布式拒绝服务）。云抗 DDoS 是指以云服务方式提供对 DDoS 攻击的防护。除了基于特征识别算法拦阻攻击流量，云抗 DDoS 还普遍采用代换接入 IP 的方案：所有公网流量先接入厂商的资源池入口 IP，经过清洗后再转发至企业网站服务器的真实 IP。根据厂商资源池的配置，代换接入 IP 方案目前已能够抵御 Tbit/s 级（10^{12} bit/s）的 DDoS 攻击。

与传统抗 DDoS 设备相比，云抗 DDoS 的部署更简单快捷，且可以按需采用，使用成本大大降低；同时，云抗 DDoS 能够处理的攻击流量也远大于传统抗 DDoS 设备。

2. 使用云服务（PaaS 或 SaaS）构建内部应用安全技术

除了使用云上的虚拟硬件资源，越来越多的企业选择直接使用云应用替代本地应用软件或基于 PaaS 搭建内部应用。PaaS 或 SaaS 服务模式下企业的安全责任范围较小，但由于是直接通过公共网络访问的，且对应用软件、业务系统和基础设施都没有控制，企业需要利用新技术才能对用户和数据进行妥善保护和管理。

(1) 云应用识别

通过分析网络流量或防火墙和网络代理等的日志，能够识别用户所使用的各种云应用以及各应用可能存在的风险，帮助企业管理员充分认识存在的风险。云应用识别技术一般根据应用服务器地址、URL、HTTP 请求参数和页面内容等特征判断所使用的云应用，同时根据应用是否接受信息提交、是否支持文件上传、提供商是否通过安全认证等多种因素判定云应用的风险等级。

云应用识别和管理技术主要作为云访问安全代理（Cloud Access Security Broker，CASB）的重要功能，或作为附加模块集成到防火墙或 Web 安全网关，能够帮助企业管理员获知云应用的使用情况，以加强对用户使用云应用的管理。

(2) 云应用管理

对云应用的管理主要有两种实现方式：以代理方式充当用户与云应用通信的中间人或使用云应用提供的 API。另外，除了简单的允许和阻止，对云应用的管理还包括对用户使用云应用时的环境、动作和对应用数据的操作等进行精确识别和管理。

在识别云应用的基础上，根据业务需求和使用云应用所存在的风险，企业所使用的云应用可分为四类而分别进行管理：①允许使用业务必需且风险较小的云应用，进行一般管理；②允许业务必需但风险较大的应用，对用户行为和数据处理进行严格管控；③允许非业务必需且风险较小的应用，禁止有风险的操作；④禁止非业务必需但风险较大的应用。

（3）云数据防泄露

通过查找和匹配数据特征和文件指纹，云数据防泄露（DLP）帮助企业查找云应用中的违规数据，防止用户将敏感的企业数据上传到不安全的云应用或使用不安全的终端访问云应用中的企业数据。根据不同粒度的策略配置，云 DLP 可以拦阻用户动作、及时告警，或者在必要时对数据进行加密等处理。

云 DLP 在业务应用的执行逻辑之外，从相对独立的数据维度加强了企业对数据的保护，帮助企业满足各种合规需求，防止企业的重要数据被泄露或滥用。随着云应用在企业核心业务中的使用，云 DLP 的重要性在不断增强；同时，云 DLP 与企业本地部署的 DLP 集成，能够显著提高数据识别和保护的效率，也有助于企业建立统一的数据保护机制。

（4）云端数据加密

云端数据加密技术是指数据在提交到云应用提供商之前进行加密处理，确保云应用提供商或其他第三方在直接获得企业的云端数据时无法对其识别和解读。除了使用标准算法对文件进行加密，云端数据加密还会使用如令牌化等多种其他算法对结构化数据进行处理以满足不同场景需求，如保留数据格式、搜索、索引等。

云端数据加密主要用于帮助企业在不充分信任云应用提供商时使用其提供的云应用，打消企业在使用云应用时对数据安全问题的顾虑。

8.4.2 云计算安全体系结构

云计算具有高弹性、可扩展、虚拟化、安全边界模糊、虚拟流量不可见等诸多特点，因此云计算安全架构不能以传统的安全防御为主，而应结合云计算的安全特点和云安全的实际需求，建立动态积极的云计算安全保障体系。

目前学术界和产业界已经提出多种云计算安全体系结构，下面着重介绍一种以"一个中心、三重防护"为安全设计思路，以云安全管理为中心，以云安全资源池为核心，着力保护云安全边界、网络通信安全以及计算环境安全，同时为云上系统提供云安全能力的云计算安全体系结构，如图 8.2 所示。

（1）一个中心

云安全管理中心不仅要覆盖物理网络、物理宿主机的统一安全管理，还要覆盖虚拟资源的管理、审计和安全分析。

通过云安全管理中心，实现对网络设备、安全设备、应用系统，以及云平台虚拟网络、虚拟机中的信息安全事件的集中收集、分析、安全预警。同时云安全管理中心对云平台的漏洞和补丁进行统一管理。

云安全管理中心通过部署威胁情报体系、大数据安全分析体系和态势感知体系，对内外部信息安全威胁情报进行收集和管理，通过对各类安全事件、审计数据、原始流量以及云平台资产进行大数据安全分析，建立起云平台的安全态势感知体系，实现动态积极的安全保障体系。

第 8 章 云计算安全

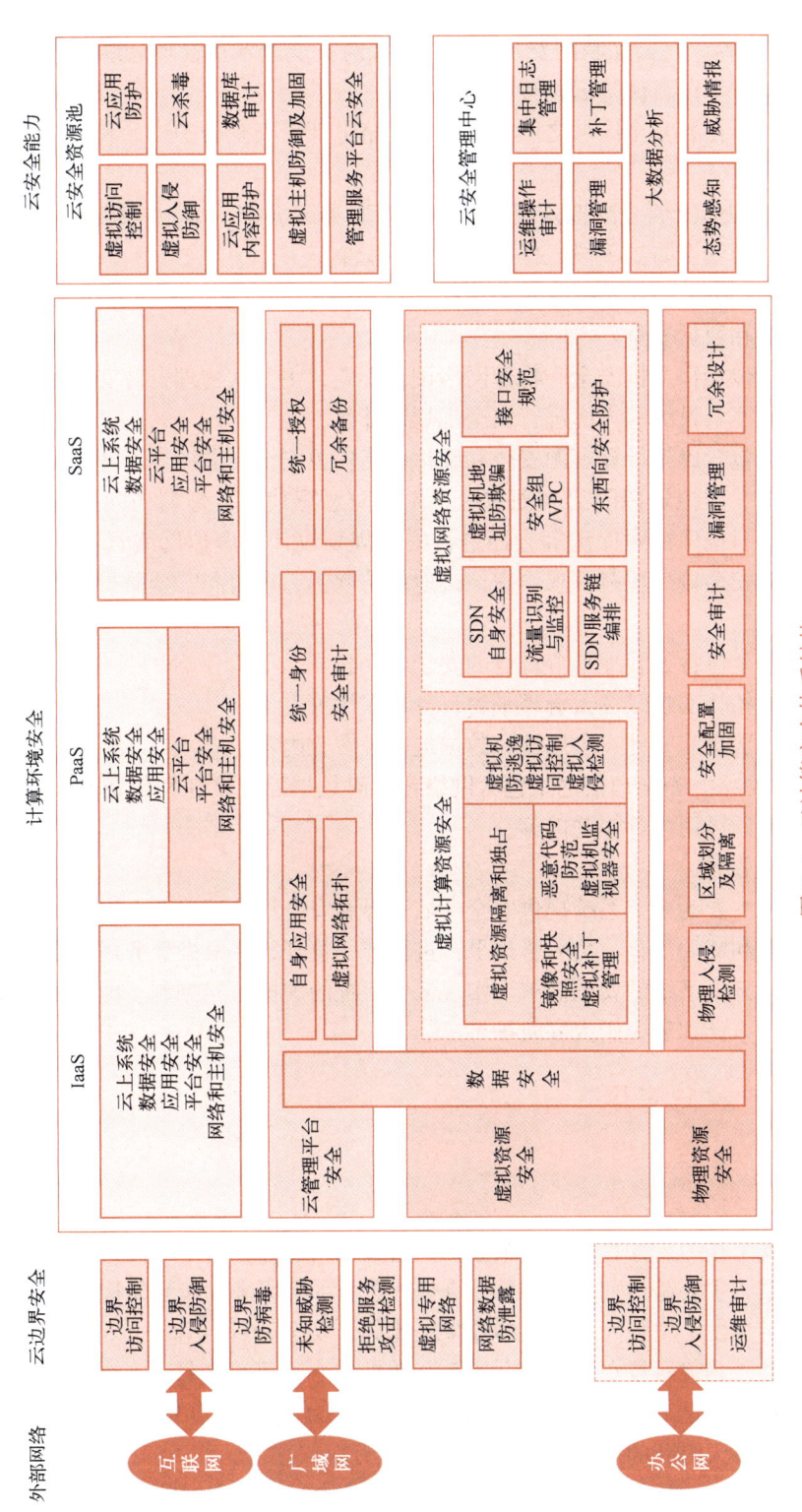

图 8.2 云计算安全体系结构

(2) 三重防护

三重防护具体指的是安全区域边界、安全计算环境和安全通信网络。

1）安全区域边界。在云互联网安全边界、广域网安全边界和管理运维边界处，部署安全防护产品和安全防护手段，保障云物理边界安全。

通过分区分域，在各安全区域之间以及核心网络上部署安全防护产品和安全防护手段，保障区域网络安全。

通过 VPC、虚拟防火墙、虚拟入侵检测、SDN 服务链编排、虚拟网络流量检测和审计等云安全防护产品和云安全防护手段，保障虚拟边界安全。

2）安全计算环境。云计算环境安全包括物理资源安全、虚拟资源安全、云管理平台安全、云上系统安全和数据安全。

物理资源安全包括宿主机安全和物理网络设备安全，主要从物理资源安全配置加固、安全审计、漏洞管理和冗余设计等方面进行安全规划设计。

虚拟资源安全包含虚拟计算资源安全和虚拟网络资源安全。虚拟计算资源安全主要从虚拟机监视器自身安全、虚拟资源隔离和独占、虚拟机防恶意代码、虚拟访问控制、虚拟入侵防范、虚拟补丁管理、镜像快照保护等方面进行安全规划设计；虚拟网络资源安全主要从 SDN 自身安全、南北向安全接口规范要求、虚拟机地址防欺骗、东西向安全防护等方面进行安全规划设计。

云管理平台安全包含云管理平台自身的安全性，包括云管理平台的身份鉴别、访问控制、安全审计虚拟网络拓扑实现以及云管理平台自身可靠性等。

数据安全包含数据完整性、可用性、数据加密脱敏等内容。

3）安全通信网络。安全通信网络包含网络传输时数据的完整性和保密性、通信网络的安全审计、通信网络的可用性等相关内容。

(3) 云安全资源池

云安全资源池主要为云上系统提供安全区域边界和安全计算环境两个层面的安全防护。通过将安全能力抽象和资源池化，由云管理平台进行统一管理，并根据业务规模横向扩展资源池的规模，满足不同云上系统的安全需求。实现云上系统的虚拟访问控制、虚拟入侵防御、恶意代码防范、数据库审计和云应用内容防护等。

8.5 安全云技术与应用

8.5.1 安全云概念

安全云是把安全作为云计算的一种服务，即通过采用云计算技术来提升安全系统的服务效能的安全解决方案，主要是指利用新型云计算模式重新部署原来在传统架构上实现的安全防护功能，从而在一定程度上增强安全防卫的效果。比如，安全云可以弥补传统杀毒模式的不足，提高杀毒的实效性。趋势科技在全球建立了 5 个数据中心，可以支持平均每天 55 亿条点击查询，每天收集分析 2.5 亿个样本，数据库第一次命中率就可以达到 99%。借助安全云解决方案，趋势科技现在每天阻断的病毒感染最高达 1000 万次。

确切地讲，安全云是指将云计算技术应用于网络安全领域，通过将网络安全设施资源及业务能力云化，形成安全能力资源池，并基于互联网为客户提供按需的网络安全服务，从而实现网络安全即服务的一种技术和业务模式。这种安全服务模式通常称为安全即服务（Security as a Service，SaaS），为了避免与云计算模式的软件即服务（Software as a Service，SaaS）相混淆，本书中将这种业务模式称为安全云服务（Security Cloud Service，SCS）。

所谓安全云服务就是云计算技术在网络安全领域的应用和拓展，以实现网络安全即服务的一种技术和业务模式，它通过将提升网络安全能力（包括访问控制、DDoS 防护、病毒和恶意代码的检测和处理、网络流量的安全检测和过滤、邮件等应用的安全过滤、网络扫描、Web 等特定应用的安全检测、网络异常流量检测等）的资源集群和池化，使用户在不需要自身对安全设施进行维护管理以及用最小化服务成本与业务提供商交互的情况下，通过互联网络得到便捷、按需、可伸缩的网络安全防护服务。

安全云服务的基本特征如下：
1）资源池化：以安全资源的集群和池化为基础。
2）网络化：以互联网为基础的业务提供途径。
3）透明化：可透明叠加在客户网络或业务上。
4）按需的可伸缩服务：安全功能可分离，安全处理性能的可伸缩。
5）业务提供服务化：用户不必购买安全设施，可以直接租用相应的安全服务。

8.5.2 安全云技术

安全云技术主要通过多层次的安全云服务来实现。

1. 安全云服务的层次模型

云计算应用于网络安全领域，可以采取业务应用模式的技术路线。该技术路线的核心是以 IaaS、PaaS、SaaS 的业务提供层次为基础，将网络安全基础设施、网络安全平台能力和网络安全在线软件服务作为业务提供目标，研究和解决在这 3 种安全业务能力构建和网络化中所涉及的各种技术和解决方案。安全云服务主要提供以下 3 种层次的安全服务能力：

1）安全基础设施即服务（Security Infrastructure as a Service，SIaaS）。
2）安全平台即服务（Security Platform as a Service，SPaaS）。
3）安全软件即服务（Security Software as a Service，SSaaS）。

图 8.3 描述了安全云服务的层次模型，体现了安全云服务中各层次应具备的安全能力。

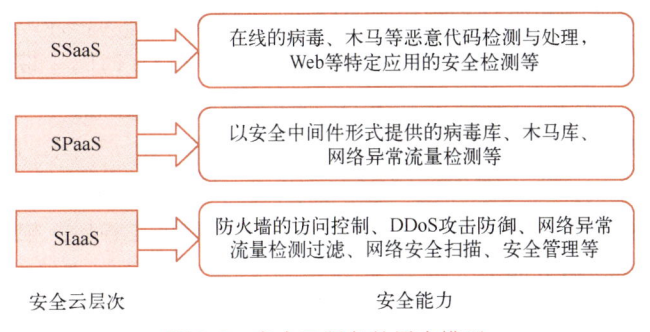

图 8.3 安全云服务的层次模型

在安全云服务层次模型的 SIaaS 层，主要将安全基础设施作为一种云资源供用户使用，主要包括防火墙的访问控制、DDoS 攻击防御、网络异常流量检测过滤、邮件等应用的安全过滤、网络安全扫描、安全管理等安全能力。

在安全云服务层次模型的 SPaaS 层，主要将安全能力以安全中间件的形式提供给第三方或上层应用，安全服务或安全产品开发商通过接口调用这些资源并进一步开发后提供给用户，主要包括集中的病毒库、木马库、垃圾邮件库、URL 黑白名单库，以及提供给 DDoS 攻击防御等产品做进一步分析的网络异常流量检测等。

在安全云服务层次模型的 SSaaS 层，主要面向最终用户通过瘦客户端的方式提供服务，主要包括在线的病毒、木马等恶意代码检测和处理，以及 Web 等特定应用的安全检测等。

2. 安全云服务的资源池化和虚拟化

云计算的核心理念就是通过互联网络为用户提供按需的 IT 资源服务，为了达到这个目标，云服务提供商就要实现资源池化和虚拟化。

安全云服务作为一种特定的云服务，在其技术实现中最重要的同样是资源能力的池化和虚拟化，只不过这种池化和虚拟化所针对的是网络安全这种特殊的计算资源和能力。为了满足用户的各种网络安全防范要求，安全云服务提供商在安全云服务的业务体系中一般包括防火墙访问控制、DDoS 攻击防御、入侵检测和防护、特定应用的安全检测和过滤（如 Email、Web 的内容过滤，木马、病毒等恶意代码的检测和过滤，特定 URL 流量过滤，垃圾邮件过滤等）、网络安全脆弱性扫描检测、Web 等特定应用的安全检测、安全事件的监控和分析、网络异常流量的检测、在线病毒和木马查杀、在线终端安全性检测等服务。这些安全云服务根据其业务提供的层次和形式分属于 SIaaS、SPaaS、SSaaS 的范畴，但不管这些业务的提供内容和形式如何，作为一种特定的云计算服务，各种安全云服务均存在资源池化和虚拟化的实现问题，不同的是不同的安全云服务，其资源池化和虚拟化所采用的技术实现方案有所不同。

安全云服务资源池化指的是在多台安全设备中采用集群技术或者在安全处理软件中引入分布式计算技术，从而形成对用户透明的统一网络安全能力池的过程。安全云服务资源池化过程中要实现的是可扩展性、可管理性和可靠性。可扩展性指的是资源池的容量可以根据用户业务需求的增加进行弹性的扩充。可管理性指的是在资源池化之后系统具有对资源池的统一监控调度和分配的能力。可靠性指的是池化之后的资源池具有统一的、一体化的协同处理和容错能力，特定物理安全设备单元的故障或失效不会影响整个资源池的正常运作。

安全服务资源虚拟化指的是在实现资源池化的基础上根据用户需求在资源池中划分出逻辑独立的虚拟化安全能力，供用户使用的过程。在用户看来，用户正在使用的是一个完全独立的安全设备和软件。安全服务资源虚拟化过程中要实现的是逻辑隔离、业务复用和智能感知。逻辑隔离指的是通过设备或用户管理实现用户之间资源和数据的隔离，保障用户独立使用资源的业务体验。业务复用指的是多个用户使用的虚拟安全能力资源在时间、带宽等方面实现在资源池中物理设备的复用，提高安全资源的利用率。智能感知指的是在安全服务资源虚拟化过程中可以智能感知资源池的业务状态和用户要求，实现设备资源和用户需求的契合。

在各种安全云服务中，为了获得特定的业务能力，所采用的安全设备、安全软件各不相同，其资源池化和虚拟化采用的方法也各不相同，实现的难度也各异。根据安全云服务的实现特点，可以将各种安全云服务能力大致分为 3 种。

（1）流量检测和控制类安全能力

流量检测和控制类安全能力包括防火墙访问控制、DDoS 攻击防御、入侵检测和防护、网络异常流量的检测等。这类能力的特点是用户本身的网络流量必须流经安全云服务中心，由安全云服务中心根据策略做出相应的控制和处理。此类安全服务在安全云服务体系中属于 SIaaS 的范畴。

（2）安全检测和分析类安全能力

安全检测和分析类安全能力包括特定应用的安全检测和过滤（如 Email、Web 的内容过滤，木马、病毒等恶意代码的检测和过滤，特定 URL 流量过滤，垃圾邮件过滤等）、网络安全脆弱性扫描检测、Web 等特定应用的安全检测、安全事件的监控和分析等。这类能力的特点是与用户本身的流量无关，依赖特定的平台或系统，为客户提供远程的网络或应用安全性检测或特定的安全性分析。此类服务根据业务模式和特点在安全云服务体系中既可以属于 SIaaS，也可以属于 SPaaS 的范畴。

（3）在线软件类安全能力

在线软件类安全能力包括在线病毒和木马查杀、在线终端安全性检测等。这类能力的特点是利用在线软件的方式，通过 Web 为用户提供木马病毒检测、终端安全性检测等安全服务。此类服务在安全云服务体系中处于 SSaaS 的范畴。

在上述 3 类安全能力中，在线软件类安全能力的资源池化和虚拟化的难度相对而言最低，流量检测和控制类安全能力的资源池化和虚拟化的难度最大。

3. 安全云服务的网络化

为了使用户随时随地通过网络获取所需的安全云资源能力，安全云服务应根据不同的服务应用场景，综合应用多种组网技术。因此，应用场景的不同将衍生出多种安全云服务组网方案。

在上述 3 类安全能力中，在线软件类安全能力的网络化提供最为简单。由于此类服务以 Web 在线软件的方式提供，用户通过 Web 浏览器即可享受该服务，用户只要能访问服务提供商的 Web 服务器即可，服务的实现不涉及中间的组网过程。

安全检测和分析类安全能力的网络化提供比在线软件类安全能力复杂。由于它需要为客户提供远程的网络或应用安全性检测或特定的安全性分析，往往通过在客户端部署代理来收集特定的安全信息并发送到统一的安全云服务中心进行分析处理，因此这类服务的网络化提供就是要解决采集到的安全信息如何安全发送到安全云服务中心的问题，具体的实现方式包括 GRE（通用路由封装）隧道、MPLS（多协议标记转换）VPN、专线等。

流量检测和控制类安全能力的网络化提供的实现难度相对最大。由于用户本身的网络流量必须流经安全云服务中心，并由安全云服务中心根据策略做出相应的控制和处理，而用户的网络流量在使用此类服务之前一般不会流经一个集中的出口，因此在组网过程中如何将用户流量牵引至安全云服务中心是需要解决的一个关键问题。同时，对 DDoS 攻击防御类的服务来说，由于其在客户网络检测到 DDoS 攻击时才要求将特定流量牵引至安全云服务中心进行流量的检测和过滤，因此其流量牵引的过程较防火墙访问控制类服务更为复杂，同时由于其在对客户流量做检测过滤后还需将流量发送回客户网络，因此其网络化提供的实现中还涉及流量回送的问题。

4. 典型安全云服务

（1）解决业务安全挑战的集成云服务

在软件开发中，通过调用各种库函数，工程师能够专注于实现核心业务，而不用重复开发已经非常成熟的功能模块，更重要的是，不需要深入了解被调用函数的具体实现方式和相关专业知识。类似地，企业可以选择和集成那些以云服务方式提供的安全功能和产品，解决业务中的各种安全挑战。

1）内容过滤。云服务提供商将内容过滤功能通过网络提供给企业用户；企业用户使用指定网络接口地址提交可疑的文字、图片和视频等内容，并及时获得扫描结果，以识别可疑内容是否涉及暴恐、色情或广告等，从而及时过滤、清理。

2）用户验证。云服务提供商对企业开放 API，基于网络提供用户验证服务；企业使用云服务提供商提供的 API 将验证服务集成到业务流程中。在用户访问时，企业通过 API 提交用户相关信息，云服务提供商实时给出反馈，帮助企业确认用户的真实性和可信度。常见的用户验证服务包括验证码和登录保护等。

3）反行为欺诈。云服务提供商基于网络提供用户行为审核服务，并对企业开放 API；企业使用云服务提供商提供的 API 将用户行为审核集成到业务流程中。在用户提交业务请求时，企业根据审核结果对用户的当前请求做出回应，并可以根据审核提供的信息和用户的历史行为决定是否进行封禁用户账号等操作。

以云服务方式提供的反行为欺诈服务能够帮助企业有效减少损失，提高运营效率。常见的反行为欺诈应用包括反刷单、防范羊毛党、防骗贷等。

4）用户身份识别和管理（Identity as a Service，IDaaS）。IDaaS 是指以云服务的方式提供对用户身份的管理，并与不同应用集成以管理用户的登录和访问，通常也支持单点登录（Single Sign On，SSO）。在技术实现上，OAuth 2.0 和 OIDC（OpenID Connect）逐渐成为主流标准，部分应用还支持 SAML（Security Assertion Markup Language，安全断言置标语言）2.0 或 MS-Federation。IDaaS 能够提供一个开放的应用框架，帮助企业管理各种不同应用，并支持移动终端。

5）密钥管理（Key Management as a Service，KMaaS）。云服务提供商为企业生成主密钥并代为存储，企业在任何情况下都不能直接获得主密钥，只能通过云服务提供商提供的 API 使用密钥 ID 进行加解密处理：加密时，企业调用云服务提供商提供的 API 并提供主密钥 ID 和数据明文，云服务提供商返回密文；解密时，企业提供主密钥 ID 和数据密文，云服务提供商返回明文。

密钥管理是加解密机制的核心，以云服务方式提供的密钥管理可以帮助企业避免复杂的密钥管理流程和高昂的使用及维护成本，并能够提供详细的密钥使用记录以便审计。

6）内容威胁扫描。本地设备将可疑内容（IP、域名、URL、字段、文件等）上传到云端进行实时检测，如果云端的返回结果确认内容有害，本地设备将进行阻断、隔离或发出告警。云端的内容分析引擎支持海量的样本库，通常还部署了覆盖多种运行环境的沙箱系统，能够识别未知威胁，并在发现有害内容后将相关情报进行网络共享。

基于云的内容威胁扫描服务可集成于防火墙、入侵防御系统（IPS）和网关等各种传统安全设备，用于 URL 过滤、防病毒、反恶意软件等。也有部分厂商提供独立的 Web 站点供用户提交可疑内容，并提供分析报告，以便用户了解可能存在的各种威胁。

（2）替代传统安全设备和方案的云服务

1）云 Web 安全网关。云 Web 安全网关不使用本地设备，而是通过用户端的代理设置或在企业网络出口建立 IPsec VPN 或 GRE 隧道，将用户的 Web 流量引导到云端服务器进行策略控制和安全过滤，提供 URL 过滤、内容过滤、Web 应用管理、反恶意代码等功能。

云 Web 应用网关可用于管理用户的上网行为、提供安全内容和阻止恶意攻击等。除了与传统 Web 安全网关的功能一致，云 Web 应用网关的部署和使用更简单，并能够在用户未接入企业内网或使用移动设备时提供一致的保护。

2）云安全信息和事件管理（Security Information and Event Management，SIEM）。通过客户端收集企业本地设备的日志等数据，云 SIEM 在云端对日志进行汇总和分析。除了保存日志以满足合规等需求，云 SIEM 通常还能够实时侦测恶意攻击和数据泄露，及时发出预警。

与传统 SIEM 产品相比，云 SIEM 部署简单，对管理和维护的要求较低。随着各种云服务特别是云服务器和网络等基础设施的广泛应用，云 SIEM 能够帮助企业有效简化日志汇总和分析。

3）云灾备（Disaster Recovery as a Service，DRaaS）。企业将业务系统的应用和数据在云中建立备份，当遭遇人为事故或自然灾害而中断服务时，业务将切换到云中的备份系统继续运行。企业的业务系统可以基于物理硬件或虚拟化平台搭建，也可以位于公有云环境；备份系统由云灾备厂商负责管理和维护，按使用收费。

云灾备使企业能够快速部署业务连续性计划，免于构建和维护灾备设施，也可以相应减少对人员的管理和培训。除了显著的成本优势，云灾备还能够根据企业需要随时调整甚至迁移。

8.5.3 安全云的部署与应用

安全云常用的部署方式有中心云和"云+端"两种，在 SIaaS、SPaaS、SSaaS 层次上分别有不同的应用模式。

1. 安全云的部署方式

（1）中心云

中心云的核心思想是利用"云端"的海量计算能力，即依托庞大服务器/设备集群组成的"中心架构"云计算系统，实现超大规模的计算和存储能力，全面提升安全系统的服务效能。

（2）云+端

"云+端"的核心思想是利用海量终端的分布式处理能力，即由分布在互联网各处的海量终端采集安全信息，进行本地处理后，上传到安全云服务中心平台进行协同分析。

这两种部署方案均是云计算技术及理念在安全领域的具体应用，在安全云服务体系中，不同安全服务能力的提供将分别采用上述不同的部署方式，如防火墙访问控制、网络入侵检测和防护等安全能力提供就采用中心云的部署方式，利用防火墙或入侵检测/防护设备集群组成"中心架构"的安全能力资源池实现资源的按需提供；DDoS 攻击防御、安全事件检测分析、木马库和病毒库等安全能力提供则采用"云+端"的部署方式，通过分布式终端收集、处理安全信息并上传到安全云服务中心进行处理，实现安全能力资源的"云化"提供。

2. 安全云的应用

目前业界提供的业务主要是在线的病毒查杀、恶意代码检测和过滤、Web 应用的云检测、邮件的安全检测和过滤等，而防火墙访问控制、DDoS 攻击防御、入侵检测和防护等方面的安全云服务还比较少见。

（1）SIaaS 层安全云应用

SIaaS 层典型应用主要包括趋势科技的"云的防护盾"和"云中保险箱"等产品。

为了有效地保护构成云的各种应用、平台和环境以及用户存放于云端的各种敏感和隐私数据不受感染、攻击、窃取和非法利用等各种威胁的侵害，趋势科技推出了"云安全 3.0"解决方案，提出用"云的防护盾"技术和"云中保险箱"技术保护各种企业数据中心/应用系统或者云平台本身免受病毒、攻击、系统漏洞等威胁的侵害，保护用户存放于云端的敏感和隐私数据不被非法窃取和利用。

"云的防护盾"是指通过整合防火墙、入侵防御、应用服务保护、系统完整性保护、虚拟补丁、防恶意软件等重要功能，并和虚拟环境（VMware、Citrix、Hyper-V 等）动态集成，为从单台物理服务器或虚拟服务器构成的简单系统，到企业的服务器集群、数据中心或者各种应用服务系统（如 Web、数据库、邮件服务器等），再到由多系统、多平台、多应用、物理虚拟混合环境所构成的各种云应用/云服务平台，提供全面的保护。

"云中保险箱"是指通过云中密钥管理机制，对企业存放于云端的数据进行加密保护，使得企业可以随时随地安全地使用云平台存放或者交换数据。

（2）SPaaS 层安全云应用

SPaaS 层典型应用包括绿盟科技的"云安全"平台、趋势科技的基于"信誉评估技术"的安全云产品、思科 SensorBase 云防火墙等安全云数据中心所提供的事件关联库、病毒库、垃圾邮件库、URL 黑白名单库等产品。

1）"云安全"平台。2008 年，绿盟科技宣布正式启动云安全计划，成为国内第一家进入云计算和云安全领域的网络安全厂商。绿盟科技提出的云安全计划中包含具备多种能力类型的安全云，目的是通过在全球范围内大规模部署中心服务器集群，覆盖入侵防御、漏洞扫描、挂马防范、流量清洗等方面，全面检测恶意网站与异常流量，对互联网威胁、事件、漏洞进行大规模集中分析和汇总，发现其中的恶意网站、恶意代码等，然后同步更新至绿盟科技云计算中心服务器集群，并最终应用到客户关键应用，从而更有效地应对当前快速多变的安全威胁。

绿盟科技的"云安全"平台架构包括了数据分析层、核心数据库和分布式计算平台 3 个层面，如图 8.4 所示。

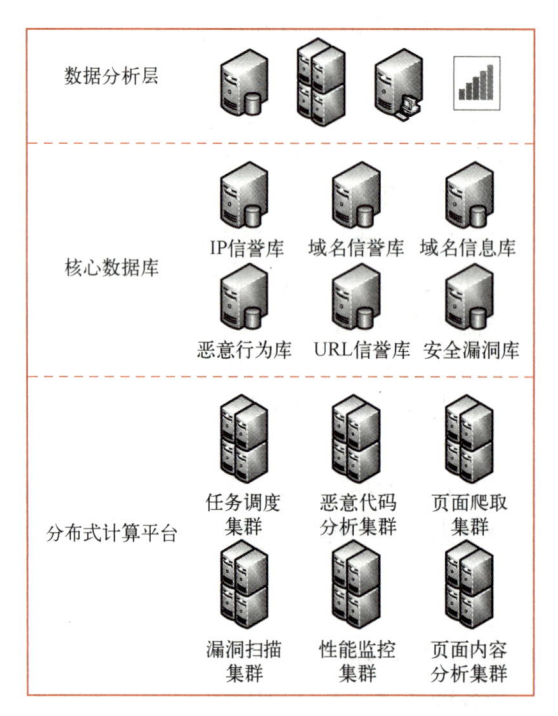

图 8.4 绿盟科技的"云安全"平台架构

针对门户网站和网上交易面临的现实问题，比如出现问题无法实现实时通知、无法 24 小时监控、缺乏历史数据进行长期风险分析等，目前绿盟科技已经推出了基于云安全平台的"网站安全监测服务"与"网站域名解析监测服务"等云安全服务，为用户网站提供 7×24 小时实时监测服务，让用户实时感知自身网站的安全状况，并实时监测缓存服务器和授权域服务器的解析结果，为用户网站的正常运行提供有力保障。

其中的"网站安全监测服务"是一项托管式服务,该服务采用透明部署模式,用户无须安装任何硬件或软件,无须改变目前的网络部署状况,无须由专门的人员进行安全设备维护及分析日志。用户只需要提供被监测的网站域名,得到许可后即可获得 7×24 小时的网站安全监测服务。

"网站安全监测服务"主要包括以下几方面的内容。

① 远程网站漏洞扫描服务。网站的漏洞是站点被攻击的根源,通过远程的网站应用层漏洞扫描服务,并由绿盟科技的安全专家定期进行网站结构分析、漏洞分析,用户无须采购任何 Web 应用扫描产品,即可获得网站的漏洞情况及修补建议。

② 远程网页挂马监测服务。绿盟科技基于"云安全"平台,采用业内领先的智能挂马检测技术,可高效、准确地识别网站页面中的恶意代码,使网站管理员能够第一时间得知自己网站的安全状态,避免由于网站被挂马给访问者带来安全隐患。

③ 网页敏感内容监测服务。实时监测目标站点是否出现一些敏感关键字,如果发现敏感内容,则会在第一时间通知用户。用户也可以自定义其关心的敏感关键字。

④ 网站平稳度监测服务。对服务站点进行实时远程访问平稳度的动态监视,跟踪重点对象的访问平稳度动态变化情况,并根据严重程度及时发出报警信号。

⑤ 网页篡改监测服务。实时监测目标站点页面状况,页面被篡改时,第一时间通知用户,避免声誉和法律方面的风险。

2)基于信誉评估技术的安全云产品。趋势科技是较早提出安全云概念的防病毒产品提供商。其安全产品经历了"云安全 1.0""云安全 2.0"阶段,目前已经发展到了"云安全 3.0"阶段。具体来说,"云安全 1.0"专注于来自网页的 Web 安全,核心是对用户所访问的网页进行安全评估;"云安全 2.0"侧重于局域网的整体保护,增加了文件信誉技术和多协议关联分析技术的应用,让文件信誉技术与 Web 信誉技术、邮件信誉技术实现关联互动,为用户提供更加安全、有效的防护;"云安全 3.0"则进一步扩展到对云安全自身的保护,从单纯利用云技术来保护互联网安全,到对"云"本身进行安全保护,用"云的防护盾"和"云中保险箱"保护整个云计算链条。

趋势科技的"安全云"的防病毒产品概念主要是利用信誉评估技术,通过实时更新的安全等级信息,在各种威胁入侵前彻底防御危险攻击。信誉评估技术是由收录 Web 评估数据的"Web 信誉技术"、收录邮件服务器评估数据的"邮件信誉技术",以及收录文件评估数据的"文件信誉技术"三者结合而成的。

① Web 信誉技术。Web 信誉会分析网络流量并拦截进出网络的恶意流量。Web 信誉根据网站的存在时间、历史地址变动以及可能暗示其他可疑行为的 50 余种因素对 URL 进行信誉评分,从而实现拦截目的。该技术通过恶意行为分析评估,拦截危险的 URL 和/或合法网站内部受到攻击的网页、链接。由于仅仅拦截受到影响的网页而非整个网站,因而降低了误报率——确保用户能够访问需要访问的网站并保证企业运营。

② 邮件信誉技术。邮件信誉技术根据已知垃圾邮件来源组成的信誉数据库和可以实时评估电子邮件发送者信誉的动态服务来验证 IP 地址,从而达到拦截目的。依据发送者 IP 地址的信誉,恶意电子邮件在云中即遭拦截,从而防止僵尸网络和其他威胁进入计算机。

③ 文件信誉技术。由于保护企业机密数据极为重要,因此只有 Web 和邮件保护还远远不够。为了确保用户不会在无意中从受到攻击的合法网站上下载受到感染的文件,趋势科技提供了文件信誉技术。文件信誉技术在允许用户下载文件之前根据广泛的数据库检查每个文件的信

誉。对所有保存在网页中或附加在邮件中的文件及其信誉均需执行数据检查，并将检查结果实时更新至文件信誉数据库。

（3）SSaaS层安全云应用

SSaaS层典型应用包括瑞星安全云服务、360木马云查杀等在线病毒、木马检测等特定应用的安全检测等。

1）基于"智能主动防御"技术的安全云产品。基于其"云安全"策略和"智能主动防御"技术，瑞星公司早在2009年推出了"瑞星全功能安全软件"来应对"木马病毒互联网化"的危机，以杀毒软件的互联网化来应对木马病毒的互联网化。

"瑞星全功能安全软件"将互联网用户和瑞星云安全中心通过互联网紧密相连，依靠分布在互联网每个角落的用户组成一个庞大的木马/恶意软件监测、查杀网络。在瑞星公司基于"智能主动防御"技术的安全云方案中，每个用户的客户端不只是简单地从服务器"获取"特征码、挂马网址等信息，一旦遭遇攻击，还会把信息"贡献"给服务器，每一个用户的客户端都是既"索取"又"贡献"的，这使得网络具有较强的自我完善、自我升级能力。

2）基于客户端的木马云查杀产品。360木马云查杀是基于"云安全"理念实施的安全产品，已经成为360安全卫士的重要部件之一。

360木马云查杀的功能主要是以360安全中心作为云端服务器，以广大的360用户作为客户端。当用户检测到机器内有未知木马病毒时，"云端"就会马上做出反应，最快地接受样本，然后分享到每一个360用户，从源头上避免木马病毒对其他用户的攻击和侵害。

360木马云查杀引擎是360推出的一款能与360云安全数据中心协同工作的新一代安全引擎。因为采用了云安全技术，所以360木马云查杀引擎不仅扫描速度比传统杀毒引擎快数倍，而且不再需要频繁升级木马库。

360木马云查杀技术主要通过扫描用户系统中的注册表和文件，发现并清除木马、病毒等恶意程序，保障用户的数据安全，同时也会保护用户免受广告软件等恶评程序的干扰。

360木马云查杀所扫描的文件包括PE文件和非PE文件：PE文件主要是指EXE、DLL、OCX、SYS等二进制可执行程序；非PE文件主要是指VBS、VBE、JSE、BAT、CMD等脚本文件。

8.5.4 安全云面临的问题

安全云在防病毒等领域中应用存在以下问题。

（1）安全云技术标准不统一

业界对安全云是否应该被用于计算机防病毒领域以及如何应用等问题，存在较大争议与分歧。究其原因，主要是因为各个厂商对云安全的理解方向、深度等存在差异，故而在技术路线和商业模式等方面存在较明显的差异。

（2）用户的隐私安全受到一定威胁

信任问题始终是安全云发展过程中面临的最大阻碍。尽管安全厂商对外称其只是"从用户机上发现可疑文件并自动上传"，但在安全云模式中，主机信息采集过程的合法性难以得到绝对保证，过程性监督工作难以全面贯彻落实。到底应该采集用户相关的哪类信息、采集后应予以哪些处理、特殊情况下会不会移交给安全部门，用户知之不详，很可能造成计算机用户群体的强烈不安。

（3）智能分析的精确度不足

安全云的典型特征是能在短时间内采集样本，并将其上交至安全厂商做出合理分析，但是面对批量化的可疑文件，智能分析和人工分析有效结合的难度明显增加。如何降低误报，是安全云在计算机防病毒领域必须解决的现实问题。

当下，安全云的现实价值主要表现在增强厂商处理互联网威胁能力、减缩响应时间方面，但是仍然不足以构建全智能化监测、预警及分发。尽管病毒样本智能化采集与处理系统有益于增强杀毒软件的升级能力，但每天由终端用户采集到的可疑文件有一定比例并不是病毒，这就提高了误报、误杀等事件的发生率。

(4) 安全云服务器存在安全隐患

云计算始终是以一个规模庞大的网络为基础建设的，对于安全云而言，网络安全服务整体嫁接在云上，若用户的计算机网络出现异常状况或受到网络攻击，用户就难以连接云端，此时用户势必处于较脆弱的状态，遭受网络威胁的风险明显增加。

8.6 云原生安全

8.6.1 云原生简介

近年来，随着云计算技术的成熟和云计算系统的广泛部署，上云成为企业部署新业务的首选。许多机构开始利用开源或商业的 IaaS 系统构建云计算平台，这种方式带来的好处是整体资源利用更加合理，集约式运营能够降低成本，提升整体水平。但总体而言，这样的上云实践只是"形"上的改变，还远没有到"神"上的变化。

在上云实践中，传统应用有升级缓慢、架构臃肿、无法快速迭代等问题，云原生计算（Cloud Native Computing）的概念应运而生。云原生充分利用云计算弹性、敏捷、资源池和服务化等特性，解决业务在开发、集成、分发和运行等整个生命周期中遇到的问题。

云原生计算基金会（Cloud Native Computing Foundation，CNCF）对云原生的解释是"云原生技术有利于各组织在公有云、私有云和混合云等新型动态环境中，构建和运行可弹性扩展的应用。云原生的代表技术包括容器、服务网格、微服务、不可变基础设施和声明式 API。这些技术能够构建容错性好、易于管理和便于观察的松耦合系统。结合可靠的自动化手段，云原生技术使工程师能够轻松地对系统做出频繁和可预测的重大变更"。

在云原生应用和服务平台构建过程中，容器技术凭借其轻隔离、易分发等特性和活跃强大的社区支持，成为云原生等应用场景下的重要支撑技术。无服务、服务网格等服务新型部署形态也在改变云端应用的设计、开发、部署和运行，从而重构云上业务模式。

8.6.2 云原生安全简介

与云计算安全相似，云原生安全也包含两层含义："面向云原生环境的安全"和"具有云原生特征的安全"。

1. 面向云原生环境的安全

面向云原生环境的安全的目标是保护云原生环境中的基础设施、编排系统和微服务的安全。这类安全机制，不一定具备云原生的特性（比如容器化、可编排），它们可以是传统模式部署的，甚至是硬件设备，但其作用是保护日益普及的云原生环境。

其中一个例子是容器云（CaaS）的抗拒绝服务攻击，可采用分布式拒绝服务缓解机制（DDoS Mitigation），这种传统安全机制保障了面向云原生系统的可用性。

此外，主机安全配置、仓库和镜像安全、行为检测和边界安全等都是面向云原生环境的安全机制。

2. 具有云原生特征的安全

具有云原生特征的安全是指具有云原生的弹性敏捷、轻量级、可编排等特性的各类安全机制。云原生是一种理念上的创新，通过容器化、资源编排和微服务重构了传统的开发运营体系，加速了业务上线和变更的速度，因而，云原生系统的种种优良特性同样会给安全厂商带来很大的启发，重构它们的安全产品、平台，改变它们的交付、更新模式。

仍以 DDoS 为例，在数据中心的安全体系中，抗拒绝服务是一个典型的安全应用，以硬件清洗设备为主。但其缺点是当 DDoS 的攻击流量超过了清洗设备的清洗能力时，无法快速部署额外的硬件清洗设备，因而这种安全机制无法应对突发的大规模 DoS。如果采用云原生的机制，安全厂商就可以通过容器镜像的方式交付容器化的虚拟清洗设备，当出现突发恶意流量时，可通过编排系统在空闲的服务器中动态横向扩展启动足够多的清洗设备，从而可应对处理能力不够的场景。这时，DDoS 清洗机制是云原生的，但其防护的业务系统有可能是传统的。

3. 融合的云原生安全

虽然在形式上将云原生安全分为两类安全技术路线，但事实上，如果要做好云原生安全，则必然需要使用"具有云原生特征的安全"技术实现"面向云原生环境的安全"，因而两者是互相融合的。以 DDoS 威胁为例，一方面可用性是整个云原生系统中重要的安全属性，无论是宿主机、容器，还是微服务、无服务业务系统，它们都要求保证自身可用性；另一方面，在云原生系统中要实现可用性，在物理边界侧要构建按需、弹性的 DDoS 缓解能力，在容器、微服务边界侧部署虚拟、弹性的 DDoS 机制，这就需要云原生的安全能力。两者相辅相成，缺一不可。

8.6.3 云原生面临的安全威胁与挑战

与传统云计算服务类似，云原生作为一种新型云服务技术，同样会面临一些新的安全威胁与挑战。

1. 云原生面临的安全威胁

（1）容器化基础设施的威胁和风险

以容器和容器编排系统为代表的云原生基础设施，成为支撑云原生应用的重要载体，其安全性将直接影响整个云原生系统的安全性。针对容器技术的安全威胁主要有软件供应链攻击、容器逃逸和资源耗尽型攻击等。

1）软件供应链攻击。针对容器镜像的软件供应链攻击包括镜像漏洞利用和镜像投毒。

镜像漏洞利用指的是镜像本身存在漏洞时，依据镜像创建并运行的容器也通常会存在相同漏洞，攻击者利用镜像中存在的漏洞去攻击容器，往往具有事半功倍的效果。备受开发者青睐的 Alpine 镜像曾曝出一个编号为 CVE-2019-5021 的漏洞，3.3 到 3.9 版本的 Alpine 镜像中，root 用户密码被设置为空，攻击者可能在攻入容器后借此使自己具有容器内部 root 权限。这个漏洞看起来很简单，但是 CVSS（通用漏洞评分系统）3.0 给其的评分高达 9.8 分。

镜像投毒是指攻击者通过某些方式，如上传镜像到公开仓库、入侵系统后上传镜像到受害者本地仓库以及修改镜像名称假冒正常镜像等，欺骗、诱导受害者使用攻击者指定的恶意镜像创建并运行容器，从而实现入侵或利用受害者的主机进行恶意活动的行为。根据目的不同，常见的镜像投毒有 3 种类型：投放恶意挖矿镜像、投放恶意后门镜像和投放恶意 exploit 镜像。

2）容器逃逸。与其他虚拟化技术类似，逃逸也是最为严重的安全风险，直接危害了底层宿主机和整个云计算系统的安全。根据层次的不同，容器逃逸的类型可以分为以下4类：危险配置导致的容器逃逸、危险挂载导致的容器逃逸、相关程序漏洞导致的容器逃逸和内核漏洞导致的容器逃逸。

3）资源耗尽型攻击。同为虚拟化技术，容器与虚拟机既存在相似之处，也有显著不同。在资源限制方面，虚拟机技术需要为即将创建的虚拟机设定CPU、内存及硬盘等资源的明确参数，在虚拟机内部的进程看来，它真的处于一台被设定好的独立计算机之中。

然而，容器运行时默认情况下容器内进程在资源使用上不受任何限制，Kubernetes等以Pod为基本单位的容器编排管理系统在默认情况下同样未对用户创建的Pod做任何CPU、内存使用限制。限制的缺失使得云原生环境面临资源耗尽型攻击风险。攻击者可能通过在一个容器内运行恶意程序，或针对一个容器服务发起拒绝服务攻击来占用大量宿主机资源，从而影响宿主机或宿主机上其他容器的正常运行。

（2）微服务架构为云原生应用安全带来新的安全风险

在如今应用开发、测试、运维均追求敏捷开发的时代，微服务应运而生。随着应用的微服务化升级，新的安全风险出现。首先，随着微服务的增多，暴露的端口数量也急剧增长，进而扩大了攻击面，且微服务间的网络流量多为东西向流量，网络安全防护维度发生了改变。其次，不同于单体应用只需解决用户或外部服务与应用的认证授权问题，微服务间的相互认证授权机制更为复杂，人为因素导致认证授权配置错误成为一大未知风险。最后，微服务通信依赖于API，随着业务规模的增大，微服务API数量激增，恶意的API操作可能会引发数据泄露、越权访问、中间人攻击、注入攻击、拒绝服务等风险。

1）微服务数据泄露。对应用存储的数据，基于API进行访问，若应用中某个API含有漏洞或通信未采用加密协议，攻击者便可利用漏洞进行越权攻击或中间人攻击，从而达到数据窃取的目的。

容器镜像为承载云原生应用的实体，开发者将敏感信息写入Dockerfile（用来制作镜像的指令文件）、源码或以环境变量的方式进行传递，这种行为增加了数据泄露的风险，随着微服务数量的不断增多，其造成的损失也呈指数级增长。

2）微服务间请求伪造。应用架构的改变使微服务授权面临新的风险。在单体应用架构下，应用作为一个整体对用户进行授权。在微服务场景下，所有的服务均需对各自的访问进行授权，明确当前用户的访问控制权限。传统的单体应用访问来源相对单一，基本为浏览器；微服务的访问来源还包括内部的其他微服务，因此，微服务授权除了服务对用户的授权，还增加了服务对服务的授权。

Kubernetes中，内部容器间访问控制和隔离可以使用网络策略（Network Policy）来实现，但其默认情况下Pod之间是互通的，这也就意味着网络策略是以白名单的模式出现的，因此如果不对Pod之间的访问进行显式授权，一旦集群内部的某一Pod失陷，便会迅速扩展至整个集群的Pod失陷。

3）微服务业务风险。与网络层的安全不同，业务层面的安全往往没有明显的网络攻击特征。攻击者可以利用业务系统的漏洞或者规则来攻击业务系统以获利，给业务系统造成损失。

在微服务架构下，各服务的安全措施如果不完善，例如用户鉴权、请求来源校验不到位，将会导致针对微服务业务层面的攻击变得更加容易。例如针对一个电商应用，攻击者可以对特定的服务进行攻击，通过API传入非法数据，或者直接修改微服务的数据库系统等。攻击者甚至可以通过直接修改订单管理和支付所对应的微服务系统，绕过支付的步骤，直接成功购买商品等。

(3) 管理编排系统面临安全风险

在云原生环境中，编排系统无疑处于重中之重的地位，作为容器编排系统"事实标准"的 Kubernetes 面临控制权限陷落、拒绝服务攻击和原生网络安全威胁等风险。

Kubernetes 组件的不安全配置、权限提升漏洞、突破隔离限制访问宿主机文件系统等问题导致其面临控制权限陷落风险。

默认情况下，Kubernetes 集群中所有 Pod 组成了一个小型的局域网络，那么就可能发生像中间人攻击这样的针对局域网的攻击行为，如对其他 Pod 进行网络流量窃听，甚至悄无声息地劫持、篡改集群其他 Pod 的网络通信。

(4) 服务网格安全风险

服务网格是一个微服务的基础设施层，主要用于处理服务间的通信。通常云原生应用会有大量微服务，微服务组成了复杂的服务拓扑，服务网格负责在这些拓扑中实现请求的可靠传递。在实践中，服务网格通常被实现为一组轻量级网络代理，它们与应用程序部署在一起，而对应用程序透明。服务网格架构带来的安全风险主要包括：服务间易受中间人攻击和越权攻击。

(5) Serverless 面临的威胁

Serverless（无服务器）可在不考虑服务器的情况下构建并运行应用程序和服务，它使开发者避免了基础设施管理，例如集群配置、漏洞修补、系统维护等。Serverless 并非不需要服务器，而是将服务器交由第三方管理。FaaS（Function as a Service，函数即服务）是 Serverless 主要的实现方式。Serverless 是新的云计算模式，在给开发者带来便利的同时，其安全风险也备受关注，主要包括：针对应用程序代码的注入攻击、针对应用程序依赖库漏洞的攻击、针对应用程序访问控制权限的攻击、针对应用程序数据泄露的攻击、针对 Serverless 平台账户的拒绝钱包服务攻击（Denial of Wallet，DoW）。

2. 云原生面临的安全挑战

根据 Gartner 研究预测，到 2027 年超过 90%的全球企业将在生产环境中运行容器化应用。虽然以容器为核心的云原生技术发展速度空前加快，企业在采用新兴技术的同时，也需要确保应用在全生命周期的各个关键环节尤其是在生产环境运行时的安全问题。云原生技术作为企业数字业务应用创新的原动力，不仅被引入云原生应用全生命周期管理中，而且被推到了生产环境。云原生技术既为企业带来了快速交付与迭代数字业务应用的优势，也带来了新的安全要求与挑战。

(1) 传统的边界安全模型在动态变化的云原生环境难适用

云原生环境中应用微服务化大幅增加了内部网络流量和服务通信端口总量，同时承载负载的容器秒级启动或消失的动态变化，增加了安全监控和保护的难度，传统防火墙基于固定 IP 的安全策略很难适应这种持续的动态变化，无法准确捕捉容器间的网络流量和异常行为。

(2) 容器共享操作系统的进程级隔离环境增加逃逸风险

传统软件架构下，应用之间通过物理机或虚拟机进行隔离，从安全角度来看这可以将安全事件的影响限制在有限、可控的范围内。在云原生环境下，多个服务实例共享操作系统，一个存在漏洞的服务被攻陷可能会导致运行在同主机上的其他服务受到影响，逃逸风险大大提高。

(3) 频繁变更对软件流转的全链条安全提出新要求

为提高数字业务应用交付与运维效率，企业应用开发与运维部门引入开发运营一体化流程。每个微服务应用会涉及相对独立的开发、测试和部署的全生命周期，并通过持续集成/持续交付的流水线，将应用部署运行在开发测试和生产环境中。在整个业务应用全生命周期中，需要为各个环节引入自动化安全保护，不仅避免各个环节的潜在风险，而且提高应用安全交付效率。

(4) 应用微服务化大幅增加攻击面

容器技术保证了运行环境的强一致性，为应用服务的拆分解耦提供了前提，应用微服务化进程加速，同时也带来新的安全隐患。单体应用拆分导致端口数量暴增，攻击面大幅增加。微服务将单体应用架构的传统应用拆分成多个服务，应用间交互的端口指数级增长，相较于单体应用架构集中在单一道口防护的简单易行，微服务化应用在端口防护、访问权限、授权机制等方面的难度陡增。

8.6.4 云原生安全技术

究其根本云原生安全是要保证云原生应用的安全，主要技术包括云原生安全加固、云原生环境的可观察性、云原生网络微隔离、云原生异常检测、云原生应用安全、Serverless 安全防护等。

1. 云原生安全防护思路

云原生安全防护的总体思路是围绕云原生应用的生命周期构建防护体系。云原生应用的整个生命周期，大致可以分为两个阶段：第一阶段就是在开发/测试阶段，完成应用源代码的编写、容器镜像的构建以及容器镜像的存储；第二阶段是在生产环境中的上线运营阶段，完成应用容器的部署、上线运行。云原生全生命周期的安全防护的核心是覆盖应用的整个生命周期，保证云原生应用在镜像制作、镜像存储、镜像传输、容器运行时的安全。

2. 云原生安全加固

(1) 镜像安全检测与加固

针对容器镜像，对架构的安全性进行审计和评估，分析系统防护薄弱点及可能存在的安全风险。漏洞检测是对镜像进行安全加固的重要措施之一，主要还是针对已知的通用漏洞披露（CVE）的漏洞进行扫描分析。

(2) 主机安全加固

容器与宿主机共享操作系统内核，因此宿主机的配置对容器运行的安全有重要的影响，比如宿主机中安装有漏洞的软件可能会导致任意代码执行风险，端口无限制开放可能会导致任意用户访问风险，防火墙未正确配置会降低主机的安全性，没有按照密钥的认证方式登录可能会导致暴力破解并登录宿主机。

从安全性考虑，容器主机应遵循如下安全加固原则：最小安装，不应当安装额外的服务和软件以免增大安全风险；配置交互用户登录超时时间；关闭不必要的数据包转发功能；禁止 ICMP 重定向；配置可远程访问地址范围；删除或锁定与设备运行、维护等工作无关的账号、重要文件和目录的权限设置；关闭不必要的进程和服务等。

3. 云原生环境的可观察性

可观察性（Observability）一词最早来源于 Apple 工程师 Cindy Sridharan 的文章——"监控与观察"。随着云原生、微服务等新架构、新生态的引入和发展，可观察性越来越多地被提及和重视，可观察性和监控这两个概念也逐渐被区分开来。简单来讲，这种区别可以认为是，"监控告诉我们系统的哪些部分是不工作的，而可观察性可以告诉我们那里为什么不工作了"。

从基础设施层来看，传统的主机监控的内容，包括对计算、存储、网络等主机资源的监控，进程、磁盘 I/O、网络流量等系统对于云原生的可观察性依然存在。但是考虑到云原生中采用的容器、服务网格、微服务等新技术、新架构，其可观察性又会有新的需求和挑战。比如，在资源层面要实现 CPU、内存等在容器、Pod、Service、Tenant 等不同层的识别和映射关系；在进程的监控上要能够精准识别到容器，甚至还要细粒度到进程的系统调用、内核功能调用等层面；在网络上，除了主机物理网络之外，还要包括 Pod 之间的虚拟化网络，甚至是应用之间的 Mesh 网络流量的观察；在应用层，微服务架构下的应用使得主机上的应用变得异常复杂，这既包括应用本身的平均延时、应用间的 API 调用链、调用参数等，也包括应用所承载的业务信息，比如业务调用逻辑、参数等信息。

云原生可观察性的实现手段主要包括日志（Logging）、指标（Metrics）和追踪（Tracing）。

（1）日志

日志展现的是应用运行产生的事件或者程序在执行的过程中产生的一些记录，可以详细解释系统的运行状态。日志描述了一些离散的、不连续的事件，对于应用程序的可见性是很好的信息来源，日志也为分析应用程序提供了精确的数据源。但是日志数据存在一定的局限性，它依赖于开发者暴露出来的内容，而且其存储和查询需要消耗大量的资源，往往需要使用过滤器减少数据量。

（2）指标

指标与日志有所不同，日志提供的是显式的数据，而指标是通过数据的聚合，来衡量一个程序在特定时间内的行为。指标是可累加的，它们具有原子性，每个都是一个逻辑计量单元，或者一个时间段内的柱状图。指标可以观察系统的状态和趋势，但对于问题定位缺乏细节展示。

（3）追踪

追踪面向的是请求，可以分析出请求中的异常点，但与日志有相同的问题——资源消耗较大。通常也需要通过采样的方式减少数据量。追踪的最大特点就是，它在单次请求的范围内处理信息。任何数据、元数据信息都被绑定到系统中的单个事务上。

在基于微服务的云原生架构中，客户端的一次服务调用，会产生大量的包括服务和中间件在内的调用关系。追踪这些复杂的调用过程，对于微服务的安全性分析、故障定位以及性能提升等，有重要的作用。

4. 云原生网络微隔离

微隔离（Micro-Segmentation）最早是 VMware 为应对虚拟化隔离技术提出来的。微隔离是一种更细粒度的网络隔离技术，其核心能力的诉求是对传统环境、虚拟化环境、混合云环境、容器环境等东西向流量进行隔离和控制，重点用于阻止攻击者进入数据中心网络或者云虚拟网络后进行的横向移动。

微隔离有别于传统的基于边界的防火墙隔离技术，微隔离技术通常采用一种软件定义的方式，其策略控制中心与策略执行单元是分离的，而且通常具备分布式和自适应等特点。策略控制中心是微隔离系统的核心控制单元，可视化展现内部系统之间以及业务应用之间的网络访问关系，并且能够按照角色、标签等快速地对需要隔离的工作负载分类、分组，并且高效灵活地配置工作负载以及业务应用之间的隔离策略。策略执行单元主要用于网络流量数据的监控以及隔离策略的执行，通常实现为虚拟化设备或者主机上的 Agent（代理）。

目前，微隔离的技术实现还没有统一的标准，属于比较新的产品形态。在 IaaS 层面的微隔离机制一般有 3 种形态：基于虚拟化技术（Hypervisor）、基于网络（Overlay、SDN），以及基于主机代理（Host-Agent）。在容器环境中，云原生中的微隔离机制有基于 Network Policy（网络策略）实现和基于 Sidecar 实现。

（1）基于 Network Policy 实现微隔离

Network Policy 是 Kubernetes 的一种资源，用来说明一组 Pod 之间是如何被允许互相通信，以及如何与其他网络 Endpoint（终端）进行通信的。Network Policy 使用标签（Label）选择 Pod，并定义选定 Pod 所允许的通信规则。每个 Pod 的网络流量包含流入（Ingress）和流出（Egress）两个方向。

在默认的情况下，所有的 Pod 之间都是非隔离的，可以完全地互相通信，也就是采用了一种黑名单的通信模式。当为 Pod 定义了 Network Policy 之后，只有 Network Policy 允许的流量才能与对应的 Pod 进行通信。通常情况下，为了实现更有效、更精准的隔离效果，会将这种默认的黑名单机制更改为白名单机制，也就是在 Pod 初始化的时候，就将其 Network Policy 设置为"deny all"（全部拒绝），然后根据服务间通信的需求，制定细粒度的 Network Policy，精确地选择可以通信的网络流量。

（2）基于 Sidecar 实现微隔离

Sidecar 是一种在不改变主应用的情况下，辅助主应用做一些基础性的甚至是额外任务的工作模式。Sidecar 代理通常和服务网格的流量管理模型一同部署，网格内服务发送和接收的所有流量都经由 Sidecar 代理，这让控制网格内的流量变得异常简单，而且不需要对服务做任何更改，再配合网格外部的控制平面，可以方便地实现微隔离。

5. 云原生异常检测

根据异常表现位置的不同，云原生异常分为网络侧异常和主机侧异常。网络侧异常指的是集群东西或南北向流量上体现出来的异常，又可以细分为：行为型异常（如后端数据库被发现有集群外通信的南北向流量，短时间内产生大量网络连接等）和载荷型异常（如某 Pod 被检测出 Webshell 流量等）。主机侧异常通常限制在容器级别，即集群内部 Pod 自身所表现的异常。根据异常涉及因素的不同，可以将其划分为行为型异常（如有新进程运行、进程以新用户身份运行等）和资源型异常（如 CPU/内存资源占用率过高、可用存储空间减小过快等）。

（1）云原生网络侧异常检测方法

云原生网络入侵检测机制需要实现对 Kubernetes 集群每个节点上 Pod 相关的东西及南北向流量进行实时监控，并对命中规则的流量进行告警。告警能够定位到具体节点、命名空间内的具体 Pod。

云原生网络侧异常检测可以采用基于 Pod 的流量检测方法。首先在每个节点上部署一个流量控制单元和策略引擎：流量控制单元负责将特定 Pod 的流量牵引或镜像到策略引擎中，策略引擎对接入流量进行异常检测（类似传统 IDS）并向日志系统发送恶意流量告警。集群内另有一个编排引擎负责监控日志系统的告警事件，根据告警定位到节点、命名空间、Pod，然后构建并下发阻断规则给流量控制单元，形成从检测到阻断的完整闭环。基于 Pod 的流量检测方法示意如图 8.5 所示。

（2）云原生主机侧异常检测方法

云原生主机侧异常检测方法主要有基于进程模型的异常行为检测和基于系统调用的攻击行为检测。

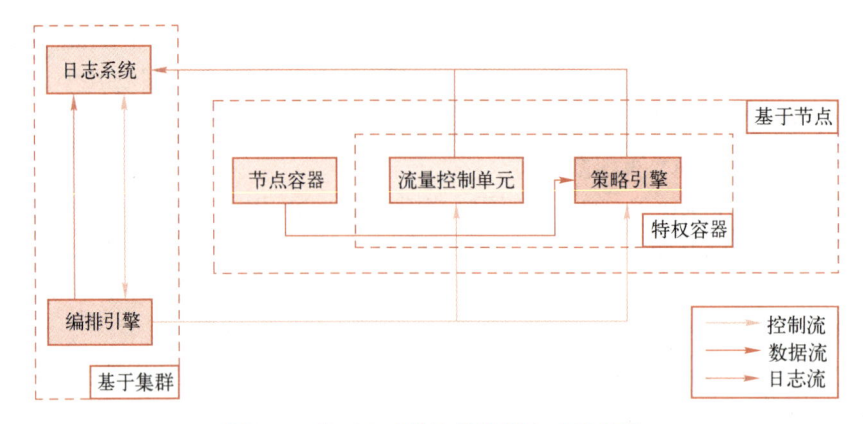

图 8.5 基于 Pod 的流量检测方法示意图

基于进程模型的异常行为检测以创建于相同镜像的容器内部的进程行为总是相似的假设为基础，在镜像级别收集集群内部业务正常运行期间的进程集合及进程行为、属性集合，采用自学习的方式，自动构建出合理的镜像进程模型。学习结束后，采用该模型进行容器内异常检测。

基于系统调用的攻击行为检测的依据是几乎任何一个有意义的进程在运行期间都会执行系统调用（System Call），恶意进程也不例外，甚至调用得更多、更为频繁，而且调用方式往往具有区别于正常进程的特征。例如，2019 年著名的 RunC 容器逃逸漏洞 CVE-2019-5736 的特征是以 /proc/self/exe 为路径参数执行 open 系统调用，在后续过程中，还会以 /proc/self/fd/ 为路径参数前缀采用写方式执行 open 系统调用，以覆盖宿主机上的 RunC 二进制文件。这样的参数内容在容器内业务进程中非常罕见。因此，特定系统调用+特定参数就是该漏洞的明显特征。

6. 云原生应用安全

云原生应用安全包括云原生应用的 API 安全检测和应用业务安全两个方面。

云原生应用中，API 既充当外部与应用的访问入口，也充当应用内部服务间的访问入口。然而，企业面对大量 API 设计需求，其相应的 API 安全方案往往不够成熟，从而引起了 API 滥用的风险。API 滥用将成为导致企业 Web 应用数据泄露最频繁的攻击载体。Gartner 在《如何建立有效的 API 安全策略》报告中预测，到 2024 年，API 滥用和相关数据泄露将几乎翻倍。云原生应用的 API 安全检测包括针对 API 的脆弱性检测和针对 API 的攻击检测。针对 API 的脆弱性检测通常可使用 AWVS（Acunetix Web Vulnerability Scanner）、AppScan、Burp Suite、Nessus 等扫描器进行周期性的漏洞扫描来实现。

应用业务面临的安全问题主要包括业务频率异常、业务参数异常和业务逻辑异常 3 类。针对上述业务层面安全问题，基于基线的异常检测是一类比较有效的方法：首先建立正常业务行为与参数的基线，进而找出偏移基线的异常业务操作，其中基线的建立需要结合业务系统的特性和专家知识共同完成。一种业务异常检测引擎的原理框图如图 8.6 所示。

其中，采集模块主要用于采集业务系统的运行数据，训练模块主要针对业务系统历史数据进行训练以提取行为特征数据，检测模块主要对正在运行的业务系统进行异常检测。

7. Serverless 安全防护

Serverless 面临的威胁主要包含函数的代码漏洞、依赖库漏洞、访问控制、数据安全和 Serverless 的平台账户安全 5 个方面，针对 Serverless 的防护也应针对这 5 个方面展开。

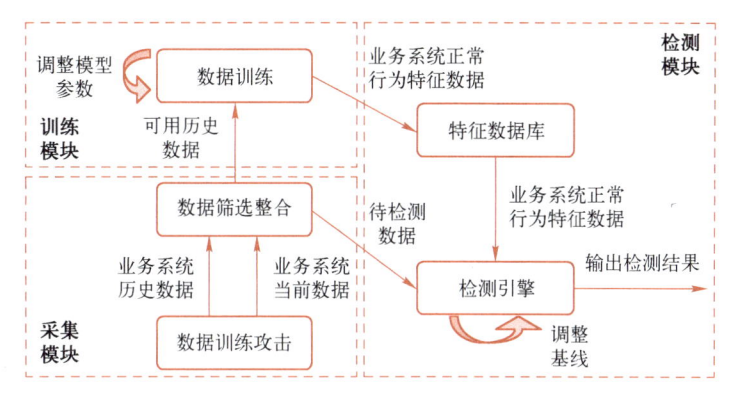

图 8.6　业务异常检测引擎原理框图

(1) 应用程序代码漏洞防护

应用程序代码漏洞防护主要从两方面考虑，一是安全编码，二是使用自动化检测。安全编码主要是要求开发者具备安全编码的能力。自动化检测是使用静态代码检测工具扫描函数的安全漏洞，业界比较主流的检测工具有 AppScan、Fortify、Burp 等。

(2) 应用程序依赖库漏洞防护

针对依赖库漏洞的防护，最直接的方法是使用受信任的源。Serverless 平台中，云厂商提供的运行时环境相比于官方较滞后。如果函数中包含的依赖库较少，可对库文件进行安全验证后再引入函数中；如果依赖库较多，则很容易出现依赖库版本和运行时版本不匹配的场景。

为了更好地解决 Serverless 函数引入第三方库漏洞的风险，业界通常采取软件组成分析 (Software Composition Analysis, SCA) 技术。其原理是通过统计现有应用程序中使用的开源依赖项，并同时分析依赖项间的关系，最后得出依赖项的开源许可证及其详细信息，详细信息包括依赖项是否存在安全漏洞、包含漏洞数量、漏洞严重程度等。最终 SCA 会根据这些信息判定应用程序是否可以继续运行。目前主流的 SCA 产品有 OWASP Dependency Check、SonaType、Snyk、Bunder Audit 等。

(3) 应用程序访问控制防护

传统的访问控制防护方法在 Serverless 上也同样适用，主要从最小特权原则、隔离性这两方面出发。最小特权原则要求每个用户只能访问指定资源，粒度越细，攻击面暴露得越少。将函数作为安全隔离边界，可以确保即使一组函数受到攻击也不会造成整体应用的沦陷。现有大多数 FaaS 平台已提供了函数隔离机制。

(4) 应用程序数据安全防护

Serverless 中，应用程序的数据安全防护应当覆盖安全编码、密钥管理、安全协议 3 个方面。安全编码主要实现敏感信息编码，密钥管理主要实现密钥的存储与更换，安全协议主要实现函数间数据的安全传输。

(5) Serverless 平台账户安全防护

针对 DoW 攻击，公有云厂商可通过提供账单告警机制，对函数调用频度和单次调用费用设定阈值进行告警；也可提供资源限额的配置，即函数到达一定副本数就不再扩展并向开发者下发告警通知。

本章小结

本章首先介绍了云计算的概念、特点和体系架构，然后分析了云计算面临的安全风险、云计算应满足的安全需求、云计算对网络安全领域的影响、云计算安全的内涵，从云基础设施、云平台、云服务角度分析了云计算面临的安全隐患。从云计算安全技术、云计算安全体系架构等方面介绍了云计算安全解决方案。在介绍安全云概念的基础上，分析了安全云服务的实现模式和典型的部署方式。最后介绍了云原生和云原生安全的概念、云原生面临的安全威胁与挑战，以及云原生安全的主要技术和应用。

习题

1. 简述云计算的基本特征、服务模式和部署方式。
2. 云计算本身的特点带来哪些潜在安全风险？
3. 简述云计算安全的主要需求。其中哪些需求是核心需求？
4. 简述云计算对网络安全领域的影响。
5. 简述云计算安全的内涵。
6. 简述云基础设施面临的安全隐患。
7. 简述云平台面临的安全隐患。
8. 简述云服务面临的安全隐患。
9. 简述租用虚拟硬件资源（IaaS）安全技术。
10. 简述云计算安全体系架构。
11. 简述安全云和安全云服务的概念。
12. 安全云服务有哪些特征？
13. 简述安全云服务的层次模型。
14. 典型的安全云服务包含哪些内容？
15. 简述安全云服务的部署模式。
16. 简述云原生和云原生安全的概念。
17. 简述云原生面临的安全威胁与挑战。
18. 请调研分析云计算攻击技术的发展动态。

第 9 章 区块链安全

区块链作为一种去中心化基础架构与分布式计算范式，为比特币等数字货币提供了底层技术支持，随着数字货币的兴起而迅速发展，应用领域不断延伸，其安全问题愈发突出和重要。本章主要介绍区块链的基本概念、体系结构、面临的安全风险和可能的攻击威胁，讨论区块链安全的发展方向。

9.1 区块链简介

2008 年，中本聪（Satoshi Nakamoto）设计了一种名为"比特币"的电子现金系统，随后在 2009 年年初搭建了比特币系统。随着比特币和其他各种类似代币的蓬勃发展，区块链作为这些电子货币的底层技术发展迅速，逐渐成为信息技术领域的一项重要支撑技术。近年来，区块链在数字货币、金融交易及清算、公证、溯源和防伪等领域得到了大量的实践应用。

随着区块链技术的深入研究，很多相关的术语不断衍生出来，例如中心化、去中心化、公链和联盟链等。为了帮助读者准确了解区块链技术，下面介绍区块链及其相关的概念。

1. 中心化与去中心化

中心化（Centralization）与去中心化（Decentralization）最早用来描述社会治理权力的分布特征。从区块链应用角度出发，中心化是指以单个组织为枢纽构建信任关系的场景特点。例如，在电子支付场景下，用户必须通过银行的信息系统完成身份验证、信用审查和交易追溯等；在电子商务场景下，对端用户身份的验证必须依靠权威机构下发的数字证书完成。相反，去中心化是指不依靠单一组织进行信任构建的场景，该场景下每个组织的重要性基本相同。

2. 加密货币

加密货币（Cryptocurrency）是一类数字货币（Digital Currency）技术，它利用多种密码学方法处理货币数据，保证用户的匿名性、价值的有效性。加密货币利用可信设施发放和核对货币数据，保证货币数量的可控性、资产记录的可审核性，从而成为具备流通属性的价值交换媒介，同时保护使用者的隐私。

加密货币的概念起源于一种基于盲签名（Blind Signature）的匿名交易技术，最早的加密货币交易模型——电子现金（Electronic Cash）交易模型如图 9.1 所示。

交易开始前，付款者使用银行账户兑换加密货币，然后将货币数据发送给收款者，收款者向银行发起核对请求，若该数据为银行签发的合法货币数据，那么银行将向收款者账户记入等额数值。通过盲签名技术，银行完成对

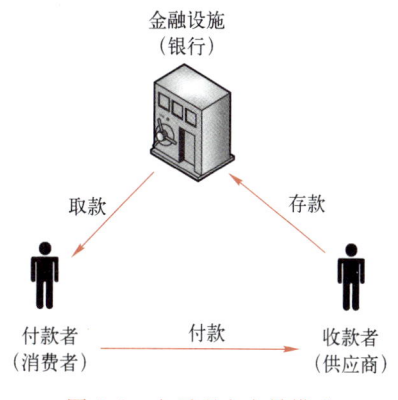

图 9.1 电子现金交易模型

货币数据的认证，而无法获得发放货币与接收货币之间的关联，从而保证了价值的有效性、用户的匿名性；银行天然具有记录账户的能力，因此保证了货币数量的可控性与资产记录的可审核性。

最早的加密货币构想将银行作为构建信任的基础，呈现中心化特点。此后，加密货币朝着去中心化方向发展，并试图用工作量证明（Proof of Work，PoW）或其改进方法定义价值。比特币在此基础上，采用新型分布式账本技术保证被所有节点维护的数据不可篡改，从而成功构建信任基础，成为真正意义上的去中心化加密货币。区块链从去中心化加密货币发展而来，随着区块链的进一步发展，去中心化加密货币已经成为区块链的主要应用之一。

3. 区块链

从概念上说，区块链是一种去中心化基础架构与分布式计算范式，也是一种分布式、去中心化、去信任化的存储技术，还是一种按照时间顺序将数据区块以顺序相连的方式组合而成的一种链式数据结构。区块链技术具有去中心化、扩展性强、安全可靠等特点，在无须信任的分布式网络中实现了安全的点到点交易。

区块链利用分布式共识算法生成和更新数据，并利用对等网络进行节点间的数据传输，利用结合密码学原理和时间戳等技术的分布式账本保证存储数据的不可篡改，利用自动化脚本代码或智能合约实现上层应用逻辑。如果说传统数据库实现单方维护数据，那么区块链则实现多方维护相同数据，保证数据的安全性和业务的公平性。

区块链的工作流程主要包含生成区块、共识验证、账本维护3个步骤。

（1）生成区块

区块链节点收集广播在网络中的交易，即需要记录的数据条目，然后将这些交易打包成区块，即具有特定结构的数据集。

（2）共识验证

节点将区块广播至网络中，全网节点接收大量区块后进行顺序的共识和内容的验证，形成账本，即具有特定结构的区块集。

（3）账本维护

节点长期存储验证通过的账本数据并提供回溯检验等功能，为上层应用提供账本访问接口。

根据不同场景下的信任构建方式，区块链可分为两类：非许可链（Permissionless Blockchain）和许可链（Permissioned Blockchain）。

非许可链也称为公有链（Public Blockchain），是一种完全开放的区块链，即任何人都可以加入网络并参与完整的共识记账过程，彼此之间不需要信任。公有链以消耗算力等方式建立全网节点的信任关系，具备完全去中心化的特点，同时也带来了资源浪费、效率低下等问题。公有链多应用于比特币等去监管、匿名化、自由的加密货币场景。

许可链是一种半开放式区块链，只有指定的成员才可以加入网络，且每个成员的参与权各不相同。许可链往往通过颁发身份证书的方式事先建立信任关系，具备部分去中心化特点，相比于非许可链拥有更高的效率。进一步，许可链分为联盟链（Consortium Blockchain）和私有链（Fully Private Blockchain）。联盟链由多个机构组成的联盟所构建，账本的生成、共识、维护分别由联盟指定的成员参与完成。在结合区块链与其他技术进行场景创新时，公有链的完全开放与去中心化特性并非必需，其低效率更无法满足需求，因此联盟链在某些场景中成为实用性更强的区块链选型。私有链相较联盟链而言中心化程度更高，其账本的产生、共识、维护过程完全由单个组织掌握，被该组织指定的成员仅具有账本的读取权限。

具体来说，公有链是一个每个人都可以看到所有交易的区块链，任何人都可以使他们的交易出现在区块链上，且最终任何人都可以参与达成共识的过程。联盟链不允许每个人都参与达成共识的过程。事实上，只有限数量的节点被允许这样做。然而，对联盟链的访问既可以公开，也可以仅限于参与者。私有链通常在公司内部使用，且只有特定成员才被允许访问并执行交易。

9.2 区块链体系结构

区块链的通用层次化技术结构如图 9.2 所示，自下而上分别为网络层、数据层、共识层、控制层和应用层。下面对部分层次展开介绍。其中，网络层是区块链信息交互的基础，承载节点间的共识过程和数据传输，主要包括建立在基础网络之上的对等网络及其安全机制；数据层包括区块链基本数据结构及其原理；共识层保证节点数据的一致性，封装各类共识算法和驱动节点共识行为的奖惩机制；控制层包括沙盒环境、自动化脚本、智能合约和权限管理等，提供区块链可编程特性，实现对区块数据、业务数据、组织结构的控制；应用层包括区块链的相关应用场景和实践案例，通过调用控制合约提供的接口进行数据交互。

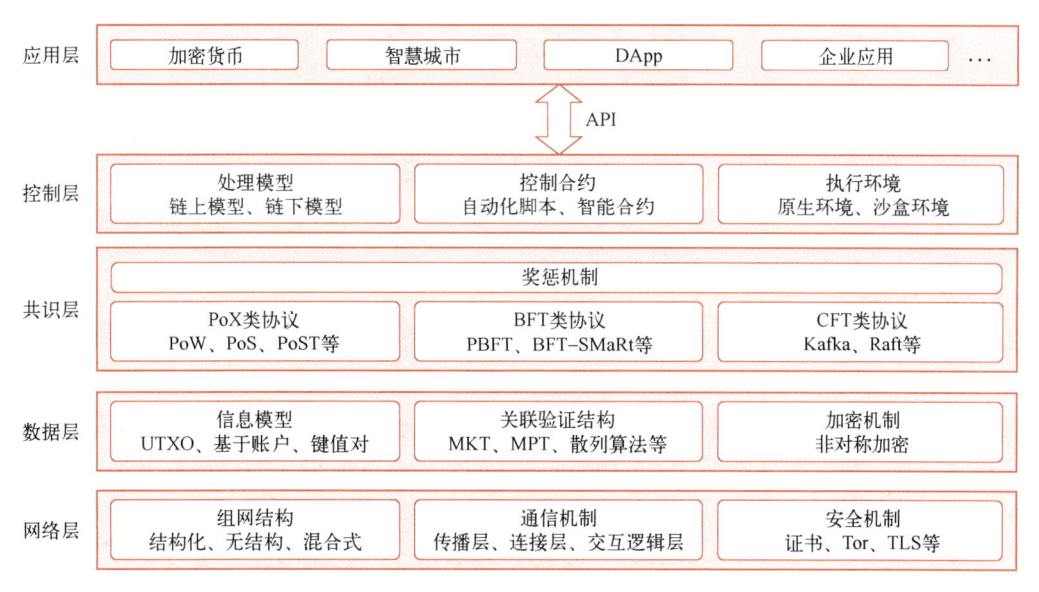

图 9.2 区块链的通用层次化技术结构

1. 网络层

网络层关注区块链网络的基础通信方式——对等（Peer-to-Peer，P2P）网络。对等网络是区别于"客户端/服务器"服务模式的计算机通信与存储架构，网络中每个节点既是数据的提供者也是数据的使用者，节点间通过直接交换实现计算机资源与信息的共享，因此每个节点地位均等。区块链网络层由组网结构、通信机制、安全机制组成，其中组网结构描述节点间的路由和拓扑关系，通信机制用于实现节点间的信息交互，安全机制涵盖端安全和传输安全。

（1）组网结构

对等网络的体系架构可分为无结构对等网络、结构化对等网络和混合式对等网络。根据节点的逻辑拓扑关系，区块链网络的组网结构也可以划分为上述 3 种，如图 9.3 所示。

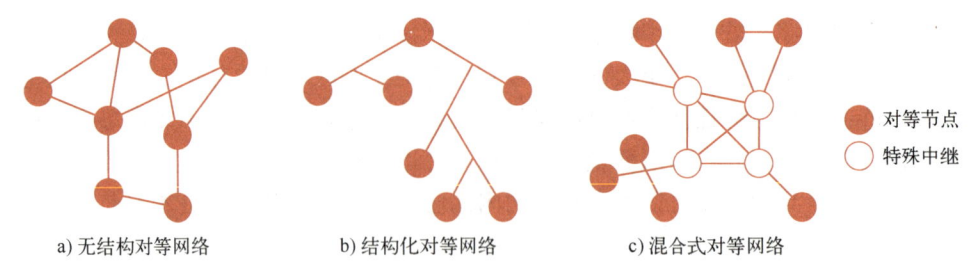

a) 无结构对等网络　　　　b) 结构化对等网络　　　　c) 混合式对等网络

● 对等节点
○ 特殊中继

图 9.3　区块链网络的组网结构

(2) 通信机制

通信机制是指区块链网络中各节点间的对等通信协议，建立在 TCP/UDP 之上，位于计算机网络协议栈的应用层。该机制承载对等网络的具体交互逻辑，例如节点握手、心跳检测、交易和区块传播等。根据包含的协议功能的不同，通信机制可细分为 3 个层次：传播层、连接层和交互逻辑层。

传播层实现对等节点间数据的基本传输，包括两种数据传播方式：单点传播和多点传播。单点传播是指数据在两个已知节点间直接传输而不经过其他节点转发的传播方式；多点传播是指接收数据的节点通过广播，向邻近节点进行数据转发的传播方式，区块链网络普遍基于 Gossip 协议实现洪泛传播。连接层用于获取节点信息，监测和改变节点间连通状态，确保节点间链路的可用性（Availability）。具体而言，连接层协议帮助新加入节点获取路由表数据，通过定时心跳监测为节点保持稳定连接，在邻居节点失效等情况下为节点关闭连接等。交互逻辑层是区块链网络的核心，从主要流程上看，该层协议承载对等节点间账本数据的同步、交易和区块数据的传输、数据校验结果的反馈等信息交互逻辑，除此之外，还为节点选举、共识算法实施等复杂操作和扩展应用提供消息通路。

(3) 安全机制

安全是每个系统必须具备的要素，以比特币为代表的非许可链利用其数据层和共识层的机制，依靠消耗算力的方式保证数据的一致性和有效性，没有考虑数据传输过程的安全性，而是将其建立在不可信的透明 P2P 网络上。随着隐私保护需求的提出，非许可链也采用了一些网络匿名通信方法，例如匿名网络 Tor（The onion router）通过沿路径的层层数据加密机制来保护对端身份。许可链对成员的可信程度有更高的要求，在网络层面采取适当的安全机制，主要包括身份安全和传输安全两方面。身份安全是许可链的主要安全需求，保证端到端的可信，一般采用数字签名技术实现，对节点的全生命周期（例如节点交互、投票、同步等）进行签名，从而实现许可链的准入许可。传输安全防止数据在传输过程中遭到篡改或监听，常采用基于 TLS（传输层安全协议）的点对点传输和基于散列算法的数据验证技术。

2. 数据层

区块链中的"块"和"链"都是用来描述其数据结构特征的词汇，可见数据层是区块链技术体系的核心。区块链数据层定义了各节点中数据的联系和组织方式，利用多种算法和机制保证数据的强关联性和验证的高效性，从而使区块链具备实用的数据防篡改特性。除此之外，区块链网络中每个节点存储完整数据的行为增加了信息泄露的风险，隐私保护便成为迫切需求，而数据层通过非对称加密等密码学原理实现了所承载应用信息的匿名保护，促进了区块链应用普及和生态构建。因此，从不同应用信息的承载方式出发，考虑数据关联性、验证高效性和信息匿名性需求，可将数据层关键技术分为信息模型、关联验证结构和加密机制 3 类。

（1）信息模型

区块链承载了不同应用的数据（例如支付记录、审计数据、供应链信息等），而信息模型就是指节点记录应用信息的逻辑结构，主要包括 UTXO（Unspent Transaction Output，未花费的交易输出）、基于账户的信息模型和键值对信息模型 3 种。

UTXO 是比特币交易中的核心概念，逐渐演变为区块链在金融领域应用的主要信息模型。每笔交易（Tx）由输入数据（Input）和输出数据（Output）组成，输出数据为交易金额（Num）和用户公钥地址（Adr），而输入数据为上一笔交易输出数据的指针（Pointer），直到该比特币的初始交易由区块链网络向节点发放。

基于账户的信息模型以键值对的形式存储数据，维护账户当前的有效余额，通过执行交易来不断更新账户数据。相比于 UTXO，基于账户的信息模型与银行的储蓄账户类似，更直观和高效。

键值对信息模型可直接用于存储业务数据，表现为表单或集合形式。该模型利于数据的存取并支持更复杂的业务逻辑。

（2）关联验证结构

区块链所具备的防篡改特性，得益于链状数据结构的强关联性。该结构确定了数据之间的绑定关系，当某个数据被篡改时，该关系将会遭到破坏。伪造这种关系的代价是极高的，而检验该关系的工作量很小，因此篡改成功率极低。链状结构的基本数据单位是"区块"（Block），区块由区块头（Header）和区块体（Body）两部分组成，如图 9.4 所示。区块体包含一定数量的交易集合；区块头通过前驱散列（PrevHash）维持与上一区块的关联从而形成链状结构，通过 MKT（MerkleTree，梅根树）生成的根散列（RootHash）快速验证区块体交易集合的完整性。其中，散列算法和 MKT 是关联验证结构的关键。

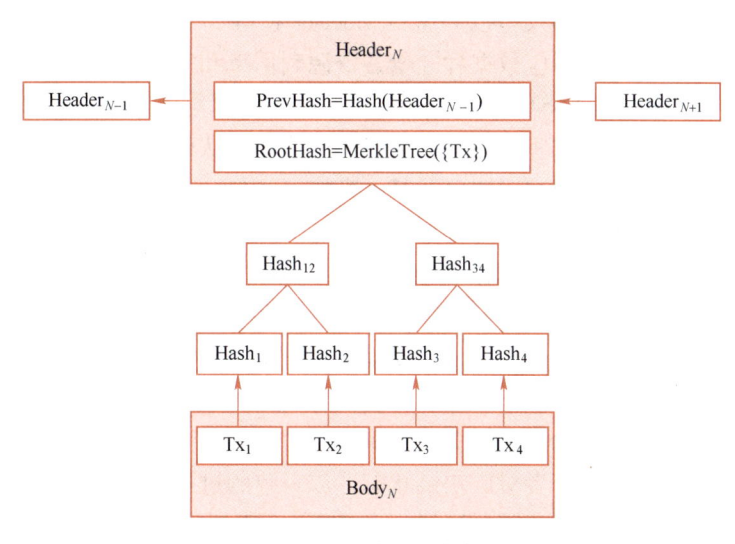

图 9.4 基本区块结构

此外，在区块头中还可根据不同项目需求灵活添加其他信息，例如：添加时间戳，为区块链加入时间维度，形成时序记录；添加记账节点标识，以维护成块节点的权益；添加交易数量，进一步提高区块体数据的安全性。

（3）加密机制

区块链技术具备与生俱来的匿名性，通过非对称加密等技术既保证了用户的隐私又检验了用户的身份。非对称加密技术是指加密者和解密者利用两个不同密钥完成加解密，且采用密钥之间不能相互推导的加密机制。常用的非对称加密算法包括 RSA、ElGamal、背包算法、Rabin、D-H、ECC（椭圆曲线加密算法）等。区块链的加密机制将公钥作为基础来标识用户，使用户身份不可读，一定程度上保护了隐私。

3. 共识层

区块链网络中的每个节点必须维护完全相同的账本数据，然而各节点产生数据的时间不同、获取数据的来源未知，因此存在节点故意广播错误数据的可能性。除此之外，节点故障、网络拥塞带来的数据异常也无法预测。上述错误是拜占庭将军问题（Byzantine Generals Problem）在区块链中的具体表现。所谓拜占庭错误是指相互独立的组件可以做出任意或恶意的行为，并可能与其他错误组件产生协作。因此，如何在不可信的环境下实现账本数据的全网统一是共识层要解决的关键问题。

状态机复制（State-Machine Replication）是解决分布式系统容错问题的常用理论。其基本思想为：任何计算都表示为状态机，通过接收消息来更改其状态。假设一组副本以相同的初始状态开始，并且能够就一组公共消息的顺序达成一致，那么它们可以独立进行状态的演化计算，从而正确维护各自副本之间的一致性。同样，区块链也使用状态机复制理论解决拜占庭容错（Byzantine-Fault Tolerant，BFT）问题，如果把每个节点的数据视为账本数据的副本，那么节点接收到的交易、区块即引起副本状态变化的消息。状态机复制理论实现和维持副本的一致性主要包含两个要素：正确执行计算逻辑的确定性状态机和传播相同序列消息的共识协议。其中，共识协议是影响容错效果、吞吐量和复杂度的关键，不同安全性、可扩展性要求的系统需要的共识协议各有不同。

区块链网络中主要包含 PoX（Proof of X）、BFT 和 CFT（Crash-Fault Tolerant，非拜占庭容错）类基础共识协议。PoX 类协议是以 PoW（Proof of Work，工作量证明）为代表的由奖惩机制驱动的新型共识协议，为了适应数据吞吐量、资源利用率和安全性的需求，人们又提出 PoS（Proof of Stake，权益证明）、PoST（Proof of Space-Time，时空证明）等改进协议。它们的基本特点在于设计证明依据，使诚实节点可以证明其合法性，从而实现拜占庭容错。BFT 类协议是指解决拜占庭容错问题的传统共识协议及其改良协议，包括 PBFT、BFT-SMaRt、Tendermint 等。CFT 类协议用于实现崩溃容错，通过身份证明等手段规避节点作恶的情况，仅考虑节点或网络的崩溃（Crash）故障，主要包括 Raft、Paxos、Kafka 等协议。

非许可链和许可链的开放程度和容错需求存在差异，共识层面的技术在两者之间产生了较大区别。具体而言，非许可链完全开放，需要抵御严重的拜占庭错误风险，多采用 PoX、BFT 类协议并配合奖惩机制实现共识。许可链拥有准入机制，网络中的节点身份可知，在一定程度上降低了拜占庭错误风险，因此可采用 BFT 类协议、CFT 类协议构建信任模型。

在共识层中，分布式的参与者对区块链状态达成一致的过程叫作挖矿。具体来说，为了在区块链网络中达成一致意见，矿工需要运行一个具有容错性质的共识协议，这会确保他们都同意附加到区块链条目的顺序。如果要向区块链添加新区块，每个矿工都必须遵循共识协议中指定的一组规则。区块链通过使用 PoW 机制来实现分布式共识，该机制要求参与者通过破解密码谜题来证明自己的计算能力。成功计算出解决方案的参与者将生成一个区块，并获得奖励。

在加密货币平台中，货币的交换以交易链的形式表示。交易链的完整性、真实性和正确性均由分布式矿工验证，他们是去中心化系统的安全支柱。具体来说，挖矿的主要过程如下：

1）矿工将大量待验证的事务捆绑在一个称为块的单元中，并在给定块的情况下执行 PoW

算法。

2）矿工在解开了难题后，立即在整个网络上发布关于该块的广播，以获得采矿奖励。

3）在成功添加到分布式公共账本（即区块链）之前，该块将被网络中大多数矿工验证。

4）当挖掘到的块被成功添加到区块链中时，挖掘该块的矿工将获得一个区块的奖励。

解开谜题的矿工将获得丰厚的回报，这吸引了大量矿工参与，显著提高了比特币网络的整体计算能力。密码谜题的难度会随时间而变化，系统会根据实际情况将挖掘一个区块的平均时间调整到几乎不变（大约 10 min）。由于生成块的概率与计算能力成正比，单个矿工在有限的计算能力下获得奖励的概率非常低。针对这一局限，矿工们建立了矿池，将群众的力量聚集在一起。在矿池中，矿工们可以解决更简单的密码谜题，并将解决方案（也叫作份额）提交给矿池管理员。然后，矿池管理员将检查该份额是一个部分工作证明（Partial Proof of Work，PPoW）还是一个完整工作证明（Full Proof of Work，FPoW）。接着，矿池管理员分发正比于预估计算能力的奖励给矿工。最终，每个矿工就可以稳定地获得与预期相符的报酬。

4. 控制层

区块链节点基于对等通信网络与基础数据结构进行区块交互，通过共识协议实现数据一致，从而形成了全网统一的账本。控制层是各类应用与账本产生交互的中枢，如果将账本比作数据库，那么控制层提供了数据库模型，以及相应封装、操作的方法。具体而言，控制层由处理模型、控制合约和执行环境组成。处理模型从区块链系统的角度，分析和描述业务/交易处理方式的差异。控制合约将业务逻辑转化为交易、区块、账本的具体操作。执行环境为节点封装通用的运行资源，使区块链具备稳定的可移植性。

（1）处理模型

账本用于存储全部或部分业务数据，依据该数据的分布特征，处理模型可被分为链上（On-Chain）和链下（Off-Chain）两种。

链上模型是指业务数据完全存储在账本中，业务逻辑通过账本的直接存取实现数据交互。该模型的信任基础建立在强关联性的账本结构中，不仅实现了防篡改而且简化了上层控制逻辑，但是过量的资源消耗与庞大的数据增长使系统的可扩展性达到瓶颈，因此该模型适用于数据量小、安全性强、去中心化和透明程度高的业务。

链下模型是指业务数据部分或完全存储在账本之外，只在账本中存储指针以及其他证明业务数据存在性、真实性和有效性的数据。该模型以"最小化信任成本"为准则，将信任基础建立在账本与链下数据的证明机制中，降低账本构建成本。由于与公开的账本解耦，该模型具有良好的隐私性和可拓展性，适用于去中心化程度低、隐私性强、吞吐量大的业务。

（2）控制合约

区块链中的控制合约经历了两个发展阶段。首先是以比特币为代表的非图灵完备的自动化脚本，用于锁定和解锁基于 UTXO 信息模型的交易，使交易数据具备流通价值。其次是以以太坊为代表的图灵完备的智能合约，智能合约是一种基于账本数据自动执行的数字化合同，由开发者根据需求预先定义，是上层应用将业务逻辑编译为节点和账本操作集合的关键。智能合约通过允许相互不信任的参与者在没有可信第三方的情况下就复杂合同的执行结果达成协议，使合约具备可编程性，实现业务逻辑的灵活定义并扩展区块链的使用。

（3）执行环境

执行环境是指执行控制合约所需要的条件，主要分为原生环境和沙盒环境。原生环境是指合约与节点系统紧耦合，经过源码编译后直接执行，该方式下合约能经历完善的静态分析，提高安全性。沙盒环境为节点运行提供必要的虚拟环境，包括网络通信、数据存储以及图灵完备的计算/控制环境等，在虚拟机中运行的合约更新方便、灵活性强，但其产生的漏洞也可能造成损失。

9.3 区块链安全风险

区块链在技术架构上融合了 P2P 网络、共识机制、密码学、智能合约等多种技术，具有公开透明、去中心化、不可篡改和可编程等特点。然而，区块链的多技术融合架构的复杂性和应用场景的多样性，导致其面临诸多安全威胁。

9.3.1 网络层安全风险

网络层面临的主要安全风险是区块链节点组网、数据传输以及存储时面临的保密性、完整性和网络可靠性方面的安全风险，包括：区块链数据在网络传输和存储时面临的窃听、丢失、篡改等风险；区块链节点组网时面临的邻居发现、连接可靠性和假冒节点攻击等风险。

例如在以比特币和以太坊为代表的大规模区块链应用中，各网络节点只需维护邻居节点的信息，并逐渐蔓延扩张到整个网络，以此保证整个网络正常运行。此时，如果恶意节点通过伪装，发布恶意数据，利用区块链节点对网络拓扑知识的有限性来发动女巫（Sybil）攻击或者日食（Eclipse）攻击，可以对区块链网络的完整性造成严重的破坏，造成隔离正常节点、劫持通信信息或控制其网络行为等后果。

目前，可预见的攻击方式有很多，例如日食攻击、窃听攻击、BGP 劫持攻击、节点客户端漏洞、分布式拒绝服务攻击等。

9.3.2 数据层安全风险

数据层面临的主要安全风险包括：使用低安全强度的密码算法，错误地实现密码算法，数据结构逻辑错误导致解析错误，交易数据树状组织不合理等。数据逻辑结构和密码算法如果没有安全的理论作为支撑，或在编码实现上存在错误，将使得区块链应用面临巨大的安全风险。

以密码算法为例，密码算法的安全威胁是区块链技术面临的最严重安全威胁之一。现有的各种区块链，大都采用 SHA256 和 RIMPED160 算法作为散列算法，使用椭圆曲线密码算法作为非对称密码算法。从现有研究资料看，针对这些算法目前暂时没有有效的攻击方法。但是，随着密码学、计算技术和物理学的发展，这些算法在不久的将来可能会被破解，MD5 算法、SHA-1 算法被攻陷就是前车之鉴。

同时，一个区块链应用系统是否安全，不仅取决于其使用了哪种密码算法，还和密码算法是否正确实现、采用的随机数是否真正随机、密钥是否被安全保管等因素密切相关。如果某个区块链应用中采用的密码算法程序本身存在漏洞或后门，这将给区块链应用系统带来致命的危害。如著名的 RSA 算法，曾经就被恶意埋入有缺陷的代码，从而降低了算法的安全强度。

此外，区块链技术依托其去中心化的特性，将区块数据通过链式结构分布存储在链上，区块链上的信息一旦经过验证并添加至区块链后，就会得到永久存储，很难被更改——除非是具备特殊更改需求的私有区块链。这就造成了区块数据存在两方面问题：一是随着时间的推移，区块数据可能会出现爆炸式增长（节点之间恶意频繁交互）的情况，这可能导致节点无法容纳或者区块链运转缓慢，从而使稳定运行的节点越来越少，节点越少，则越趋于中心化，引发区块链危机；二是作恶节点利用区块链不可篡改的特性，写入威胁病毒特征码、敏感话题等恶意信息。

9.3.3 共识层安全风险

共识层面临的安全风险是针对共识机制和智能合约两项核心技术的攻击，主要包括"51%"攻击、女巫攻击、双花攻击、DoS攻击，以及针对共识机制和智能合约逻辑漏洞实施的攻击等。

共识机制是区块链得以成功的基础，如果因网络攻击使得网络节点不能取得共识，或共识机制的健壮性出现问题，那么区块链将变得不再安全。目前常用的 PoW、PoS、DPoS 以及 PBFT 等共识机制，在使用过程中都存在一定的安全风险。表 9.1 给出了各类共识机制的安全性对比，表 9.2 给出了各类共识机制容易遭受的攻击。

表 9.1 各类共识机制安全性对比

共识机制	优势	不足
PoW	原理简单，易实现	浪费能源，容易产生分叉；确认时间较长，新的区块链加入需用不同的散列算法，否则面临比特币的算力攻击
PBFT	安全性与稳定性较高 共识效率高，可满足高频交易的需求	当系统仅剩 1/3 节点运行时，系统会停止运行 当有 1/3 或以上记账人联合作恶，且其他所有的记账人被恰好分割为两个网络孤岛时，恶意记账人可以使系统出现分叉，但会留下密码学证据
PoS	对节点性能要求低 达成共识时间短	同 PoW 一样需要挖矿 没有最终一致性
DPoS	大幅缩小参与验证和记账节点的数量，可以达到秒级的共识验证	整个共识机制还是依赖于代币，很多商业应用不需要代币

表 9.2 各类共识机制容易遭受的攻击

共识机制	女巫攻击	"51%"攻击	长距离攻击	短距离攻击	预算攻击	币龄累计攻击
PoW	√	√	—	—	—	—
PBFT	√	—	—	—	—	√
PoS	√	—	√	√	√	√
DPoS	√	—	√	—	—	√

其中，PoW 共识机制面临的主要问题是"51%"攻击问题，即如果恶意组织掌握全网超过 51%的算力，就有能力篡改区块链数据，从而会破坏多数人的合法权益以获得自己的利益。"51%"攻击一度被认为是难以实现的，然而随着矿池的出现和中心化趋势的出现，"51%"攻击发生的可能性将越来越大。

作为区块链的核心技术，智能合约极大地开阔了其应用前景。但由于区块链具有不可更改和不可撤销的特点，如果智能合约代码中存在漏洞，这些漏洞将给区块链应用带来极大的安全隐患。

智能合约是一种旨在以信息化方式传播、验证或执行合同的计算机协议，本质上是一份代码程序，不可避免地存在考虑因素不完全而导致出现漏洞的情况。智能合约面临的主要问题有 3 个方面：

1) 以整数溢出为代表的安全漏洞。安全漏洞通常是代码编写不严谨造成的，它可能引起合约某些功能部件失效，极端情况下，可能导致用户丢失比特币或直接伪造出比特币。

2) 智能合约权限控制。一般智能合约里会设置一个管理员，管理员一般拥有超级权限，这类合约的安全隐患比较大，因为一旦管理员的私钥被盗用，就很容易造成巨大损失。

3) 规范性问题。目前，对于智能合约的设计与实现并没有统一的规范。智能合约是以交互的方式多人协作，如果合约不规范，则容易导致不同人对合约的行为产生误解，从而出现大量安全问题。

以太坊就曾因为智能合约安全问题而不得不出现了硬分叉，分叉的结果给以太坊社区带来了极大的争议和混乱。

9.3.4 应用层安全风险

应用层面临的主要安全风险包括非法用户接入、数据非授权访问、弱口令、用户隐私窃取以及监管缺失等。

区块链应用中的隐私问题已经受到广泛的关注。由于区块链采取不同于传统信息系统的信息传递机制和共识机制，网络上任何一个区块链节点都可以获得链上的所有信息，包括用户地址、详细交易信息等隐私信息，这给区块链带来了严重的隐私保护难题。以比特币为例，其使用匿名地址来代替用户的真实身份。但随着大数据的发展，通过交易数据挖掘分析以及整合真实世界的直接或间接的关联信息，完全有可能分析出一些地址所对应的用户真实身份，并和交易信息关联起来。

自 2014 年以来，利用弱口令和数据访问漏洞而发起的区块链攻击事件大量爆发。比特币交易所 Mt. Gox、Gatecoin 和 Bitfinex 等均遭受过恶意攻击，出现了用户账号被盗用、用户代币被偷等安全事件，给交易所和用户带来了巨大的损失，Mt. Gox 最终还因为损失太大而宣布倒闭。

9.4 区块链面临的攻击威胁

尽管区块链在底层技术上提供了可靠的安全保障，但攻击者仍能从区块链系统中找到漏洞并进行攻击。下面主要从网络安全、密码安全、共识机制、智能合约等方面，分析当前已知的攻击威胁及应对策略。

9.4.1 网络安全有关的攻击

针对典型区块链 P2P 网络架构的攻击主要有女巫攻击、日食攻击、DDoS 攻击等。典型网络架构面临的网络攻击方式见表 9.3。

表 9.3 典型网络架构面临的网络攻击方式

网络模型	典型应用	是否有结构	是否有中心节点	面临的网络攻击方式
全分布式非结构化	比特币	无	无	DDoS 攻击、女巫攻击、日食攻击
全分布式结构化	以太坊	有	无	DDoS 攻击、女巫攻击、日食攻击
半分布式网络	Fabric	有	有	DDoS 攻击

1. DDoS 攻击

传统的 DDoS 攻击分为两步：第一步利用病毒、木马、缓冲区溢出等攻击手段入侵大量主机，形成僵尸网络；第二步通过僵尸网络发起 DDoS 攻击。不同于传统的中心化系统，针对区块链系统的 DDoS 攻击可以分为主动攻击和被动攻击。

主动攻击：通过主动向网络中发送大量虚假消息，通过区块链的交易同步机制使反射节点瞬间收到大量通知消息。攻击方可以通过假冒源地址避过 IP 检查，使得追踪定位攻击源更加困难，并且大量的流量流经网络，会导致网络的路由功能下降。

被动攻击：被动攻击不同于主动攻击，攻击节点等待来自其他节点的查询请求，再通过返回虚假响应来进行攻击。在真实环境中，攻击者常常部署多个攻击节点，在一个响应消息中多次包含目标主机，结合其他协议实现漏洞。

2. 日食攻击

日食攻击是通过其他节点实施的网络层面攻击，这种攻击的目的是阻止最新的区块信息进入被攻击的节点，从而隔离节点。其攻击手段为：囤积和占用受害节点的点对点连接时隙，将该节点保留在一个隔离的网络中，达到隔离节点的目的。目前的比特币网络和以太坊网络已经被证实均受日食攻击影响。

1）针对比特币网络的日食攻击，攻击者可以控制足够数量的 IP 地址来垄断所有受害节点之间的有效连接。然后攻击者可以征用受害节点的挖掘能力，并用它来攻击区块链的一致性算法或用于"重复支付和私自挖矿"。

2）针对以太坊网络的日食攻击，攻击者可以垄断受害节点所有的输入和输出连接，从而将受害节点与网络中其他正常节点隔离开来。然后攻击者利用日食攻击可以诱骗受害节点查看不正确的以太网交易细节，使卖家在交易还没有完成的情况下将物品交给攻击者。

3. 女巫攻击

在 P2P 网络中，特别是公有链网络中，由于节点随时加入或退出等原因，为了维持网络稳定，同一份数据通常需要备份到多个分布式节点上，被称为数据冗余机制。女巫攻击是攻击数据冗余机制的一种有效手段。

在区块链网络中，攻击者可以伪造自己的身份从而加入网络，在掌握了若干节点或节点身份之后，便会威胁到区块链网络，例如降低区块链网络节点的查找效率，在网络中传输非授权文件，破坏网络中文件共享安全，消耗节点间的连接资源等。

4. 应对网络安全攻击的策略

应对网络安全有关攻击的策略包括：加强 DDoS 防御能力，加强节点准入机制，加强转发验证机制。

（1）加强 DDoS 防御能力

应对 DDoS 攻击是一个系统工程，想仅仅依靠某种系统或产品防住 DDoS 攻击是不现实的，目前完全杜绝 DDoS 攻击的难度较大，但通过适当的措施，比如安装专业抗 DDoS 攻击防火墙、部署 CDN 等方式抵御 90%的 DDoS 攻击是可以做到的。攻击和防御都有成本开销，因此若通过适当的办法增强了抵御 DDoS 攻击的能力，也就意味着加大了攻击者的攻击成本，可做到有效的防御。

（2）加强节点准入机制

区块链网络用户应能通过标识建立唯一的、可验证的数字身份；合理设置对等网络节点的连接数目、连接时长、地址列表大小、更新频率、更新机制、连接选择机制、异常检测机制等。提供区块链服务的平台应具备基本的网络边界防护、网络入侵检测与病毒防御机制。

（3）加强转发验证机制

区块链网络应具备针对恶意节点的检测和防御机制，能够及时检测出网络中的恶意节点（如发起拒绝服务攻击的节点，不做转发验证的节点，转发错误路由信息的节点等），并进行有针对性的处理。例如针对这些节点可以采用限制接入、限制转发等策略，设置时间限制以禁止建立持续通信连接等。

9.4.2 密码安全有关的攻击

密码学是保证区块链上交易数据安全的关键屏障，密码学实现的安全往往是通过算法所依赖的数学问题来提供的，而并非通过对算法的实现过程进行保密来提供。针对密码安全的攻击方式主要包括穷举攻击、碰撞攻击和量子计算攻击等。

1. 穷举攻击

穷举攻击方式主要作用于散列函数，且几乎所有散列函数或多或少都受此攻击方式影响，而且其影响程度与函数本身无关，而是与生成的散列值长度有关，主要是一个概率问题，其中最典型的方式是基于生日悖论的"生日攻击"。

2. 碰撞攻击

碰撞攻击方式主要作用于散列函数，比较典型的案例是"MD5 摘要算法"和"SHA-1 摘要算法"。它的攻击原理是通过寻找算法的弱点，瓦解算法的强抗碰撞性这一特性，使得散列函数原本要在相当长一段时间才能寻找到两个值不同但散列值相同的特性被弱化，攻击者能在较短的时间内寻找到值不同但散列相同的两个值。

3. 量子计算攻击

量子计算对密码算法存在潜在威胁。Shor 量子算法破解 RSA 所需量子比特数约为 RSA 算法密钥长度的 2 倍，目前使用的 RSA 算法一般达到 2048 bit，也就是需要 4096 个量子比特的量子计算机，而目前量子计算机还未突破 1000 bit。因此量子计算机破解现有密码算法还需要很长的一段路需要走。

4. 应对密码安全有关攻击的策略

应对密码安全有关攻击的策略包括：使用多种方式存储保障私钥安全，使用 PKI 数字证书管理及 CA 认证。

（1）使用多种方式存储保障私钥安全

针对私钥安全的存储方式一般分为 3 种：硬件存储、软件存储和分割存储。选择合适的存储方式可以有效地加强私钥安全。

1）硬件存储，将私钥存储在硬件加密卡或者 USB Key 中，使用过程一般包括两种：①将私钥存储在硬件加密卡中，使用时将私钥导出在区块链客户端软件钱包中，使用后再将外部私钥删除；②私钥在硬件加密卡中直接进行签名运算，将打包好的交易输出，私钥在整个使用过程中不出硬件设备。

2）软件存储，这是目前区块链系统中使用最多的一种方式，即通过设置口令，使用口令，再将私钥加密存储在软件客户端中，使用方式非常简单，而且成本低廉，但安全性相对于硬件存储是非常低的。

3）分割存储，这种方法是将原始私钥分成 2 到 n 份，将每份私钥（部分）分开存储在不同的区域或者用户身上，在需要使用时，通过一定的数学方法进行合成签名，从而避免整个私钥的泄露，而部分私钥的泄露也不会影响整个资产的安全。这种方法安全性较高，但使用起来比较麻烦，最典型的方案便是门限签名方案，目前在区块链系统中一般应用于保护巨额资产交易。

（2）使用 PKI 数字证书管理及 CA 认证

PKI（Public Key Infrastructure，公钥基础设施）是一种遵循标准的利用公钥加密技术为电子商务的开展提供一套安全基础平台的技术和规范。通过第三方的可信任机构（Certificate Authority，CA），把用户的公钥和用户的其他标识信息捆绑在一起，在互联网上验证用户的身份。当前，通用的方法是采用基于 PKI 的结构，结合数字证书，通过把要传输的数字信息进行加密，保证信息传输的保密性、完整性，用签名来保证身份的真实性和抗抵赖。

9.4.3 共识机制安全有关的攻击

区块链作为一种去中心化的分布式系统，需要通过节点之间的底层共识协议来保证其账本的数据一致性。对分布式系统来讲，不同的共识模型在不同的环境下能够容忍的错误类型与节点错误数量不一样。与共识机制有关的攻击主要有："双花"攻击、"51%"攻击、自私挖矿、确定性算法重放攻击、权力压迫攻击、区块链贿赂攻击等。

1. "双花"攻击

简单来说，"双花"攻击就是指同一个货币被花费了多次。在区块链网络中，每个用户的每一次交易都可以对应一个网络请求。区块链整个系统则会进行对此请求的验证，其中包括检查其资产的有效性、是否已经使用已花费的资产来进行交易。成功经过全网节点的检验后，广播这个成功验证的账本。由于区块链分布式系统的特性，其在交易的时候存在延时是不可避免的，所以交易并不是立刻执行的。交易的确认时间比较长，使得诈骗有可能实现，这就是比特币的双重花费问题，简称"双花"。

2. "51%"攻击

在 PoW 共识算法中，系统允许同时存在多条分叉链，在 PoW 的设计理念中有一个最长有效原理：不论在什么时候，最长的链会被认为是拥有最多工作的主链。"51%"攻击是指攻击者在拥有超过整个网络一半算力的情况下，就有能力推翻原有确认过的交易，重新计算已经确认过的区块，使区块产生分叉，完成"双花"并获得利益。

攻击者实施"51%"攻击的动机：一是可以完成对自己交易的"双花"，骗取交易接收方的利益；二是可以控制最长链的生成过程，从而获得区块奖励。

3. 自私挖矿

诚实挖矿的策略是挖到区块链后就对其进行全网广播。但在自私挖矿的策略中，矿工挖到区块之后不广播，直到挖出第二块，从而控制最长链的产生。当攻击者的长链分叉信息率先传递到某个诚实矿工那里，这个诚实矿工会根据比特币的共识机制，认可该分叉内区块的合法性，并且选择在该长链尾部继续挖矿。这令攻击者处在更加有利的位置上。事实上，出现这种情况，恰恰是由于比特币网络信息传播存在时延。对于网络上的其他节点来说，这两个区块的高度是相同的，所以被其他节点承认的概率是 1/2，这样自私矿工就有了相对于其他人的优势。自私挖矿理论上支持在 33% 和 25% 的算力基础上发起攻击。

4. 确定性算法重放攻击

重放攻击（Replay Attack）又称重播攻击、回放攻击，是指攻击者发送一个目的主机已接收过的数据包，来达到欺骗系统的目的。在区块链技术中，重放攻击是指"一条链上的交易在另一条链上也往往是合法的"。这种攻击一旦发生，就会产生类似于"双花"攻击那样的效果：同一笔钱转给了同一个人两次，就会导致在不需要付款人参与的情况下多一次支付。

5. 权力压迫攻击

这种攻击方法简单来说，就是攻击者在获得记账权的时候利用手中的部分权力实施一些操作，让系统的随机数产生偏移，用以提升自己下一次获得记账权力的可能性。

6. 区块链贿赂攻击

恶意节点没有必要在 PoW 机制下为了使自己能作恶而恶意提升算力。反而，恶意节点可以通过区块链协议之外的贿赂来收购数字货币或者挖矿算力，从而达到攻击原有区块链的目的。

9.4.4 智能合约安全有关的攻击

智能合约负责将业务逻辑以代码的形式实现、编译并部署，并按照既定的规则或者触发条件，自动执行。智能合约的操作对象大多为数字资产，这也决定了智能合约具有高价值和高风险。下面主要从智能合约程序漏洞、合约虚拟机漏洞两个方面分析漏洞的影响和解决措施。

1. 智能合约程序漏洞

由于智能合约本质上是部署和运行在区块链上的程序，在没有标准的合约模板或编写规范的情况下，很难要求所有程序员都能写出最佳实践的代码，一些逻辑不严谨的代码会造成智能合约的业务逻辑存在安全隐患。常见的智能合约中的程序漏洞和执行过程中存在的攻击如下：

（1）交易依赖攻击

智能合约执行过程中的每次操作都需要以交易的形式发布状态变量的变更信息，不同的交易顺序可能会触发不同的状态，导致不同的输出结果。这种智能合约问题被称为交易顺序依赖。恶意的矿工甚至故意改变交易执行顺序，操纵智能合约的执行。

（2）时间戳依赖攻击

一些智能合约在执行过程中需要时间戳来提供随机性，或者将时间戳作为某些操作的触发条件。网络中各节点的本地时间戳略有偏差，攻击者可以通过设置区块的时间戳来左右智能合约的执行，使结果对自己更有利。

（3）调用栈深度攻击

以太坊虚拟机（EVM）设置调用栈深度为 1024，攻击者可以先迭代调用合约 1023 次再发布交易触发该合约，故意突破调用栈深度限制，使得合约执行异常。

（4）可重入攻击

理论上，当调用智能合约的非递归部分时，不应该在终止之前重新进入它，以保证事务的原子性和顺序性。然而，某些指令下的回退机制（例如 Call 和 Callcode 指令）允许攻击者重新进入调用函数。这会导致意外的行为和调用循环。当一个合约调用另一个合约时，当前执行进程就会停下来等待调用结束，这就产生了一个中间状态。攻击者利用中间状态，在合约未执行结束时再次调用合约，实施可重入攻击。著名的 The DAO 事件就是攻击者实施可重入攻击，不断重复地递归调用 withdraw() 函数，取出本该被清零的以太坊账户余额，窃取大量以太币。

（5）整数溢出攻击

智能合约的执行需要消耗 Gas（用于支付交易费用的加密代码）。因此，智能合约的代码需要尽量简洁和高效。这种限制导致很多智能合约都是使用一些简单数据类型的，例如只有 8 位的短整数等。这些简单的数据类型在进行高精度计算时难以避免变量、中间计算结果越界，导致整数溢出。整数溢出是指当一个变量的值超过其数据类型所能表示的最大值时，这个变量的值将"溢出"到最小值，并继续增加。整型溢出的结果是计算错误、数据损坏，或者导致安全漏洞。

（6）操作异常攻击

智能合约的执行可能需要调用其他合约，缺少被调用合约的状态验证或返回值验证将会给智能合约的执行带来潜在威胁。部分被调用合约执行异常，异常结果可能会传递到调用合约上，影响调用合约的执行。

（7）Gas 限制

以太坊规定了交易消耗的 Gas 上限，如果超过则交易失效。如果 Gas 消耗设计得不合理，则会被攻击者利用实施 DoS 攻击。extcodesize 和 suicide 是 DoS 攻击者反复执行以降低 Gas 操作的攻击实例，最终导致以太坊交易处理速度缓慢，浪费了大量交易池硬盘存储资源。

2. 合约虚拟机漏洞

目前大多数智能合约语言属于虚拟机语言，由其实现的智能合约需要运行在特定的语言虚拟机上，例如以太坊上的由 Solidity 语言编写的智能合约需要运行在 EVM 上。虚拟机本身的安全性一方面可以保证智能合约运行结果的正确性，另一方面也可以使运行在其上的智能合约免受其他恶意合约的攻击。考虑到一个区块链系统的大量节点往往部署同样版本或类似实现的虚拟机，单个虚拟机漏洞受到攻击很可能影响到整个系统。常见的智能合约中的虚拟机漏洞和执行过程中存在的攻击如下：

（1）虚拟机逃逸

虚拟机逃逸是指恶意智能合约可以利用虚拟机逃逸漏洞脱离虚拟机的控制，访问甚至控制虚拟机所处的运行环境，进而可以访问甚至控制其他合约在该虚拟机上的运行。攻击者如果通过虚拟机逃逸漏洞，可以进一步控制区块链网络中的大多数节点，甚至可以发起"51%"攻击。

（2）拒绝服务攻击

由于区块链的去中心化特性，一个智能合约可能需要在多个节点上独立运行，以达成对该智能合约运行结果的共识。如果虚拟机中存在可以被智能合约触发的拒绝服务漏洞，攻击者就可以通过部署恶意合约使部分甚至整个区块链系统瘫痪。

（3）逻辑漏洞

虚拟机在发现数据或代码不符合规范时，可能会对数据做一些"容错处理"，这就可能导致出现一些逻辑问题，最典型的是"以太坊短地址攻击"。

（4）堆栈溢出漏洞

攻击者可以通过编写恶意代码，让虚拟机解析执行恶意代码，最终导致栈的深度超过虚拟机允许的最大深度，或不断占用系统内存导致内存溢出。此种攻击可以引发多种威胁，最严重的是造成命令执行漏洞。

（5）侧信道攻击

区块链系统上的智能合约虚拟机，需要保证在同时运行多个智能合约时，各个智能合约的运行环境相互隔离。但在具体实现时，可能存在侧信道，使得一个智能合约可以探测另一个智能合约的敏感行为，或者存在侧信道使得一个智能合约可以影响另一个智能合约的运行。

9.5 区块链安全发展方向

区块链的创新性在于实现了分布式共识，其上运行的智能合约也可实现丰富的业务功能，具有重要的研究价值和广阔的应用前景。目前区块链体系架构中的各个层面均存在一定的安全缺陷，还需要在共识机制、隐私保护、监管机制、跨链技术等方面进一步研究探索。

1. 打破"不可能三角"

共识机制是保证区块链数据一致性的关键，也是影响区块链系统性能和效率的主要环节。

虽然共识机制的研究取得了一些成果，但是依然面临去中心化、安全性和可扩展性三者不可兼顾的问题。

PoW 是最早应用在区块链上的共识机制，一直存在效率低、能耗高等问题。低能耗的 PoS 共识方案面临易分叉的安全问题。具有相对完善证明体系的 BFT 协议不支持大规模节点扩展，网络开销较大。分片技术在提高系统效率的同时也造成安全性弱的问题。如何打破"不可能三角"僵局，兼顾去中心化、安全性和可扩展性是区块链共识机制发展要解决的重要问题。

2. 兼顾隐私保护与监管

隐私保护和监管机制都是未来区块链安全方面需要重点研究的方向。隐私保护在开放式网络环境中必不可少。未来区块链隐私保护的发展既要依赖具有高安全性、高效率的密码方案，也要关注用户身份、交易信息、合约代码等多方面的隐私保护。监管机制是区块链世界与现实社会组织结构之间重要的衔接点，有助于拓宽区块链的应用范围，为区块链应用平台提供纯净、健康的网络环境，是区块链应用层架构不可或缺的组件。

在未来区块链发展中，如何兼顾隐私保护和监管机制至关重要。监管机制一方面要从预防、检测、追踪、追责等方面处理区块链网络中的违法数据，另一方面也要保护合法用户的隐私信息，在隐私保护与监管这一对矛盾体中寻求平衡，建立保护诚实用户隐私、追踪非法用户信息的可控监管体系。

3. 区块链互联

为了丰富区块链功能、完善区块链生态、实现区块链价值最大化，区块链与外部数字世界、物理世界和异构区块链之间的互联将成为未来发展趋势。在实现区块链互联的过程中会面临诸多安全问题，区块链互联也将成为未来区块链安全方向的研究重点。

当前，区块链应用大多针对数字货币，数据流动也仅限于区块链内部，数据孤岛出现。为了使区块链上数据多元化，支持更多功能，区块链不可避免地要引入外部数据源，实现与外部数字世界的互联。

大量区块链平台分立于区块链生态体系中，处于相互独立状态。众多异构的区块链平台需要有效的跨链技术实现互联。然而，区块链跨链技术普遍存在效率低的问题。跨链技术在设计过程中需要更加注意安全性、执行效率和跨链操作的原子性问题。

4. 系统级安全体系

区块链要发展，还需要建立系统级安全体系，从整体上提升区块链的安全性，推动区块链安全标准化，为区块链的开发和使用提供设计、管理和使用指导。区块链系统级安全体系的构建将围绕数据安全、共识安全、隐私保护、智能合约安全和内容安全等安全目标，关注区块链的物理存储、密钥管理、网络传输、功能应用、机密数据和可控监管等方面的技术规范和保护措施。

本章小结

本章首先介绍了区块链的相关概念，从网络层、数据层、共识层、控制层和应用层分析了区块链的体系结构，分析了区块链在网络层、数据层、共识层和应用层分别面临的安全风险。然后从网络安全、密码安全、共识机制安全和智能合约安全等方面分析了区块链面临的攻击威胁。最后分析了区块链安全的发展方向。

习题

1. 简述区块链的概念、分类及特点。
2. 简述区块链的通用层次化技术结构。
3. 简述区块链在网络层面临的安全风险。
4. 简述区块链在数据层面临的安全风险。
5. 简述区块链在共识层面临的安全风险。
6. 简述区块链在应用层面临的安全风险。
7. 与网络安全有关的区块链攻击方式有哪些？如何应对网络安全攻击？
8. 与密码安全有关的区块链攻击方式有哪些？如何应对密码安全攻击？
9. 与共识机制安全有关的区块链攻击方式有哪些？
10. 与智能合约安全有关的区块链攻击方式有哪些？
11. 请调研分析区块链技术在网络安全领域的应用情况。

第 10 章 物联网安全

物联网被认为是继计算机、互联网之后,世界信息技术的第三次革命,通过网络把物理设备、传感器等事物连接起来,可以将物理世界与网络空间相集成,具有广阔的应用前景。由于物联网与物理世界紧密关联,其安全问题的重要性不言而喻。本章主要介绍物联网的基本概念、安全基础、面临的安全挑战,讨论物联网安全技术及其应用,分析典型的物联网安全解决方案。

10.1 物联网概述

10.1.1 物联网的概念

物联网的概念自提出以来,相关技术迅速发展,物联网逐步走入人们生活的方方面面。

1. 物联网的起源

物联网(Internet of Things,IoT)的概念大致起源于1999年美国麻省理工学院自动识别中心提出的"物联网"理念,即在计算机互联网基础上,利用条码、射频识别(RFID)、红外感应器、全球定位系统、激光扫描器等信息传感设备,通过无线数据通信等技术,构造一个覆盖世界上万事万物的网络,按约定的协议,把任何物品与互联网连接起来,进行人与人、人与物、物与物等之间的信息交换和通信,全面获取现实世界中的各种信息,以实现自动化和智能化的识别、定位、跟踪、监控和管理等功能。

2005年,在突尼斯举行的信息社会世界峰会上,国际电信联盟(ITU)发布了 *ITU Internet Reports 2005:The Internet of things*,正式提出了"物联网"的概念,将应用创新作为物联网技术发展的核心。

维基百科给出的物联网定义为:物联网是将物理设备、车辆、建筑物和一些其他嵌入电子设备、软件、传感器等事物与网络连接起来,使这些对象能够收集和交换数据的网络。物联网允许远端系统通过现有的网络基础设施感知和控制事物,可以将物理世界集成到计算机网络系统,从而提高效率、准确性和经济利益。

物联网通过智能感知与识别、普适计算、泛在网络乃至虚拟现实等技术的融合应用,成为继计算机、互联网之后,世界信息技术的第三次革命。与物联网相关的全球信息化技术正在引发人类社会的巨大变革。

经过20多年的发展,物联网已经逐步融入人们的日常生活。从应用于家庭的智能恒温器、智能电灯等设备,到与身体健康相关的智能穿戴设备,每一种智能设备的出现都大大便利了人们的生活。

2. 物联网的基本内涵

从物联网的英语表述"The Internet of Things"可知，物联网就是"物品级的互联网"或"有物品参与的互联网"，是"互联网+"，这里的"+"意味着传统互联网的延伸、拓展与融合，主要有3个方面的含义：

1)"Internet+things"即互联网的用户端延伸到物品，最明显的变化是由人及物，强调"万物互联"，使得人与人、人与物、物与物之间的互动方式发生改变——均能基于物联网进行信息交换与通信。

2) 互联网本身拓展为电信网、广播电视网和传感网等不同形态网络的融合，最关键的变化是在信息传输网络基础上融合了信息感知网络。

3) 互联网+各个传统行业，是互联网思维在应用实践上的拓展并推动经济形态不断演变，即利用信息通信技术及互联网平台，充分发挥互联网在社会资源配置中的优化和集成作用，将互联网的创新成果与传统行业进行深度融合，创造新的发展形态，提升全社会的创新力和生产力，形成以互联网为基础设施和实现工具的经济发展新形态。

物联网是随着生产力的快速发展，受多学科技术交叉融合的推动，以及不断增长的应用需求的递进牵引而产生的。物联网将传统的互联网改造成一个人与物都能够协调参与和互动的、虚实结合的智慧空间，实现虚拟空间和物理空间的融合，构建起人类社会与物质世界、自然环境之间更加紧密、便捷的逻辑联系。

物联网的目标是将虚拟空间与现实世界完美结合，使得现实世界中的"物"可以通过虚拟空间中的"信息"进行连接和控制，实现异构网络的融合、海量终端的互联、超海量数据的增值、各行业应用的支撑等。物联网使得人和物可以在任何时间（Anytime）、任何地点（Anywhere）、使用任何路径或网络（Any Path/Any Network）、任何服务/业务（Any Service/Any Business），与任何事物（Anything/Any Device）、任何人（Anyone）无缝地联系，即所谓的6A，将聚合（Convergence）、内容（Content）、知识库（Collections）、计算（Computing）、通信（Communication）和连接（Connectivity）等元素（6C）集成在一起，形成一个以智能化为核心的有机整体，加强人、物、环境等之间的互动交流，基于万物互联达成数据自由共享、价值按需分配，从而实现更便捷的信息沟通、更高的工作效率、更低的操作成本、更多的创造性劳动和更舒适的生活体验。

10.1.2 物联网的体系结构

典型的物联网的体系结构如图10.1所示，由感知层、网络层以及应用层组成，分别完成智能感知、接入与传输、处理与决策等功能，即基于对物理环境的智能感知，最终实现对目标对象的智能控制。

1. 感知层

感知层主要由传感器网络、RFID标签与阅读器、条码及其阅读器、摄像头、全球定位系统（GPS）等各种具有信息感知与采集能力的终端设备，以及执行器组成，用以完成采集信息、转换或执行控制操作。物联网的泛在特性就体现于感知层节点数量众多、具有广泛的覆盖能力，能够实现无所不在的布设，它是整个网络的"神经末梢"。

2. 网络层

网络层包括泛在接入网和核心的骨干网。泛在接入网可以是无线近距离接入，如无线局域网、ZigBee、蓝牙、红外，也可以是无线远距离接入，如移动通信网络、WiMAX等，还可以是其他形式的接入，如有线网络接入、现场总线、卫星通信等，负责将感知层收集的信息汇聚起来，然后交由核心的骨干网进行传输，或者将来自骨干网的测控指令分发给感知层的测量或控制节点。骨干网以现有互联网为基础，融合电信网、广播电视网等构成，是完成物联网信息传输的主通道和核心，是物联网的"信息高速公路"，将感知层采集到的数据传输到应用层进行进一步处理。

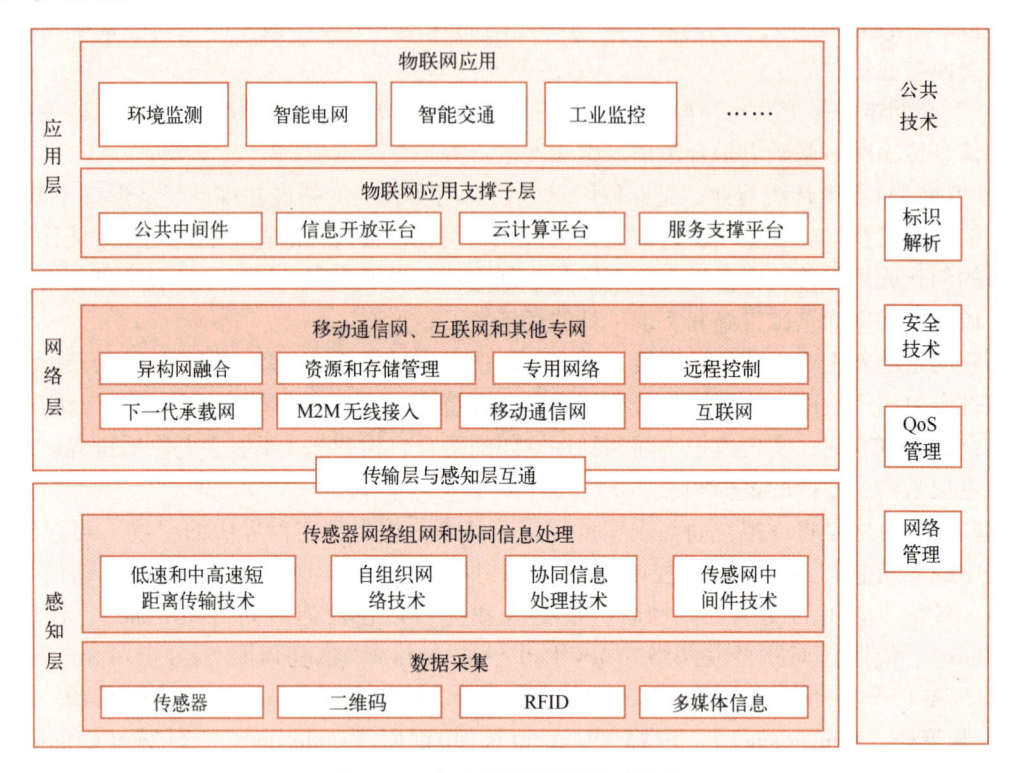

图 10.1　典型的物联网的体系结构

3. 应用层

应用层对通过网络层传输过来的数据进行分析处理，得出决策方案，从而实现智能控制，完成特定业务系统的应用服务，最终为用户提供丰富的特定服务，如智能电网、智能物流、远程医疗、智能交通、智能家居、智慧城市等。应用层主要由业务支撑平台和各种业务应用系统组成。

业务支撑平台通常以中间件的形式存在。业务支撑平台从功能上可分为管理平面和计算服务平面两部分，前者负责互联网管理、标识管理、目录管理、安全管理等，后者负责数据处理、存储、检索，以及上下文感知联动、云计算等。物联网的智能化主要体现在业务支撑平台对信息的智能处理与决策控制，为层出不穷的应用创新提供支持。

业务应用系统由物联网的实际应用领域确定，如医疗健康、军事国防、防灾减灾、智能农业、安全监控、智能家居、交通运输、物流仓储等。

10.2　物联网安全基础

10.2.1　物联网安全威胁分析

下面主要从威胁的典型样式和威胁的典型场景两个角度来分析物联网面临的安全威胁。

1. 物联网安全威胁的典型样式

作为"互联网+"的典型代表，物联网基于互联网发展而来，也就是说物联网是互联网的延伸，因此物联网的安全也是互联网安全的延伸。物联网和互联网的关系是密不可分的。但是物联网和互联网在网络的组织形态、网络功能以及性能上的要求都是不同的，物联网在实时性、安全可信性、资源保证等方面有很高的要求。物联网与互联网的区别见表10.1。

表 10.1 物联网与互联网的区别

	物 联 网	互 联 网
体系结构	分为感知层、网络层和应用层	比物联网少了感知层
操作系统	广泛使用嵌入式操作系统，如 VxWorks 等	使用通用操作系统（Windows、UNIX、Linux 等），功能相对强大
系统实时性	工业控制等领域对系统数据传输、信息处理的实时性要求较高 智能家居等领域对系统的实时性要求不高	大部分系统的实时性要求不高，信息传输允许延迟，可以停机和重启恢复
通信协议	ZigBee、蓝牙、WiFi 也会用到互联网的协议，如 HTTP、HTTPS、XMPP 等	TCP/IP、HTTP、FTP、SMTP 等
系统升级	一些专有系统兼容性差、软硬件升级较困难，一般很少进行系统升级，如需升级可能需要更新整个系统	采用通用系统、兼容性较好，软硬件升级较容易，且软件系统升级较频繁
运维管理	不仅关注互联网所关注的问题，还关注对物联网设备的远程控制和管理	互联网运维通常关注系统响应、性能
漏洞分析	针对行业特定协议的漏洞和嵌入式操作系统	通用操作系统、TCP/IP 协议
开发流程	不像传统 IT 信息系统软件那样在开发时拥有严格的安全软件开发规范及安全测试流程	开发时拥有严格的安全软件开发规范及安全测试流程
隐私问题	物联网的很多应用都与人们的日常生活相关，其应用过程中需要收集人们的日常生活信息，利用这些信息可以直接或间接地通过连接查询追溯到某个人	用户网络行为、偏好方面的信息
网络组织形态	无线传感网传感器节点大规模分布在未保护环境中；无线多跳通信；设备资源受限	网络通信条件较好；设备资源充足
物理安全	节点物理安全较薄弱	主机大多分布在受保护的环境中

物联网的安全既构建在互联网的安全上，也因为业务环境而具有自身的特点。总体来说，物联网安全和互联网安全的关系体现在：传统互联网的安全机制可以应用到物联网，物联网安全不是全新的概念，物联网安全比互联网安全多了感知层安全，物联网安全比互联网安全更复杂。因此，物联网所面临的安全问题既有传统的网络安全威胁，又有不同于互联网的新威胁。传统的网络安全威胁在前面章节已有介绍，下面重点介绍物联网面临的新威胁。

正如任何一个新的信息系统出现都会不同程度地伴随着信息安全问题困扰一样，物联网在互联网基础上实现了网络形态、参与主体和覆盖范围等的拓展，网络活动中"物"的参与和"感知层"的出现使得物联网表现出不同于传统互联网的一些新特征，这也使得物联网面临不同于传统互联网的一些新威胁。

首先，物联网中"物"的所有权属性需要得到保护，涉及"物"的安全。其次，物联网中的"物"与人相连接，可能对人身造成直接伤害，物联网相较于传统网络，其感知节点大都部署在无人值守的环境中，具有容易接近、能力脆弱、资源受限等特点，信息来源的真实性需要得到特别关注。最后，由于物联网在现有传输网络基础上扩展了感知网络和智能处理平台，因此传统网络安全措施不足以提供可靠的安全保障，如物联网边界模糊，传统的防火墙机制难以奏效。因此，物联网的安全问题具有特殊性。

物联网主要由传感器、信息传输系统以及信息处理系统三个要素构成，因此，物联网的安全形态也体现在这三个要素上。第一是物理安全，主要是传感器的安全，安全威胁包括对传感器的干扰、屏蔽、信号截获等，这也是物联网安全特殊性之所在。第二是运行安全，存在于各个要素中，涉及传感器、信息传输系统及信息处理系统的正常运行，与传统信息系统安全基本相同。第三是数据安全，也是存在于各个要素中的，即要求在传感器、信息传输系统、信息处理系统中的信息不会被窃取、被篡改、被伪造和出现抵赖等情况。其中传感器与传感网所面临的安全问题比传统的信息安全更加复杂，因为传感器与传感网可能会因为能量以及存储、计算、通信等资源受限的问题而不能构建复杂的保护体系。

物联网在数据处理和通信环境中特有的安全威胁主要体现在以下几个方面。

（1）节点攻击

节点攻击是一种物理俘获。由于物联网的应用可以取代人来完成一些复杂、危险和机械的工作，物联网感知节点或设备大都部署在无人监控的场景中，并且有可能是动态的。这种情况下攻击者就可以轻易地接触到这些设备，使用一些外部手段非法俘获感知节点，甚至通过本地操作更换机器的软硬件，从而对其进行破坏。攻击者还可以冒充合法节点或者越权享受服务。因此，物联网中有可能存在大量的损坏节点和恶意节点。

（2）传输威胁

首先，物联网感知层节点和设备大量部署在开放环境中，其节点和设备能量、处理能力和通信范围有限，无法进行高强度的加密运算，导致缺乏复杂的安全保护能力。其次，物联网感知网络多种多样，数据传输和消息有各自特定的标准，无法提供统一的安全保护体系，严重影响了感知信息的采集、传输和信息安全。这些要素导致物联网面临中断、窃听、拦截、篡改、伪造等威胁，例如可以通过节点窃听和流量分析获取节点传输的信息。

（3）自私性威胁

物联网为了延长整体生命周期，会要求节点节能和均衡使用，因此网络节点会遵循该规则并表现出自私行为，如为了节省自身能量可能拒绝提供转发数据服务，这在某种程度上会造成网络通信性能下降。

（4）拒绝服务攻击

一方面，物联网的对象名解析服务（Object Name Service，ONS）以 DNS 技术为基础，ONS 同样也继承了 DNS 的安全隐患，例如利用 ONS 服务作为中间的攻击放大器去攻击其他节点或主机等目标。另一方面，由于物联网中节点数量庞大，且以集群方式存在，因此在数据传输时大量节点的数据发送使网络拥塞，产生拒绝服务攻击。攻击者利用广播"Hello"信息，并利用通信机制中的优先级策略、虚假路由等协议漏洞同样可以产生拒绝服务攻击。

（5）重放攻击

在物联网标签体系中无法证明信息已传递给阅读器，攻击者可以获得已认证的身份，再次获得相应服务。

（6）篡改或泄露标识数据

一方面攻击者可以通过破坏标识数据，使得物品服务不可使用；另一方面攻击者可以窃取或者伪造标识数据，从而获得相关服务，或为进一步攻击做准备。

（7）权限提升攻击

攻击者通过协议漏洞或其他脆弱性使得某物品获取高级别服务，甚至控制物联网其他节点的运行。

(8) 业务关联认证风险

传统的认证是区分不同层次的，网络层的认证就负责网络层的身份鉴别，业务层的认证就负责业务层的身份鉴别，两者独立存在。但是在物联网中，大多数情况下节点都有专门的用途，因此其业务应用与网络通信紧紧地绑在一起。由于网络层的认证是不可缺少的，那么其业务层的认证机制就不再是必需的，而是可以根据业务由谁来提供和业务的安全敏感程度来设计。例如，当物联网的业务由运营商提供时，那么就可以充分利用网络层认证的结果而不需要进行业务层的认证；当物联网的业务由第三方提供时，就可以发起独立的业务认证而不用考虑网络层的认证。当业务较敏感时，一般业务提供者会不信任网络层的安全级别，而使用业务层认证；对于普通业务，业务提供者可能认为网络层认证已经足够，那么就不再需要业务层认证。这在实际操作中可能出现一定的安全风险。

(9) 隐私泄露威胁

在未来的物联网中，每个人及每件物品都将随时随地与网络连接在一起，随时随地被感知，在这种环境中如何确保信息的安全性和隐私性，防止个人信息、业务数据和财产丢失或被他人盗用就显得尤为重要。隐私泄露威胁是物联网推进过程中要突破的重大障碍之一。

2. 物联网安全威胁的典型场景

物联网的安全问题广泛而严重，甚至会对整个互联网产生破坏性影响。

用于安防的摄像头被控制后，摇身一变成了泄露隐私的工具；路由器被攻击者盯上，轻则被"蹭网"，重则泄露隐私信息。对智能门锁也不能掉以轻心，一旦它被破解，攻击者进出居民家就如入无人之境。智能设备引发的安全事件的影响范围已不再局限于虚拟世界，而是慢慢触及真实的物理世界，甚至可能直接威胁到现实世界的人身安全。

在工业间谍活动以及黑客攻击中，物联网作为重要的基础设施，很容易被当成目标。此外，由于物联网的使用，个人信息会驻留在网络上，其中的用户隐私数据会成为网络犯罪分子的目标。

许多智能电视带有摄像头，即便电视没有打开，入侵智能电视的攻击者也可以使用摄像头来监视现场环境。

一位物联网安全研究人员可能侵入汽车的控制系统，远程禁用刹车、关闭车灯，接着又恢复刹车功能，在此过程中驾驶员对此毫无办法。安全研究人员还可能侵入豪华游艇的控制系统，篡改其上的 GPS 信息，导致游艇偏离原定的航道。

10.2.2 物联网安全需求

物联网安全需求可以基于物联网的层次模型和网络威胁来源，从感知层安全、网络层安全、应用层安全 3 个层面来分析。

1. 感知层安全需求

感知层由众多的传感器或 RFID 等感知节点组成，呈现多源异构性，由于受到计算和通信等能力不足、能量等资源有限的约束，难以提供统一的安全保护体系，实施安全方案的选择性较小，且还没有形成标准化的安全机制，安全威胁问题较突出，对机密性、节点认证、密钥协商、信誉评估、安全路由、安全数据融合等要求较高。物联网感知层的安全需求主要包括：

(1) 节点自身安全

由于往往分布于无人值守的区域，物联网感知层的节点可能受到捕获和拆解等物理攻击，攻击者也可能部署恶意节点加入物联网感知层，进而实施针对节点身份、采集的数据或节点间数据传输的破坏活动，故需要对物联网感知层的节点本身加以保护。

(2) 采集信息安全

物联网感知层的基本功能就是依托感知节点完成对所覆盖区域的相关信息采集，并以多跳的方式传递给汇聚节点或中心站点。攻击者针对感知层信息采集可能实施的攻击行为包括：窃听、篡改、伪造或重放数据；实施针对路由方面的选择性转发攻击、Sinkhole 攻击、Sybil 攻击、Wormhole 攻击、Hello 洪泛攻击等，导致节点采集的信息无法到达目标节点。因此，需要对采集的信息进行有效保护。

2. 网络层安全需求

由"人"及"物"的拓展是物联网区别于传统互联网的一个重要特征，同时也导致网络中通信终端的数量大大增加，大量节点的数据发送很容易造成网络拥塞，导致拒绝服务，而且通信方式的设计不再仅仅满足人与人的通信需求，对通信网络的承载能力的需要大大增多，由此可能给物联网网络层带来多种安全威胁，对数据及数据流的机密性、数据完整性、DDoS 攻击的检测与预防、跨网络认证与密钥协商等提出较高要求。物联网网络层的安全需求主要包括：

(1) 大批量接入认证需求

接入认证是确保网络中实体身份合法和信息安全的前提，传统的一对一接入认证模式和网关设备难以适应物联网短期内大批量接入的认证需求。

(2) 避免网络拥塞和拒绝服务攻击的需求

物联网中节点和设备数量众多，传输的连接认证请求、路由等信令流量和采集的数据等信息流量十分巨大，任何微小的网络故障或攻击行为都可能导致网络拥塞，或出现服务器拒绝服务的现象。

(3) 高效的密钥管理需求

传统的针对网络终端或通信实体逐个进行认证、产生密钥、分配密钥、使用密钥、更新密钥、销毁密钥等密钥管理模式难以适应物联网终端众多的特征，不仅会导致密钥管理效率低下，还会导致大量的能量和通信资源消耗。

3. 应用层安全需求

物联网应用层涉及物联网的信息处理和具体的业务应用。信息处理包括云计算、分布式系统、海量信息处理、数据的存储管理、挖掘分析等，要为上层服务管理和大规模行业应用建立起一个高效、可靠和可信的系统，涉及隐私保护等安全问题，例如：如何根据不同访问权限对同一数据库内容进行筛选，如何兼顾用户隐私保护和认证，等等。业务应用覆盖的范围十分广泛，安全需求问题包括：如何实现信息泄露追踪，如何进行计算机取证，如何销毁计算机数据，如何保护电子产品和软件的知识产权等。因此，应用层安全需求包括身份认证、消息认证、访问控制、数据的机密性与用户隐私保护、数字签名、数字水印、入侵检测、容错容侵等。

10.2.3 物联网安全体系

物联网安全体系可以从纵深防御体系和横向防御体系两个方面来理解。

纵深防御体系可分为边界防护、区域防护、节点防护和核心防护。边界防护主要针对单个应用的边界实施防护，区域防护主要针对单个业务应用区域实施防护，节点防护主要针对服务器或感知节点实施防护，核心防护主要针对一个具体的安全技术、具体的节点与用户或操作系统的内核等实施防护。

横向防御体系分为物理安全、安全计算环境、安全区域边界、安全通信网络、安全管理中心、应急响应恢复与处置6个层面，以满足物联网密钥管理、点到点消息认证、防重放、抗拒绝服务、防篡改或隐私泄露、业务安全等安全需求，实现数据或信息在传输、存储、使用过程中的机密性、完整性、可用性、可追责性等物联网安全基本目标。

（1）物理安全

物理安全主要包括物理的访问控制、环境安全（包括监控、报警系统、防雷、防火、防水、防潮、静电消除等装置）、电磁兼容性安全、记录介质安全、电源安全、EPC（Electronic Product Code，电子产品代码）设备安全、抗电磁干扰等。

（2）安全计算环境

安全计算环境主要包括感知节点身份鉴别、访问控制、授权管理、感知节点安全防护（包括恶意节点、异常节点、失效节点的识别）、标签数据源认证、数据保密性和完整性、EPC业务认证、可信接入、密钥管理、数据库安全防护、系统安全审计等。

（3）安全区域边界

安全区域边界主要包括节点控制（网络访问控制、节点设备认证）、信息安全交换（数据机密性与完整性、指令数据与内容数据分离、数据单向传输）、节点完整性（非法外联防范、入侵行为防范）、入侵检测、恶意代码防范、边界审计。

（4）安全通信网络

安全通信网络主要包括链路安全（物理链路专用或链路逻辑隔离）、传输安全（加密控制、消息认证或数字签名）。

（5）安全管理中心

安全管理中心主要包括业务与系统管理（业务准入与接入控制）、入侵检测、违规检查、EPC取证、安全管理（授权、审计、异常报警）。

（6）应急响应恢复与处置

应急响应恢复与处置主要包括容灾备份、故障恢复、数据恢复与销毁、安全事件处理与分析、应急机制。

10.2.4　物联网安全的新挑战

物联网比常见的网络应用系统更容易受到攻击，面临的安全形势更加严峻。这是因为在传统互联网基础上发展起来的物联网实现了网络主体和网络形态的拓展，表现出网络组成的异构性、网络分布的广泛性、网络形态的多样性、感知信息和应用需求的多样性，以及网络的规模大、数据处理量大、决策控制复杂等特征。一方面，感知层可自主实现信息感知，而传感器节点通常被部署在无人值守且物理攻击可以到达的区域；另一方面，网络覆盖国民经济、社会发展、人们生产生活的各个方面，故其影响比传统网络更加巨大。这些变化和新的约束条件给物联网安全方案的构建带来了新的挑战。

物联网安全面临的挑战主要表现为以下方面：

1. 网络资源的多态性

物联网中的资源表现出多态性，如网络组成可能涉及互联网无线传感网、移动通信网、广播电视网等。物联网的异构、多级、分布式特征导致统一的安全体系难以实现"桥接"和过渡。感知层中的传感器节点等在计算、存储通信带宽和能量等方面存在资源有限问题。网络中不同节点或设备在资源、能力方面存在差异性和非平衡性。网络中不同实体的加入或退出存在不可预见的动态性，连接也可能时断时续。网络资源的多态性、异构性、有限、差异性、动态性导致安全信息的传递和处理难以统一，使得构建统一的安全方案没有可行性，个性化的安全方案是物联网安全的基本需求和一个重要特征。

2. 安全威胁的多样性

物联网组成复杂、对象多样，各对象间具有明显的差异性。这些差异会导致攻击者在攻击手段和技术途径的选取上拥有更大的空间，使得物联网面临的安全威胁具有多样性。如攻击者可以通过拒绝服务攻击限制物联网的价值，在形式最简单的拒绝服务攻击中，攻击者能通过广播高能信号来扰乱运作，如果传输的信号足够强，那么整个系统可能被阻塞。物联网还可能面临更复杂的攻击威胁，如攻击者通过违反 MAC（媒体访问控制）协议禁止通信，在邻居传送信息的同时请求访问通道或对无线通信链路进行窃听和篡改等。

3. 攻击行为的隐蔽性

物联网中的信息获取技术不再局限于传统的窃听等技术，呈现出涵盖电、声、光等多种物理信号，结合网络及通信技术的多元化特点，打破了物理隔离的屏障。攻击行为的隐蔽性表现为：

（1）攻击目标隐蔽性

被植入恶意代码或硬件的设备一般功能正常，很难通过常规方法发现其已受到攻击。

（2）攻击时间隐蔽性

攻击者可远程控制攻击发起时间，在攻击发起前，被攻击目标通常处于静默状态，传统的单次突发性检测不再有效。

（3）攻击过程隐蔽性

为逃避无线信号检测，攻击信息传输过程会隐蔽传输技术，现有无线信号检测设备尚不具备对这些新型通信技术的检测能力。

4. 安全需求的复杂性

由于物联网面临的安全威胁多种多样，要应对这些威胁需要不同的解决方案。在保证单个智能物体被数量庞大甚至未知的设备识别和接受的同时，也要保证其信息传递的安全性和隐私性，这导致物联网安全需求变得非常复杂。

5. 安全支持能力的差异性

由于物联网中的资源具有多态性，这些资源在计算能力、存储能力和通信能力等方面不尽相同，甚至具有能量的不可补充性，从而表现出对安全方案的承载能力和实施条件要求不同，以及在安全支持能力方面的差异，特别是物联网感知层的轻量级安全需求十分突出。

6. 传统安全机制的局限性

配置防火墙是传统网络安全方案的一种基本思路，以此实现内外网的隔离和访问过滤。但是，物联网突破了传统网络的边界，物联网设备会彻底跳过防火墙建立与第三方服务的长期连接。如果物联网设备被盗用，就可能给攻击者提供逐步渗透到整个网络的机会。如果网络没有正确保护或者分段，各种敏感信息就可以通过被入侵的物联网设备泄露出去。

7. 安全问题的特殊性

物联网面临的一些安全问题具有特殊性，传统网络中没有对应的安全解决方案，需要研究新的解决方案。物联网特有的安全问题包括：

1）略读（Skimming）：在末端设备或 RFID 持卡人不知情的情况下，信息被读取。

2）窃听（Eavesdropping）：在一个通信通道的中间，信息被中途窃取。
3）哄骗（Spoofing）：伪造复制设备数据，冒名输入系统中。
4）克隆（Cloning）：克隆末端设备冒名顶替。
5）破坏（Killing）：损坏或盗走末端设备。
6）拥塞（Jamming）：伪造数据，导致设备阻塞、不可用。
7）屏蔽（Shielding）：用机械手段屏蔽电磁信号，让末端无法连接。

10.3 物联网安全技术及应用

10.3.1 概述

由于物联网的安全是互联网安全的延伸，可以利用互联网已有的安全技术，结合物联网安全问题的实际需要，改进已有技术，将改进后的技术应用到物联网中，从而解决物联网的安全问题。

物联网还有其独特性，存在终端设备众多、设备之间缺乏信任等新问题，互联网中现有的技术难以解决此类问题，所以还需要探索一些新的技术来解决物联网中特有的新问题。

此外，物联网将许多原本与网络隔离的设备连接到网络中，大大增加了设备遭受攻击的风险。同时物联网中的设备资源受限，很多设备在设计时较少考虑安全问题。物联网中协议众多、没有统一标准等安全隐患都可能被攻击者利用，造成极大的安全问题。所以，安全人员还需要利用一些漏洞挖掘技术对物联网中的服务平台、协议、嵌入式操作系统进行漏洞挖掘，先于攻击者发现并及时修补漏洞，有效减少来自攻击者的威胁，提升系统的安全性。主动发掘并分析系统安全漏洞，对物联网安全具有重要的意义。

10.3.2 经典网络安全技术在物联网中的应用

由于物联网是互联网进一步发展的产物，因此经典网络安全技术在解决物联网面临的安全问题时同样可以发挥作用。

1. 异常行为检测

异常行为检测对应的物联网安全需求是攻击检测和防御、日志和审计。异常行为检测的方法通常有两种：一种是建立正常行为的基线，从而发现异常行为；另一种是对日志文件进行总结分析，发现异常行为。

物联网与互联网的异常行为检测技术也有一些区别，如利用大数据分析技术，对全流量进行分析，进行异常行为检测。在互联网环境中，这种方法主要是对 TCP/IP 协议的流量进行检测和分析，而在物联网环境中，还需要对其协议流量进行分析，如工控环境中的 Modbus、PROFIBUS 等协议流量。

2. 代码签名

代码签名对应的物联网安全需求是设备保护和资产管理、攻击检测和防御。通过代码签名可以保护设备不受攻击，保证所有运行的代码都是被授权的，保证恶意代码在一个正常代码被加载之后不会覆盖正常代码，保证代码在签名之后不会被篡改。相较于互联网，物联网中的代码签名技术不仅可以应用在应用级别，还可以应用在固件级别，针对所有重要设备包括传感器、交换机等都要保证所有在上面运行的代码都经过签名，没有被签名的代码不能运行。

由于物联网中的一些嵌入式设备资源受限，其处理器能力、通信能力、存储空间有限，所以需要建立一套适合物联网自身特点的，综合考虑安全性、效率和性能的代码签名机制。

3. 白盒密码

物联网感知设备的系统安全、数据访问和信息通信通常都需要加密保护。但是由于感知设备常常散布在无人区域或者不安全的物理环境中，这些节点很可能会遭到物理上的破坏或者俘获。如果攻击者俘获了一个节点设备，就可以对该节点设备进行白盒攻击。传统的密码算法在白盒攻击环境中不能安全使用，甚至显得极度脆弱，密钥成为任何使用密码技术保护系统的单一故障点。在当前的攻击手段中，很容易通过对二进制文件的反汇编、静态分析，将对运行环境的控制与控制 CPU 断点、观测寄存器、分析内存等相结合来获取密码。

白盒密码算法是一种新的密码算法，能够抵抗白盒攻击。白盒密码使得密钥信息可被充分隐藏、防止窥探，确保在感知设备中安全地应用原有密码系统，极大提升了安全性。

白盒密码作为一个新兴的安全应用技术，能普遍应用在各个行业领域，应用在各个技术实现层面。例如，HCE（Host Card Emulation，主机卡模拟）云支付、车联网，在端点层面实现密钥与敏感数据的安全保护。

4. OTA 技术

空中下载（Over the Air，OTA）技术，最初是运营商通过移动通信网络（GSM 或者 CDMA）的空中接口对 SIM 卡（用户识别模块）数据以及应用进行远程管理的技术，后来逐渐扩展到固件升级、软件安全等方面。

随着技术的发展，物联网设备中总会出现脆弱性，所以设备需要持续打补丁。物联网的设备往往数量巨大，如果花费人力去人工更新每个设备是不现实的，所以 OTA 技术一般会被预置到物联网设备之中。

5. 深度包检测技术

互联网环境中通常使用防火墙来监视网络上的安全风险，但是这样的防火墙针对的是 TCP/IP，而物联网环境中的网络协议通常不同于传统的 TCP/IP，如工控中的 Modbus 协议等，这使得控制整个网络风险的能力大打折扣。因此，需要开发能够识别特定网络协议的防火墙，与之相对应的技术则为深度包检测技术。

深度包检测（Deep Packet Inspection，DPI）技术是一种基于应用层的流量检测和控制技术。当 IP 数据包、TCP 或 UDP 数据流通过基于 DPI 技术的带宽管理系统时，该系统通过深入读取 IP 包载荷的内容来对应用层信息进行重组，从而得到整个应用程序的内容，然后按照系统定义的管理策略对流量进行分析。

6. 防火墙

物联网环境中，存在很小并且通常很关键的设备接入网络，这些设备可能是由 8 bit 的 MCU（微控制单元）控制的。由于资源受限，要实现这些设备的安全非常具有挑战性。这些设备通常会实现 TCP/IP 协议栈，使用互联网来实现报告、配置和控制功能。出于资源和成本方面的考虑，除密码认证外，许多使用 8 bit MCU 的设备并不支持其他的安全功能。

Zilog 和 Icon Labs 联合推出了使用 8 bit MCU 的设备的安全解决方案。Zilog 提供 MCU，Icon Labs 将 Floodgate 防火墙集成到 MCU 中，提供基于规则的过滤 SPI（Stateful Packet Inspection，状态包检测）和基于门限的过滤（Threshold-Based Filtering）。该防火墙能够控制嵌入式系统处理的数据包、锁定非法登录尝试、拒绝服务攻击、端口扫描和其他常见的网络威胁。

7. 访问控制

传统企业网络架构通过建立一个固定的边界使内部网络与外部世界分离，这个边界包含一系列防火墙策略来阻止外部用户的进入，但是允许内部用户对外的访问。由于封锁了外部对于内部应用和设施的可见性和可访问性，传统的固定边界确保了内部服务对于外部威胁的安全。

软件定义边界（Software Defined Perimeter，SDP）使得应用所有者部署的边界可以保持传统模型中对于外部用户的不可见性和不可访问性，该边界可以部署在任意位置，如网络上、云中、托管中心、私营企业网络上。

SDP用应用所有者可控的逻辑组件取代了物理设备，只有在设备证实和身份认证之后，SDP才提供对应用基础设施的访问。

大量设备连接到互联网上，管理这些设备、从这些设备中提取信息的后端应用通常很关键，这相当于隐私或敏感数据的监护人的角色。SDP可以被用来隐藏服务器以及服务器与设备的交互，从而最大化地保障安全。

10.3.3 区块链技术在物联网安全中的应用

物联网面临的最大安全挑战来自当前物联网生态系统的架构。它们都基于客户端/服务器的中心化架构模式。所有设备都通过支持巨大处理量和存储容量的云服务器来识别、认证和连接，设备之间的连接必须通过云端的服务器进行。虽然这种模式已连接传统计算设备数十年，但它无法满足未来物联网生态系统不断增长的需要。

区块链解决的核心问题是在信息不对称、不确定的环境下，如何建立满足经济活动赖以发生、发展的"信任"生态体系。这与物联网安全运行的需求是一致的，所有日常家居物件都能自发、自动地与其他物件或外界世界互动，但是必须解决物联网设备之间的信任问题。

去中心化、自治与高扩展性等特性使得区块链成为物联网解决方案基本元素的一个理想组件，其可以满足物联网可扩展性、隐私保护与可靠性要求。区块链技术可以用于追踪数十亿台接入网络的设备，可以为物联网行业的制造商节省大量资金。这种去中心化的架构方式可以消除单点故障，为设备的运行提供一个更加具有弹性的环境。区块链使用的加密算法也可使得消费者的数据变得更加安全。区块链的分布式账本可防止篡改，不易被恶意攻击者所操控。它存在于任何一个单一节点上，中间人攻击亦无法实施。区块链使得去中心化的节点间进行点对点通信成为可能，且已经通过实际的应用证明了其在金融服务领域的价值。比如比特币可提供方便的点对点"支付"服务，而整个过程无须第三方中间商的参与。在物联网安全解决方案中，区块链将用类似于比特币网络里达成交易的方式来处理设备间的消息传递。

区块链技术保障物联网安全的主要优势为：

1）去中心化。区块链采用点对点通信，无须第三方验证，而且任何用户都可以查看区块链网络上的任何一笔交易。

2）可溯源。区块链上的所有交易都具备数字签名和时间戳，因此用户可以在任意时刻轻松追踪任意交易的历史记录。

3）保密性。因为使用公钥对用户进行身份验证并加密其交易，所以用户信息的保密性很高。

4）安全性。由于分布式共识过程的存在，恶意的攻击行为很容易被发现。区块链在技术上被认为是"无法攻破"的，攻击者只能通过控制51%的网络节点来影响整个网络。

5）可持续性。区块链可避免单点故障，这意味着即便在部分节点遭受攻击的情况下，整个系统仍然可以正常运行。

6）完整性。区块链可以确保数据不遭到篡改或者破坏。此外，该技术可以确保已完成交易的真实性与不可逆转性。

7）弹性。区块链的分布式特性确保即便某些节点离线或者遭受攻击，整个区块链网络依旧可以正常运行。

8）数据质量。区块链技术虽然无法提高上链数据自身的质量，但可以确保数据在上链后不可被篡改。

9）可用性。无须把所有敏感数据都存储在同一个位置，区块链技术允许用户拥有自己数据的多个副本。

总体而言，区块链技术是网络安全领域的一项重大突破，因为它可以保证数据较高等级的隐私性、可用性以及安全性。然而，该技术的复杂性也会给开发带来许多困难。

10.3.4 应用于物联网的漏洞挖掘技术

物联网相关设备、平台、系统的漏洞挖掘技术，有助于发现未知安全漏洞，从而提升 IDS、防火墙等安全产品的检测和防护能力。

1. 物联网平台漏洞挖掘

随着物联网的发展，将会出现越来越多的物联网平台。国外免费的物联网云平台有 Temboo、Carriots、NearBus 和 Ubidots 等。国内"BAT"三家企业（即百度、阿里巴巴、腾讯）均已推出了各自的智能硬件开放平台。但是，目前对物联网平台安全性的分析还不多，随着物联网的发展，物联网平台的安全性将会越来越受到人们的关注。

2. 物联网协议漏洞挖掘

在现代的汽车、工控等物联网行业，各种网络协议被广泛使用，这些网络协议带来了大量安全问题。很多研究者开始针对工控等系统，特别是具有控制功能的网络协议的安全性展开研究。

3. 物联网操作系统漏洞挖掘

物联网设备大多使用嵌入式操作系统，嵌入式操作系统通常内核较小，专用性强，系统精简，实时性高。安全在嵌入式操作系统中原本不太受重视，但随着设备逐渐接入互联网，操作系统的安全性应得到重点关注。

10.4 典型物联网安全解决方案

智能设备的大规模普及给人们的生活带来了便利，同时也给用户个人资产安全和隐私保护带来了极大的冲击和挑战。360天御团队面向智能终端、智能家居、智能穿戴、智能安防等多个领域，提供集物联网安全渗透服务、安全加固、密钥白盒、态势感知于一体，覆盖物联网系统"云、管、边、端"的全面专业安全解决方案。

10.4.1 物联网安全渗透测试服务

物联网（IoT）安全渗透服务对 IoT 云端、智能设备终端、管控端、通信链路进行全方位渗透，挖掘物理、固件、通信、App、服务端等多方面的漏洞，帮助 IoT 客户在系统上线前发现和修复漏洞。

IoT 安全渗透测试服务通过自动化检测平台与人工相结合，对 IoT 系统的硬件、固件、应用、通信以及服务端进行深度安全渗透，提供定制化安全分析报告以及专业化建议，具有检测快速、覆盖全面、可定制等特点。具体支持的 IoT 渗透测试内容如图 10.2 所示。

图 10.2　具体支持的 IoT 渗透测试内容

10.4.2　物联网安全加固

IoT 安全加固可为 IoT 系统提供代码保护、固件加固、密钥防护、身份识别、数据加密、通信安全等多种安全组件，为客户的 IoT 系统提供全方位的安全防护。安全加固全面兼容当前主流的安卓、Linux、RTOS（实时操作系统）等系统。

安全加固的工作模式如图 10.3 所示。

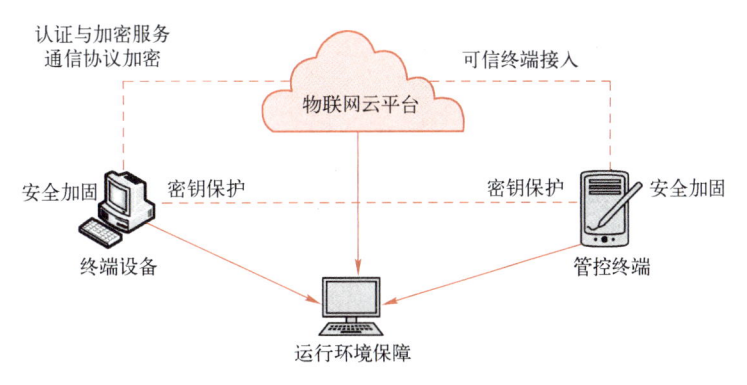

图 10.3　安全加固的工作模式

IoT 安全加固提供完整安全套件，包括代码级、固件级以及应用级的安全加固服务，保护核心代码和核心函数的运行逻辑不被发现，降低后续高级攻击风险；提供数据加密与身份认证组件，以软件形态解决不安全环境中的密钥安全存储问题，提供完整密钥安全解决方案；提供通信协议加密保护工具，通过应用层的身份认证和加密，提供适配多种协议、多种场景的统一化通信安全方法。

10.4.3　密钥白盒

密钥白盒是基于白盒密码技术研发的，针对目前物联网安全需求的新一代密钥安全和电子认证产品。

密钥白盒使用国产密码算法，实现用户敏感信息数据的加密和签名运算，以客户端 SDK（软件开发工具包）形式向移动互联网和云计算业务，提供统一友好的身份认证服务和数据加密服务，提升业务鉴权的合法性和安全性。

通过密钥白盒，可以满足密钥防窃取、数据加密、应用绑定化、动态白盒密码等安全需求。

10.4.4 物联网态势感知

IoT 态势感知系统是针对 IoT 系统上线后安全管控和运行打造的 IoT 安全防控系统。通过植入态势感知 SDK，态势感知系统可以对所有管控范围内的 IoT 设备的运行状态、进程状态、网络状态等进行实时监控，及时发现攻击和异常。同时态势感知系统还可以通过中央平台向各 IoT 设备终端下发安全策略、版本更新、漏洞修复等，实现 OTA 升级，全面保护 IoT 系统的运行安全。

IoT 态势感知系统针对当前主流智能 IoT 设备版本（安卓、Linux 等）提供功能强大的 SDK，实现 IoT 终端上的信息采集、漏洞发现、威胁防护以及软件更新等功能，同时基于大数据、机器学习、人工智能技术，对态势感知 SDK 上报的信息进行快速分析和响应，并可以通过 SDK 对 IoT 设备在平台上进行集中管控。

IoT 态势感知系统的主要功能包括针对终端系统的运行监控、风险感知、应急响应，如图 10.4 所示。

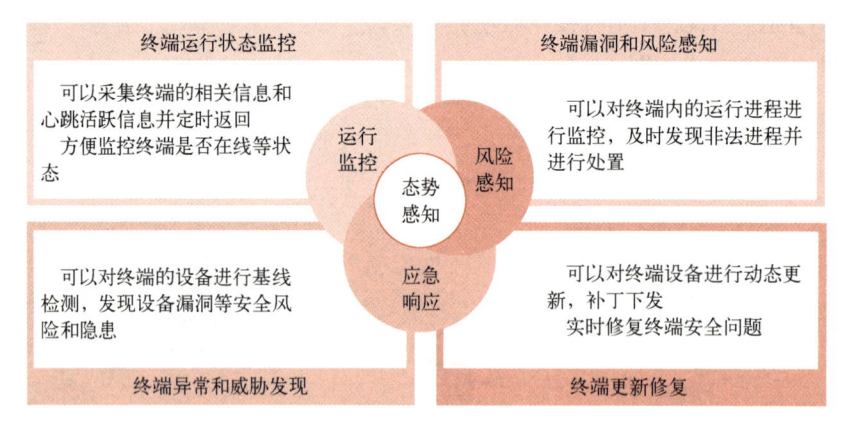

图 10.4　IoT 态势感知系统的主要功能

本章小结

本章首先介绍了物联网的概念、内涵与体系结构模型，分析了物联网的本质属性和特征。然后分析了物联网面临的安全威胁，研究了物联网安全的特点及安全需求，从纵深防御和横向防御两个方面构建了物联网安全体系。从物联网特征出发，分析了物联网面临的安全挑战。介绍了传统安全技术在物联网环境中的应用，区块链技术在物联网安全中的应用，应用于物联网的漏洞挖掘技术。最后给出了一个典型物联网安全解决方案。

习题

1. 简述物联网的概念、内涵。
2. 简述物联网的 6A 与 6C 目标。
3. 简述物联网体现出的主要属性。
4. 简述物联网的主要特征。
5. 物联网面临的典型安全威胁有哪些？
6. 物联网安全相对于互联网安全有哪些新特点？

7. 简述物联网的安全需求。
8. 简述物联网安全纵深防御体系的主要内容。
9. 简述物联网安全横向防御体系的主要内容。
10. 简述物联网安全面临的挑战。
11. 物联网面临的特有安全问题有哪些？
12. 在物联网环境中应用的传统安全技术有哪些？
13. 应用于物联网的漏洞挖掘技术主要挖掘哪些方面的漏洞？
14. 请调研分析针对物联网目标的典型网络攻击事件。

第 11 章
人工智能赋能网络安全

随着人工智能第三次浪潮的兴起,全球人工智能产业进入快速增长期,人工智能向诸多行业、领域不断渗透并交叉融合的趋势已经显现,人工智能技术在商用领域的快速发展必将推动其在网络空间安全等领域的应用。人工智能技术对网络空间安全同时呈现出了赋能和伴生两种效应。人工智能因其智能化与自动化的识别及处理能力、强大的数据分析能力、可与网络空间安全技术及应用进行深度协同的特性,对网络空间安全的理论、技术、方法、应用产生重要影响,赋能网络安全。人工智能算法、模型本身可能存在一些安全隐患,将其应用于解决网络安全问题,则可能会带来一些新的安全威胁。本章介绍人工智能的发展与应用情况,分析人工智能在网络空间安全领域的应用、人工智能本身的安全问题。

11.1 人工智能概述

11.1.1 人工智能发展概况

人工智能的起源几乎与计算机技术发展同步,早在20世纪40年代,来自数学、心理学、工程学等众多领域的科学家就开启了通过机器模拟人类思想决策的科学研究。被誉为"人工智能之父"的艾伦·图灵在1950年提出了检验机器智能的图灵测试,预言了智能机器的出现。1956年,美国达特茅斯会议正式提出"人工智能"(Artificial Intelligence)的概念。此后的60多年里,伴随信息技术以及生物、机械等相关技术的发展,人工智能在概念和技术上不断扩展和演进。对于何谓人工智能,人们尚未达成完全的共识,但依据较为流行的学派和定义可以从两个方面去认识和理解它:一方面,人工智能是"像人一样思考"的系统,解决的是逻辑、推理和寻找最优解等问题,比如认知架构和神经元网络;另一方面,人工智能是"像人一样行动"的系统,可以通过认知、计划、推理、学习、沟通、决策等行动实现目标,比如智能软件代理、机器人等。

人工智能技术的发展和广泛的商业应用充分预示着一个万物智能的社会正在快速到来。进入21世纪,伴随着谷歌DeepMind开发的围棋程序AlphaGo战胜人类围棋冠军,人工智能技术开始全面爆发。如今,芯片和传感器的发展使"+智能"成为大势所趋:交通+智能、医疗+智能、制造+智能。加利福尼亚大学伯克利分校的学者们认为人工智能在过去20年快速崛起,主要归结于以下3点原因:①海量数据。随着互联网的兴起,数据以语音、视频和文字等形式快速增长。海量数据为机器学习算法提供了充足的资源,促使人工智能技术快速发展。②高扩展计算机和软件系统。近年来新一波的CPU集群、GPU和TPU等专用硬件和相关软件平台的发展促进了深度学习的成功。③已有资源的可获得性。大量开源软件协助处理数据和支持人工智能相关工作,节省了大量开发时间和费用。同时许多云服务为开发者提供了随时可获取的计算和存储资源。

在机器人、虚拟助手、自动驾驶、智能交通、智能制造、智慧城市等各个领域，人工智能正朝着历史性时刻迈进。谷歌、微软、亚马逊等大公司纷纷将人工智能作为引领未来的核心发展战略。2017 年谷歌 DeepMind 升级版的 AlphaGo Zero 横空出世，它不再需要人类棋谱数据，而是进行自我博弈，经过短短 3 天的自我训练就强势打败了 AlphaGo。AlphaGo Zero 能够发现新知识并发展出打破常规的新策略，让人们看到了利用人工智能技术改变人类命运的巨大潜能。

近年来，全球人工智能产业进入快速增长期，为了能够抢占人工智能技术的制高点，许多科技强国均加强了对人工智能技术的关注，将其上升为国家战略。

2015 年美国发布《国防 2045：为国防政策制定者评估未来的安全环境及影响》报告，指出人工智能是影响未来安全环境的重要因素；2016 年 9 月，在"空、天、网"年度会议上，美国国防部明确把人工智能和自主化作战作为两大技术支柱，并积极研发和部署智能型军事系统，使美军重新获得作战优势并强化常规威慑；2016 年 10 月，美国政府相继发布《为人工智能的未来做好准备》和《国家人工智能研究与发展战略规划》两份文件，推进人工智能产业在内的新兴技术产业发展；2017 年 12 月，美国白宫在发布的《国家安全战略》中特别提到，人工智能将正式成为美国关注的重点工程之一，足见美国已将人工智能置于其主导全球军事大国地位的战略核心；2018 年 3 月，美国众议院军事委员会新兴威胁与能力应对小组委员会提出了一项关于人工智能的议案，旨在承认美国对人工智能的依赖，使战争发生革命性的变化，同时也让美国准备好应对这些技术可能带来的任何威胁。

我国近几年高度关注人工智能的发展，针对人工智能制定了多项国家战略，如《中国制造 2025》《国务院关于积极推进"互联网+"行动的指导意见》等，指出将重点突破新兴领域人工智能技术等。2017 年 7 月，国务院印发《新一代人工智能发展规划》，将人工智能提升到一个新的高度，其中提出了面向 2030 年我国新一代人工智能发展的指导思想、战略目标、重点任务和保障措施，部署构筑我国人工智能发展的先发优势，加快建设创新型国家和世界科技强国。

近几年，依托全球数据、算法、算力持续突破，人工智能开始全面走向应用，已成为社会生产生活的支柱性技术。2022 年发布的 ChatGPT 作为人工智能发展新的里程碑，在语言表达、自我强化等方面表现突出，展现出生成式人工智能的广泛运用前景，在众多领域引起了广泛关注。

11.1.2 人工智能技术发展的关键阶段与典型代表

人工智能技术发展主要经历了 3 个关键阶段，代表性技术包括机器学习、专家系统等 10 余种。

1. 人工智能技术发展的关键阶段

人工智能概念自首次提出以来，经历了长期而波折的算法演进和应用检验。总体来说，其早期发展阶段较为平缓，也曾几度陷入低谷；近 20 年随着计算技术和大数据技术的高速发展，人工智能得到超强算力和海量数据的支持，获得越来越广泛的应用。目前的人工智能处于加速发展期，无论是技术本身的演进还是应用领域的扩展，都取得了跨越式发展。纵观人工智能发展历程，大致可分为 3 个阶段。

（1）模式识别阶段

最初的模式识别（Pattern Recognition）阶段大致从 20 世纪 50 年代前后延续至 20 世纪 80 年代，此时期的人工智能技术主要集中在模式识别类技术的研发和应用上，沿用至今的语音识别和图像识别技术等均发端于此。模式识别主要是指模仿人类识读符号的认知过程从而实现智能系统。

（2）机器学习阶段

机器学习（Machine Learning）最早可追溯至人工智能概念诞生不久后，但实际取得突破性进展是在 20 世纪 80 年代及以后。彼时的人工智能以应用仿生学为主要特点，受到人脑学习知识过程中神经元间突触形成与变化的启发，人们发现计算机也可用来模拟神经元工作，因此也称为神经元发展阶段。今天广泛应用的人工神经网络（Artificial Neural Network，ANN）、支持向量机（Support Vector Machine，SVM）技术均来源于此。支持向量机作为这一时期的顶峰成果，实现了高效的归纳学习，具有在数据样本有限情况下精确分类的优势。

（3）深度学习阶段

2006 年，随着深度学习（Deep Learning）模型的提出，人工智能引入了层次化学习的概念，通过构建较简单的概念来学习更深、更复杂的概念，在真正意义上实现了自我训练的机器学习。深度学习可从大数据中发现复杂结构，具有强大的推理能力和极高的灵活性，由此揭开了崭新人工智能时代的序幕。在人工智能第三波发展热潮中，深度学习逐渐实现了在机器视觉、语音识别、机器翻译等多个领域的普遍应用，也催生了强化学习、迁移学习、生成对抗网络等新型算法和技术方向。目前，人工智能已迈入以神经网络为基础、以大模型为典型应用的新发展阶段，ChatGPT 作为大模型的典型代表，具备"强交互""强理解""强生成"等特点，让人们看到了研发通用型人工智能的曙光。

2. 人工智能技术的典型代表

（1）机器学习

机器学习（Machine Learning，ML）是当前人工智能的关键技术，通过设定模型，输入数据进行训练，改善自身性能，重在归纳、聚合而非演绎。

（2）专家系统

专家系统（Expert System，ES）主要是将规则和逻辑引入人工智能系统，帮助和执行自动化决策。

（3）过程自动化

过程自动化（Automation，AT）采用自动化脚本的方法，实现任务自动化，以代替或协助人类员工。

（4）深度学习

深度学习（Deep Learning，DL）是机器学习中一种基于对数据进行表征学习的方法，使用特定的表示方法从实例中更容易学习新的特征。

（5）自然语言处理

自然语言处理（Natural Language Processing，NLP）是指让计算机处理并理解人类所使用的各类语言，其广义定义还包含让计算机正确运用人类语言自如地与人进行多种形式的沟通。

（6）计算机视觉

计算机视觉（Computer Vision，CV）主要研究如何让计算机"看"世界，常见的有对图像进行分析的图像处理技术（Image Processing，IP）、从动态视频获取有效信息的视频分析技术（Video Analysis，VA）等，还有支持 AR 和 VR 等的虚拟智能技术（Virtual Intelligence，VI）等新兴技术。

（7）模式识别

模式识别（Pattern Recognition，PR）对信息进行整合与智能分析，对由环境和客体组成的模式进行自动处理和判读。技术实现可分为有监督的分类（Supervised Classification）和无监督的分类（Unsupervised Classification）两种。

（8）情绪识别

情绪识别（Emotion Recognition，ER）综合多种技术感知人类的情绪状态。

（9）数字孪生/AI建模

数字孪生/AI建模（Digital Twin/AI Modeling）通过软件来沟通物理系统与数字世界，这也是物理与虚拟世界的交界面。

（10）机器人技术

机器人（Robotics，RB）有着广阔的应用，形态也各异，常见的有无人驾驶、无人机等。

（11）虚拟智能体

虚拟智能体（Virtual Agent，VA）是指通过复合多项技术，能够与人类进行交互的计算机智能体或程序，目前常被用于客户服务或语音助理。

11.1.3 世界主要国家和组织应对人工智能挑战的措施

1. 联合国持续关注人工智能伦理安全

联合国教科文组织于2021年11月发布《人工智能伦理问题建议书》，旨在为和平使用人工智能系统、防范人工智能危害提供基础。建议书提出了人工智能价值观和原则，以及落实价值观和原则的具体政策建议，推动全球关注人工智能伦理安全问题。

2. 美国的主要措施

美国凭借传统技术优势，积极谋求在人工智能技术方向的主导地位，将网络安全视为重要方面，高度重视人工智能在网络安全领域的研究与应用，争取建立网络攻防领域的战略优势。

2016年，美国在《为人工智能的未来做好准备》的报告中提出：相关机构的计划和战略应考虑人工智能、网络安全之间的相互影响；人工智能研究机构应确保人工智能技术自身及生态系统具备应对智能对手挑战、保持安全性和恢复力的优势；参与网络安全工作的机构应采用美国自有的人工智能技术来高效实现网络安全。同年发布的《人工智能、自动化与经济》报告提出：为了有效应对人工智能自动化对经济的不利影响，应从网络防御、欺诈侦察的角度发展人工智能技术；典型应用有基于人工智能的机器学习系统，它辅助人类迅速回应网络攻击，人工智能被用于高效解读数据并预防网络攻击。

2017年，哈佛大学在《人工智能与国家安全》报告中指出：网络武器将更频繁地用于虚拟作战；机器学习在军事系统中应用，将带来新型漏洞并催生新型网络攻击手段；人工智能网络武器一旦被盗或者非法复制，将被恶意使用；不断进步的自动化工具将使失业问题、网络攻击问题更加严峻，进而影响政治稳定和国家安全。

2018年，美国国际战略研究中心发布《人工智能与国家安全：人工智能生态系统的重要性》，该报告提出：在网络安全或防御等领域，人类可能无法迅速做出反应，首先掌握人工智能应用的国家会有显著优势；在网络安全方面，人工智能技术可与僵尸网络配合，实施攻击并突破防御。

2019年，美国发布修订版《国家人工智能研发战略规划》：列出了算法对抗、数据中毒、模型反转等威胁人工智能安全的问题；要求在人工智能系统全生命周期考虑安全性问题，涵盖初始设计，数据/模型的构建、评估、验证、部署、操作、监视等环节。

2021年3月，美国人工智能国家安全委员会发布建议报告，认为美国尚未做好防御人工智能赋能新兴威胁的准备，提出 2025 年实现军事人工智能战备状态的发展目标，建议成立技术竞争力委员会等组织机构，确保赢得竞争并增强防御能力。

2023 年 5 月 23 日，美国白宫发布了最新版的《国家人工智能研发战略计划》，旨在实现在人工智能领域的领先地位。该计划新增了第 9 项战略"为人工智能研究的国际合作建立有原则和可协调的方法"。该项战略包含 4 个优先事项：强调为开发和使用可信赖人工智能培育全球文化，发展全球伙伴关系；支持全球人工智能系统、标准和框架的发展；促进思想和专业知识的国际交流；鼓励人工智能朝着造福全球的目的发展。

在人工智能监管方面，美国参议院、联邦政府、国防部、白宫等先后发布《算法问责法（草案）》《人工智能应用的监管指南》《人工智能道德原则》《人工智能权利法案》等文件，提出风险评估与风险管理方面的原则。美国鼓励企业依靠行业自律，自觉落实政府安全原则，保障安全。

3. 欧盟的主要措施

2021 年 4 月，欧盟委员会发布了立法提案《欧洲议会和理事会关于制定人工智能统一规则（人工智能法）和修订某些欧盟立法的条例》（以下简称《欧盟人工智能法案》），在对人工智能系统进行分类监管的基础上，针对可能对个人基本权利和安全产生重大影响的人工智能系统建立全面的风险预防体系，该预防体系在政府立法统一主导和监督下，推动企业建设内部风险管理机制。

2023 年 5 月 11 日，欧洲议会的内部市场委员会和公民自由委员会通过了关于《欧盟人工智能法案》的谈判授权草案，新版本补充了针对"通用目的人工智能"和 GPT（生成预训练模型）等基础模型的管理制度，扩充了高风险人工智能覆盖范围，并要求生成式人工智能模型的开发商必须在生成的内容中披露"来自人工智能"，并公布训练数据中受版权保护的数据摘要等。

4. 其他国家的主要措施

2018 年，俄罗斯发布《人工智能在军事领域的发展现状以及应用前景》，明确将人工智能视为战略竞争的重要领域，推动人工智能元素与无人集群、无人自主系统反制、雷达预警系统的整合，支持国家军事能力提升。2019 年，俄罗斯总统令批准《2030 年前国家人工智能发展战略》，旨在加快推进俄罗斯人工智能发展与应用，确保国家安全，提升经济实力。2020 年，俄联邦政府批准《2024 年前俄罗斯人工智能和机器人技术监管构想》，旨在积极探索俄罗斯法律、人、机器之间的相互适应关系，为人工智能和机器人技术的安全应用和法律监管提供指导。

2022 年 4 月，日本政府发布了《人工智能战略 2022》，旨在推动人工智能克服自身社会问题、提高产业竞争力。其中提出以人为本、多样性、可持续 3 项原则，围绕社会安全、流行疾病、重大灾害等安全问题提出了具体方针。

2021 年，英国发布《国家人工智能战略》，提出了未来十年将英国打造成全球人工智能超级大国的目标。2022 年，英国发布了《国防人工智能战略》，希望通过军事化技术的人工智能赢得国防战略优势。

11.2 人工智能在网络空间安全领域的应用

11.2.1 人工智能与网络空间安全的融合效应

人工智能技术与网络空间安全相结合，将产生"伴生"与"赋能"效应，对网络空间安全的发展态势产生多方面影响。

1. 人工智能的"伴生"与"赋能"效应

人工智能与网络空间安全的交互融合，表现了"伴生"与"赋能"两种效应。首先，网络空间安全在本质上是一种伴生学科，每一种新技术的出现都会引发伴生的安全问题。人工智能的伴生安全问题主要是内生安全问题、衍生安全问题，即由于人工智能自身在脆弱性、可预测性、可解释性等方面存在安全隐患或问题，人工智能将自身安全问题转移或嫁接到人工智能应用上，使得人工智能系统自身或者应用人工智能技术的系统面临新的安全威胁。攻击者可利用对抗样本或数据投毒技术，自动化构造攻击样本，针对现有智能安全系统开展攻击，造成人脸识别、车牌识别等系统功能降级，甚至引导实施网络攻击、物理攻击等。其次，人工智能在自身发展带来新网络空间安全威胁的同时，也给传统网络空间安全技术提供了显著的赋能效应。一方面，人工智能可以辅助网络空间安全从被动防御趋向主动防御，从而更快、更好地识别威胁、缩短响应时间；网络空间的时空动态变化复杂，人工智能技术可以关联分析日志、流量等不同渠道的数据，构造多维数据关联与智能分析模型的资产库、漏洞库、威胁库，实现对有效网络攻击的全面、准确、实时检测。另一方面，基于机器学习、深度搜索的人工智能方法能够提升网络渗透控制的能力和绕过网络安全防御的能力，并能够智能化地编排网络攻击流程。

人工智能在攻防两方面的赋能效应，极大地推动了网络空间攻防对抗的发展，引发了新的安全威胁，催生了新的对抗手段。对于网络安全而言，人工智能是一把"双刃剑"：人工智能与网络空间安全深度结合，在给经济、政治、社会、国防等领域带来新威胁、新问题的同时，也给各国网络空间安全发展提供了新机遇。

2. 人工智能时代网络空间安全发展态势

（1）网络空间安全威胁趋向智能

随着网络信息技术全面普及以及数据价值的持续增长，网络空间安全威胁更趋严峻，且呈现出智能化、隐匿性、规模化的特点。网络空间安全的防御、检测和响应面临更大的挑战。采用人工智能的网络威胁手段已经被广泛应用于网络犯罪，包括漏洞自动挖掘、恶意软件智能生成、智能化网络攻击等，网络攻击方式的智能化升级打破了攻防两端的平衡。魔高一尺道高一丈，网络安全攻防不对称要求网络空间安全防御方采取更加智能化的思想与手段来应对。

（2）网络空间安全边界开放扩张

智能互联时代，网络空间安全的边界不断扩展。一方面，传统基于网络系统和设备等物理边界的网络安全防御边界日趋泛化，网络安全攻击范围被全面打开。另一方面，网络空间治理渗透在政治、经济、社会等各个领域，网络空间安全影响领域全面泛化。边界的开放扩张要求网络空间安全防御方积极将各类智能化技术应用于全业务流程的安全防御。

（3）网络空间安全人力面临不足

网络空间安全威胁形势日趋严峻，与之对应的是安全人员严重短缺。网络空间不断延展、移动设备增加、多云端服务正在使安全人员的工作变得越来越复杂，而安全人员的短缺更是加剧了安全风险问题。利用人工智能等技术推动网络防御系统的自主性和自动化，降低安全人员风险分析和处理压力，辅助其更加高效地进行网络安全运维与监控迫在眉睫。

（4）网络空间安全防御趋向主动

针对层出不穷、花样翻新、破坏加剧的恶意代码、漏洞后门、拒绝服务攻击、APT攻击等安全威胁，现有被动防御的安全策略显得力不从心。智能时代，网络空间安全从被动防御趋向主动防御，人工智能驱动的自动化防御能够更快、更好地识别威胁，缩短响应时间，是网空间安全发展的必然方向。

11.2.2 人工智能技术赋能网络空间安全的模式

人工智能技术日趋成熟，人工智能在网络空间安全领域的应用（简称人工智能+安全）不仅能够全面提高对网络空间各类威胁的响应和应对速度，而且能够全面提高风险防范的预见性和准确性。

1. 人工智能+安全的优势与应用模式

人们应对和解决安全威胁，从感知和意识到不安全的状态开始，通过经验知识加以分析，针对威胁形态做出决策，选择最优的行动脱离不安全状态。"像人一样思考"的人工智能，正是令机器学会从认识物理世界到自主决策的过程，其内在逻辑是通过数据输入来理解世界，或通过传感器感知环境，然后运用模式识别实现数据的分类、聚类、回归等分析，并据此做出最优的决策推荐。当人工智能被运用到安全领域，机器自动化和机器学习技术能有效且高效地帮助人类预测、感知和识别安全风险，快速检测定位危险来源，分析安全问题产生的原因和危害方式，综合智慧大脑的知识库判断并选择最优策略，采取缓解措施或抵抗威胁，甚至提供进一步缓解和修复的建议。这个过程不仅将人们从繁重、耗时、复杂的任务中解放出来，而且在面对不断变化的风险环境、异常的攻击威胁形态时比人更快、更准确，综合分析的灵活性和效率也更高。

因此，人工智能的"思考和行动"逻辑与安全防护的逻辑从本质上是自洽的，网络空间安全天然是人工智能技术大显身手的领域。人工智能+安全的主要应用模式包括：

（1）基于大数据分析的高效威胁识别

大数据为机器学习和深度学习算法提供源源不断的动能，使人工智能保持良好的自我学习能力，升级的安全分析引擎具有动态适应各种不确定环境的能力，有助于更好地针对大量模糊、非线性、异构数据做出因地制宜的聚合、分类、序列化等分析处理，甚至实现了对行为及动因的分析，大幅提升检测、识别已知和未知网络空间安全威胁的效率，升级精准度和自动化程度。

（2）基于深度学习的精准关联分析

人工智能的深度学习算法在发掘海量数据中的复杂关联方面表现突出，擅长综合定量分析相关安全性，有助于全面感知内外部安全威胁。人工智能技术对各种网络安全要素和百千级维度的安全风险数据进行归并融合、关联分析，再经过深度学习的综合理解、评估后对安全威胁的发展趋势做出预测，还能够自主设立安全基线达到精细度量网络安全性的效果，从而构建立体、动态、精准和自适应的网络安全威胁态势感知体系。

（3）基于自主优化的快速应急响应

人工智能展现出强大的学习、思考和进化能力，能够从容应对未知、变化、激增的攻击行为，并结合当前威胁情报和现有安全策略形成适应性极高的安全智慧，主动快速选择调整安全防护策略，并付诸实施，最终帮助构建全面感知、适应协同、智能防护、优化演进的主动安全防御体系。

2. 人工智能+安全的实现模式

人工智能是以计算机科学为基础的综合交叉学科，涉及技术领域众多、应用广泛，其知识、技术体系与整个科学体系的演化和发展密切相关。因此，如何根据各类场景安全需求的变化，进行人工智能技术的系统化配置尤为关键。

Gartner 公司 2014 年提出了自适应安全架构（Adaptive Security Architecture，ASA）来分析安全场景中人工智能技术的应用需求。ASA 重在持续监控和行为分析，统合安全中预测、防御、检测、响应 4 个层面。其中预测是指检测安全威胁行动的能力，防御表示现有预防攻击的产品和流程，检测是指用以发现、监测、确认及遏制攻击行为的手段，响应用来描述调查、修复问题的能力。

通过 ASA 分析应用场景的安全需求及技术要求，结合算法和模型的多维度分析，寻找人工智能+安全的实现模式与适应条件，揭示技术如何响应和满足安全需求，促进业务系统实现持续的自我进化、自我调整，最终动态适应网络空间不断变化的各类安全威胁。

（1）人工智能应用于网络系统安全

人工智能技术较早应用于网络系统安全领域，从机器学习、专家系统以及过程自动化等到如今的深度学习，越来越多的人工智能技术被证实能有效增强网络系统安全防御能力。

机器学习：在安全中使用机器学习技术可增强系统的预测能力，动态防御攻击，提升安全事件响应能力。

专家系统：可用于安全事件发生时，为人提供决策辅助或部分自主决策。

过程自动化：在安全领域中应用得较为普遍，代替或协助人类进行检测或修复，尤其是在安全事件的审计、取证方面，有不可替代的作用。

深度学习：在安全领域中应用得非常广泛，如探测与防御、威胁情报感知，结合其他技术的发展取得很大进展。

将人工智能技术应用于网络系统安全，在 4 个层面上均可有效提升安全效能：

1）预测：基于无监督学习、可持续训练的机器学习技术，可以提前研判网络威胁；用专家系统、机器学习和过程自动化技术来进行风险评估并建立安全基线，可以增强系统安全性。

2）防御：发现系统潜在风险或漏洞后，可采用过程自动化技术进行加固。安全事件发生时，机器学习还能通过模拟来诱导攻击者，保护更有价值的数字资产，避免系统遭受攻击。

3）检测：组合机器学习、专家系统等工具连续监控流量，可以识别攻击模式，实现实时、无人参与的网络分析，洞察系统的安全态势，动态灵活调整系统安全策略，让系统适应不断变化的安全环境。

4）响应：系统可及时对威胁进行分析和分类，实现自动或有人介入响应，为后续恢复正常并且审计事件提供帮助和指引。

因此人工智能技术被应用于网络系统安全，正在改变当前安全态势，可使系统弹性地应对日益细化的网络威胁。在安全领域使用人工智能技术也会带来一些新问题，不仅有人工智能技术用于网络威胁等伴生问题，还有如隐私保护等道德伦理问题，因此还需要多种措施保证其合理应用。总而言之，利用机器的智慧和力量来支持和保障网络系统安全行之有效。

（2）人工智能应用于网络内容安全

人工智能技术可被应用于网络内容安全领域，参与网络文本内容检测与分类、视频和图片内容识别、语音内容检测等事务，切实高效地协助人类进行内容分类和管理。面对包括视频、图片、文字等的实时海量的信息内容，人工方式开展网络内容治理已经捉襟见肘，人工智能技术在网络内容治理层面已然不可替代。在网络内容安全领域所应用的人工智能技术包括：

自然语言处理：可用于理解文字、语音等人类创造的内容，在内容安全领域不可或缺。

图像处理（Image Processing，IP）：对图像进行分析，进行内容的识别和分类，在内容安全中常用于不良信息处理。

视频分析（Video Analysis，VA）：对目标行为的视频进行分析，识别出视频中活动的目标及相应的内涵，用于不良信息识别。

将人工智能技术应用于网络内容安全，在4个层面上均可有效提升安全效能：

1）预测：内容安全最重要的是合规性，由于各领域的监管法律/政策的侧重点不同而有所区别，且动态变化。在预测阶段，可使用深度学习和自然语言处理进行相关法律法规条文的理解和解读，并设定内容安全基线，再由深度学习工具进行场景预测和风险评估，并及时将结果向网络内容管理人员报告。

2）防御：应用深度学习等工具可完善系统，防范潜在安全事件的发生。

3）检测：自然语言、图像、视频分析等智能工具能快速识别内容，动态比对安全基线，及时将分析结果上报，进行后续处置。除此之外，基于内容分析的情感人工智能也已逐步应用于舆情预警，取得不俗成果。

4）响应：在后续调查或留存审计资料阶段，过程自动化同样不可或缺。

（3）人工智能应用于物理网络系统安全

随着物联网、工业互联网、5G等技术的成熟，网络空间发生深刻变化，涉及的领域众多，接入的设备数量巨大，会产生大量高频次、低密度数据，人工已经难以应对，采用人工智能势在必行。但由于应用场景极为复杂多样，可供应用的人工智能技术将更加广泛，并会驱动人工智能技术自身新发展。

情绪识别：不仅可以用图像处理或音频数据获得人类的情绪状态，还可以通过文本分析、心率、脑电波等方式感知人类的情绪状态，在物理网络中应用较为普遍。通过识别人类的情绪状态从而使人与周边环境更为安全地互动。

人工智能建模：通过软件来沟通物理系统与数字世界。

生物特征识别（Biometrics）：可通过获取和分析人体的生理和行为特征来实现人类唯一身份的智能和自动鉴别，包括人脸识别、虹膜识别、指纹识别、掌纹识别等技术。

虚拟代理：这类具有人类行为和思考特征的智能程序，能够协助人类识别安全风险因素，让人类在物理网络世界中更为安全。

物理网络安全由于应用领域广、层次多，可应用的技术类型也极为复杂，因此需要以人为中心，通过全程监测人和系统、人与机器、人与环境之间的交互，确保人与物不受威胁。以物联网为例，在业务运营系统与网络系统进行融合后，通常可分为负责业务信息的IT（信息技术）网络与负责生产运行维护的OT（运营技术）网络这两部分：IT部分的人工智能应用与网络系统安全需求基本一致，而OT部分则涉及业务运营安全。与应用场景融合的安全需求变得复杂，如果人工智能应用得当，不仅可以更高效地抵御OT风险，还可以提升OT运营效能，从而直接创造价值，因此人工智能被应用于OT安全领域不仅在安全管理上是必需的，而且能促进综合效益提升。

11.2.3　人工智能技术在网络空间安全领域的应用

人工智能技术在网络空间安全领域应用得十分广泛，下面主要从病毒及恶意代码检测与防御、网络入侵检测与防御等11个方面分别介绍相关应用情况。

1. 病毒及恶意代码检测与防御

传统病毒查杀流程主要是先通过主动或被动方式获取病毒样本，了解其运行机制与作用原理，然后人工提取特征码或设定病毒查杀策略，再通过反病毒引擎对病毒实施查杀。由此可见，传统病毒查杀过程中人工判断、分析、处理环节所占比例较大，使病毒查杀陷入恶意病毒肆意增长、人工技术分析能力滞后的困局。

人工智能技术的迅猛发展给反病毒引擎的更新升级提供了更多技术支持和创新思路，有机结合了传统病毒查杀经验与人工智能技术的新型智能化反病毒引擎已实现应用落地。一方面，在终端设备上加载可支持运行人工智能算力的芯片以提升运算能力；另一方面，基于深度学习的下一代反病毒引擎可保持持续的自学习、自适应能力，自动化、智能化地跟进病毒的行为演进，增强对病毒行为的预测、识别和阻断能力。

针对 Android 系统的移动终端，智能反病毒引擎可深入应用框架层对应用的敏感行为进行监控。基于人工智能芯片的计算能力来运行人工智能反病毒模型，可实现独立、安全地检测判断应用是否为恶意，在前端通过安全应用检测的结果展示和用户授权交互，及时阻断恶意行为，卸载恶意应用，为用户提供实时安全防护。

目前，多家互联网公司都在智能反病毒引擎产品的开发上取得重大成果。例如，腾讯安全团队基于真实运行行为、系统层监控、人工智能芯片检测、人工智能模型云端训练、神经网络算法自主研发了腾讯 TRP-AI 反病毒引擎，该引擎相较于传统引擎具有抗免杀、高性能、实时防护、可检测 0day 病毒等优势，该引擎可自动化训练，大大缩小了查杀周期和运营成本。据《腾讯 TRP-AI 反病毒引擎白皮书》数据显示，通过使用 TRP-AI 反病毒引擎，可使病毒检测覆盖率达到 90%，检测准确率高达 99%，病毒发现能力提升 8%，发现速度提升 12%，病毒发现快于病毒传播的占比提升到 92%，检测耗时 30 ms，远低于传统引擎的 100~200 ms，平均性能消耗对设备使用体验零影响。

此外，SparkCognition、Cylance、Deep Instinct 和 Invincea 等国外公司也将人工智能技术运用在检测恶意软件这一领域。比如 SparkCognition 打造的"认知"防病毒系统 DeepArmor，正是利用了人工智能技术发现和掌握新型恶意软件攻击行为，识别通过变异尝试绕过安全系统的病毒，可准确发现和删除恶意文件，保护网络免受未知病毒和恶意代码威胁。

2. 网络入侵检测与防御

防火墙和网络入侵检测是计算机网络系统的两把保护伞。防火墙因本身存在的缺陷，不能阻止内部攻击和难以针对一些可以绕开防火墙的外部访问提供实时的入侵防护能力，使网络入侵拦截依然存在漏网之鱼。近年来蠕虫病毒攻击、DDoS 攻击以及漏洞攻击等系统入侵愈演愈烈，大规模、高频率、新技术网络入侵威胁使网络信息系统的机密性、完整性和可用性遭到严重破坏，网络入侵检测能力的提升迫在眉睫。

网络攻击入侵检测是指利用各种手段方式，对异常网络流量等数据进行收集、筛选、处理，自动生成安全报告并提供给用户，如 DDoS 检测、僵尸网络检测等。结合当下快速发展的人工智能技术所研发的新检测技术在检测速度、检测范围和体系结构方面较传统的入侵检测技术均有大幅优化。

入侵检测中利用机器学习算法构建高效准确的分类器和学习器，来自主学习入侵行为，特征化入侵规则，从而达到及时准确识别入侵的目的。在众多机器学习算法中，神经网络、遗传算法、支持向量机、免疫算法、代理系统在入侵检测中的应用各有所长，比如：贝叶斯算法擅长处理不完整和带有噪声的数据集；人工神经网络的抽象能力、学习和自适应能力使其可用于预测未知入侵行为；支持向量机算法的最大优势则是针对有限样本得出最优值，对于数据分类来说是一种较为快速的算法，能够较好地满足入侵检测实时性的要求；代理系统算法则凭借其多代理"局部运作、全局共享"的特点常被应用于分布式入侵检测中。

基于人工智能技术的先进性、高效性、准确性等特点，将人工智能应用于网络入侵检测系统的初创企业逐渐增多，其中 Vectra Networks、Darktrace、Exabeam、CyberX 和 BluVector 公司表现不俗。

3. 新型身份认证

身份认证作为确定用户具有的资源访问、使用权限的技术手法，对保证系统和数据安全、维护用户合法权益具有重要意义。当前，面临撞库、暴力破解等攻击技术的不断升级和频繁使用，甚至面临利用人工智能、区块链等新技术破解身份验证系统的风险，传统的账号密码、U盾等身份认证方式已经难以满足访问、支付等业务的移动化安全需求和个人信息保护需求，尤其是移动支付市场的爆发使移动支付安全问题凸显，其核心问题就是用户的身份验证。

基于数据挖掘和人工智能技术的新型身份认证综合运用了数字签名、设备指纹、时空码、人脸识别等多项身份认证技术，目前在金融、社保、保险、电商、O2O（线上到线下）、直播等行业均有广泛应用。其中，多因子身份认证技术能深入挖掘用户的认证行为、业务类型、时间、地点等内容，通过机器学习精准识别和拦截恶意认证行为。身份认证结合智能语音，能够实现对用户行为更全面、立体的建模与画像，如智能声纹技术可通过人声识别人的年龄、体重、身高、面部特征和周围环境等信息，指纹、静脉、虹膜等生物识别技术在人工智能技术的支持下精准度均得到大幅提升。在验证码安全方面，利用神经网络算法能够解决传统验证码识别中人工+光学字符识别（OCR）方法带来的人力消耗大、时间成本高的问题，跳过人工对样本的预处理，直接用输入神经网络进行自主学习和运算，使得验证码识别率维持在80%左右的高水平。此外，借助大数据分析和机器学习也可以更加迅速、准确地掌握账号或设备关联的各维度信息，包括信誉和价值等，帮助构建基于身份的价值互联网。

4. 垃圾邮件检测

滥发垃圾邮件是目前互联网上最为突出的网络滥用行为之一。根据 Securelist 发布的全球垃圾邮件数据显示，2023 年的恶意垃圾邮件数量占邮件总流量的 45.6%。肆意传输的垃圾邮件不仅占用了传输、存储和运算资源，也是病毒的主要携带载体。早期的垃圾邮件处理主要依靠过滤器（Spam Filter），原理是基于人工规则的模式匹配方法，此类系统维护成本高，也缺乏灵活性。

人工智能在垃圾邮件检测方面的应用，一般先是对垃圾邮件信息的文本分类并将其数值化表示，然后对垃圾信息进行词汇处理、数据清洗、降维、归一化等一系列数据预处理，再选择适当的机器学习算法来确定每条消息的向量值，实现对垃圾邮件的检测、识别和拦截。一些创新公司专门开发了机器人（虚拟智能体），由其代替人与意图利用垃圾邮件行骗的不法分子聊天，占用其时间。

2017 年，新西兰的网络安全组织 Netsafe 研发出一款人工智能机器人（Re:scam Bot，即"回复骗子"），能够识别出垃圾邮件并自动回复，以不同年龄、声音、性别、性格模仿人类与骗子聊天，永无止境地向行骗者发问或开玩笑调侃对方，达到拉锯中消耗对方时间和精力的目的。据统计，Re:scam Bot 发送给骗子的 16000 余封电子邮件累计"浪费"了骗子们 25 天以上的时间。

谷歌公司利用人工智能技术将 Gmail 电子邮件服务的垃圾邮件拦截率提升至 99.9%，误报率降低至 0.05%。Gmail 目前拥有高达 9 亿的全球用户，面对不同地区用户，Gmail 垃圾邮件智能过滤器不仅通过预设规则清除垃圾邮件，在运行期间还可根据具体情况自行制定新规则。

5. 基于 URL 的恶意网页识别

网络攻击者们常通过钓鱼网站、垃圾广告和恶意软件推广等方式，引诱或欺骗不知情的用户访问攻击者提供的恶意网页地址，非法牟利。据国际反钓鱼工作组（APWG）2023 年报告显示，仅 2022 年第三季度观察到的网络钓鱼攻击就达约 300 万次。面对猖獗的恶意网页钓鱼，急需运用新技术、新手段遏制和阻止。

人工智能用于恶意网页检测主要是通过机器学习的分类和聚类方法。分类方法的逻辑主要是收集数据，进行归一化处理后构造分类器来识别是否恶意，首先是根据已经标记的 URL 数据集提取静态特征（主机、URL、网页信息等）和动态特征（浏览器行为、网页跳转关系等），对提取出的特征进行归一化处理后，通过决策树、贝叶斯网络、支持向量机、逻辑回归等算法构造分类器来识别恶意网站。聚类方法略有不同，先在网页采集的 URL 数据集中提取连接关系、URL、网页文本信息等特征，再根据聚类算法模型将 URL 数据集划分为若干聚类，相似度较高的 URL 数据会在同一聚类中，反之则归为不同聚类，最后对已标记的聚类结果识别待测 URL，判断其是否为恶意网页。

6. 安全态势感知

随着互联网对大众生活的渗透及纵深影响，网络威胁的演进相应呈现出更隐蔽、波及更广、破坏更强的特点，尽早感知和发现安全威胁并采取防护措施的难度也在增大。传统安全威胁的感知和分析方法很难适应大数据环境和支持大规模事件分析，因此加快构建关键信息基础设施安全保障体系，全天候、全方位感知网络安全态势，增强网络安全防御能力和威慑能力势在必行。

新型网络安全态势感知的基本原理是利用数据融合、数据挖掘、智能分析和可视化等技术，从宏观角度实时直观显示网络安全状态，并对网络安全趋势做出预测，为网络安全威胁预警和防护提供参考。安全态势感知的关键是对从海量数据中提取的要素信息进行预处理和数据融合，再对"提纯"后的信息进行感知、理解和预测，这与人工智能模式识别和问题预测的任务逻辑具有一致性，从而使人工智能技术可以在网络安全态势感知领域大展身手。

一般而言，人工智能在安全态势感知系统中的运用包括 5 个主要步骤：第 1 步是提取网络中的安全设备（如防火墙）、网络设备（如路由器、交换机）、服务和应用（数据库、应用程序）的数据，对数据进行标准化和修订，以及标注事件基本特征等；第 2 步是对在传感器采集环境中获取的数据做去噪、杂质过滤等预处理；第 3 步是融合不同来源的数据；第 4 步是选择人工智能算法进行态势识别、态势理解和态势预测；第 5 步也是最后，完成关联分析和态势分析，形成的态势评估结果常以分析报告和综合网络态势图形式呈现，用于辅助决策。

7. 舆情监测

网络信息传播的复杂性、开放性、互动性以及传播环境的隐蔽性使网络平台容易成为舆情危机发酵、扩散的虚拟空间。传统的舆情监测是人工对信息进行筛查、排除，计算机技术的发展使人机结合逐渐应用于信息处理。但现阶段的人机结合呈现出"人机不协调"的问题，使用计算机技术显得过于机械化和浅层次，在处理情感分析和效果检查上并不理想。因此，海量、多维度的舆情信息与舆情监控技术落后之间的鸿沟使舆情分析能力急需提高。

人工智能的本质是模拟人脑具有的思维并将其拓展延伸到"拟人思考"和场景模拟中，因此将人工智能应用于模拟舆论发展过程、识别舆论动态趋势、预测舆论走向成为研究和实践的热点。目前 Web 挖掘技术、语义识别技术特别是情感分析技术、卷积神经网络（CNN）、支持向量机（SVM）和词频-文档频率（TF-DF）算法已被应用于网络舆情分析中。

Web 挖掘技术主要通过智能信息分析处理技术对内容信息、结构信息和使用信息进行挖掘。该技术主要用于舆情信息采集，可在用户设定的搜索范围内对产生网络舆情的界面和与之相关的界面、内容和使用情况进行采集，提供网络舆情监控分析的数据源。语义识别技术应用于舆情预警领域主要是通过语法预处理、语义内容提取和语义生成 3 个步骤，将热点、敏感词汇进行聚类和情感分析，自动识别和判断信息的正负属性。自然语言处理中的词频-逆文档频率（TF-IDF）技术是一种用于信息检索与数据挖掘的常用加权技术，该技术用于文本特征提取、比较文本相似度、文本分类。该技术的最大优势在于算法简单，且对文章所有元素进行综合考量，信息分类处理的速度快，可缩减危机舆情发现和响应之间的空窗期。通过上述主要的人工智能技术，舆情监控的即时性、有效性得到显著增强。

8. 网络谣言治理

网络谣言具有传播范围广、传递速度快、社会影响较大的特点。传统的网络谣言治理模式主要包括法律法规制约、公民自主约束上网行为、提高网民媒介素养、举报疑似谣言、网络平台辟谣等，存在发现难、举证难、认定难、易反复等困难。在当前网络信息量和移动端用户量剧增的情况下，谣言治理模式急需升级，在谣言发现、谣言鉴别、辟谣信息推送等方面需提高响应效率，扩大辟谣科普信息影响力。

依托互联网全网优质数据资源，通过自然语言处理技术识别文本、图像和视频中需筛查的内容，用深度学习技术不断完善算法模型，人工智能为治理网络谣言提供了新的技术解决路径。人工智能治理网络谣言的主要步骤为鉴定、分类运算、人机结合发布辟谣信息和定向推送读者，以遏止谣言扩散。首先，对谣言内容属性和传播特征进行提取，内容属性提取包括对谣言的文本关键词、发布时间、发布地点进行甄别比对。然后，通过分析谣言特性建立算法模型，获得事件相关的谣言与非谣言数据训练集，再运用分类算法对测试集进行分析，之后采取人机结合，通过权威机构或平台发布专业辟谣信息。此外，还可利用算法推荐定向将辟谣信息推送给谣言易感读者，遏制谣言二次传播。

腾讯公司基于其海量的用户量以及人工智能技术领域的经验积淀，打造了全套辟谣产品矩阵。该矩阵包括腾讯新闻较真平台、微信公众平台辟谣中心、微信安全中心、腾讯内容开放平台企鹅号辟谣机制和手机管家安全头条等。这几大矩阵产品通过人工智能技术打造优质的辟谣数据库，实现智能查询、甄别谣言，借助机器算法触达谣言易感人群，基于阅读或投诉谣言的类型标签进行精准推送，辟谣、防谣。

9. 不良信息内容检测

随着移动互联网的普及与技术发展，网络信息生产更加便利，信息总量十分庞大，视频化的趋势日益凸显，网络信息内容的产生与传播具有实时、海量、多态、流动等特性，内容生产与传播的同步性导致对网络内容的管理往往很难预测和前置，给网络信息内容治理带来极大的挑战。传统的网络内容治理工作，在音频、视频等媒体信息处理中存在"发现难"的问题，且内容治理依赖人工审核做确认，投入成本高、效率低，也无法适应新形势下信息量巨大的现状，内容治理模式急需革新。

信息内容形式有文字、图像、视频和语音，人工智能技术已能够应用于上述不同形态的网络信息内容治理中，大大提高了信息内容治理的效率和对有害信息内容的覆盖。

信息内容治理主要通过基于神经网络的 CNN、RNN（循环神经网络）、DCNN（深度卷积神经网络）、NMT（神经机器翻译）和 FPN（特征金字塔网络）等深度学习技术，可在文本内容检测、文本分类、图像识别、OCR、人脸检测、视频识别、语音识别及关键词唤醒等方面发挥重要作用，用以检测和识别色情、辱骂、枪支、赌博、暴力、恐怖主义等违法犯罪信息。

在不良信息检测方面，腾讯、微博、阿里巴巴、百度、Facebook、谷歌等各大互联网公司都在积极开发提供"人工智能+"的不良信息检测服务。

10. 诈骗信息打击

骚扰诈骗电话和垃圾短信一直是困扰手机用户的难题，其中潜藏的诈骗风险让用户饱受财产损失之苦。诈骗信息不仅给个人财产造成损失，也给社会稳定造成影响。因此，必须借助更深、更广、更有效的打击方式打击诈骗信息。

人工智能技术运用于打击诈骗信息和欺诈行为主要是通过数据采集、数据分析和决策引擎实现的。数据采集是在遵守国家法律法规和监管要求下，通过设备指纹、网络爬虫、生物识别、位置识别、活体检测等技术从 PC 端或移动客户端获取用户相关必要数据。之后，结合数据分析建立反欺诈经验规则库，不断向机器学习模型供给数据"饲料"，利用有监督学习、无监督学习和半监督机器学习模式对数据进行训练分析，构建适合的模型来预测欺诈行为。决策引擎是数字反欺诈的核心，主要是通过决策引擎将信誉库、专家规则和反欺诈模型等各类反欺诈方法有效整合。比如，CEP 引擎（复杂事件处理引擎）就是通过实时计算分析（过滤、关联、聚合）与欺诈案件相关的多类事件之间的关联性来精确分析用户意图，还原事件场景，降低误杀率。

2018 年，腾讯公司基于其"黑产"对抗经验及技术和反欺诈人工智能模型建造能力，打造并上线了"宾果反诈骗防控系统"（以下简称"宾果系统"），该系统通过海量学习警情和大数据分析能力，自主提取警情中作案手法、通信行为、网络特征、资金流向等的特点和规律，实现智能建模、智能运算、智能预警，在诈骗事前、事中、事后等环节起到预警、分析作用。通过对警情、通信、网络、金融等领域大数据的深度学习，宾果系统可自动发现电信网络诈骗犯罪行为并自动预警。宾果系统可实现对电信网络诈骗窝点、人群的智能聚类，为警方开展刑事打击提供线索参考。此外，宾果系统还能够对已发案件进行智能分类、特征刻画、人员扩展和团伙聚类，通过系统机器学习和自动运算，排查诈骗团伙窝点位置、规模、人员、作案手法等，为警方开展有针对性的刑事打击提供有力参考依据。

11. 金融风险控制

金融风险预警是稳定金融市场发展的基础性环节，传统的金融预警基本上是通过人工搜集相关资料，凭经验分析风险因素变动和预估风险偏颇状态，但面对当前金融业务和客户量的激增，数据异构性所带来的问题也不断显现，基于专家经验的传统金融风控方式显得力不从心。

深度学习生成的框架模型在处理海量异构数据方面有着优秀的表现，特别是在提取文本、图像、视频等大量非结构化数据的特征方面能够优化数据质量，神经网络、专家系统、支持向量机、决策树等算法在提升金融风险控制决策效率和准确率方面卓有成效。基于规则语言做出决策的专家系统多用于金融机构对企业信用贷款授信申请做出决策，减小贷款风险。支持向量机算法则常被应用在个人、企业信用数据评估方面，能够提高信用风险分类精度。拟合逻辑决策树模型在信用级评审中的应用可将大量经典案例与经验逻辑相结合，使风控规则模型更趋于真实，满足灵活场景下的风控辅助决策需要，大大节约模型优化的时间和坏账成本。

支付宝借助大数据和人工智能技术打造了 AlphaRisk 智能风控引擎。该引擎主要由 Perception（风险感知）、AI Detect（风险识别）、Evolution（智能进化）、AutoPilot（自动导航）四大模块组成，结合了人类直觉 AI（Analyst Intuition）和机器智能 AI（Artificial Intelligence）运行 AutoPilot。AutoPilot 利用智能算法推荐最优核验身份策略进行精准推送，降低盗取身份所带来的金融风险。例如，一旦 AlphaRisk 识别到支付宝账户存在手机丢失风险，AutoPilot 就能够自动升级核验身份方式，用人脸或指纹智能方式校验。另外，AlphaRisk 智能风控引擎能够对每个用户的每笔支付进行 7×24 小时的实时风险扫描，通过不断新增的风险特征挖掘和优化算法迭代的模型，自动贴合用户行为特征进行实时风险对抗，准确识别用户的账户异常行为，完成风险预警、检测、管控等流程所需时间不足 0.1 s。

11.2.4 人工智能赋能网络攻击带来的新型威胁场景

人工智能技术不仅可以用于增强网络安全防御能力，也可以被各种类型的网络攻击人员用于提高网络攻击破坏能力。人工智能技术赋能网络攻击可能带来的新型威胁场景主要包括：

(1) 自主化、规模化的拒绝服务攻击威胁

近年来，随着物联网的逐步普及、工控系统的广泛互联，直接暴露在网络空间的联网设备数量大幅增加。Mirai IoT 僵尸网络分布式拒绝服务（DDoS）攻击事件表明，攻击者正在利用多种手段控制海量 IoT 设备，将这些受感染的 IoT 设备组成僵尸网络，发动大规模 DDoS 攻击，造成网络阻塞和瘫痪。除了呈现大规模攻击的典型特点之外，网络攻击者越发注重将人工智能技术应用于僵尸网络攻击，据此进化出智能化、自主化特征。

人工智能技术未来将大量应用于僵尸网络中，使用数百万个互联的设备集群，以前所未有的规模对脆弱系统实施自主攻击。这种僵尸集群可进行智能协同，根据群体情报自主决策、采取行动，无须僵尸网络的控制端来发出命令。无中心的自主智能协同技术，使得僵尸网络规模可突破命令控制通道的限制而成倍增长，显著扩大了同时攻击多个目标的能力。人工智能赋能的规模化、自主化主动攻击，向传统的僵尸网络对抗提出了全新挑战，催生了新型网络空间安全威胁。

(2) 智能化、高仿真的社会工程学攻击威胁

社会工程学利用人性弱点来获取有价值信息，作为攻击方法是一种欺骗的艺术。社会工程学网络攻击虽出现已久，但始终是较为有效的攻击手段。特别是鱼叉式网络钓鱼，因成效显著、传统安全性防御机制难以阻止而成为研究关注重点。随着人工智能应用的拓展，社会工程学攻击日益呈现智能化、高仿真特征。攻击者利用社交媒体等获取个人隐私数据，自动学习并构造虚假信息，不引起攻击目标怀疑而让其自愿上钩。

在 2016 年美国黑帽大会（Black Hat Conference）上，网络安全公司 ZeroFox 的安全研究员展示了一种带有侦察功能的社交网络自动钓鱼攻击方法：利用机器学习算法，通过网络大数据挖掘个人的出生年月、电话、亲属关系、位置等关键信息，自动生成定制化、高仿真的恶意网站/电子邮件/链接；模仿相关联系人的通信内容风格并骗取信任，模仿真实联系人的地址发送出来，有效提升钓鱼攻击的有效率。利用人工智能技术，攻击者还可创建逼真的低成本的伪造音频和视频，将网络钓鱼攻击空间从电子邮件扩展到其他通信域（如电话会议、视频会议），加剧了社会工程学攻击威胁。

(3) 智能化、精准化的恶意代码威胁

随着人工智能技术的发展，攻击者倾向于针对恶意代码攻击链的各个攻击环节进行赋能，增强攻击的精准性，提升攻击的效率与成功率，有效突破网络安全防护体系，给防御方造成重大损失。在恶意代码生成构建方面，深度学习赋能恶意代码生成相较传统的恶意代码生成具有明显优势，可大幅提升恶意代码的免杀和生存能力。在恶意代码攻击释放过程中，攻击者可将深度学习模型作为实施攻击的核心组件之一，利用深度学习中神经网络分类器的分类功能，对

攻击目标进行精准识别与打击。

在 2018 年美国黑帽大会上，IBM 研究院展示了一种人工智能赋能的恶意代码 DeepLocker，它借助卷积神经网络（CNN）模型实现了对特定目标的精准定位与打击，验证了精准释放恶意代码威胁的技术可行性。目前，这类攻击手法已被攻击者应用于实际的 APT 攻击，一旦继续拓宽应用范围，对其的对抗防范将难以实现。如果将其与网络攻击武器结合，有可能提升战斗力并造成严重威胁和破坏。

（4）自动化漏洞挖掘与利用威胁

自动化漏洞挖掘与利用是指在无人工干预的基础上，自动挖掘软件内部缺陷并利用该缺陷使软件实现非预期功能。2013 年，DARPA 发起了 CGC（网络超级挑战赛）项目，旨在实现漏洞挖掘、分析、利用、修复等环节的完全自动化，进而建立具备自动化攻击与防御能力的高性能网络推理系统。2014 年到 2016 年，CGC 在漏洞自动攻防方向进行了尝试，引起广泛关注。参赛团队建立自动攻击与防御系统，实现无人干预条件下自动寻找程序漏洞、自动生成漏洞利用程序、自动部署补丁程序的基本能力。我国自 2017 年起组织开展了类似的自动攻防比赛，促进了相关技术发展和新型网络安全系统构建。

（5）自动化网络渗透威胁

网络渗透是攻击者利用网络存在的漏洞和安全缺陷对网络系统硬件、软件及其系统中的数据进行的威胁行为。通过人工智能自主寻找网络漏洞的方式，网络渗透更加高效，针对特定网络的渗透手段更加隐蔽和智能。

2017 年 10 月，美国斯坦福大学和美国 Infinite 初创公司联合研发了一种基于人工智能处理芯片的自主网络渗透系统。该系统能够自主学习网络环境并自行生成特定恶意代码，实现对指定网络的渗透、信息窃取等操作。该系统的自主学习能力、应对病毒防御系统的能力得到 DARPA 的高度重视，并计划予以优先资助。该系统基于 ARM 处理器和深度神经网络处理器的通用硬件架构，仅内置基本的自主学习系统程序。它在特定网络中运行后，能够自主学习网络的架构、规模、设备类型等信息，并通过分析网络流数据，自主编写适用于该网络环境的渗透程序。该系统每 24 h 即可生成一套渗透代码，并能够根据网络实时环境对渗透程序进行动态调整。由于渗透代码完全是全新生成的，因此现有的依托病毒库和行为识别的防病毒系统难以识别，其隐蔽性和破坏性极强。除人工智能自主网络渗透系统外，DARPA 早在 2015 年就新增了"大脑皮质处理器""高可靠性网络军事系统"等研发项目。"大脑皮质处理器"项目旨在通过模拟人类大脑皮质结构，开发出数据处理更优的新型类脑芯片。"高可靠性网络军事系统"（HACMS）项目则应用了一些所谓"形式化方法"的数学方法，来识别并关闭网络漏洞。该项目的首个目标是为无人机研发网络安全解决方案，并将该解决方案运用于其他网络军事平台。

传统的网络安全防御技术在面对这类人工智能技术赋能的网络攻击技术时会力不从心。应对人工智能技术赋能的网络攻击威胁，最终还是要靠人工智能技术赋能的网络安全防御技术，也就是要以人工智能来对抗人工智能。

11.2.5　人工智能在网络安全领域面临的困境与发展前景

由于网络安全领域自身的特殊性，人工智能在网络安全领域的应用面临一些困境，同时也拥有广阔的发展前景。

1. 人工智能技术在网络安全领域面临的困境

以机器学习为代表的人工智能技术在安全领域有不少应用，但其处境却一直比较尴尬：一方面，机器学习技术在业内已有不少成功的应用，大量简单的重复性劳动工作问题可以很好地由机器学习算法解决，但另一方面，面对一些"技术性"较高的工作，机器学习技术却又远远达不到标准。

和其他行业不同，安全行业是一个比较敏感的行业。比如做一个推荐系统，如果效果不好，也就是给用户推荐了一些他不感兴趣的内容，并不会造成太大损失；而在安全行业，假如用机器学习技术做病毒查杀，效果不好，后果可能就比较严重了，无论是误报还是漏报，对客户来说都会造成实际的或潜在的损失。

与此同时，安全行业也是一个人与人动态博弈的行业。在其他领域采用机器学习算法时，大部分情况下得到的数据都是"正常人"在"正常的行为"中产生的数据，因此得到的模型能够很好地投入实际应用中。然而在安全领域，面对技术高超、思路反常的恶意攻击者，构建的机器学习模型往往难以达到预期效果。

尽管当前基于人工智能的安全防御还存在诸多不足，但是在攻击者开始滥用人工智能发起各种复杂网络攻击的大环境下，研究基于人工智能的安全防御也势在必行。

2. 人工智能技术在网络安全领域的发展前景

（1）人工智能安全将成为产业发展新领域

可以预见的是，智慧城市、工业互联网、自动驾驶等将在未来 10 年得到全面普及，安全将成为各类智能创新应用最核心的痛点需求，也是人工智能技术最重要的应用领域。

（2）人工智能本体安全决定安全应用进程

人工智能在助力解决各领域安全问题的同时，其自身的安全性也越来越重要。如何保障合理地运用人工智能技术一直是人类面临的难题。算法、数据、物理载体的安全决定着人工智能的本体安全，是人工智能助力网络空间安全的基本前提。

（3）"人工"+"智能"将长期主导安全实践

长期来看，人工智能技术只是辅助而非替代人类的关键判断，其中安全决策尤为复杂，更是人工智能无法完全替代的领域，因此人类决策与机器智能将长期并存。

（4）人工智能技术路线丰富将改善安全困境

机器学习、深度学习等人工智能技术高度依赖海量数据的"喂养"，但是，数据采集与隐私保护之间已经形成囚徒困境。因此，随着人工智能技术路线的不断丰富和发展，安全人员可以根据用户需求和应用场景，有针对性地选择人工智能技术，可以避免智能应用对数据资源的过度依赖，更好地保障网络空间安全。

11.3 人工智能安全

11.3.1 人工智能安全现状

当前，人工智能在推广应用方面面临一些安全挑战，同时在人工智能安全技术方面也取得了一定的突破。

1. 人工智能推广应用面临安全挑战

（1）人工智能"基建化"加速，基础设施面临安全挑战

2020 年 5 月，我国《政府工作报告》提出加强新型基础设施建设，发展新一代信息网络，

拓展 5G 应用，建设数据中心。在新基建推动催化下，人工智能技术将加快转变成为像水、电一样的基础设施，向社会全行业全领域赋能。然而，人工智能基础设施却潜藏安全风险。以机器学习开源框架平台和预训练模型库为代表的算法基础设施因开发者蓄意破坏或代码实现不完善面临算法后门嵌入、代码安全漏洞等风险。2020 年 9 月，安全厂商 360 人工智能安全研究院公开披露谷歌开源框架平台 TensorFlow 存在 24 个安全漏洞。开源数据集以及提供数据采集、清洗、标注等服务的人工智能基础数据设施，面临训练数据不均衡、训练数据投毒、训练数据泄露等安全风险。2020 年，美国麻省理工学院的研究人员通过实验证实 CIFAR-100-LT、ImageNet-LT、SVHN-LT 等广泛应用的数据集存在严重不均衡问题。

（2）人工智能"协同性"增强，设计研发安全风险突出

联邦学习、迁移学习等人工智能新技术的应用，促进跨机构的人工智能研发协作进一步增多。因遵循了不同目标和规范，人工智能设计研发阶段的安全风险更加复杂且难以被检测发现。一是人工智能算法自身存在技术脆弱性。当前，人工智能尚处于依托海量数据驱动知识学习的阶段，以深度神经网络为代表的人工智能算法仍存在弱鲁棒性、不可解释性、偏见歧视等尚未克服的技术局限。二是人工智能新型安全攻击不断涌现。近年来，对抗样本攻击、算法后门攻击、模型窃取攻击、模型反馈误导、数据逆向还原、成员推理攻击等破坏人工智能算法和数据机密性、完整性、可用性的新型安全攻击快速涌现，人工智能安全性获得全球学术界和工业界广泛关注。三是算法设计实施有误产生非预期结果。人工智能算法的设计和实施有可能无法实现设计者的预设目标，导致产生偏离预期的不可控行为。例如设计者为算法定义了错误的目标函数，导致算法在执行任务时对周围环境造成不良影响。

（3）人工智能"内嵌化"加深，应用失控风险危害显著

产业智能转型升级的内在驱动，不断推动人工智能深度内嵌于各行各业各环节中，真正实现物理世界变化实时映射于数字世界，以及数字世界演进优化带动物理世界发展的双向融合。然而，人工智能各行业应用带来的数字和物理世界双向融合，将促使人工智能在数字世界中的安全风险向物理世界和人类社会蔓延。一是威胁物理环境安全。应用于农业、化工、核工业等领域的智能系统非正常运行或遭受攻击，可能破坏土壤、海洋、大气等环境安全。二是威胁人身财产安全。自动驾驶、无人机、医疗机器人、智慧金融等智能系统的非正常运行将可能直接危害人类身体健康和财产安全。三是威胁国家社会安全。不法分子恶意利用基于人工智能的换脸换声技术伪造政治领袖和公众人物的高逼真度新闻视频，可能引发民众骚乱甚至国内动乱，威胁国家安全。

2. 人工智能安全技术取得局部突破

人工智能安全热点技术的相关方向中，联邦学习、差分隐私机器学习和深度伪造检测的商用步伐最快，已出现工业级产品并在部分领域开展试点应用。在联邦学习方向，微众银行、字节跳动、京东数科等科技企业均推出了商用级联邦学习平台，并在保险定价、金融信贷、电商广告、智慧城市等领域开展试点商用。在差分隐私机器学习方向，谷歌开源了差分隐私函数库（Differential Privacy Library），并已在谷歌地图、谷歌浏览器 Chrome 中开展实际应用。在深度伪造检测方向，百度和瑞莱智慧推出了深度伪造检测服务平台，可向视频网站、网络论坛、新闻机构等提供人脸和人声伪造检测能力。

对抗样本攻击和防御技术方向处于由学术研究转化为商业应用的探索期，吸引了大量科技企业、科研院所和高校的关注。目前，已经涌现出 CleverHans、Foolbox、ART、Advbox 等支持学术研究的开源工具，以及利用对抗样本攻击评测计算机视觉模型安全性的商用平台

RealSafe。阿里巴巴、腾讯、百度等科技企业通过举办人工智能对抗攻防大赛，积极发现针对人脸识别、图像分类、文本分析、目标检测等人工智能典型应用的有效对抗样本攻击的防御方法，为企业部署人工智能安全防护措施积累技术方案。

模型可解释技术为诊断发现"黑盒"人工智能算法模型缺陷提供可行路径，成为麻省理工学院、微软、谷歌、Facebook、OpenAI等全球知名机构竞相布局的技术方向。麻省理工学院联合谷歌、伯克利等机构举办了2018年NIPS（神经信息处理系统大会）"可解释性机器学习挑战赛"，有效推动了模型可解释技术的发展。微软推出了Interpret ML可解释开源工具包，不仅具有可解释性的算法模型，而且提供对黑盒算法模型行为和预测结果进行解释的方法。谷歌在其云平台上推出了"可解释人工智能"服务，旨在通过量化每个数据对模型决策的影响，帮助用户理解模型产生某项决策的原因。

11.3.2 人工智能面临的安全风险与挑战

人工智能在其生命周期的各个阶段都面临一些安全风险，这使得人工智能系统设计面临挑战。

1. 人工智能安全属性

除了要保证人工智能系统及其相关数据的机密性、完整性、可用性以及系统对恶意攻击的抵御能力之外，人工智能安全一般还需要考虑以下属性：

（1）可靠性

可靠性指人工智能及其所在系统在承受不利环境或意外变化时，例如数据变化、噪声、干扰等，仍能按照既定目标运行、保持结果有效的特性。可靠性通常需要综合考虑系统的容错性、恢复性、健壮性等多个方面。

（2）透明性

透明性指人工智能在设计、训练、测试、部署过程中保持可见、可控的特性。只有具备了透明性，用户才能够在必要时获取模型有关信息，包括模型结构、参数、输入输出等，进一步实现人工智能开发过程的可审计以及可追溯才有可能。

（3）可解释性

可解释性描述了人工智能算法模型可被人理解其运行逻辑的特性。具备可解释性的人工智能，其计算过程中使用的数据、算法、参数和逻辑等对输出结果的影响能够被人类理解，这会使人工智能更易于被人类管控、更容易被社会接受。

（4）公平性

公平性指人工智能模型在进行决策时，不偏向某个特定的个体或群体，也不歧视某个特定的个体或群体，平等对待不同性别、不同种族、不同文化背景的人群，保证处理结果的公正、中立。

（5）隐私性

隐私性指人工智能在开发与运行的过程中实现了保护隐私的特性，包括对个人信息和个人隐私的保护、对商业秘密的保护等。隐私性旨在保障个人和组织的合法隐私权益，常见的隐私增强方案包括最小化数据处理范围、个人信息匿名化处理、数据加密和访问控制等。

2. 人工智能面临的风险

国际标准化组织（ISO）开展了"人工智能系统生命周期过程"标准项目，将人工智能系统全生命周期概括为初始、设计研发、检验验证、部署、运行监控、持续验证、重新评估、废弃 8 个阶段。人工智能全生命周期面临的安全风险如图 11.1 所示。

阶段	类别	内容
初始	风险表现	应用目标的设定有悖国家法律法规和社会伦理规范
设计研发	风险来源	AI基础设施不完善；AI技术脆弱性；AI设计研发有误
设计研发	风险表现	算法后门嵌入、代码安全漏洞、训练数据不均衡、训练数据投毒、训练数据泄露；算法弱鲁棒性、算法不可解释、算法偏见歧视；系统不可控行为
检验验证	风险来源	测试验证不充分
检验验证	风险表现	未及时发现和修复前序阶段安全风险
部署	风险来源	部署的软硬件环境不可信
部署	风险表现	非授权访问、非授权使用
运行监控	风险来源	新型安全攻击；不安全使用
运行监控	风险表现	对抗样本攻击、算法后门攻击、模型窃取攻击、模型反馈误导、数据逆向还原、成员推理攻击、属性推断攻击、代码漏洞利用；滥用、恶意应用
持续验证	风险来源	测试验证数据更新不及时
持续验证	风险表现	未及时发现和修复持续学习所引入的模型反馈误导等安全风险
重新评估	风险表现	应用目标的设定有悖国家法律法规和社会伦理规范
废弃	风险来源	销毁不彻底
废弃	风险表现	泄露个人隐私

图 11.1　人工智能全生命周期面临的安全风险

（1）初始阶段安全风险

初始阶段是指将想法转化为有形系统的过程，主要包括任务分析、需求定义、风险管理等子过程。这个阶段的安全风险主要表现为对人工智能应用目标的设定有悖国家法律法规和社会伦理规范。

（2）设计研发阶段安全风险

设计研发阶段是指完成可部署人工智能系统创建的过程，主要包括确定设计方法、定义系统框架、软件代码实现、风险管理等子过程。这个阶段的安全风险主要来源为人工智能基础设施不完善、技术脆弱性以及设计研发有误等。

（3）检验验证阶段安全风险

检验验证阶段是指检查人工智能系统是否按照预期需求工作以及是否完全满足预定目标。

这个阶段的安全风险主要来源为测试验证不充分，主要表现为未及时发现和修复前序阶段的安全风险。

（4）部署阶段安全风险

部署阶段是指在目标环境中安装和配置人工智能系统的过程。这个阶段的安全风险主要来源为人工智能系统部署的软硬件环境不可信，主要表现为系统可能遭受非授权访问和非授权使用。

（5）运行监控阶段安全风险

在运行监控阶段，人工智能系统处于运行和可使用状态，主要包括运行监控、维护升级等子过程。这个阶段的安全风险主要表现为恶意攻击者对人工智能系统发起的对抗样本、算法后门、模型窃取、模型反馈误导、数据逆向还原、成员推理、属性推断、代码漏洞利用等攻击，以及人工智能系统遭受滥用或恶意应用。

（6）持续验证阶段安全风险

在持续验证阶段，对于开展持续学习的人工智能系统进行持续检验和验证。这个阶段的安全风险主要来源为测试验证数据更新不及时，主要表现为未及时发现和修复持续学习所引入的模型反馈误导等安全风险。

（7）重新评估阶段安全风险

当初始目标无法达到或者需要修改时，进入重新评估阶段。该阶段主要包括设计定义、需求定义、风险管理等子过程。这个阶段主要涉及需求调整和重新定义，因而其安全风险与初始阶段的安全风险类似，即人工智能应用目标的设定有悖国家法律法规和社会伦理规范。

（8）废弃阶段安全风险

在废弃阶段，废弃销毁那些使用目的不复存在或者有更好解决方法的人工智能系统，主要包括数据、算法模型以及系统整体的废弃销毁过程。这个阶段的安全风险主要来源为销毁不彻底，主要表现为泄露个人隐私。

3. 人工智能面临的挑战

虽然人工智能有巨大的改变人类命运的潜能，但同样存在巨大的安全风险。这种安全风险存在的根本原因是人工智能算法设计之初普遍未考虑相关的安全威胁，人工智能算法的判断结果容易被恶意攻击者影响，导致人工智能系统判断失准。在工业、医疗、交通、监控等关键领域，如果人工智能系统被恶意攻击，轻则造成财产损失，重则威胁人身安全。

人工智能安全风险不仅存在于理论分析中，而且真实地存在于现今各种人工智能应用中。例如：攻击者通过修改恶意文件绕开恶意文件检测或恶意流量检测等基于人工智能的检测工具；加入简单的噪声，致使语音控制系统调用恶意应用；刻意修改终端回传的数据或刻意与聊天机器人进行某些恶意对话，导致后端人工智能系统预测错误；在交通指示牌或其他车辆上贴上或涂上一些小标记，致使自动驾驶车辆判断错误等。

应对上述人工智能安全风险，人工智能系统在设计上面临五大安全挑战。

（1）软硬件的安全

软件及硬件层面包括应用、模型、平台和芯片，所涉及的编码都可能存在漏洞或后门，攻击者能够利用这些漏洞或后门实施高级攻击。

在人工智能模型层面上，攻击者同样可能在模型中植入后门并实施高级攻击。由于人工智能模型的不可解释性，在模型中植入的恶意后门难以被检测。

（2）数据完整性

在数据层面，攻击者能够在训练阶段掺入恶意数据，影响人工智能模型的推理能力。攻击者也可以在判断阶段对要判断的样本加入少量噪声，刻意改变判断结果。

（3）模型保密性

在模型参数层面，服务提供者往往只希望提供模型查询服务，而不希望暴露自己训练的模型，但通过多次查询，攻击者能够构建出一个相似的模型，进而获得模型的相关信息。

（4）模型鲁棒性

训练模型时的样本往往覆盖性不足，使得模型鲁棒性不强；模型面对恶意样本时，无法给出正确的判断结果。

（5）数据隐私

在用户提供训练数据的场景下，攻击者能够通过反复查询训练好的模型获得用户的隐私信息。

11.3.3 人工智能面临的典型安全威胁

不同于传统的系统安全漏洞，机器学习系统存在安全漏洞的根本原因是其工作原理极为复杂，缺乏可解释性。各种人工智能系统安全问题（恶意机器学习）随之产生，闪避攻击、药饵攻击以及各种后门攻击层出不穷。这些攻击不但精准，而且对不同的机器学习模型有很强的可传递性，使得基于深度神经网络（DNN）的一系列人工智能应用面临较大的安全威胁。

1. 闪避攻击

闪避攻击是指通过修改输入，让人工智能模型无法做出正确识别。闪避攻击是学术界研究最多的一类攻击，下面介绍最具代表性的 3 种闪避攻击。

（1）对抗样本

研究表明深度学习系统容易受到精心设计的输入样本的影响。这些输入样本就是学术界定义的对抗样例或样本（Adversarial Example）。对抗样本通常是在正常样本中加入人类难以察觉的微小扰动，可以很容易地愚弄正常的深度学习模型。

微小扰动是对抗样本的基本前提，在原始样本中加入人类不易察觉的微小扰动会导致深度学习模型的性能下降。Szegedy 等人在 2013 年最早提出了对抗样本的概念，之后产生对抗样本的多种方法相继出现，其中 Carlini 等人提出的 CW（Carlini and Wagner）攻击可以在扰动很小的条件下达到 100% 的攻击成功率，并且能成功绕过大部分对抗样本的防御机制。

（2）物理世界的攻击

除了对数字的图片文件加扰之外，Eykholt 等人对路标实体做涂改，使人工智能路标识别算法将"禁止通行"的路标识别成"限速 45"。它与数字世界对抗样本的区别是，物理世界的扰动需要抵抗缩放、裁剪、旋转、噪点等图像变换。

（3）基于传递性的黑盒攻击

生成对抗样本需要知道人工智能算法的模型参数，但是在某些场景下攻击者无法得到模型参数。Papernot 等人发现对一个模型生成的对抗样本也能欺骗另一个模型，只要两个模型的训练数据是一样的。这种传递性（Transferability）可以用来发起黑盒攻击，即攻击者不需要知道人工智能算法的模型参数。其攻击方法是，攻击者先对要攻击的模型进行多次查询，然后用查询结果来训练一个"替代模型"，最后攻击者用替代模型来产生对抗样本。产生的对抗样本可以成功欺骗要攻击的模型。

2. 药饵攻击

人工智能系统通常用运行期间收集的新数据进行重训练，以适应数据分布的变化。例如，入侵检测系统（IDS）持续在网络上收集样本，并重新训练来检测新的攻击。在这种情况下，攻击者可能通过注入精心设计的样本，即药饵，来使训练数据中毒（被污染），最终危及整个人工智能系统的正常功能，例如逃逸人工智能的安全分类等。深度学习的特点是需要大量训练样本，所以样本质量很难完全得到保证。

Jagielski 等人发现，在训练样本中掺杂少量的恶意样本，就能在很大程度上干扰人工智能模型的准确率。他们提出了最优坡度攻击、全局最优攻击、统计优化攻击 3 种药饵攻击，并展示了这些药饵攻击对健康数据库、借贷数据库、房产数据库的攻击效果。通过加入药饵数据，影响对用药量的分析、对贷款量/利息的分析判断、对房子售价的判断。

3. 后门攻击

与传统程序相同，人工智能模型也可以被嵌入后门。只有制造后门的人才知道如何触发后门，其他人无法知道后门的存在，更无法触发。攻击者通过在神经网络模型中植入特定的神经元，生成带有后门的模型，使得模型虽然对正常输入与原模型判断一致，但对特殊输入的判断会受攻击者控制。如 Gu 等人提出了一种在人工智能模型中嵌入后门的方法，只有输入图像中包含特定图案才能触发后门，而其他人很难通过分析模型知道这个图案或这个后门的存在。此类攻击多发生在模型的生成或传输过程中。

4. 模型/训练数据窃取攻击

模型/训练数据窃取攻击是指攻击者通过查询，分析系统的输入/输出和其他外部信息，推测系统模型的参数及训练数据信息。与 SaaS 类似，人工智能服务商提出了 AIaaS（AI as a Service）的概念，即由人工智能服务提供商负责模型训练和识别等服务。这些服务对外开放，用户可以用其开放的接口进行图像、语音识别等操作。目前，已经出现通过多次调用 AIaaS 的识别接口把人工智能模型"窃取"出来的攻击方法。

11.3.4 人工智能安全防御技术

为了应对人工智能安全挑战，需要从攻防安全、模型安全和架构安全等 3 个层面综合考虑，构建体系化的人工智能安全防御架构。其中，攻防安全是指对已知攻击设计有针对性的防御机制，主要任务是防闪避攻击、防药饵攻击、防后门攻击、防模型窃取；模型安全是指通过模型验证等手段提升模型健壮性，主要目标是实现数据可解释、模型健壮性，以及可验证模型、可解释模型；架构安全是指在部署人工智能的业务中设计不同的安全机制以保证业务安全，主要安全机制包括隔离与检测、冗余与熔断、多模型架构、数据自洽性等。

一种可行的人工智能安全防御架构如图 11.2 所示。

1. 人工智能攻防安全

针对已知的攻击方式，已有许多对抗方法，对于可能遭受的攻击能提供不同程度的缓解。人工智能系统在数据收集、模型训练及模型使用阶段的各种防御方法如图 11.3 所示。

（1）闪避攻击防御技术

1）网络蒸馏（Network Distillation）。网络蒸馏技术的基本原理是在模型训练阶段，将多个 DNN 串联，其中前一个 DNN 生成的分类结果被用于训练后一个 DNN，实现相关知识的转移。转移知识可以在一定程度上降低模型对微小扰动的敏感度，提高人工智能模型的鲁棒性，可以在一定程度上防御闪避攻击。

2）对抗训练（Adversarial Training）。该技术的基本原理是在模型训练阶段，使用已知的各种攻击方法生成对抗样本，再将对抗样本加入模型的训练集中，对模型进行单次或多次重训练，生成可以抵抗攻击扰动的新模型。同时，由于综合多个类型的对抗样本使得训练集数据增多，该技术不但可以增强新生成模型的鲁棒性和规范性，还可以提高模型的准确率。

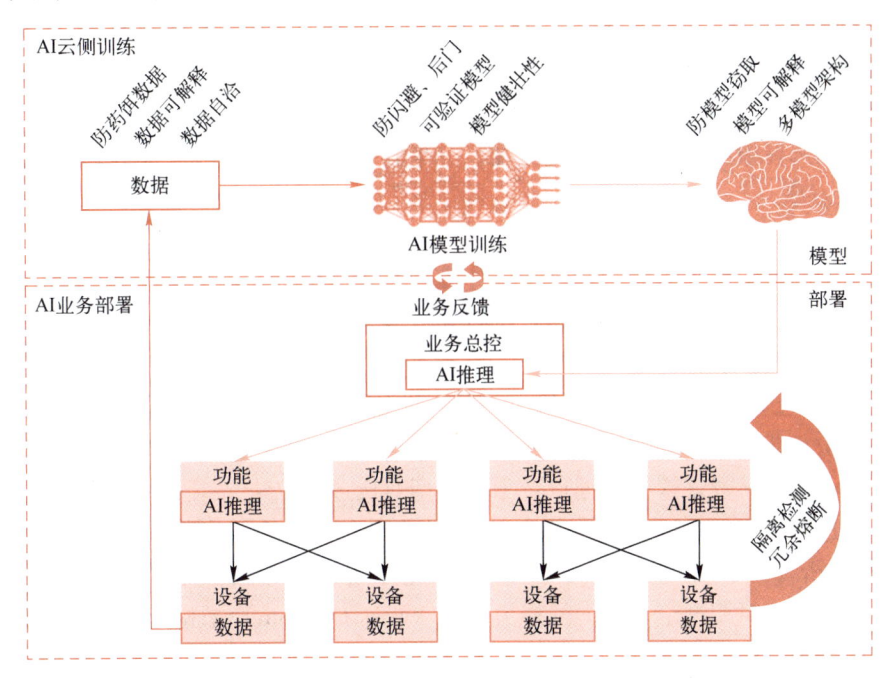

图 11.2 一种可行的人工智能安全防御架构

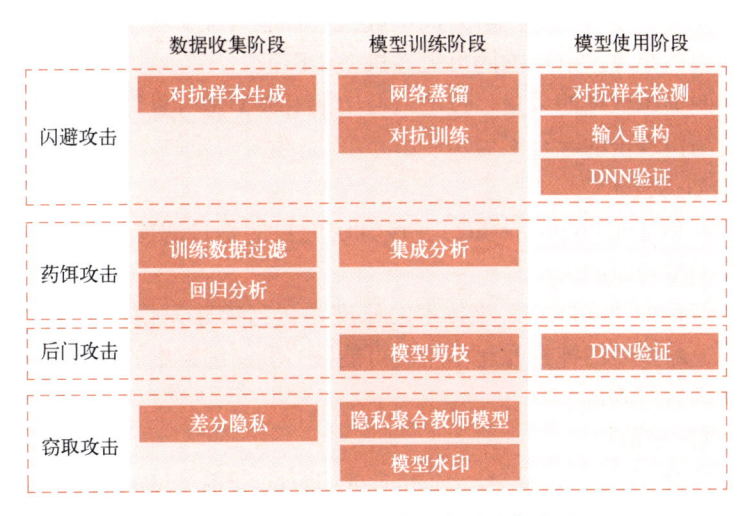

图 11.3 人工智能系统的各种防御方法

3）对抗样本检测（Adversarial Sample Detection）。该技术的原理是在模型的使用阶段，通过增加外部检测模型或原模型的检测组件来检测待判断样本是否为对抗样本。在输入样本到达原模型前，检测模型会判断其是否为对抗样本。检测模型也可以在原模型每一层提取相关信息，综合各种信息来进行检测。各类检测模型可能依据不同标准来判断输入是否为对抗样本。例如，输入样本和正常数据间确定性的差异可以用作检测标准，对抗样本的分布特征、输入样本的历史都可以成为判断对抗样本的依据。

4）输入重构（Input Reconstruction）。该技术的原理是在模型的使用阶段，通过将输入样本进行变形转化来对抗闪避攻击，变形转化后的输入不会影响模型的正常分类功能。重构方法包括对输入样本加噪、去噪和使用自动编码器（Autoencoder）改变输入样本等方法。

5）DNN 验证（DNN Verification）。类似软件验证分析技术，DNN 验证技术使用求解器（Solver）来验证 DNN 模型的各种属性，如验证在特定扰动范围内没有对抗样本。但是通常验证 DNN 模型是 NP 完全问题（即多项式复杂程度的非确定性问题），求解器的效率较低。通过取舍和优化，如选择模型节点验证的优先度、分享验证信息、按区域验证等，可以进一步提高 DNN 验证运行效率。

以上各种防御技术都有具体的应用场景，并不能完全防御所有对抗样本。除此之外，也可以通过增强模型的稳定性来防御闪避攻击，使模型在功能保持一致的情况下，提升模型抗输入扰动的能力。同时也可以将上述防御技术进行并行或者串行的整合，更有效地对抗闪避攻击。

(2) 药饵攻击防御技术

1）训练数据过滤（Training Data Filtering）。该技术侧重对训练数据集的控制，利用检测和净化的方法防止药饵攻击影响模型。具体方法包括：根据数据的标签特性找到可能的药饵攻击数据点，在重训练时过滤这些数据点；采用模型对比过滤方法，减少可以被药饵攻击利用的采样数据，并过滤数据以对抗药饵攻击。

2）回归分析（Regression Analysis）。该技术基于统计学方法，检测数据集中的噪声和异常值。具体方法包括对模型定义不同的损失函数（Loss Function）来检查异常值，以及使用数据的分布特性来进行检测等。

3）集成分析（Ensemble Analysis）。该技术强调采用多个子模型的综合结果提升机器学习系统抗药饵攻击的能力。多个独立模型共同构成人工智能系统，由于多个模型采用不同的训练数据集，整个系统被药饵攻击所影响的可能性进一步降低。

此外，通过控制训练数据的采集、过滤以及定期对模型进行重训练更新等一系列方法，提高人工智能系统抗药饵攻击的综合能力。

(3) 后门攻击防御技术

1）输入预处理（Input Preprocessing）。该方法的目的是过滤能触发后门的输入，降低输入触发后门、改变模型判断的风险。

2）模型剪枝（Model Pruning）。该技术的原理是适当剪除原模型的神经元，在保证正常功能一致的情况下，减少后门神经元起作用的可能性。利用细粒度的剪枝方法，可以去除组成后门的神经元，防御后门攻击。

(4) 模型/数据防窃取技术

1）隐私聚合教师模型（Private Aggregation of Teacher Ensembles，PATE）。该技术的基本原理是在模型训练阶段，将训练数据分成多个集合，每个集合用于训练一个独立教师模型，再使用这些独立教师模型投票的方法共同训练出一个学生模型。这种技术保证了学生模型的判断不会泄露某一个特定训练数据的信息，从而确保了训练数据的隐私性。

2）差分隐私（Differential Privacy）。该技术是在模型训练阶段，用符合差分隐私的方法对数据或模型训练步骤进行加噪。

3）模型水印（Model Watermarking）。该技术是在模型训练阶段，在原模型中嵌入特殊的识别神经元。如果发现有相似模型，可以用特殊的输入样本识别出相似模型是否通过窃取原模型所得。

2. 人工智能模型安全

恶意机器学习（Adversarial ML）广泛存在，闪避攻击、药饵攻击以及各种后门漏洞攻击非常有效，攻击不但精准而且有很强的可传递性，使得人工智能模型在实用中造成误判的危害极大。因此，除了针对那些已知攻击手段而做的防御之外，还应增强人工智能模型本身的安全性，避免其他可能的攻击方式造成的危害。

（1）模型可检测性

如同传统程序的代码检测，人工智能模型也可以通过各种黑盒、白盒测试等对抗检测技术来保证一定程度的安全性。已有测试工具基本都是基于公开数据集的，样本少且无法涵盖很多其他真实场景，而对抗训练技术则在重训练的过程中带来较大的性能损耗。在人工智能系统的落地实践中，需要对各种 DNN 模型进行大量的安全测试，如在数据输入训练模型前，要通过前馈检测模块过滤恶意样本，或将模型输出评测结果经过反馈检测模块从而减少误判，只有这样才能在将人工智能系统部署到实际应用前提升人工智能系统的鲁棒性。

（2）模型可验证性

DNN 模型有着比传统机器学习更高的识别率和更低的误报率，目前广泛用于各种图像识别、语音识别等应用中。

对 DNN 模型进行安全验证（Certified Verification）也可以在一定程度上保证安全性。模型验证一般需要约束输入空间（Input Space）与输出空间（Output Space）的对应关系，从而验证输出在一定的范围内。但是基于统计优化（Optimization）的学习及验证方法是无法穷尽所有数据分布的，极端攻击则有机可乘，这样在实际应用中较难实施具体的保护措施。只有在充分理解 DNN 模型内部工作机理的基础上才能进一步解决机制性防御（Principled Defense）问题。

（3）模型可解释性

目前大多数人工智能都被认为是一个非常复杂的黑盒子系统，其决策过程、判断逻辑、判断依据都很难被人们完全理解。目前有些业务中，例如翻译业务，如果其人工智能系统不告诉我们为什么把这个单词翻译成了另一个单词，只要翻译出的结果是好的，它就可以继续是一个完全的黑盒子、完全复杂的系统，而不会带来什么问题。

但对于有些业务，不可解释性往往会带来业务法务风险或者业务逻辑风险。例如在保险、贷款分析系统中，如果其人工智能系统不能给出分析结果的依据，那么就有可能被诟病其带有歧视。又如在医疗保健中，为了精确地根据人工智能的分析结果进行进一步的处理，需要了解人工智能做出判断的根据。例如，病人希望人工智能系统就其判断自己有没有癌症给出数据分析及原因，人工智能系统需要有能力说"我把这些数据、图像和这个和那个做了对比从而得出了结论"。如果连其运作的原理都无法得知，那么自然也就无法有效地设计一个安全的模型了。增强人工智能系统的可解释性，有助于我们分析人工智能系统的逻辑漏洞或者数据死角，从而提升人工智能系统的安全性。

模型可解释性可以通过以下 3 个阶段展开。

1）建模前的"数据可解释"。模型是由数据训练而来的，因此要解释模型的行为，可以从分析训练此模型的数据开始。如果能从训练数据中找出几个具代表性的特征，就可以在训练时选择需要的特征来构建模型。有了这些有意义的特征，便可对模型的输入输出结果有较好的解释。

2）构建"可解释模型"。一种方法是结合传统机器学习，对人工智能结构进行补充。这种做法可以平衡学习结果的有效性与学习模型的可解释性,为解决可解释性的学习问题提供了一种框架。传统机器学习方法的重要理论基础之一是统计学,其在自然语言处理、语音识别、图像识别、信息检索和生物信息等许多计算机领域已经获得了广泛应用并给出了很好的可解释性。

3) 对已构筑模型进行解释性分析。通过分析人工智能模型的输入、输出、中间信息的依赖关系来分析及验证模型的逻辑。目前已有如 LIME(Local Interpretable Model-Agnostic Explanations,局部可解释性模型无关解释)等能够通用地分析多种模型的分析方法,也有需要针对模型构造进行深入分析的分析方法。

3. 人工智能架构安全

在大力发展人工智能的同时,也必须高度重视引入人工智能系统可能带来的安全风险,加强前瞻预防与约束引导,最大限度地降低风险,确保人工智能安全、可靠、可控发展。在业务中使用人工智能模型,则需要结合具体业务自身特点和架构,分析判断人工智能模型使用风险,综合利用隔离、检测、熔断和冗余等安全机制设计人工智能安全架构与部署方案,增强业务产品健壮性。

(1) 隔离

在满足业务稳定运行的条件约束下,人工智能系统会分析识别最佳方案然后发送至控制系统进行验证并实施。通常业务安全架构要考虑对各个功能模块进行隔离,并在模块之间设置访问控制机制。对人工智能系统的隔离可以在一定程度上减少针对人工智能推理的攻击面,而对综合决策系统的隔离可以有效减少针对决策系统的攻击面。人工智能推理的输出作为辅助决策建议将被导入综合决策模块,而只有经过授权认证的指令才能得以通过。

(2) 检测

在主业务系统中部署持续监控和攻击检测模型,综合分析网络系统安全状态,给出系统当前威胁风险级别。当威胁风险较大时,综合决策可以不采纳自动系统的建议,而是将最终控制权交回人员控制,保证在遭受攻击情况下的安全性。

(3) 熔断

业务系统在进行关键操作时,如人工智能辅助的自动驾驶或医疗手术等,通常要设置多级安全架构确保整体系统安全性。需要对人工智能系统给出的分析结果进行确定性分析,并在确定性低于阈值时回落到以规则判断为准的常规技术或直接交回人工处理。

(4) 冗余

很多业务决策、数据之间具有关联性,一种可行的方法是通过分析此类关联性是否遭受破坏,保证人工智能模型运行时的安全。还可以搭建业务"多模型架构",通过对关键业务部署多个人工智能模型,保证单个模型出现错误不会影响到业务最终决策。同时多个模型的部署也使得系统在遭受单一攻击时被全面攻克的可能性大大降低,从而提升整个系统的强壮性。

本章小结

本章首先介绍了人工智能的发展与应用情况,分析了人工智能与网络空间安全相融合所产生的"伴生"与"赋能"效应,以及人工智能与网络空间安全相融合对国家安全的影响。然后介绍了人工智能在网络空间安全领域的应用模式、人工智能赋能网络攻击的安全威胁场景与典型技术、人工智能技术在网络空间安全领域的应用,分析了人工智能在网络安全领域面临的困境与发展前景。最后分析了人工智能本身所面临的安全威胁、存在的安全风险以及安全防御技术。

习题

1. 简述人工智能技术发展的关键阶段。
2. 简述人工智能在网络空间安全领域的"伴生"效应。
3. 简述人工智能在网络空间安全领域的"赋能"效应。
4. 简述人工智能+安全的主要应用模式。
5. 人工智能应用于网络系统安全会如何提升安全效能?
6. 人工智能在网络内容安全方面主要有哪些应用?
7. 人工智能在物理网络系统安全方面主要有哪些应用?
8. 人工智能赋能网络攻击的威胁场景有哪些?
9. 简述人工智能技术在网络空间安全领域的典型应用。
10. 简述人工智能面临的安全风险。
11. 简述人工智能系统在设计上面临的安全挑战。
12. 简述人工智能安全防御技术。
13. 人工智能模型安全主要体现在哪些方面?
14. 请调研分析大语言模型等最新人工智能成果在网络安全领域的应用情况。

参 考 文 献

[1] 沈昌祥，左晓栋．网络空间安全导论［M］．北京：电子工业出版社，2018．

[2] 吉尔曼，巴斯．零信任网络：在不可信网络中构建安全系统［M］．奇安信身份安全实验室，译．北京：人民邮电出版社，2019．

[3] 斯托林斯，布朗．计算机安全：原理与实践 第3版［M］．贾春福，高敏芬，译．北京：机械工业出版社，2016．

[4] 郭宏生．网络空间安全战略［M］．北京：航空工业出版社，2016．

[5] 沈昌祥．用主动免疫可信计算3.0筑牢网络安全防线营造清朗的网络空间［J］．信息安全研究，2018，4(4)：282-302．

[6] 党引弟，宋宁宁．动态自适应演进安全架构研究［J］．信息技术与网络安全，2019，38(10)：18-23．

[7] 绿盟科技．安全+零信任安全专刊［EB/OL］．［2024-04-18］．https://www.nsfocus.com.cn/uploadfile/2020/0810/20200810092858191.pdf．

[8] 奇安信身份安全实验室．深度解读零信任身份安全（第2辑）［EB/OL］．［2024-04-18］．http://download.csdn.net/download/qq-17695025115468541．

[9] 王妍，孙德刚，卢丹．美国网络安全体系架构［J］．信息安全研究，2019，5(7)：582-585．

[10] 谢敏容．网络安全知识图谱构建技术研究与实现［D］．成都：电子科技大学，2020．

[11] 李序，连一峰，张海霞，等．网络安全知识图谱关键技术［J］．数据与计算发展前沿，2021，3(3)：9-18．

[12] 王昊奋，漆桂林，陈华钧．知识图谱：方法、实践与应用［M］．北京：电子工业出版社，2019．

[13] 清华大学人工智能研究院．人工智能之知识图谱［EB/OL］．［2024-04-18］．https://www.aminer.cn/research_report/5c3d5a8709e961951592a49d?download=true&pathname=knowledgraph.pdf．

[14] 黄雅娟．美国网络威胁情报工作研究［D］．长沙：国防科技大学，2019．

[15] 李涛．威胁情报知识图谱构建与应用关键技术研究［D］．郑州：战略支援部队信息工程大学，2021．

[16] 董聪，姜波，卢志刚，等．面向网络空间安全情报的知识图谱综述［J］．信息安全学报，2020，5(5)：56-76．

[17] 巩磊，司瑞彬，田宇．基于本体论的网络靶场威胁建模关键技术研究［J］．中国电子科学研究院学报，2020，15(12)：1139-1144；1162．

[18] 全国信息安全标准化技术委员会．网络安全态势感知技术标准化白皮书：2020年版［EB/OL］．［2024-04-18］．http://tc260.org.cn/file/wlaqtsgzjs.pdf．

[19] MAY J. The Security Intelligence Handbook［M］．3rd ed．［S.l.］：CyberEdge Group，2020．

[20] 王继龙，庄姝颖，缪葱葱，等．网络空间信息系统模型与应用［J］．通信学报，2020，41(2)：74-83．

[21] 方滨兴，贾焰，李爱平，等．网络空间靶场技术研究［J］．信息安全学报，2016，1(3)：1-9．

[22] 盛威．国外网络靶场现状与趋势分析［J］．网信军民融合，2017(4)：68-72．

[23] 程静，雷璟，袁雪芬．国家网络靶场的建设与发展［J］．中国电子科学研究院学报，2014，9(5)：446-452．

[24] 时间之外沉浮事．NIST《网络靶场指南》浅析［EB/OL］．(2020-11-20)［2024-05-23］．https://cloud.tencent.com/developer/article/1749795．

[25] 时间之外沉浮事．商业网络培训靶场的发展态势综述［EB/OL］．(2020-02-12)［2024-05-23］．https://cloud.tencent.com/developer/article/1581669．

[26] 杨林瑶，韩双双，王晓，等．网络系统实验平台：发展现状及展望［J］．自动化学报，2019，45(9)：

1637-1654.
- [27] 王颖舒，王旭，左宇，等．网络虚拟化仿真软件综述［J］．西南交通大学学报，2020，55（1）：34-40.
- [28] 刘文彦，霍树民，仝青，等．网络安全评估与分析模型研究［J］．网络与信息安全学报，2018，4（4）：1-11.
- [29] 蔡桂林，王宝生，王天佐，等．移动目标防御技术研究进展［J］．计算机研究与发展，2016，53（5）：968-987.
- [30] 周余阳，程光，郭春生，等．移动目标防御的攻击面动态转移技术研究综述［J］．软件学报，2018，29（9）：2799-2820.
- [31] 邬江兴．网络空间拟态防御研究［J］．信息安全学报，2016，1（4）：1-10.
- [32] 贾召鹏，方滨兴，刘潮歌，等．网络欺骗技术综述［J］．通信学报，2017，38（12）：128-143.
- [33] AL-SHAER E, WEI J, HAMLEN K W, et al. Autonomous Cyber Deception: Reasoning, Adaptive Planning, and Evaluation of HoneyThings［M］．[S.l.]：Springer Nature Switzerland AG, 2019.
- [34] 黄旗绅，李留英．网络空间信息内容安全综述［J］．信息安全研究，2017，3（12）：1115-1118.
- [35] 徐保民，李春艳．云安全深度剖析：技术原理及应用实践［M］．北京：机械工业出版社，2016.
- [36] 王勇，徐衍龙，刘强．云计算安全模型与架构研究［J］．信息安全研究，2019，5（4）：287-292.
- [37] 云原生产业联盟．云原生架构安全白皮书：2021年［EB/OL］．(2012-12-11)［2024-04-18］．https://cloud.tencent.com/developer/article/2190405.
- [38] 绿盟科技，中国移动云能力中心．云原生安全技术报告［EB/OL］．［2024-05-23］．https://download.csdn.net/download/ksthen/85092615.
- [39] 中国电信网络安全实验室．云计算安全：技术与应用［M］．北京：电子工业出版社，2012.
- [40] 华为技术有限公司．华为云安全白皮书［EB/OL］．(2023-12-26)［2024-04-18］．https://res-static.hc-cdn.cn/cloudbu-site/china/zh-cn/TrustCenter/WithePaper/SecurityWhitepaper_cn.pdf.
- [41] 唐朝京，张权．云计算环境网络空间安全思考［J］．电子信息对抗技术，2015，30（1）：13-19.
- [42] CSA大中华区研究院．云计算关键领域安全指南4.0：中文版［EB/OL］．［2024-05-23］．https://download.csdn.net/download/xishuizhiliu/11421303.
- [43] 全国信息安全标准化技术委员会．信息安全技术 云计算安全参考框架：GB/T 35279—2017［S］．北京：中国标准出版社，2017.
- [44] 可信区块链推进计划．区块链安全白皮书：1.0版［EB/OL］．［2024-05-23］．https://download.csdn.net/download/weixin-43013822/10915478.
- [45] 顾欣，徐淑珍．区块链技术的安全问题研究综述［J］．信息安全研究，2018，4（11）：997-1001.
- [46] 中国通信标准化协会．区块链技术架构安全要求：YD/T 3747—2020［S］．北京：中国标准出版社，2020.
- [47] 胡向东．物联网安全理论与技术［M］．北京：机械工业出版社，2017.
- [48] 巴纳法．智能物联网：区块链与雾计算融合应用详解［M］．马丹，老白，沈绮虹，译．北京：人民邮电出版社，2020.
- [49] 绿盟科技创新中心．物联网安全白皮书［EB/OL］．［2024-05-23］．https://download.csdn.net/download/qq-30417289/9846127.
- [50] 方滨兴，时金桥，王忠儒，等．人工智能赋能网络攻击的安全威胁及应对策略［J］．中国工程科学，2021，23（3）：60-66.
- [51] 贾焰，方滨兴，李爱平，等．基于人工智能的网络空间安全防御战略研究［J］．中国工程科学，2021，23（3）：98-105.
- [52] 腾讯公司安全管理部．人工智能赋能网络空间安全：模式与实践［EB/OL］．［2024-05-23］．https://download.csdn.net/download/xiao9903/12086965.
- [53] 中国信息通信研究院．人工智能安全框架：2020年［R］．北京：中国信息通信研究院安全研究所，2020.12.

[54] 中国信息通信研究院. 人工智能数据安全白皮书：2019年［R］. 北京：中国信息通信研究院安全研究所，2019.8.

[55] 金晶，邹晶晶. 人工智能在网络空间安全领域的发展［J］. 国防科技，2018，39（4）：43-46；51.

[56] 华为技术有限公司. AI安全白皮书［R］.［2024-05-23］. https://download.csdn.net/download/fowse/11707209.

[57] 浙江大学-蚂蚁集团金融科技研究中心. 人工智能安全白皮书：2020［EB/OL］.［2024-05-23］. https://download.csdn.net/clownload/zl3533/13984123.

[58] 张焕国，韩文报，来学嘉，等. 网络空间安全综述［J］. 中国科学：信息科学，2016，46（2）：125-164.

[59] 田国华，胡云瀚，陈晓峰. 区块链系统攻击与防御技术研究进展［J］. 软件学报，2021，32（5）：1495-1525.

[60] 中国信息通信研究院云计算与大数据研究所，腾讯云计算（北京）有限公司. 数字化时代零信任安全蓝皮报告：2021年［EB/OL］.［2024-04-18］. http://www.caict.ac.cn/kxyj/qwfb/ztbg/202105/P020210521756837772388.pdf.